♾ Gedruckt auf säurefreiem Papier,
das die US-ANSI-Norm über Haltbarkeit erfüllt.

Die Deutsche Bibliothek – CIP-Einheitsaufnahme

Weber, Marcel:
Die Architektur der Synthese : Entstehung und Philosophie der modernen Evolutionstheorie / von Marcel Weber. – Berlin ; New York : de Gruyter, 1998
(Quellen und Studien zur Philosophie ; Bd. 45)
Zugl.: Konstanz, Univ., Diss., 1996
ISBN 3-11-015893-0

Printed in Germany
Druck: Arthur Collignon GmbH, Berlin
Buchbinderische Verarbeitung: Lüderitz & Bauer, Berlin

Dem Andenken an Edith und Rolf Weber-Graf

Vorwort

Charles Robert Darwin unternahm nur eine Reise rund um die Welt. Aber seine auf dieser Reise und danach entwickelten Ideen traten nach ihrer ersten Veröffentlichung im Jahre 1859 einen langen und gefährlichen Weg ins 20. Jahrhundert an. Lang war dieser Weg, weil sich Darwins Theorie von der Entstehung der Arten durch natürliche Selektion erst nach 1930 vollständig in den Köpfen der meisten Biologinnen und Biologen etablieren konnte. Gefährlich war der Weg, weil sich Darwins Theorie nicht nur gegen starke religiöse Widerstände behaupten, sondern auch in allen ihren Details den kritisch prüfenden Blicken mehrerer Wissenschaftlergenerationen standhalten mußte. Auf ihrem Weg gerieten Darwins Ideen wiederholt mit anderen wissenschaftlichen Theorien in Konflikt. Besonders die Wiederentdeckung der Mendelschen Genetik um 1900 brachte sie in Lebensgefahr, weil die neue Genetik erstens anfänglich nicht mit Darwins Vorstellungen des Evolutionsprozesses harmonierte, und zweitens, weil sie andere Evolutionsmechanismen nahelegte. Auch an anderen Stellen des Darwinschen Gedankengebäudes mußte heftig gezimmert und umgebaut werden, bis sie mit den empirischen Tatsachen einigermaßen übereinstimmten. Dasselbe gilt auch für die Genetik. Diese Arbeiten sind vermutlich heute immer noch nicht abgeschlossen. Aber der Grundbauplan oder die »Architektur« einer fruchtbaren und erklärungsstarken sowie in die moderne wissenschaftliche Umgebungslandschaft passenden Evolutionstheorie wurde während der sogenannten »Evolutionären Synthese« vor ungefähr 60 Jahren niedergelegt.

Das Ergebnis dieser Synthese, die »Synthetische Evolutionstheorie«, enthält einige charakteristische Kernthesen, die in neuerer Zeit teilweise wieder in Frage gestellt wurden. Die wohl herausragendste These ist die, daß *makroevolutionäre* Prozesse, d.h. die Entstehung von Arten und die evolutionäre Diversifikation von Gruppen von Organismen auf höheren taxonomischen Stufen (Gattungen, Familien etc.), als Sequenzen von *mikroevolutionären* Schritten erklärt werden können. Eine zweite Kernthese besagt, daß *natürliche Selektion* in solchen mikroevolutionären Schritten eine bedeutende, wenn auch nicht alles bestimmende Rolle spielt. Drittens hat die Synthese etabliert, daß der Ursprung der für alle Evolutionsprozesse notwendigen *genetischen Variation* in Populationen von Organismen durch die Prinzipien der modernen Genetik erklärt werden kann. Die schwierigsten Probleme für die »Architekten der Synthese« - wie die Gruppe von Biologen, die entscheidend zur Synthese beigetragen haben, manchmal genannt werden - waren erstens der Nachweis, daß mikroevolutionäre Prozesse eine Gruppe von Organismen so weit verändern können, daß sie als eigenständige Art klassifiziert werden muß. Dies war die Voraussetzung für die durch die Synthetische Theorie behauptete Kontinuität von Mikro- und Makroevolution. Zweitens mußte empirisch nachgewiesen werden, daß gewisse aus dem Genetiklabor bekannte Prozesse in der Evolution natürlicher Population tatsächlich eine Rolle spielen. Dies war die Voraussetzung dafür, daß die Genetik gewisse für die Evolutionsbiologie wichtige Fragen beantworten konnte.

Die moderne Synthese weist aber noch einen anderen, besonders wissenschaftstheoretisch interessanten Aspekt auf: Sie hat zu einer *theoretischen Vereinheitlichung* der Biologie geführt. Dies soll heißen, daß die Evolutionsbiologie heute nicht nur davon ausgehen darf, daß ihre Theorien nicht in Widerspruch zu denen anderer biologischer Disziplinen (Physiologie, Zellbiologie, Genetik, Biochemie, Ökologie) geraten, sondern auch, daß diese Wissenschaften *Erklärungen* für gewisse für die Evolutionsbiologie relevante Fragen liefern können. Vor der Synthese war dies nicht der Fall; dort wurden z.B. krasse Widersprüche zwischen der Darwinistischen Evolutionstheorie und der Genetik konstatiert, und manche Evolutionsbiologen vertraten Ansichten teilweise metaphysischer Natur, die mit den modernen Naturwissenschaften unvereinbar sind. Seit der Synthese sind solche Probleme zumindest aus dem Wissenschaftsbetrieb weitgehend verschwunden. In diesem Sinn hat die Evolutionäre Synthese wesentlich zu einem vereinheitlichten naturwissenschaftlichen Weltbild beigetragen.

Die vorliegende Arbeit ist in zwei Teile gegliedert. Teil I enthält eine historische Betrachtung der Entstehung und Begründung der oben erwähnten Kernthesen der Synthetischen Evolutionstheorie. Die Hauptthese dieses Teils ist, daß die moderne *Transmissionsgenetik* eine eminente Rolle in der Evolutionären Synthese gespielt hat, und zwar nicht nur in Gestalt der mathematischen Populationsgenetik, wie es aufgrund der bestehenden wissenschaftshistorischen und -philosophischen Literatur oft den Anschein macht. Die Transmissionsgenetik verfügte schon in den Dreißigerjahren über wesentlich mehr theoretisches Wissen als in den Mendelschen Gesetzen enthalten ist, auf denen die theoretische Populationsgenetik größtenteils beruht. Außerdem stellte die Transmissionsgenetik hochentwickelte experimentelle Techniken für das Studium von Evolutionsprozessen in natürlichen Populationen bereit.

Marcel Weber

Die Architektur der Synthese

In Kap. 2 vergleiche ich drei historisch einflußreiche Evolutionstheorien, die vor der Synthese entstanden sind und die den Schlüssel für das Verständnis der historischen Entwicklung der Evolutionsbiologie im 20. Jahrhundert bilden. Die erste solche Theorie ist die von Darwin selbst. Ein wichtiges Merkmal dieser Theorie ist ihr *gradualistischer* Charakter, d.h. ihre Annahme, daß die Entstehung von Arten kontinuierlich und ohne Sprünge verläuft (*Natura non facit saltum*). Im frühen 20. Jahrhundert befand sich Darwins gradualistische Theorie in der Auffassung mancher Biologen »auf dem Sterbebett«. Populär waren damals *saltationistische* Theorien, die die Entstehung von Arten für einen sprunghaften Prozeß hielten, bei dem natürliche Selektion im Darwinschen Sinn keine Rolle spielt. Ich bespreche die beiden einflußreichsten saltationistischen Theorien der Jahrhundertwende, diejenigen von William Bateson und von Hugo de Vries. Im Gegensatz zu Darwins Theorie wurde diesen m.E. in der Literatur bisher zuwenig Beachtung geschenkt. Batesons und de Vries' Theorien sind subtiler als man anhand der gängigen Darstellungen glauben könnte. Ich versuche insbesondere zu zeigen, daß die beiden saltationistischen Theorien auf genetischen Annahmen beruhen, die im zweiten und dritten Jahrzehnt durch die Entwicklung der modernen Transmissionsgenetik empirisch widerlegt wurden.

In Kap. 3 gebe ich einen kurzen Abriß der Entstehung der Transmissionsgenetik. Ich stelle keine neuen Thesen über die Geschichte der Genetik auf sondern versuche, die für die Evolutionäre Synthese besonders relevanten Erkenntnisse zu identifizieren. Ich argumentiere außerdem, daß man gute Gründe hatte, die Transmissionsgenetik für gegenüber gewissen noch bis in die Zwanzigerjahre hinein verfolgten Konkurrenztheorien überlegen zu halten und daß es kein Zufall war, daß ausgerechnet ein in der Morgan-Schule ausgebildeter Genetiker zu einer der Hauptfiguren der Synthese wurde: Theodosius Dobzhansky.

In Kap. 4 bespreche ich eine Reihe von Forschungsergebnissen aus den Jahren 1915-1936, die man unter dem Namen »Ökologische Genetik« zusammenfassen könnte, auch wenn diese Bezeichnung vielleicht nicht besonders aussagekräftig ist. Ein Teil dieser Ergebnisse betrifft die genetische Basis der geographischen Variation innerhalb von Arten. Nach Darwin sowie nach vielen Naturhistorikern des 20. Jahrhunderts ist geographische Variation ein Schlüsselmechanismus in der Entstehung von Arten. Die Saltationisten lehnten eine Darwinistische Theorie nicht zuletzt deswegen ab, weil sie glaubten, es gäbe keine genetische Basis für die subspezifische Variabilität; diese bestehe lediglich aus vorübergehenden Anpassungen an lokale Umweltbedingungen, die keine langfristigen evolutionären Konsequenzen haben. Eine Reihe von genetischen

Untersuchungen an geographischen Rassen verschiedener Organismen widerlegten diese Behauptung. Ich bespreche insbesondere die Untersuchungen von F. Sumner und R. Goldschmidt zu diesem Problem.

Auch in die Kategorie »Ökologische Genetik« kann man eine Reihe von Untersuchungen von N. W. Timoféeff-Ressovsky einordnen, der Evidenz für die evolutionäre Relevanz von Genmutationen in natürlichen Populationen beibrachte. Durch diese und ähnliche Untersuchungen fand in der erwähnten Periode eine allmähliche Annäherung der Genetik an den Darwinismus statt. Dies wurde auf Seiten der Darwinistischen Naturhistoriker aber kaum realisiert, da diese tief verwurzelte Abneigungen gegen die Genetik hegten, die sie nach wie vor mit dem Saltationismus Batesons und de Vries' assoziierten. Ich weise darauf hin, daß z.B. der Begriff der *Mutation* in dieser Periode noch in verschiedenen Bedeutungen verwendet wurde. Im letzten Abschnitt von Kap. 4 folgt eine Zusammenstellung einiger experimenteller Ergebnisse von Dobzhansky und Mitarbeitern, die den Grundstein für Dobzhanskys höchst einflußreiches Werk *Genetics and the Origin of Species* (GOS) legten und in der empirischen Begründung der Synthetischen Theorie eine zentrale Rolle einnahmen.

In Kap. 5 bespreche ich den Inhalt von GOS. Das 1937 erschienene Werk ist die erste systematische Zusammenstellung und rigorose Begründung einer Evolutionstheorie, die sowohl wesentliche Elemente der Darwinschen Theorie als auch die Prinzipien der modernen Transmissionsgenetik und der Populationsgenetik enthält. Ich diskutiere besonders die von Dobzhansky herbeigezogene Evidenz für die Relevanz gewisser genetischer Mechanismen in der Evolution natürlicher Populationen, für die Kontinuität von Mikro- und Makroevolution sowie für die Rolle der geographischen Variation und der reproduktiven Isolation in der Artbildung.

Die in GOS dargestellte Neo-Darwinistische Evolutionstheorie wurde 1940 von Richard Goldschmidt kritisiert, der einige Schwachstellen in Dobzhanskys Begründung fand. Goldschmidt präsentierte eine alternative Theorie, die die Kontinuität von Mikro- und Makroevolution ablehnte. Goldschmidts Theorie weist gewisse Ähnlichkeiten mit der früheren saltationistischen Theorie Batesons auf. Ich stelle Goldschmidts Theorie und dessen Argumente gegen die Neo-Darwinistische Theorie kurz vor. Anschließend betrachte ich, wie Dobzhansky und Ernst Mayr die Neo-Darwinistische Theorie gegen Goldschmidt verteidigten. Dobzhansky argumentierte primär von der Theorie der genetischen Basis der sub- und interspezifischen Variabilität. Er versuchte zu zeigen, daß es die von Goldschmidt behaupteten fundamentalen Unterschiede zwischen der genetischen Basis von Rassenmerkmalen und derjenigen von Artmerkmalen nicht gibt. Mayr argumentierte hingegen von der Theorie der Artbildung durch geographische Variation und versuchte, deren empirische Überlegenheit gegenüber Goldschmidts Theorie nachzuweisen. Ich weise außerdem darauf hin, daß Goldschmidts Theorie mit der mathematischen Populationsgenetik zumindest konsistent ist.

Aus diesen historischen Untersuchungen schließe ich, daß die Synthetische Evolutionstheorie wesentlich komplexer ist als sie oft in der Literatur dargestellt wird. Meist wird nur die mathematische Populationsgenetik und der biologische Artbegriff überhaupt als Teil der Evolutionären Synthese wahrgenommen. Die mathematische Populationsgenetik verkörperte zum damaligen Zeitpunkt die Theorie der natürlichen Selektion. Die Synthetische Evolutionstheorie ist aber primär eine Theorie der Entstehung von Arten - einem komplexen Prozeß, bei dem nicht nur natürliche Selektion involviert ist, sondern auch geographische Variation und reproduktive Isolation. Auf der Basis der Populationsgenetik allein konnte ein saltatorischer Ursprung der Arten nicht ausgeschlossen werden.

In Kap. 6 gebe ich einen kurzen Überblick über die Entstehung der modernen Selektionstheorie. Diese ist gut erforscht; das Kapitel enthält dementsprechend keine neuen historiographischen Erkenntnisse außer einem Hinweis auf einen meines Wissens bisher kaum beachteten Unterschied zwischen der Darwinschen und der modernen Selektionstheorie. Ich habe dieses Kapitel aber vor allem im Interesse der Vollständigkeit aufgenommen, und weil gewisse Kenntnisse der modernen Selektionstheorie für die Untersuchungen in Teil II erforderlich sind.

In Teil II verlasse ich die historische Betrachtungsweise und wende mich wissenschaftstheoretischen Aspekten der *zeitgenössischen* Evolutionsbiologie zu, wobei ich mich ausschließlich mit der Theorie der *Mikroevolution* befasse. Die gegenwärtig kontrovers diskutierten neueren Theorien der Makroevolution (Artenselektion, »punctuated equilibria« etc.) sowie die heute wieder umstrittene Kontinuitätsthese der Synthetischen Theorie sind selbst ausreichend diffizil, um den Gegenstand einer umfangreichen wissenschaftsphilosophischen Untersuchung bilden zu können; ich habe diese Probleme hier deswegen ausgeklammert.

In Kap. 8 geht es um die innere Struktur der Selektionstheorie. Diese war in den letzten Jahrzehnten Gegenstand ausgiebiger philosophischer Kontroversen. Neben dem »units of selection«-Problem (d.h. die Frage, ob sich Selektion auf Gene, Merkmale, Individuen, oder Gruppen richten kann), sind auch die Existenz eines *allgemeinen Prinzips der natürlichen Selektion* sowie die Frage, ob die Form der Theorie besser durch die klassische logisch-empiristische Theoriekonzeption oder durch die modelltheoretische Auffassung (»semantic view«)

erfaßt wird, strittige Punkte. Als Beitrag zu diesen Debatten weise ich auf ein Problem hin, das meines Wissens in der philosophischen Literatur noch nicht besprochen wurde: die Tatsache, daß Fitness als quantitative Größe in verschiedenen Modellen der Selektion eine *unterschiedliche Bedeutung* annimmt. Dies könnte erklären, weshalb es noch nicht gelungen ist, ein allgemeines Prinzip der Selektion, von dem die gesamte Selektionstheorie abgeleitet werden könnte, quantitativ zu formulieren. Ich schlage vor, daß dieses Phänomen mit der modelltheoretischen Auffassung wissenschaftlicher Theorien besser in Einklang zu bringen ist.

In den übrigen Kapiteln geht es um das Verhältnis verschiedener Teile des umfassenden Gebäudes der heutigen Evolutionstheorie zueinander sowie um die Frage, wie sich dieses Theoriengebäude in das moderne naturwissenschaftliche Weltbild einfügt. In Bezug auf beide Fragen drängt sich das Problem des *Reduktionismus* auf. Gibt es reduktive Beziehungen im weitesten Sinn, d.h. intertheoretische Erklärungsbeziehungen, zwischen einzelnen Teilen der Evolutionstheorie sowie zu fundamentalen physikalisch-chemischen Theorien? Die Evolutionstheorie wird heute zwar allgemein als auf einer *materialistischen Ontologie* aufbauend betrachtet; immerhin war sie es, die übernatürliche Intervention als wissenschaftliche Erklärung des Ursprungs der organismischen Vielfalt historisch ablöste. Weiter wird heute im Allgemeinen nicht mehr davon ausgegangen, daß Lebewesen über irgendwelche besonderen Substanzen (im ontologischen, nicht im chemischen Sinn), Kräfte oder Wechselwirkungen verfügen, wie dies in vitalistischen Theorien behauptet wurde. Dadurch stellt sich die Frage, wozu man eine Evolutionstheorie überhaupt braucht. Kann man die entsprechenden Prozesse nicht einfach physikalisch-chemisch oder molekular beschreiben, d.h. die Evolutionstheorie auf die Chemie und Physik *reduzieren*? Werden Darwins Ideen über die Evolutionsmechanismen durch die spektakulären Fortschritte in der Molekularbiologie erneut in Gefahr gebracht, indem sie überflüssig werden? In den Kapiteln 9-11 wird diese Frage kritisch erörtert.

In Kap. 9 diskutiere ich die Theorie der Reduktion oder Zurückführung von Gesetzen auf die Theorien einer fundamentaleren Wissenschaft. Ich führe eine Unterscheidung zwischen *definitorischer* und *explanatorischer* Reduktion ein, von der erstere eine stärkere, letztere eine schwächere Form der Reduktion darstellt. Ich weise auf einige allgemeine Probleme mit definitorischer Reduktion hin, die von der Biologie unabhängig sind. Im Rest des Kapitels bespreche ich einige Modifikationen des ursprünglichen Modells der Reduktion aus der logisch-empiristischen Wissenschaftstheorie, insbesondere die Theorien der Mikroreduktion und der token/token-Reduktion, die unter meinen Begriff der explanatorischen Reduktion fallen.

In Kap. 10 kritisiere ich ein gegenwärtig besonders bei Philosophen der Biologie beliebtes Argument für die Irreduzibilität der Evolutionstheorie: das Argument von der *Supervenienz* biologischer Eigenschaften wie z.B. Fitness. Ich argumentiere, daß Supervenienz keine angemessene Beschreibung des Verhältnisses von Fitness und den physiologischen Eigenschaften eines Organismus ist. Der Grund ist, daß der Supervenienzbegriff in seiner formal explizierten Form lediglich eine Relation der *Kovariation* ausdrückt. Das Verhältnis von Fitness und physiologischen Eigenschaften ist aber das einer *kausalen* Abhängigkeit. Eine solche ist im formal explizierten Supervenienzbegriff nicht enthalten. Dann bespreche ich ein Argument, nach dem die Supervenienz von Fitness (gemeint ist allerdings die Supervenienz *und* multiple Realisierbarkeit) die Reduktion der Selektionstheorie verhindert. Dem Argument liegt eine starke Variante der definitorischen Reduktion zugrunde. Das Argument zeigt, daß Fitness nicht durch physiologische oder irgendwelche anderen Eigenschaften extensional äquivalent redefiniert werden kann. Ich zeige, daß die Verfügbarkeit solcher extensional äquivalenter Redefinitionen des Fitnessbegriffs allein noch keine epistemisch relevante Reduktion darstellen würde, weil sie keinen explanatorischen Gehalt besitzt. Explanatorische Reduktion wird durch das Supervenienzargument nicht berührt.

In Kap. 11 wende ich die Theorie der Mikroreduktion auf die Erklärung von Fitnessunterschieden an. Ich bespreche zwei Beispiele: eines bei dem eine biochemische Erklärung eines adaptiven Vorteils vorliegt (Insektizidresistenz), und ein aktuelles Beispiel aus der evolutionären Ökologie, bei dem es um das optimale Nahrungs-Suchverhalten bei einem Hautflügler geht. Obwohl bei solchen Erklärungen viele Annahmen getroffen werden (besonders *ceteris paribus*-Bedingungen) zeige ich, daß die Form solcher Erklärungen unter das in Kap. 9 besprochene Mikroreduktionsschema subsumiert werden kann. Ich gebe außerdem eine kausale Interpretation der Erklärung. In Verbindung mit der in Kap. 9 und 10 vorgenommenen Analyse des Reduktionsbegriff ergibt sich aber, daß die Evolutionstheorie auch bei Vorliegen mikroreduktiver Erklärungen biologischer Adaptationen nicht überflüssig wird.

In Kap. 12 geht es um die Relation zwischen adaptiven Erklärungen, wie sie in Kap. 11 besprochen werden, und den Modellen der Populationsgenetik und der quantitativen Genetik. Ich zeige zunächst, daß solche Modelle von sämtlichen physiologischen Eigenschaften von Organismen außer deren genetischem System (Mendel) und Fitnessunterschieden abstrahieren. Dann kritisiere ich ein Argument, nach dem sich die Selektionstheorie deswegen von physikalischen Theorien abhebt, weil keine allgemeinen Quellengesetze für das Entstehen von Fitnessunterschieden angegeben werden könne - höchstens sogenannte superveniente Quellengesetze. Ich weise nach, daß die Unterscheidung zwischen physikalischen und supervenienten Quellengesetzen inadäquat ist, weil auch bestimmte Quellengesetze in der Physik in diesem Sinn supervenient sind. Der Unterscheidung kann kein anderer Sinn gegeben werden als derjenigen zwischen fundamentalen und abgeleiteten Gesetzen. Daß es in der Biologie keine fundamentalen Gesetze gibt, ist vor dem Hintergrund einer materialistischen Ontologie trivial. Ich schlage statt dessen vor, das Verhältnis zwischen adaptiven Erklärungen und populationsgenetischen Modellen mit Hilfe des Begriffs der token/token-Reduktion zu charakterisieren. Ich zeige, daß damit sowohl der *explanatorische* als auch der *bestätigende* Anspruch der Theoriereduktion befriedigt wird, nicht aber die *Ersetzbarkeit* der Evolutionstheorie durch eine Mikrotheorie. Einige der Ergebnisse der Kapitel 10-12 wurden in komprimierter Form und in englischer Sprache unter dem Titel »Fitness Made Physical: The Supervenience of Biological Concepts Revisited« in der Zeitschrift *Philosophy of Science* veröffentlicht (Band 63, September 1996, S. 411-431).

Zum Schluß folgen im Epilog einige Bemerkungen und Schlußfolgerungen zu der in dieser Arbeit entwickelten reduktionistischen Interpretation der Synthetischen Evolutionstheorie sowie zum Reduktionismus und seinem ontologischen Gegenüber - dem Materialismus - im Allgemeinen. Ich weise insbesondere auf einige häufige Mißverständnisse einer solchen Position hin und versuche, die reduktionistische Interpretation der Evolutionstheorie zu motivieren.

An dieser Stelle sind einige Worte des Dankes angebracht für die vielfältige Unterstützung, die mir zuteil wurde. Ein besonders herzlicher Dank richtet sich an Paul Hoyningen-Huene für die exzellente Betreuung meiner Dissertation, aus der das vorliegende Werk hervorgegangen ist. Der Fachgruppe Philosophie und dem Zentrum Philosophie und Wissenschaftstheorie der Universität Konstanz danke ich für eine stimulierende intellektuelle Umgebung sowie für die freundliche Aufnahme eines Überläufers aus den Naturwissenschaften. Eine durch den Schweizerischen Nationalfonds (Schwerpunktprogramm Umwelt, Modul Biodiversität, Gesuch Nr. 5001-035228) finanzierte Assistentenstelle bei Werner Arber am Biozentrum der Universität Basel war eine notwendige ökonomische Bedingung für meine Studien. Ich danke Werner Arber auch herzlich für vielerlei Anregungen und für sein fortwährendes Interesse an meiner Arbeit. Das Biodiversitätsprojekt schuf für mich darüber hinaus ideale

Bedingungen, um mit der aktuellen biologischen Forschung im Kontakt zu bleiben. In diesem Zusammenhang danke ich besonders Bernhard Schmid und Paul Schmid-Hempel, die auch meine ersten Gehversuche zu zwei in dieser Arbeit behandelten Themen kritisch gelesen haben (Fitness und Optimierungstheorie). Für die kritische Lektüre des Manuskriptes danke ich Hanne Andersen und Gereon Wolters. Besonders hilfreiche Ratschläge verdanke ich John Beatty, Richard Burian, Paul Feyerabend und Ernst Mayr. Schließlich danke ich dem Landkreis Konstanz für die Würdigung meiner Arbeit durch den Preis zur Förderung des wissenschaftlichen Nachwuchses an der Universität Konstanz für das Studienjahr 1995/96.

Inhaltsverzeichnis

I Die Evolutionäre Synthese

1 Einleitung Teil I: Die Evolutionäre Synthese

Die heutige Evolutionstheorie ist das Produkt einer höchst abwechslungsreichen Geschichte[1]. Mehrere Generationen von Wissenschaftlern haben an ihr gearbeitet, haben Darwins »On the Origin of Species« und andere Klassiker gelesen, haben theoretische Überlegungen angestellt, mathematische Modelle entwickelt, Daten gesammelt und mit der Theorie verglichen, haben viel diskutiert und waren in heftige Kontroversen verwickelt. Einige der klassischen Kontroversen sind bis heute nicht beigelegt; sie werden wohl auch im 21. Jahrhundert noch das Lebenselixier der evolutionsbiologischen Forschung bleiben. Es wäre naiv anzunehmen, daß die Wissenschaft seit der Veröffentlichung von Darwins berühmtem Werk stetig Wissen akkumuliert hat, das sich nahtlos in den jeweils bereits vorhandenen Wissensbestand einfügte. Daß es in vielen Fragen Fortschritte gegeben hat, wird kaum ernsthaft bezweifelt. Aber jeder solche Fortschritt hat wieder neue Probleme aufgeworfen, oder sogar Teile des Gebäudes wieder zum Einsturz gebracht. Es gab auch Entwicklungen, die man rückblickend und mit dem »benefit of hindsight« als Rückschritte bezeichnen könnte[2]. Auch die Geschichte der Evolutionsbiologie bestätigt wohl, daß die Wissenschaftsentwicklung kein kumulativer Prozeß ist[3].

Eine der zugleich interessantesten und schwierigsten Fragen für die Historiographie der Evolutionstheorie im 20. Jahrhundert betrifft das Verhältnis zwischen der Evolutionstheorie selbst und der modernen Genetik. Evolutionstheorie und Genetik scheinen ein höchst ungleiches Paar zu sein: Jene interessiert sich für den Ursprung der organischen Vielfalt; für Prozesse, die sich über viele Jahrtausende und Generationen hinweg und über riesige Gebiete verteilt abspielen. Diese interessiert sich für die submikroskopischen Prozesse der Vererbung von organismischen Eigenschaften von einer Generation zur nächsten und geht darüber hinaus davon aus, daß dieser Prozeß bei allen oder

---

1 Für einführende Literatur zur Geschichte der Evolutionsbiologie siehe Bowler (1989), Mayr (1982), Mayr (1991), Ruse (1979), Provine (1971). Eine der besten Einführungen in die moderne Evolutionstheorie selbst ist Maynard Smith (1993). Einen guten Überblick über den heutigen Stand der Forschung vermittelt Futuyma (1990).

2 Siehe z.B. Bowlers (1988) Studie zur Evolutionsbiologie im späten 19. Jahrhundert, in dem ausgesprochen »undarwinistische« Theorien florierten, die Evolution als orthogenetischen (zielgerichtet, einem sich entfaltenden inneren Plan folgend) Entwicklungsprozeß sahen.

3 vgl. Kuhn (1970), Kap. 1

wenigstens bei den meisten Organismen etwa gleich abläuft. Doch trotz dieser scheinbaren Verschiedenheit in der Fragestellung ist im 20. Jahrhundert die Geschichte der einen Wissenschaft weitgehend mit der Geschichte der anderen verflochten. Wie in diesem Teil der vorliegenden Arbeit gezeigt werden soll, hatte die moderne Genetik einen enormen Einfluß auf die Entwicklung der Evolutionstheorie im 20. Jahrhundert. Sie war ein wesentliches Element in der »Modernen Synthese« oder »Synthetischen Evolutionstheorie« aus den Dreißiger- und Vierzigerjahren.

Auf der anderen Seite waren viele genetische Forschungen durch evolutionstheoretische Fragen motiviert, besonders bei William Bateson, Hugo de Vries oder dem frühen Thomas Hunt Morgan. Sogar Mendel selbst schrieb 1865 in seiner berühmter Abhandlung 'Versuche über Pflanzenhybriden' über seinen quantitativ-experimentellen Ansatz:

> [I]ndessen scheint es der einzig richtige Weg zu sein, auf dem endlich die Lösung einer Frage erreicht werden kann, welche für die Entwicklungsgeschichte der organischen Formen von nicht zu unterschätzender Bedeutung ist.[4]

Mendel war mit Darwins Arbeiten vertraut und hoffte, daß seine Studien zur Vererbung einen Beitrag zum Problem des Ursprungs der Arten leisten könnten. Er ahnte wohl nicht, daß sich diese Hoffnung rund 50 Jahre später erfüllen würde. Allerdings war hierzu - wie noch gezeigt wird - eine beträchtliche Erweiterung und Verfeinerung seiner Theorie erforderlich.

Es gibt keine Hinweise darauf, daß Darwin selbst je etwas von Mendels Züchtungsversuchen erfahren hat. Aber auch Darwin benutzte praktisches Wissen aus der Kunst der Tierzucht - auch eine Art von »Genetik« - zur Begründung seiner Theorie[5]. Allerdings entwickelte er nach dem Erscheinen von »On the Origin of Species eine aus heutiger Sicht falsche Theorie der Vererbung, seine »provisional hypothesis of pangenesis«. Eine erste Formulierung dieser Hypothese findet sich in »The Variation in Plants and Animals under Domestication« (1868):

> It is almost universally admitted that cells, or the units of the body, propagate themselves by self-division or proliferation, retaining the same nature, and ultimately becoming converted into the various tissues and substances of the body. But besides this means of increase I assume that cells, before their conversion into completely passive or "formed material," throw off minute granules or atoms, which circulate freely throughout the system, and when supplied with proper multiply by self

[4] Mendel (1901), S. 4. Es fragt sich allerdings, ob Mendel »Entwicklungsgeschichte« nicht in einem ontogenetischen Sinn gemeint hat (d.h. Embryonalentwicklung). Auf diese Frage hat mich Gereon Wolters aufmerksam gemacht.

[5] Darwin (1859), Kap. 1

> division, subsequently becoming developed into cells like those from which they were derived. These granules, for the sake of distinctness, may be called ... gemmules. They are supposed to be transmitted from the parents to the offspring, and are generally developed in the generation which immediately succeeds, but are often transmitted in a dormant state during many generations and are then developed.[6]

Nach Darwin werden also die Teile eines Organismus mosaikartig durch zirkulierende Teilchen spezifiziert, die sich in den Keimzellen versammeln und dadurch an die nächste Generation weitergeben werden. Das Aussenden solcher »gemmules« durch verschiedenen Organe des Organismus kann durch äußere Bedingungen sowie durch Gebrauch und Nichtgebrauch (»use and disuse«) von Organen beeinflußt werden[7].

Die Idee der Pangenesis muß vermutlich vor dem Hintergrund der präformationistischen Tradition in der Entwicklungsbiologie des 19. Jahrhunderts gesehen werden[8]. Sie unterscheidet sich in fundamentaler Weise von der heutigen Genetik: Erstens ist die Vererbung erworbener Eigenschaften darin ausdrücklich vorgesehen. Ein wegen häufigen Gebrauchs besonders gut ausgebildetes Organ könnte z.B. nach Darwin mehr »gemmules« aussenden als ein weniger kräftiges und damit diese erworbene Eigenschaft weitervererben. Zweitens ist die - in heutiger Terminologie - »Erbinformation« im adulten Organismus mosaikartig verteilt und nicht, wie nach der heutigen Theorie, in allen Zellen ständig präsent. Die Erbsubstanz wird vor jedem Fortpflanzungsversuch durch Versammlung der »gemmules« in den Keimzellen aus vielen Mosaikstücken zusammengesetzt. Drittens gibt es nach der Pangenesislehre keine strikte Trennung zwischen Keimbahn und Soma[9].

Angesichts der Unvereinbarkeit dieser Vererbungslehre mit der heutigen Genetik mag es erstaunen, daß Darwins Evolutionstheorie - oder zumindest etwas Ähnliches - in der heutigen Biologie noch eine derart wichtige Rolle spielt. Man kann dies damit erklären, daß Darwin bezüglich theoretischer Fragen, die die Vererbung betreffen, in »On the Origin of Species« weitgehend neutral blieb, da es ihm dort um eine gründliche Rechtfertigung seiner Evolutionstheorie ging, die er wohl nicht mit zweifelhaften Spekulationen belasten wollte. In den 1860er

---

6 Darwin (1868), Bd. II, S. 374

7 *ibid.*, S. 382

8 Dobzhansky (1941), S. 33 (Präformationismus: entwicklungsbiologische Theorien, die annehmen, daß die Form eines Organismus schon in den Keimzellen vorhanden ist und sich durch die Embryonalentwicklung »entfaltet«, siehe Maienschein 1990).

9 Eine solche Trennung wurde gegen Ende des 19. Jahrhunderts von August Weismann vorgeschlagen. Dessen Genetik unterscheidet sich aber immer noch stark von der heutigen (Mayr 1982, S. 698-701).

Jahren sah sich Darwin aber unter dem Einfluß einer Reihe von Einwänden gegen seine Theorie der natürlichen Selektion genötigt, eine genetische Theorie wenigstens zu skizzieren. Es war sich aber des spekulativen Charakters seiner »provisional hypothesis of pangenesis« bewußt:

> An unverified hypothesis is of little or no value. But if any one should hereafter be led to make observations by which some such hypothesis could be established, I shall have done good service.[10]

Darwin selbst scheint also der Pangenesishypothese höchstens eine heuristische Bedeutung zuzugestehen; zweifellos maß er aber der Vererbungslehre generell eine zentrale Rolle für die Evolutionstheorie bei[11].

Aus der Retrospektive betrachtet und wiederum mit dem »benefit of hindsight« sieht es so aus, als ob die um 1900 wiederentdeckte Mendelsche Genetik genau das fehlende Glied in Darwins Theorie war, die diese (1) auf das Fundament einer empirisch gestützten Vererbungslehre stellte[12], (2) den Ursprung der Variabilität erblicher Eigenschaften erklärte[13], (3) ein zentrales theoretisches Problem der Theorie löste: das sogenannte »blending«[14] und (4) natürliche Selektion als einzigen Mechanismus der Adaptation etablierte, indem die Vererbung erworbener Eigenschaften als Anpassungsmechanismus ausgeschlossen werden konnte[15]. Unter »blending« verstanden einige von Darwins Kritikern die aufgrund der Theorie der Pangenesis (s. oben) vorhergesagte Ausdünnung vorteilhafter Merkmale durch Zurückkreuzung mit durchschnittlichen Vertretern der Art und anschließender Durchmischung der Keimplasmata. Daß dies unter den Voraussetzungen der Mendelschen Theorie nicht zu erwarten ist, wurde schon früh als bedeutende Konsequenz der Mendelschen Genetik für die Evolutionstheorie erkannt. Diese weitverbreitete »missing link« - Interpretation des Verhältnisses von Darwinismus und Mendelismus bedarf der Präzisierung.

Vor allem müssen die Ausdrücke »Darwinismus« und »Mendelismus« bzw. »Darwins Theorie« und »Mendelsche Genetik« präziser definiert werden. Darwins Theorie im engeren Sinne enthält die folgenden Elemente: (1) die gemeinsame Abstammung aller Lebewesen (Deszendenz), (2) graduelle Veränderung von Arten durch »infinitesimale« Schritte, (3) Anpassung durch

---

10 Aus Darwins Autobiographie (Barlow 1958, S. 130).
11 vgl. Ruse (1979), S. 212.
12 Chetverikov (1926), S. 169
13 Dobzhansky (1941), S. 151
14 Provine (1971), S. 7; Dobzhansky (1941), S. 154-155; Fisher (1930), S. 1-12; Morgan (1917), S. 527; Vorzimmer (1963)
15 Dobzhansky (1941), S. 187; Mayr (1982), S. 554

natürliche Selektion, die auf kontinuierliche Unterschiede in erblichen Eigenschaften wirkt und (4) Artbildung durch geographische Isolation[16]. Eine wichtige Frage ist, ob die Synthetische Evolutionstheorie diese Elemente noch in irgendeiner Form enthält.

Unter »Mendelsche Genetik« könnte die von Gregor Mendel 1865 vorgelegte Theorie verstanden werden. Obwohl Mendel zweifellos erstmals ein für die moderne Genetik zentrales genetisches Phänomen beschrieben hat - die Konstanz von differenzierenden Merkmalen in Kreuzungen zweier Typen über mehrere Generationen - lieferte erst die Transmissionsgenetik des 20. Jahrhunderts bzw. die »klassische Theorie des Gens« (siehe Kap. 3) die für eine Synthese mit dem Darwinismus erforderlichen Begriffe und Theorien. Die Mendelschen Vererbungsgesetze für sich genommen implizieren keineswegs die moderne Theorie des Gens. Sie lassen sich z.B. auch mit einer Pangenesistheorie vereinbaren, wie sie von einem der Wiederentdecker der Mendelschen Gesetze, Hugo de Vries, vertreten wurde (siehe 2.3).

Historisch gesehen war die Zusammenführung der Evolutionstheorie mit der modernen Genetik ein langwieriger und durch viele Hindernisse gezeichneter Prozeß, der erst mit der Evolutionären Synthese in den Dreißiger- und Vierzigerjahren einen vorläufigen Abschluß findet. Den Anfang dieses Prozesses markiert die (unabhängige) Wiederentdeckung und experimentelle Bestätigung der Mendelschen Gesetze durch de Vries, Correns und Tschermak zu Beginn des 20. Jahrhunderts[17]. Die neuen Anhänger des zu diesem Zeitpunkt längst verstorbenen und vergessenen Mendel taten aber zunächst alles Andere als zu versuchen, die moderne Genetik mit der Darwinschen Theorie zu vereinen. Sie versuchten vielmehr, Darwins Theorie mit Hilfe der Genetik zu widerlegen. Die meisten Genetiker dieser Zeit waren Saltationisten, d.h. sie glaubten, daß Evolution nicht graduell und unter dem Einfluß von natürlicher Selektion verläuft, wie Darwin postuliert hatte, sondern durch Sprünge (lat. saltus) oder »Mutationen«, wobei der Mutationsbegriff zunächst eine andere Bedeutung hatte als in der modernen Genetik[18]. Im zweiten Kapitel werde ich die saltationistischen Theorien William Batesons und Hugo de Vries' im Detail vorstellen.

In England führte das Aufkommen der sich auf Mendel berufenden Saltationisten zu einem heftigen Streit zwischen zwei Schulen: den gradualistischen »Biometrikern« um Karl Pearson und Francis Weldon und den saltationistischen »Mendelianern« um Bateson[19]. Dieser Streit findet seine Aufhebung in der

---

16 Mayr (1982), S. 426; Mayr (1991), S. 36-37

17 De Vries (1900); Correns (1900); Tschermak (1900); siehe auch Dunn (1965), S. 3-5.

18 Mayr (1982), S. 544ff.; Dietrich (1992)

19 Provine (1971), Kap. 3; Farrall (1975)

Geburt der modernen Populationsgenetik und ihrer Neuformulierung der Selektionstheorie in populationsgenetischen Begriffen[20]. In Deutschland und den USA fanden ausgedehnte Kontroversen über den Mechanismus der Artenbildung zwischen den saltationistischen Genetikern wie H. de Vries, W. Bateson oder dem frühen T.H. Morgan, und den gradualistischen Naturhistorikern wie E. Stresemann (Mayrs Doktorvater), H. Osborn, B. Rensch und F. Sumner statt[21]. Aber auch als die Genetiker insbesondere durch die Arbeiten von H. Nilsson-Ehle, E. East, E. Baur und H. J. Muller zeigten, daß Mendelsche Variabilität auch kontinuierlich erscheinen kann (siehe 4.4), änderte sich nicht viel an der Situation, da die Naturhistoriker diese Literatur nicht zu Kenntnis nahmen. Mayr betrachtet deswegen das Einreißen von disziplinären Grenzen zwischen den Genetikern und Naturhistorikern als entscheidend für eine Synthese von Genetik und Darwinismus[22]. Den wichtigsten Schritt in dieser Richtung vollzog in Mayrs Sicht T. Dobzhansky, der aus seiner russischen Heimat ein beträchtliches naturhistorisches Wissen mitbrachte, das er nach seiner Auswanderung in die USA unter dem Einfluß von A.H. Sturtevant, T.H. Morgan und S. Wright mit der neu entstandenen Genetik zu vereinen suchte[23]. Die Arbeiten Dobzhanskys sowie weitere experimentelle Untersuchungen, auf denen die Evolutionäre Synthese aufbaute, werden im vierten Kapitel vorgestellt.

Seit der Synthese ist die Genetik aus der Evolutionsbiologie nicht mehr wegzudenken[24]. Rund die Hälfte von T. Dobzhanskys »Genetics and the Origin of Species« (1937), einem der ersten Standardwerke der Synthetischen Evolutionstheorie, ist der Diskussion genetischer Mechanismen gewidmet (siehe 5.1), und auch Systematiker wie E. Mayr betonten die Bedeutung der modernen Genetik für ihre Arbeit über Artbildung[25]. Die Evolutionsforschung erhält auch heute immer wieder wichtige Impulse von der inzwischen molekular gewordenen Genetik[26].

Die Synthese brachte auch einen weitgehenden Konsens zwischen Spezialisten aus verschiedenen Disziplinen (Genetik, Botanik, Zoologie, Embryologie, Morphologie, Zytologie, Paläontologie) über die grundlegenden

---

20 Provine (1971), Kap. 5

21 Mayr (1980a), S. 6-28

22 *ibid.*, S. 40f.

23 Provine (1981)

24 Davon ausgenommen sind die neueren, teilweise umstrittenen Theorien der Makroevolution, z.B. Eldredge (1985); Stanley (1979).

25 Mayr (1942), S. 65ff.

26 z.B. Halder, Callaerts und Gehring (1995); Gould (1994); Carroll (1995); Bradshaw et al. (1995)

Mechanismen der Evolution mit sich, bezüglich derer vor der Synthese beträchtliche Meinungsverschiedenheiten zwischen den Disziplinen geherrscht hatten[27]. Die Mehrheit der Evolutionsbiologen in den verschiedenen Subdisziplinen gingen nach der Synthese von der Annahme aus, daß ihre Theorien zumindest konsistent mit den populationsgenetischen Prinzipien zu sein hatten[28]. Darüber hinaus versuchten viele, die von ihnen beobachteten Phänomene mittels dieser Prinzipien zu erklären, z.B. benutzte der Paläontologe G. G. Simpson S. Wrights »shifting balance« - Theorie[29], die eine Interaktion von genetischer Drift, Migration und natürlicher Selektion postulierte und evolutionäre Bewegungen von Populationen zwischen »adaptive peaks« (lokale Maxima der Anpassung) voraussagte, als Grundlage für seine Theorie der »Quantenevolution«[30]. M. Ruse hat aus diesem Grund vorgeschlagen, daß die Populationsgenetik eine Art deduktiven Kern für die Synthetische Theorie bildet[31]. Diese These wird im Licht der folgenden Kapitel noch kritisch zu diskutieren sein (Kap. 7).

Entscheidend für die Synthese war, daß die mehr naturhistorisch ausgerichteten Biologen (Simpson, Mayr, Rensch, Osborn u.a.) von ihren althergebrachten, aus heutiger Sicht falschen Theorien der Vererbung (von Mayr oft als »Lamarckismus« bezeichnet, da sie wie J. B. Lamarck und Darwin auch an die Vererbung erworbener Eigenschaften glaubten) abließen und vermehrt die Theorie der modernen Genetik in ihre Arbeit einbezogen. Die Genetiker ihrerseits mußten einsehen, daß die Mendelsche Vererbungslehre nicht notwendigerweise eine saltationistische Theorie der Artbildung bedingt, sondern auch mit einer gradualistischen Evolutionstheorie verträglich ist. Außerdem mußten die Genetiker laut Mayr das sogenannte »population thinking« erlernen, d.h., sie mußten lernen, Arten nicht als Idealtypen von Organismen mit unveränderlichen (bzw. nur durch Saltationen veränderlichen) essentiellen Eigenschaften zu sehen, sondern als Gruppen von höchst variablen Individuen[32]. Ich werde dieses metaphysische Problem hier nicht behandeln. Statt dessen versuche ich zu zeigen, daß besonders die z.B. durch de Vries (siehe 2.3) propagierte Theorie von zwei völlig verschiedenen Arten von Variabilität eines der größten Hindernisse war, das die Synthese zu überwinden hatte.

---

27 Siehe besonders die Aufsätze von Mayr (Systematik), Darlington (Zytologie), Churchill (Embryologie), Stebbins (Botanik), Ghiselin (Morphologie), Gould (Paläontologie) und Allen (Genetik) in Mayr und Provine (1980).

28 Gould (1980), S. 161

29 Provine (1986), Kap. 9; siehe auch 6.3.

30 Simpson (1944); siehe auch Gould (1980), S. 164f.

31 Ruse (1973, 1981)

32 Mayr (1975a), S. 26-29; siehe auch Sober (1980)

Neben diesen historischen Aspekten interessiert mich ein Problem, das sich aus einer typischen Art und Weise ergibt, die Synthetische Theorie zu beschreiben:

> The unification of evolutionary biology achieved by the synthesis painted its picture in bold strokes: Gradual evolution is due to the ordering of genetic variation by natural selection, and all evolutionary phenomena can be explained in terms of known genetic mechanisms.[33]

Oder wie in N. Eldredges Einführung zu einer Neuauflage von Ernst Mayrs Klassiker »Systematics and the Origin of Species« zu lesen ist:

> The great achievement of the synthesis was not merely showing that all biological data are consistent with Neo-Darwinian genetic principles, but that they could be reduced to these principles.[34]

Mayr und auch Eldredge räumen also der modernen Genetik offenbar eine zentrale Rolle in der synthetischen Vereinheitlichung der Evolutionstheorie ein. Allerdings ist es nicht einfach, diesen vereinheitlichenden Charakter - das »Synthetische« an der Synthese - wissenschaftstheoretisch genauer zu charakterisieren. Mit der Behauptung, daß die Synthese z.B. eine »Reduktion der Evolutionstheorie auf die Genetik« darstelle, ist es nicht getan; auch nicht mit der Negation einer solchen Behauptung. Allerdings legt Mayrs oben zitierte Charakterisierung eine Interpretation in dieser Richtung nahe, während Eldredge sie sogar explizit ausspricht[35]. In welchem Sinn in diesem Zusammenhang von »Reduktion« geredet werden könnte, ist ein wissenschaftstheoretisches Problem, das ich in Teil II ausführlich behandeln werde.

Auch der historische Sinn von »Evolutionäre Synthese« muß präzisiert werden. Die Rede von einer »Synthese« soll zunächst aussagen, daß zwei Traditionen zusammengeführt wurden, die Darwinistische Evolutionstheorie und die Mendelsche Genetik mitsamt dem mit ihr assoziierten Wissen (Chromosomentheorie, Zytologie, Theorien der Entstehung genetischer Variation

---

33 Mayr (1991), S. 140

34 Eldredge (1982), S. xvi, Hervorh. im Original

35 Mayr selbst würde eine solche Interpretation unter gar keinen Umständen anerkennen; siehe z.B. (1982, S. 63): »Reduction is at best a vacuous, but more often a thoroughly misleading and futile, approach«. Mayr anerkennt zwar den »konstitutiven« Reduktionismus, der äquivalent mit Ayalas (1974) ontologischem Reduktionismus ist. Jede stärkere reduktionistische Position lehnt er jedoch ab. Eldredge kritisiert an anderer Stelle (1985) die Synthetische Theorie gerade wegen deren reduktionistischen Tendenz, wobei er mit diesem Vorwurf primär die Kontinuitätsthese von Mikro- und Makroevolution anspricht. Die Kontinuitätsthese stellt einen Problemkreis dar, der nichts mit den in Teil II zu besprechenden Problemen der Theoriereduktion zu tun hat (vgl. Ayala 1985).

u.a.). Wird der Synthesebegriff in einer dialektischen Bedeutung genommen, so beinhaltet er auch, daß die einfließenden Traditionen sich durch die Synthese qualitativ verändert haben[36]. Dies ist bei der Evolutionären Synthese zweifellos der Fall, wie im Folgenden klar werden wird.

Eine weitere Frage ist, welche Forschungsarbeiten in besonderem Maß zur Synthese beigetragen haben. Insbesondere besteht eine gewisse Uneinigkeit betreffend der historischen Bedeutung[37] der theoretischen Populationsgenetik für die Synthese als Ganzes. Mayr scheint ihr höchstens eine Vorreiterrolle zugestehen zu wollen und sieht den entscheidenden Syntheseschritt vor allem in der Arbeit Dobzhanskys und anderer Feldbiologen[38], während z.B. G. E. Allen die Synthese von Mendelscher Genetik und Darwinismus vor allem in den Arbeiten von Fisher, Haldane und Wright verwirklicht sieht[39]. W. Provine hat diesen Streitpunkt folgendermaßen charakterisiert:

> By the early 1950s most evolutionary biologists had come to the view that the recent synthesis in evolutionary biology had emanated directly from the theoretical work of Fisher, Haldane and Wright... Almost every textbook or paper on the subject cited Fisher, Haldane and Wright as the cofounders of modern evolutionary theory.
>
> Mayr found this interpretation wrong and distasteful. He had always seen speciation as the primary problem in the evolutionary process and the work of systematists as central to the evolutionary synthesis. The population geneticists, on the other hand, focused upon evolution within populations as their primary, almost exclusive province. From Mayrs perspective, there was a real question of whether theoretical population geneticists had contributed anything of great significance to the evolutionary synthesis, much less deserved credit for being the primary thinkers.[40]

Mayr ist der Ansicht, daß das Problem der geographischen Variation und der Artbildung die die zentralen Fragen der Evolutionsbiologie sind, und aus seiner Sicht leisteten erst die Arbeiten aus den Dreißiger- und Vierzigerjahren von Dobzhansky, Mayr, Rensch, Simpson und anderen wesentliche Beiträge zur Beantwortung dieser Fragen[41]. Die frühen Arbeiten der mathematischen

---

36 Dies schließt eine reduktionistische Interpretation nicht von vornherein aus, siehe Schaffner (1967).

37 Dieser geläufige Ausdruck ist grundsätzlich zweideutig, weil der Begriff sowohl deskriptiv (faktischer Einfluß einer Theorie, Schule oder Person auf den Gang einer Wissenschaft) als auch normativ (objektive Geltung, Fortschrittlichkeit oder Entwicklungspotential einer Theorie, eines Forschungsprogramms etc.) gemeint sein kann. Hier ist »historische Bedeutung« in einem normativen Sinn gemeint.

38 Mayr (1982), S. 550ff.

39 Allen (1978a), S. 126-145; siehe auch Huxley (1942), Kap. 2

40 Provine (1986), S. 478f.; siehe auch Provine (1978)

41 Mayr (1993); persönliche Korrespondenz (Brief von Mayr an M.W., November 1993).

Populationsgenetiker befaßten sich hingegen vor allem mit der Veränderung der Häufigkeiten einzelner Allele oder quantitativer Merkmale in Populationen und abstrahierten vollständig von den Eigenschaften der Organismen mit Ausnahme der relativen Fitnesswerte der Allele/Merkmale sowie der herrschenden Mutations- und Migrationsraten[42].

Wie Provine anhand der äußerst umfangreichen Korrespondenz des theoretischen Populationsgenetikers Sewall Wright gezeigt hat, bestand nach ca. 1937 eine starke Interaktion zwischen Theoretikern und Feldbiologen[43]. Dobzhansky holte bei der Planung seiner umfassenden Datenerhebungen und Experimente zur Populationsgenetik der kalifornischen Drosophila pseudoobscura-Populationen stets Wrights Rat ein, um sicher zu gehen, daß die von ihm und seinen Mitarbeitern mühselig gesammelten Daten theorierelevant seien. Wright führte zudem umfangreiche statistische Analysen und theoretische Berechnungen aufgrund von Dobzhanskys Daten durch, zu denen Dobzhansky selbst nicht in der Lage gewesen wäre. Auf der anderen Seite ist aufgrund dieser Korrespondenz offensichtlich, daß Wright ein großes Interesse an Dobzhanskys Daten hatte, ohne die er nicht ein einziges seiner theoretischen Modelle empirisch hätte testen können (Wrights eigene experimentelle Forschung in Chicago befaßte sich mit der physiologischen Genetik des Labor-Meerschweinchens und nicht mit der Populationsgenetik natürlicher Populationen). Eine ähnliche Zusammenarbeit entwickelte sich in England zwischen dem theoretischen Populationsgenetiker und Statistiker R. A. Fisher und dem Feldbiologen E. B. Ford, deren Ergebnisse über die Evolution von Lepidopteren aber erst nach Fishers Tod in einem größeren Rahmen veröffentlicht wurden[44].

Das Verhältnis zwischen der theoretischen Populationsgenetik und der empirischen Forschung ist also das einer weitgehenden gegenseitigen Abhängigkeit und erinnert in dieser Hinsicht an die Situation in der modernen Physik. Dies wurde auch durchaus z.B. von Dobzhansky selbst so gesehen:

> Genetics [d.h. Evolutionsgenetik, M.W.] is the first science which got in the position in which physics has been for many years. One can justifiably speak about such a thing as theoretical mathematical genetics, and experimental genetics, just as in physics. There are some mathematical geniuses who work out what to an ordinary person seems a fantastic kind of theory. This fantastic kind of theory nevertheless leads to experimentally verifiable prediction, which an experimental physicist then

---

42 Vgl. Mayr (1980a): »nothing in the supposedly evolutionary writings of T.H. Morgan, R.A. Fisher, and J.B.S. Haldane explained the multiplication of species, the origin of higher taxa, and the origin of evolutionary novelties. Their interpretations concerned the gene level in a single gene pool« (S. 9; Hervorh. von mir).

43 Provine (1986), Kap. 10 und 11

44 Ford (1964)

> has to test the validty of. Since the times of Wright, Haldane and Fisher, evolutionary genetics has been in a similar position.[45]

Die Evolutionäre Synthese und die theoretische Populationsgenetik sind also eng miteinander verbunden, obwohl die letztere anfänglich weitgehend auf sich gestellt war und mathematische Modelle ohne irgendwelches Wissen über die Struktur natürlicher Populationen entwickelte. Dies änderte sich grundlegend durch die Synthese, während der die Mehrheit der Paläontologen, Botaniker und Zoologen die theoretischen Ergebnisse der Populationsgenetik akzeptierten und zu einer Grundlage ihrer evolutionären Nachforschungen machten.

Wenn Mayr allerdings den »Architekten der Synthese«, wie er sich selbst sowie Dobzhansky, G. G. Simpson und B. Rensch gerne bezeichnet, eine zentrale Rolle in der Synthese des Darwinismus mit der Genetik einräumt, so meint er m.E. gerade nicht, daß deren Beitrag lediglich darin bestand, die von den theoretischen Populationsgenetikern entwickelten Theorien auf natürliche Populationen anzuwenden bzw. empirisch zu überprüfen[46]. Mayr meint vielmehr, daß die theoretische Populationsgenetik einige zentrale evolutionstheoretische Probleme überhaupt nicht behandelt, geschweige denn gelöst hat, namentlich das Problem der Artbildung, und daß die Architekten auf diesem Gebiet auch einen theoretischen Beitrag zur Synthese geleistet haben.

Nach Mayrs Auffassung bestand der wichtigste Beitrag der mathematischen Populationsgenetik darin, zu zeigen, daß in einer Population von sich sexuell fortpflanzenden Organismen ein vorteilhaftes Allel sich relativ schnell ausbreiten kann, auch wenn sein Selektionsvorteil minimal ist. Mayr schreibt:

> The conclusion that alleles only slightly differing in selective value could replace each other rather rapidly in evolution later induced several neo-Lamarckians (Rensch and Mayr, for example) to abandon their belief in soft inheritance. For it was now evident that phenomena like climatic races and other environment-correlated adaptations could be interpreted in terms of selection acting on multiple alleles and genes.[47]

Mit »soft inheritance« meint Mayr die Vererbung erworbener Eigenschaften (»Lamarckismus«), die zu Beginn des 20. Jahrhunderts noch selbst von führenden Genetikern angenommen bzw. nicht ausgeschlossen wurde[48]. Ein solcher Prozeß kann potentiell erklären, weshalb Organismen an ihre Umwelt

---

45 Aus einem Interview des Oral History Research Office der Columbia-Universität mit Dobzhansky im Jahre 1962. Die zitierte Stelle ist in Provine (1981), S. 60f. abgedruckt.

46 Auf diese Weise wird das Verhältnis von theoretischen und experimentellen Arbeiten von Provine (1978) dargestellt.

47 Mayr (1982), S. 554

48 Siehe z.B. Bateson (1913), S. 188-211

angepaßt zu sein scheinen; ein Faktum, das meines Wissens zu allen Zeiten als unbedingt erklärungsbedürftig angesehen wurde. Die Einsicht, daß Anpassung durch Selektion für günstige Gene oder Genkombinationen auch bei geringem Selektionsvorteil relativ schnell (u.U. einige wenige Generationen) erfolgen kann, entbindet also den Evolutionsbiologen davon, Anpassung durch die Vererbung erworbener Eigenschaften postulieren zu müssen.

Abgesehen davon schätzt Mayr den Beitrag der mathematischen Populationsgenetik als relativ bescheiden ein. Er schrieb später eine vielbeachtete Polemik gegen sie, in der er sie als »Bohnensack-Genetik« bezeichnete[49]. Seiner Meinung nach waren die Modelle von Fisher, Haldane und Wright viel zu stark idealisiert; für sie bestand in Mayrs Sicht das Problem der Evolution darin, Bohnen (=Allele) aus einem Sack (=Population) zu ziehen und die resultierenden Häufigkeiten zu berechnen. Ein Hauptkritikpunkt Mayrs besteht außerdem darin, daß die meisten populationsgenetischen Modelle annehmen, daß der Fitnesswert eines Allels an einem Locus unabhängig von den Werten der an anderen Loci vorhandenen Allele ist[50].

Mayr unterscheidet außerdem zwischen der mathematischen Populationsgenetik und der ökologischen Genetik[51]. Letztere wurde insbesondere durch Goldschmidt, Sumner, Baur, Chetverikov, Timoféeff-Ressovsky und Dobzhansky vorangetrieben und unterscheidet sich von der mathematischen Populationsgenetik in vieler Hinsicht. Erstere operierte mit gedachten Populationen von abstrakten Organismen, die außer relativen Fitneßwerten und Mutations- sowie Migrationsraten überhaupt keine Eigenschaften hatten. Fisher und seine Artgenossen gingen mathematisch-deduktiv vor. Die ökologische Genetik arbeitete hingegen größtenteils experimentell, indem sie wirkliche Populationen wirklicher Organismen im Feld und im Labor untersuchte. Obwohl gewisse Fragestellungen der ökologischen Genetik von den Theorien der mathematischen Populationsgenetik her motiviert waren[52], befaßte sie sich auch mit Fragen, die nicht Gegenstand theoretischer Rechnungen der »Mathematiker« Fisher, Wright und Haldane waren (und wahrscheinlich auch gar nicht sein konnten, da es sich um empirische Fragen handelte, die nur durch Beobachtungen und Experimente beantwortet werden konnten). Dazu gehörte v.a. das Problem der genetischen Basis der intra- und interspezifischen Variabilität von Organismen, welches für die Taxonomie sowie für die Theorie der Artbildung

---

[49] Mayr (1959)

[50] Dies stimmt für die ursprüngliche, nicht aber für die heutige Populationsgenetik (siehe 6.3).

[51] Mayr (1982), S. 553

[52] z.B. Dobzhanskys Problem der effektiven Populationsgröße seiner kalifornischen Drosophila-Populationen, siehe Provine (1986), Kap. 10.

von zentralem Interesse war. Die Arbeiten der ökologischen Genetiker waren nach Mayrs Einschätzung mindestens ebenso wichtig für die Synthese wie die vielgerühmten Arbeiten von Fisher, Haldane und Wright; von der Wissenschaftshistoriographie wurden sie aber trotz Mayrs Kritik bisher weitgehend ignoriert. Ich werde deshalb in diesem Teil eingehend auf die ökologische Genetik eingehen (Kap. 4). Die Gegenüberstellung der von Mayr unterschiedenen mathematischen Populationsgenetik und der ökologischen Genetik ist wissenschaftstheoretisch nicht zuletzt auch deswegen interessant, weil diese sich methodisch (mathematisch-deduktiv vs. experimentell-induktiv) sowie bezüglich der zum Zuge kommenden Theorietypen unterscheiden[53].

Einigkeit besteht darüber, daß in den Dreißiger- und Vierzigerjahren dieses Jahrhunderts eine Synthese des Darwinismus mit der Genetik stattgefunden hat, und daß diese Synthese gegenüber den vorsynthetischen Evolutionstheorien einen erheblichen Fortschritt darstellt[54]. Unkontrovers scheint auch die Feststellung zu sein, daß die Bedeutung der Synthese - wer immer ihre wichtigsten Köpfe waren - darin besteht, daß sie zu einer Vereinheitlichung der Evolutionstheorie geführt hat[55]. Der zweite Teil der vorliegenden Arbeit ist ein Versuch, diese vereinheitlichende Tendenz der Synthese - der sie das Prädikat »synthetisch« verdankt - im Sinne eines reduktionistischen Bilds der Einheit der Wissenschaften zu interpretieren. Mein Interesse in den folgenden historischen Abschnitten ist deswegen nicht primär ein historiographisches, sondern ein wissenschaftstheoretisches: Welche Rolle spielte die Genetik als Mikrotheorie - d.h. als Theorie über submikroskopische Prozesse in biologischen Individuen - in der Entwicklung der Evolutionstheorie als Makrotheorie, d.h. als Theorie über Prozesse, die sich auf einer höheren Ebene abspielen - der Ebene der Population?

---

53 Schaffner (1993, S. 90ff.) hält die mathematische Populationsgenetik für eine Ausnahmeerscheinung innerhalb der Biologie, die in ihrer Struktur eher an physikalische Theorien erinnert. Dies liegt daran, daß sie im Gegensatz zu den meisten anderen Theorien (1) quantitativ formuliert ist, und (2) einen »axiomatischen Kern« enthält (das Hardy-Weinberg Gesetz). Schaffner tendiert allerdings auch dazu, die Modelle der theoretischen Populationsgenetik mit der modernen Evolutionstheorie gleichzusetzen, was eine unzulässige Verkürzung darstellt.

54 Siehe Mayr und Provine (1980) für eine Sammlung von rückblickenden Betrachtungen der Synthese. Ein wichtiger Aspekt der Synthese war auch die mit ihr verbundene Professionalisierung und Institutionalisierung der Evolutionsbiologie, siehe Cain (1993, 1994). Anhänger des »strong program« in der Wissenschaftssoziologie mögen im letzteren Aspekt das Wesen der Evolutionären Synthese sehen; ich betrachte ihn lediglich als Teilaspekt, der allerdings nicht Gegenstand der vorliegenden Arbeit ist.

55 E. Mayr pers. Mitteilung; siehe auch Smocovitis (1992)

Da die Synthetische Evolutionstheorie zumindest nach Mayr hauptsächlich eine Theorie des Ursprungs der Arten ist, wende ich mich zunächst den wichtigsten Theorien der Artbildung in der Zeit vor der Synthese zu. Ich stelle zunächst Darwins Theorie kurz vor. Dann bespreche ich die Darwin in wesentlichen Punkten widersprechenden saltationistischen Theorien, die um die Jahrhundertwende besonders von de Vries und Bateson vertreten wurden und die einen enormen Einfluß auf die Evolutionsbiologie hatten. Wie bereits erwähnt, wurde die neuentdeckte Mendelsche Genetik zunächst mit dem Saltationismus identifiziert. Es wird sich zeigen, daß besonders die Theorie von de Vries teilweise auf falschen genetischen Annahmen beruhten. Im dritten Abschnitt betrachte ich die wichtigsten Entwicklungen vor der Evolutionären Synthese innerhalb der klassischen Genetik selbst. Dabei werden wir sehen, daß viele Erkenntnisse der neuen Genetik des 20. Jahrhunderts in irgendeiner Form für die Evolutionstheorie relevant sind. Es war vor allem Dobzhansky - der mit der klassischen Genetik auf Engste vertraut war und selbst auf diesem Gebiet publizierte - der diese Ergebnisse in die Evolutionsbiologie eingebracht hat.

Schließlich betrachte ich einige Arbeiten, die die Genetik von Rassen- und Artunterschieden in natürlichen Populationen betreffen und die später zu einem wichtigen Stützpfeiler für die Synthetische Theorie wurden. Dann bespreche ich den Inhalt von Dobzhanskys »Genetics and the Origin of Species«, das allgemein als das zentrale Werk der Synthetischen Evolutionstheorie angesehen wird. Anschließend gehe ich kurz auf eine bedeutende Gegenposition zu dieser Theorie ein, die saltationistische Theorie R. Goldschmidts. Diese alternative Theorie rückt die Synthetische Theorie selbst in ein schärferes Licht. Die »Architekten der Synthese« mußten sich etwas einfallen lassen, um die Überlegenheit der Synthetischen Theorie gegenüber Goldschmidts Theorie zu erweisen. Ich werde die wichtigsten Argumente Dobzhanskys und Mayrs gegen Goldschmidt besprechen.

Der erste Teil schließt mit einer kurzen Geschichte der Theorie der natürlichen Selektion. Diese benötige ich vor allem, um zu zeigen, daß die Evolutionstheorie keinesfalls mit der Selektionstheorie gleichgesetzt werden darf, und die Selektionstheorie nicht mit der mathematischen Populationsgenetik. Der letzte Abschnitt von Kap. 6 führt uns außerdem direkt hin zu neueren Entwicklungen in der Evolutionstheorie, die ich für die wissenschaftstheoretischen Betrachtungen in Teil II benötigen werde.

2 Gradualismus und Saltationismus, 1859-1903

2.1 Darwins Gradualismus

Zu Darwins Theorie der Artbildung finden sich in der Literatur bereits vorzügliche historische Rekonstruktionen[1]; ich werde mich deshalb hier kurz fassen. Trotzdem werde ich aus systematischen Gründen eine eigene kurze Rekonstruktion versuchen, wobei es mir primär darum geht, den wichtigsten Vertreter einer *gradualistischen* Theorie der Artbildung zu behandeln. Dies ist erforderlich, um die evolutionstheoretischen Debatten des frühen 20. Jahrhunderts - also der Zeit vor der Synthese - zu verstehen.

Ein zentrales Element in Darwins Theorie der Artbildung ist der Begriff *»incipient species«*. Um diesen zu explizieren, muß man etwas ausholen.

Im zweiten Kapitel von »On the Origin of Species« diskutiert Darwin die praktische Schwierigkeit, die Naturhistoriker oft haben, ob eine bestimmte Form eines Organismus als *Variante* - d.h. Subspezies oder Rasse - oder als eigenständige *Art* zu klassifizieren ist:

> How many of those birds and insects of North America and Europe, which differ very slightly from each other, have been ranked by one eminent naturalist as undoubted species, and by another as varieties, or, as they are often called, geographical races![2]

Diejenigen Formen, die an der Grenze zwischen eindeutig als geographische Rassen und eindeutig als Arten zu klassifizierende Formen anzutreffen sind, interessieren Darwin besonders:

> Those forms which possess in some considerable degree the character of species, but which are so closely similar to other forms, or are so closely linked to them by intermediate gradations, that naturalists do not like to rank them as distinct species, are in several respects the most important for us.[3]

Solche gut ausgeprägte geographische Rassen besitzen gewisse Gemeinsamkeiten mit Arten, besonders die Eigenschaft der *Persistenz*. Ein übliches

---

1 Siehe z.B. die entsprechenden Kapitel in Ruse (1979), Bowler (1989), Mayr (1982) oder Mayr (1991).

2 Darwin (1859), S. 48

3 *ibid.*, S. 47

Kriterium, zwei persistente geographische Rassen *nicht* als eigenständige Arten zu taxieren ist die Existenz von *Zwischenformen:*

> We have every reason to believe that many of these doubtful and closely-allied forms have permanently retained their characters in their own country for a long time; for as long, as far as we know, as have good and true species. Practically, when a naturalist can unite two forms together by others having intermediate characters, he treats the one as a variety of the other, ranking the most common, but sometimes the one first described, as the species, and the other as the variety.[4]

Die weitgehende Ähnlichkeit zwischen gewissen geographischen Rassen und eigenständigen Arten ist ein zentraler Bestandteil in Darwins Argument. Darwin betont immer wieder, daß es nie gelungen ist, zwischen den beiden eine klare Grenze zu ziehen:

> Certainly no clear line of demarcation has as yet been drawn between species and sub-species-that is, the forms which in the opinion of some naturalists come very near to, but do not arrive at the rank of species; or again, between sub-species and well-marked varieties, or between lesser varieties and individual differences. These differences blend into each other in an insensible series; and a series impresses the mind with the idea of an actual passage.[5]

Diese beiden Sätze bringen eine der ganz großen Ideen Darwins zum Ausdruck, die m.E. in ihrer Bedeutung vergleichbar ist mit der Idee der natürlichen Selektion. Die Idee ist die: Der »naturalist« erblickt in einem bestimmten Typ von Organismus zu einem gegebenen Zeitpunkt ein beträchtliches Spektrum von Variationen: Unterschiede in der Ausprägung von organismischen Merkmalen zwischen Individuen, zwischen geographischen Rassen und zwischen Arten. Jede solche Serie von Varianten ist aber lediglich eine *Momentaufnahme* in einem zeitlichen Ablauf. Wegen der gemeinsamen Abstammung aller Formen müssen alle Unterschiede zwischen geographischen Rassen aus individuellen Unterschieden entstanden sein - *und alle Unterschiede zwischen Arten aus Unterschieden zwischen geographischen Rassen.* Darwin projiziert die *räumliche* Variabilität organismischer Eigenschaften in die *Zeit* (»a series impresses the mind with the idea of an actual passage«). Individuelle Unterschiede sind Durchgangsformen in der Bildung geographischer Rassen, und solche Rassen sind Durchgangsstadien in der Bildung von Arten. Den ganzen Prozeß stellt sich Darwin *graduell* vor; die individuelle Variabilität, die ihm zugrundeliegt, ist *kontinuierlich* (»these differences blend into each other in an insensible series«). Die Frage, an welchem Punkt eine geographische Rasse einer Art aufhört, eine solche zu sein und zu einer eigenständigen Art wird ist ebenso schwierig zu

---

4 *ibid.*

5 *ibid.,* S. 51

beantworten wie die Frage, wo eine schüttere Haartracht in eine Glatze übergeht (mein Vergleich). Trotzdem *gibt* es schüttere Haare und Glatzen, wie es für Darwin geographische Rassen und Arten gibt. Noch einmal in Darwins Worten:

> I look at individual differences, though of small interest to the systematist, as of high importance for us [d.h. Darwin, M.W.], as being the first step towards such slight varieties as are barely worth recording in works on natural history. And I look at varieties which are in any degree more distinct and permanent, as steps leading to more strongly marked and more permanent varieties; and at these latter, as leading to sub-species, and to species [...] Hence I believe a well-marked variety be justly called an incipient species.[6]

»Incipient species« bezeichnet also geographische Rassen, die sich in einem Durchgangsstadium zur eigenständigen Art befinden. Natürlich glaubt Darwin nicht, daß *alle* geographischen Rassen Arten bilden; aber grundsätzlich ist eine geographische Rasse als solche dazu in der Lage, wenn die *Bedingungen* entsprechend sind und die Form nicht vorher ausstirbt[7]. Unter welchen Bedingungen es zur Entstehung von Arten kommt, diskutiert Darwin auch; davon später.

Den Durchgang einer Variante von einer schwächer zu einer stärker differenzierten Form führt Darwin auf *natürliche Selektion* zurück[8], die auf die kleinen Unterschiede zwischen Individuen wirkt[9]. Auf diese Weise ist jede Form mehr oder weniger an ihre Umwelt angepaßt; auch Artunterschiede sind bei Darwin dementsprechend *adaptiv*. Darwins Theorie der Artbildung hat mehrere Korollare, z.B.:

> [W]herever many species of the same genus have been formed, or where, if we may use the expression, the manufactory of species has been active, we ought generally find the manufactory still in action [...] And this certainly is the case, if varieties be looked at as incipient species; for my tables clearly show as a general rule that, wherever many species of a genus have been found, the species of that genus present a number of varieties, that is of incipient species, beyond the average.[10]

Darwin erwartet also aufgrund seiner Theorie eine positive Korrelation zwischen der Anzahl der Arten einer Gattung und dem Ausmaß geographischer Variabilität innerhalb dieser Arten, und findet diese nach seinen eigenen Angaben auch. Man könnte dieses Korollar unter einem hypothetisch-deduktiven Theoriemodell als eine *empirische Konsequenz* von Darwins Theorie der Artbildung betrachten, deren Bestätigung die Theorie stützt. Solche indirekte

---

6 *ibid.*, S. 51-52
7 *ibid.*, S. 52
8 *ibid.*
9 Zu Darwins Theorie der natürlichen Selektion siehe 6.1.
10 Darwin (1859), S. 56

Evidenz ist für die Theorie von großer Wichtigkeit, da der Prozeß der Artbildung im Allgemeinen ja zu langsam ist, um direkt beobachtet zu werden.

Ein zweites Korollar, welches Darwin bestätigt findet, ist, daß die Arten großer Gattungen - in denen der Prozeß der Artbildung (trivialerweise) besonders aktiv war und vermutlich (nicht trivialerweise) immer noch ist - einander *ähnlicher* sind als diejenigen kleinerer Gattungen, d.h., zwei eigenständige Arten aus einer großen Gattung unterschieden sich oft weniger stark als zwei geographische Rassen aus einer kleinen Gattung[11]. Auch dies folgt aus dem Prozeß der Artbildung wie ihn Darwin sich vorstellt.

Welches sind nun die Bedingungen, unter denen aus geographischen Rassen eigenständige Arten werden können? Da Darwin natürliche Selektion als die hauptsächliche Triebkraft in der Diversifikation der Formen betrachtet, sind diese Bedingungen im vierten Kapitel (Natural Selection) unter »circumstances favourable and unfavourable for natural selection« zu finden. Diegrundsätzliche Bedingung für alle Evolutionsprozesse ist die Verfügbarkeit von *erblicher Variabilität* zwischen den Individuen einer Art:

> A large amount of inheritable and diversified variability is favourable [to natural selection, M.W.]. I believe mere individual differences suffice for the work. A large number of individuals, by giving a better chance for the appearance within any given period of profitable variations, will compensate for a lesser amount of variability in each individual, and is, I believe, an extremely important element of success. Though nature grants vast periods of time for the work of natural selection, she does not grant an indefinite period; for as all organic beings are striving, it may be said, to seize on each place in the economy of nature, if any one species does not become modified and improved in a corresponding degree with its competitors, it will soon be exterminated.[12]

Hier kommen verschiedene Aspekte von Darwins Theorie zusammen. Der Schlüssel zum Verständnis dieser Stelle, die wegen der Metapher von »organic beings striving« schwierig zu rekonstruieren ist, ist Darwins »principle of divergence«. Darunter versteht Darwin:

> [T]he simple circumstance that the more diversified the descendants from any one spcies become in structure, constitution, and habits, by so much will they be better enabled to seize on many and widely diversified places in the polity of nature, and so be enabled to increase in number.[13]

Das Prinzip ist schwierig zu verstehen; es scheint hier lediglich zu besagen, daß Arten, die sich weiter diversifizieren und schneller in unterschiedliche

11 *ibid.,* S. 57
12 *ibid.,* S. 102
13 *ibid.,* S. 112

Lebensräume eindringen mehr Nachkommen hinterlassen werden, was trivial erscheint. Gewöhnlich wird Darwins »principle of divergence« so gedeutet, daß die Aufspaltung einer Gruppe von Organismen mit gemeinsamer Abstammung in viele an verschiedene Lebensbedingungen angepaßte Formen dazu führt, daß diese Gruppe dadurch der *Konkurrenz* sowohl mit Vertretern der gleichen Art als auch mit Vertretern einer anderen Art ausweichen kann[14]. Tammone[15] hat diese Interpretation kürzlich kritisiert; seiner Meinung nach besagt das »principle«, daß Diversifikation für die Organismen einer Art keine Strategie ist, um der Konkurrenz *auszuweichen*, sondern um die Konkurrenten zu *schlagen*. Diese Interpretation scheint mir mit der soeben zitierten Stelle besser verträglich zu sein als die »klassische« Interpretation. In Darwins Theorie sind es also *biotische Interaktionen*, besonders inter- und intraspezifische Kompetition[16], die zur Diversifikation von Gruppen mit gemeinsamer Abstammung und damit letztlich zur Entstehung neuer Arten führen; und zwar deswegen, weil stark diversifizierte Gruppen nach Darwin immer die erfolgreichsten sein werden. Diese Interpretation wird durch mehrere Stellen belegt, z.B.:

> Natural selection [...] leads to divergence of character; for more living beings can be supported on the same area the more they diverge in structure, habits, and constitution [...] Therefore during the modification of the descendants of any one species, and during the incessant struggle of all species to increase in numbers, the more diversified these descendants become, the better will be their chance of succeeding in the battle of life. Thus the small differences distinguishing varieties of the same species, will steadily tend to increase till they come to equal the greater differences between the species of the same genus, or even of distinct genera.[17]

> [A]s a general rule, the more diversified in structure the descendants from any one species can be rendered, the more places they will be enabled to seize on, and the more their modified progeny will be increased.[18]

Gruppen von Organismen kommen also in Darwins Vorstellung in den Genuß der natürlichen Selektion am besten dadurch, indem sie sich möglichst diversifizieren und sich der Konkurrenz aussetzen; dies bezeichnet er als »principle of divergence« und als Haupttriebfeder der Evolution.

Es kann nicht behauptet werden, daß Darwins Erklärungen zu diesem Problem besonders einleuchtend oder klar seien, noch ist dieser Aspekt von seiner Theorie gut empirisch begründet (das meiste davon, insofern es über-

---

14 z.B. Mayr (1992), S. 344 oder Bowler (1989), S. 183
15 Tammone (1995)
16 siehe auch 6.1
17 Darwin (1859), S. 128
18 *ibid.*, S. 119

haupt einen eindeutigen empirischen Gehalt besitzt, stimmt vermutlich nicht[19]). »On the Origin of Species« ist, als Ganzes gesehen, ein außerordentlich kohärentes Argument[20] für die Veränderlichkeit und Deszendenz der Arten sowie für die bedeutende Rolle von natürlicher Selektion; bezüglich gewisser Details der Theorie gibt es aber erhebliche Interpretationsprobleme. Es ist nicht Ziel dieser Arbeit, einen Beitrag zur Lösung dieser Interpretationsprobleme zu leisten; es geht hier vor allem darum, gewisse Aspekte der Darwinschen Theorie aufzuzeigen, vor deren Hintergrund die späteren Evolutionsdebatten verständlich werden. Ein solcher Aspekt muß noch kurz beleuchtet werden: die Rolle der *geographischen Isolation* in Darwins Theorie. Nach Darwin *können* geographisch stark isolierte Rassen einer Art, wie sie z.B. auf ozeanischen Inseln anzutreffen sind, Arten bilden. Er betrachtet dies aber nicht als die günstigsten Umstände für die Artbildung[21]:

> Although I do not doubt that isolation is of considerable importance in the production of new species, on the whole I am inclined to believe that largeness of area is of more importance, more especially in the production of species which will prove capable of enduring for a long period, and of spreading widely.[22]

Darwin hält die weite Verbreitung einer Art, z.B. auf einer kontinentalen Landmasse, für die günstigere Bedingung für die Bildung neuer Arten[23]. Neue Arten entstehen z.B. dort, wo eine Art über eine größere, zusammenhängende Region verteilt ist. Die Region bietet an verschiedenen Stellen verschiedene Umweltbedingungen, an die Subpopulationen der Art sich lokal anpassen können. Diese Subpopulationen stehen im ständigen reproduktiven Kontakt mit den angrenzenden Subpopulationen, weshalb die Subpopulationen sich untereinander nicht wesentlich voneinander wegdifferenzieren können. Eine Differenzierung findet aber nach Darwin zwischen den lokalen Rassen *entfernter* Gebiete statt. Darwins »Standardszenario« für die Entstehung neuer Arten findet sich u.a. in folgender Stelle:

> But if the area be large, its several districts will almost certainly present different conditions of life; and then if natural selection be modifying and improving a species in the several districts, there will be intercrossing with the other individuals

---

19 Besonders Kompetitionsphänomene wurden im 20. Jahrhundert zu einem komplexen Problem für die theoretische Ökologie (Kingsland 1985) und erfordern zur Bildung einigermaßen verläßlicher Modelle quantitative Methoden.

20 Hodge (1977)

21 Diesbezüglich hat Darwin, dessen Theorie ja maßgeblich unter dem Eindruck der berühmten Galapagos-Finken entstanden ist, seine Meinung zwischen 1844 und 1859 geändert (Bowler 1989, S. 182).

22 Darwin (1859), S. 105

23 *ibid.*, S. 107f.

> of the same species on the confines of each. And in this case this case the effects of intercrossing can hardly be counterbalanced by natural selection always tending to modify all the individuals in each district in exactly the same manner to the conditions of each; for in a continuous area, the conditions will generally graduate away insensibly from one district to another. Hence [...] varieties will generally be confined to separate countries.[24]

Darwin scheint also eine Aufspaltung der Population in reproduktiv abgetrennte Subpopulationen nicht für notwendig zu halten; sein hauptsächlicher Artbildungsmechanismus ist ein Prozeß der *sympatrischen* Speziation, d.h., die »incipient species« bleiben mit der Mutterart im reproduktiven Kontakt. Dieser Aspekt von Darwins Theorie ist aus heutiger Sicht problematisch; sowohl *empirisch* - die Synthetische Theorie stellt später im Gegensatz dazu die *allopatrische* Speziation (d.h. mit geographischer Isolation) in den Vordergrund - als auch *begrifflich*[25].

An diesen aus heutiger Sicht problematischen Aspekten von Darwins Theorie der Artbildung wird ersichtlich, daß nicht davon ausgegangen werden darf, daß die moderne Synthese einfach *Darwins Theorie* plus die Mendelsche Genetik und vielleicht ein paar Details, die dem Meister entgangen sind, enthält. Trotzdem gibt es beträchtliche Affinitäten zwischen Darwins Theorie und der Synthetischen Theorie, die in 5.1 besprochen werden.

2.2 Batesons Saltationismus

Der britische Zoologe William Bateson begann seine Karriere mit einer embryologischen Untersuchung des Hemichordaten *Balanoglossus*[26] im Labor von W. K. Brooks[27]. Bateson begann sich schon früh für Fragen der Evolution zu interessieren, war aber mit dem in der damaligen Zoologie verfolgten Ansatz unzufrieden. Eine Feldexpedition in Rußland mit dem Ziel, Anpassungen von Muscheln der Art *Cardium edule* an verschiedene Wassersalinitäten nachzuweisen, verlief auch nicht zu seiner Zufriedenheit[28]. Obwohl er beträchtliche Unterschiede in der Morphologie und Färbung von Tieren aus Gewässern mit unterschiedlicher Salinität fand, glaubte er nicht, daß es ihm gelungen war, durch

---

24 *ibid.*, S. 102f.

25 Mayr (1994)

26 Bateson (1886). Hemichordaten: wirbellose Tiere mit einer evolutionären Vorstufe zur Wirbelsäule im Larvenstadium.

27 B. Bateson (1928), S. 17

28 *ibid.*, S. 27

Selektion oder durch direkte Einwirkungen der Umwelt erzeugte Anpassungen nachzuweisen; er hielt auch alternative Erklärungen für denkbar:

> It is not well to press conclusions of this kind too far, and it may be that unfavorable conditions of some kind quite other than increased saltness may result in producing similar variations. All that can be stated with certainty is that shells exposed to increasingly salt water do change in a particular way, and that they do so with great regularity and uniformity.[29]

Außerdem glaubte Bateson, daß eventuelle Anpassungen an die Umwelt wieder verschwinden würden, wenn die Tiere wieder ihrer ursprünglichen Umgebung lebten:

> In view of the fact that definite variations have been shown to be produced in *Cardium edule* by change in the composition of the water, it next becomes desirable to know to what extent these changes would be maintained if the conditions were altered back again to their original state. Upon this point I have no evidence; but that the animals would, if they lived and propagated, ultimately regain their former structure appears probable; for, since it can be shown that certain variations are constantly produced by water of certain constitution, it practically follows that the maintenance of these variations depends also on the same causes.[30]

Batesons Argument, daß die Gleichmäßigkeit, mit der bestimmte Umweltbedingungen bestimmte Veränderungen erzeugen, darauf hindeutet, daß diese Veränderungen nicht stabil sein können, scheint mir nicht schlüssig. Es geht mir aber hier lediglich darum, zu demonstrieren, wie Bateson langsam mit der Darwinistischen Tradition bricht, die solche Phänomene auf die Wirkung von natürlicher Selektion zurückzuführen versuchen würde. Bateson entschloß sich, im Studium der Evolution einen neuen Weg zu beschreiten, indem er seine Aufmerksamkeit auf die *Variation* organismischer Merkmale richtete.

1894 veröffentlichte Bateson seine umfangreichen »Materials for the Study of Variation«[31]. Das Werk dokumentiert 886 (!) von Bateson selbst sowie in der Literatur gesammelte (und von Bateson verifizierte) Beispiele von *diskontinuierlichen* oder sprunghaften Variationen im Tier- und Pflanzenreich. Schon im Vorwort von »Materials« tritt Batesons Bruch mit der Darwinistischen Tradition offen zutage. Er schreibt über die damals üblichen morphologischen Texte:

> [W]e are continually stopped by such phrases as "if such and such a variation then took place and was favourable," or, "we may easily suppose circumstances in which such and such a variation if it occurred might be beneficial," and the like. The whole argument [of morphological interpretation, M.W.] is based on assumptions as these-

---

29 Bateson (1889), zitiert aus Punnett (1928), Vol. I., S. 58

30 *ibid.*, S. 34

31 Bateson (1894)

> assumptions which, were they found in the arguments of Paley or of Butler, we could not too scornfully ridicule.[32]

Bateson wendet sich also gegen eine Auffassung der Morphologie, die in jedem erdenklichen Merkmal eines Organismus einen adaptiven Zweck sieht[33]. Bateson schlägt nun vor, die damals üblichen evolutionären Spekulationen durch eine großangelegte empirische Untersuchung der *Variabilität* organismischer Eigenschaften zu ersetzen, da diese die unmittelbare Ursache von evolutionären Veränderungen bilde: »Whatever be our views of Descent, Variation is the common basis of them all«[34]. Er stellt bezüglich der *interspezifischen* Variabilität fest, daß diese durch eine starke *Diskontinuität* gekennzeichnet ist, d.h. das Fehlen von intermediären Formen zwischen nahe verwandten Arten:

> The existence [...] of Specific Differences is one of the characteristics of the forms of living things. This is no merely subjective conception, but an objective, tangible fact.[35]

Daraus ergibt sich laut Bateson folgendes Problem für die Evolutionstheorie:

> According to both theories [Lamarck's and Darwin's, M.W.], specific diversity of form is consequent upon diversity of environment [...] Here then we meet the difficulty that diverse environments often shade into each other insensibly and form a continuous series, whereas the specific forms of life which are subject to them on the whole form a Discontinuous series.[36]

Die Diskontinuität von Arten trotz der graduellen Variabilität der Umwelt - die Bateson ohne weiteres Argument als gegeben annimmt - stellt also nach Bateson ein Problem für jede Theorie dar, die die Eigenschaften der Organismen im großen und ganzen für Anpassungen an eine Umwelt hält, was immer der postulierte Anpassungsprozeß sei. Außerdem ist Bateson der Ansicht, daß gerade die interspezifischen Unterschiede nahe verwandter Arten oft nicht adaptiv sind[37]. Er schließt adaptive Erklärungen gewisser Merkmalsunterschiede nicht vollständig aus, aber:

> We have no right to consider the utility of a structure *demonstrated*, in the sense that we may use this demonstration as evidence of the causes which have led to the existence of the structure, until we have [...] quantitative knowledge of its utility and

---

32 *ibid.*, S. v

33 Ähnliche Kritik wird auch an der heutigen Evolutionstheorie geübt, siehe z.B. Gould und Lewontin (1979).

34 Bateson (1894)., S. vi

35 *ibid.*, S. 2

36 *ibid.*, S. 5

37 *ibid.*, S. 11

> are able to set off against it the cost of the production of the structure and all the difficulties which its presence entails on the organism.[38]

Batesons Forderung, adaptive Hypothesen nur zuzulassen, wenn *quantitative* Angaben über die Kosten und Nutzen bestimmter Merkmale vorliegen, ist bemerkenswert, denn gerade solche quantitative Analysen bilden heute einen erheblichen Teil evolutionsbiologischer Untersuchungen[39]. Aber auch wenn es adaptive Merkmale gibt, so glaubt Bateson nicht, daß diese durch natürliche Selektion geringfügiger, individueller Unterschiede entstehen könnten, wie Darwin angenommen hatte. Als Haupteinwand verwendet er ein Argument, das in ähnlicher Form schon von Mivart[40] um 1871 vorgebracht worden war:

> Chief among these [fatal objections against selection theory, M.W.] is the difficulty which has been raised in connexion with the building up of new organs in their initial and imperfect stages, the mode of transformation of organs, and generally, the Selection and perpetuation of minute variations [...] Now it is clear that in any continuous process of Evolution such stages of imperfection must occur, and the objection has been raised that Natural Selection cannot protect such imperfect mechanisms so as to lift them into perfection.[41]

Mit anderen Worten: vorteilhafte Organe und dergleichen müssen gemäß einer gradualistischen Theorie stets ein rudimentäres Stadium durchlaufen, in dem ihr Nutzen nicht zur Geltung kommt und daher die Selektion ineffektiv ist. Heute läßt sich diesem Argument mit dem Hinweis begegnen, daß adaptive Unterschiede sehr geringfügig sein und trotzdem zur Fixierung der entsprechenden Gene führen können. Vor der Entstehung der theoretischen Populationsgenetik operierten die Evolutionisten aber häufig mit solchen *a priori* Argumenten, selbst bei rein empirischen Fragen.

Bateson steht also vor dem folgenden Problem: er will die Diskontinuität der Arten erklären, hat aber Gründe, sich dabei weder auf die Wirkung natürlicher Selektion noch auf direkte Umwelteinflüsse verlassen zu können. Statt dessen suggeriert er, daß die Ursache der Diskontinuität der Arten letztlich die Diskontinuität der evolutionär relevanten Variabilität selbst sein könnte:

> The first question which the Study of Variation may be expected to answer, relates to the origin of that Discontinuity of which Species is the objective expression. Such Discontinuity is not in the environment; may it not, then, be in the living thing itself?[42]

---

38 *ibid.*, S. 12
39 siehe 6.4 und 11.3
40 siehe Bowler (1989), S. 209
41 Bateson (1894), S. 15
42 Bateson (1894), S. 17

Bateson drängt darauf, kontinuierliche und diskontinuierliche Variation strikt voneinander zu trennen:

> The fact the Continuous Variation exists is also none the less a fact, but it is most important that the two classes of phenomena should be recognised as distinct, for there is reason to think that they are distinct essentially, and that though both may occur simultaneously and in conjunction, yet they are manifestations of distinct processes. The attempt to distinguish these two kinds of Variation from each other constitutes one of the chief parts of the study.[43]

Der Idee, daß kontinuierliche und diskontinuierliche Variation das Ergebnis unterschiedlicher zugrundeliegender Prozesse sind, werden wir auch im nächsten Abschnitt bei de Vries begegnen. Bateson weist allerdings darauf hin, daß auch Veränderungen bezüglich eines kontinuierlich variierenden Merkmals sowohl graduell als auch sprunghaft ablaufen könnten, z.B. der Übergang von einer unimodalen zu einer bimodalen Verteilung eines quantitativen Merkmals wie z.B. Körpergröße[44].

Damit hält Bateson sein Programm der Suche nach diskontinuierlicher Variation in der Natur für gerechtfertigt. Weitere Gründe dafür, daß diese *evolutionär relevant* ist, gibt Bateson nicht; er stellt am Schluß des Buches lediglich fest, daß das ubiquitäre Vorkommen dieses Typs von Variabilität im Tier- sowohl im Pflanzenreich deren Bedeutung für die Evolution belegt; darauf komme ich zurück.

Bateson teilt diskontinuierliche Variation in »meristische« und »substantive« Variation ein. Erstere betrifft »differences in number and symmetry«[45], letztere Änderungen »in the actual constitution or substance of the parts themselves«[46]. Meristische Variationen sind z.B. Veränderungen in der Zahl der Segmente eines Organismus, in der Identität von Gliedmassen oder in der symmetrischen Anordnung von Teilen wie Blütenblättern[47]. Substantive Variationen sind z.B. Variationen in der Augenfarbe, in der Zeichnung von Flügeln oder ähnlichen Strukturen, usw.[48] Für beide Arten von diskontinuierlicher Variation hält Bateson eine Theorie bereit, wie sie zustande kommt und weshalb sie diskontinuierlich ist.

---

43 *ibid.,* S. 18

44 *ibid.,* S. 38. Wie auch später de Vries beruft sich Bateson auf Galtons Statistiken, in denen gezeigt wird, daß die Statur in der Bevölkerung der »normal curve of Frequency of Error« (S. 37) folgt.

45 *ibid.*, S. 22

46 *ibid.*, S. 23

47 *ibid.*, S. 61

48 *ibid.*, S. 43

Das Wesen diskontinuierlicher meristischer Variation stellt sich Bateson folgendermaßen vor:

> Looking at simple cases of Meristic Variation, such as that of the tulip or of *Aurelia* [Variationen in der Zahl und Symmetrie der Blütenblätter, M.W.], or of the cockroach tarsus [homeotische Mutationen, M.W.] there is [...] a fair suggestion that the definiteness of these variations is determined *mechanically*, and that the patterns into which the tissues of animals are divided represent positions in which the forces that effect the division are in equilibrium.[49]

> [T]here is a possibility that Meristic Division may be a strictly *mechanical* phenomenon, and that the perfection and Symmetry of the process [...] may be an expression of the fact that the forms of the type or of the variety represent positions in which the forces of Division are in a condition of Mechanical stability.[50]

Batesons Idee ist also die, daß ein sich entwickelnder Organismus ein starres mechanisches System ist, welches nur eine beschränkte Zahl von stabilen Zuständen besitzt[51]. Die Physiologie des Organismus gibt also die Richtungen und Zustände vor, in denen der Organismus variieren kann. Eine ähnliche Erklärung gibt Bateson für die von ihm behauptete Diskontinuität substantiver Variation:

> It is on the whole not unreasonable to expect that the definiteness of at least some Substantive Variations depends ultimately on the discontinuity of chemical affinities.[52]

Bateson erwähnt als Beispiel die Diskontinuität von Farbänderungen chemischer Substanzen unter dem Einfluß gewisser Reagenzien oder Bedingungen. Ein ähnliches Phänomen soll der Diskontinuität z.B. von Zeichnungsvariationen bei Faltern zugrunde liegen. Batesons theoretische Überlegungen sowohl zur meristischen wie auch zur substantiven Variation sind reine Spekulation; Bateson verfügt über keinerlei empirische Evidenz, die diese stützen könnten.

Der Rest der »Materials« ist ein herrliches Kabinett von Monstern und Mißbildungen, sozusagen ein Blick ins Gruselkabinett der Natur[53]. Besonders erwähnenswert sind z.B. die von Bateson so benannten *homeotischen* Variationen, bei denen Körperteile in Strukturen transformiert sind, die eigentlich in

---

49 *ibid.*, S. 70; Hervorh. im Original
50 *ibid.*, S. 71; Hervorh. im Original
51 vgl. die von de Vries benutzte Metapher des Galtonschen Polyeders (2.3)
52 *ibid.*, S. 71
53 Antiquarische Ausgaben der »Materials« sind besonders bei Entwicklungsbiologen stark gesucht.

posteriore oder anteriore Körperregionen gehören[54]. Bei der Fliege *Cimbex axillaris* fand Bateson eine Variante, bei der die linke Antenne in einen Fuß verwandelt ist[55]. Beim Falter *Zygaena filipendula* existiert eine Variante mit einem überzähligen Flügel, »arising in such a position as to suggest that it replaced a leg«[56]. Bateson präsentiert außerdem ein Exemplar eines Krebses der Art *Cancer paragus*, bei dem die rechte dritte Maxille in eine Schere transformiert ist[57]. Vergleichbare Beispiele fand Bateson auch im Pflanzenreich. Bateson schließt aus der Existenz und (wenn auch beschränkten) Vitalität solcher Monster:

> In these changes a limb, a floral segment, or some other member, though itself a group of miscalleaneous tissues may suddenly appear in the likeness of some other member of the series, assuming at one step the condition to which the member copied attained presumably by a long course of evolution.[58]

Wenn also in der Natur einmal ein gewisser Fundus von Gliedmassen und ähnlichen Teilen existiert, so kann die Evolution nach Batesons Auffassung beliebig damit herumspielen und die organismische Vielfalt auf diese Weise bereichern. Veränderungen in taxonomisch schwerwiegenden Merkmalen[59] können nach Bateson in einem einzigen Schritt und von einer Generation in die nächste entstehen. Erklärungen mittels Adaptation durch natürliche Selektion werden nach Bateson dadurch überflüssig, da manche diese Formen angeblich ebenso »perfekt« sind die wie die entsprechende normale Form:

> [T]he existence of sudden and discontinuous Variation, the existence, that is to say, of new forms having from their first beginning more or less of the kind of *perfection* that we associate with normality, is a fact that disposes, once and for all, of the attempt to interpret all perfection and definiteness of form as the work of Selection.[60]

Die implizite Annahme Batesons, daß solche Monströsitäten sich in ihrer natürlichen Umgebung durchsetzen könnten, ist natürlich äußerst problematisch und entbehrt jeder Begründung. Allerdings ist dies m.E. auch nicht *a priori*

---

54 Varianten dieser Art haben in den letzten Jahren zu faszinierenden Erkenntnissen über die genetische Steuerung der Embryonalentwicklung geführt (Gehring 1985).

55 *ibid.*, S. 146

56 *ibid.*, S. 148

57 *ibid.*, S. 149

58 *ibid.*, S. 570

59 Ein zweites Flügelpaar ist z.B. taxonomisch gesehen besonders peinlich für ein Insekt aus der Ordnung *Diptera* (Zweiflügler). In der heutigen Systematik rechtfertigt ein einziges abweichendes Merkmal die Zuordnung in ein anderes Taxon in der Regel nicht.

60 *ibid.*, S. 568; Hervorh. im Original

auszuschließen; auf jeden Fall bedürfte dies des empirischen Nachweises im Feld, den Bateson aber nicht erbringt.

Batesons Schluß in bezug auf die Entstehung von Arten ist schließlich die folgende:

> [T]he definiteness and Discontinuity of Species depends on the greater permanence or stability of certain terms in this series of Descent. The evidence of variation suggests that this greater stability depends primarily not on a relation between organism and environment, not, that is to say, on Adaptation, but on the Discontinuity of Variation. It suggests in brief that the Discontinuity of Species results from the discontinuity of Variation.[61]

Mit anderen Worten: Die durch die Physiologie der Organismen gegebene Stabilität bestimmter Formen ist die hauptsächliche Kraft, die die Entstehung der Arten und damit die Evolution beherscht, nicht die graduelle Adaptation von Formen an ihre Umgebung. Der Gegensatz zu Darwins Theorie könnte kaum krasser sein!

Wie oben bereits angedeutet beruht Batesons gesamte Theorie letztlich (1) auf seinem Argument gegen die Wirksamkeit von Selektion, (2) auf seinen theoretischen Überlegungen zur »mechanischen« oder »chemischen« Stabilität bestimmter Varianten sowie (3) auf der Existenz einer großen Zahl von Monströsitäten bei Tieren und Pflanzen. Nun ist, wie wir gesehen haben, (1) kein zwingendes Argument und (2) bar jeglicher empirischer Evidenz. In Bezug auf (3) ist festzuhalten, daß aus der bloßen *Existenz* diskontinuierlicher Variabilität, die Bateson beeindruckend dokumentiert hat, überhaupt nichts über deren *evolutionäre Relevanz* folgt. Die Geltung von Batesons Theorie ist damit mehr als fraglich; allerdings versteht dieser seine Theorie primär als Motivation für einen neuen Ansatzes in der Evolutionsbiologie:

> The work was [...] begun in the earnest hope that some may be led thereby to follow the serious study of Variation [...] Those who reject the particular inferences, positive and negative, here drawn from that study, most not in haste reject the method, for that is right beyond all question.[62]

In dieser Hinsicht hat Bateson recht behalten; das Studium der Variabilität blieb ein ganz wesentliches Element in der Evolutionsbiologie.

Soweit zu Batesons saltationistischer Theorie der Entstehung der Arten. Seine »Materials« wurden zwar von anderen Saltationisten wie Galton und de Vries begrüßt, bewegten sich aber dennoch gegen den Trend in der damaligen

---

61 *ibid.*

62 *ibid.*, S. xi

britischen Zoologie, die sich nach wie vor Darwins Erbe verpflichtet sah[63]. Das Buch verkaufte sich dermaßen schlecht, daß Batesons Verleger (Macmillan) den Titel schon bald wieder aus dem Programm nahm. Bateson hatte aber schon vorher das Interesse verloren, diese Untersuchung weiterzuführen. Er wandte seine Aufmerksamkeit nach 1894 Problemen der Vererbung zu[64].

Im Jahre 1900 machten de Vries, Correns und Tschermak unabhängig voneinander auf eine bis dahin völlig unbekannte Untersuchung des deutschen Hortikulturalisten Gregor Mendel aufmerksam und bestätigten dessen Ergebnisse aus den mittlererweile berühmten Kreuzungsexperimenten mit *Pisum sativum*[65]. Bateson, der die letzten Jahre des ausgehenden Jahrhunderts ebenfalls mit Züchtungsexperimenten verbracht hatte, verfaßte unverzüglich eine englische Übersetzung von Mendels in den Verhandlungen der Naturforschenden Gesellschaft zu Brünn 1865 erschienenen Arbeit und schrieb eine kurze Einleitung dazu, die er zusammen mit der Übersetzung im »Journal of the Royal Horticultural Society« veröffentlichte[66]. Kurz darauf erschien eine etwas ausführlichere Diskussion Batesons zur Bedeutung der von Mendel gefundenen Regularitäten der Vererbung gewisser Merkmale in Pflanzen.[67] Bateson maß den Mendelschen Gesetzen (»law of dominance« und »law of independent segregation«) die größte Bedeutung bei: »That we are in the presence of a new principle of the highest importance is, I think, manifest. To what further conclusions it may lead us cannot yet be foretold«[68]. Außerdem schrieb Bateson: »the principles which he [Mendel] was able to deduce from them [his results] will certainly play a conspicuous part in all future discussions of evolutionary problems«[69].

Es gibt viele Anzeichen dafür, daß Bateson dachte, die Mendelsche Genetik unterstütze seine Theorie des saltatorischen Ursprungs der Arten[70]. Allerdings war er nicht so naiv, diskontinuierliche mendelnde Varianten als »neue Arten«

---

63 Provine (1971), S. 45. Dies wird auch belegt durch Batesons Bewerbungsschreiben von 1890 für die Linacre-Professur in Zoologie der Universität Oxford: »the proper way to develop Zoological Study is to pursue Darwin's problems and to employ Darwin's methods« (B. Bateson 1928, S. 35). Bateson hielt es also für angezeigt, der Berufungskomission seine anti-Darwinistischen Ideen vorzuenthalten (er bekam die Stelle nicht, weil sie von Anfang an Sir Ray Lankester zugedacht war).

64 B. Bateson (1928), S. 58

65 siehe 3.1

66 Batesons Übersetzung von Mendels Paper findet sich z.B. in Peters (1959), S. 1-20. Die kurze Einleitung ist in Punnett (1928), Vol. II, S. 1-3 abgedruckt.

67 Bateson (1900)

68 *ibid.*, S. 60

69 *ibid.*, S. 57

70 Provine (1971), S. 57; Mayr (1982), S. 733

zu betrachten: »The conception of species, however we may formulate it, can hardly be supposed to attach to allelomorphic or analytical varieties«[71]. Außerdem sah Bateson schon früh, daß durch eine Serie von mendelnden Allelen auch der Eindruck kontinuierlicher Variabilität entstehen kann:

> In the case of a population presenting continuous variation in regard to, say, stature, it is easy to see how purity of the gametes in respect of any intensities of that character might not in ordinary circumstances be capable of detection. There are doubtless more than two pure forms of this character, but there may be quite conceivably be six or eight. When it is remembered that each heterozygous combination of any two may have its own appropriate stature, and that such a character is distinctly dependent on external conditions, the mere fact that the observed curves of stature give "chance distributions" is not surprising and may still be compatible with purity of gametes in respect of certain pure types.[72]

Mit »purity of the gametes« meint er im wesentlichen die von Mendel erstmals beschriebene Segregation der Allele bei der Gametenbildung. Bateson deutet hier also an, daß quantitative Merkmale wie Körpergröße durch mehrere Allelpaare beeinflußt werden könnten und daß dies in Kombination mit umweltbedingter Variabilität zu einer kontinuierlichen Zufallsverteilung (»chance distribution«) führen könnte. Diese und ähnliche Stellen zeigen, daß Bateson auch für kontinuierliche Variabilität eine Erklärung im Rahmen der Mendelschen Genetik sah, die die spätere Interpretation der multiplen Faktoren von East, Nilsson-Ehle und Muller vorwegnahm[73]. Später schrieb Bateson sogar: »When the unit of segregation is small, something like continuous evolution must surely exist«[74].

Bateson sah auch relativ früh (1909), daß die Mendelsche Genetik ein altes Argument gegen die Wirksamkeit von Selektion außer Kraft setzte, das sogenannte »swamping-« oder »blending-« Argument, nach der jede vorteilhafte Variation in einer Population durch Rückkreuzung mit durchschnittlicheren Typen wieder wegverdünnt wird:

> Die Ansicht, daß eine einmal in einem Individuum erscheinende Eigenschaft in Gefahr ist ausgelöscht zu werden durch Kreuzung dieses Individuums mit anderen, denen jene Eigenschaft fehlt, erweist sich als unrichtig, denn insoweit die Eigenschaft von Faktoren abhängt, welche spalten [dh. den Mendelschen Gesetzen folgen, M.W] findet keine Auslöschung statt Die Faktoren sind infolge ihrer

---

71 Bateson (1902b), S. 55

72 Bateson (1902a), S. 24f.

73 vgl. Carlson (1966), S. 15; siehe auch 3.2 und 3.3

74 Bateson (1904), zitiert aus B. Bateson (1928), S. 238. Provine (1971, S. 69f.) schreibt zu dieser Bemerkung Batesons: »The history of population genetics might have been accelerated had Bateson, Pearson, and Weldon taken this remark to heart«.

> besonderen Eigentümlichkeiten beständig, und ihre Beständigkeit wird durch Kreuzung nicht beeinflußt.[75]

Trotz dieser im Rückblick geradezu prophetischen Einsichten hielt Bateson an der Meinung fest, daß die Mendelsche Genetik seine vor 1900 gewonnen evolutionstheoretischen Überzeugungen bestätigten:

> Während früher, obgleich das Faktum der Sprunghaftigkeit keinem Zweifel unterlag, doch nichts darauf hinwies, wie oder wann es hervorgerufen wurde, sehen wir jetzt, daß die sprunghaften Variationen in der Hauptsache die äußeren Manifestationen des Vorhandenseins bzw. Fehlens Mendelscher Faktoren sind.[76]

Der Hintergrund dieser Bemerkung ist vermutlich Batesons »presence and absence hypothesis«, nach der rezessive Allele lediglich in der Abwesenheit ihres dominanten Partners bestehen[77]. Diese Hypothese wurde später durch die Morgan-Schule[78] widerlegt. Weshalb aber die Tatsache, daß es diskontinuierliche Variabilität gibt, die irgendwie auf Mendelsche Faktoren zurückzuführen ist, die Sprunghaftigkeit der Artbildung bestätigen soll, bleibt unklar; um so mehr daß Bateson ja selbst gesehen hat, daß mendelnde genetische Variabilität sich auf der phänotypischen Ebene auch als kontinuierliches Spektrum äußern kann. Ein Grund liegt vielleicht darin, daß bei Bateson die Unterscheidung zwischen Genotyp und Phänotyp noch nicht kannte (wie auch bei de Vries, siehe nächster Abschnitt).

An diesen Problemen wird deutlich, daß es Bateson nicht gelungen ist, seine vor 1900 entwickelte Evolutionstheorie auf das Fundament der Mendelschen Genetik zu stellen. Er besaß nie ein gutes Argument, weshalb letztere einen saltatorischen Evolutionsprozeß statt des von Darwin postulierten graduellen Prozesses nahelegte. Trotzdem war es vermutlich zu einem erheblichen Teil Batesons »Verdienst«, daß die neue Genetik, zu deren Entwicklung und Verbreitung er maßgeblich beigetragen hatte, von Anfang an mit dem evolutionstheoretischen Saltationismus in Verbindung gebracht wurde. Er war es auch, der die Bezeichnung »genetics« geprägt hatte, und die darwinistisch denkenden Naturhistoriker seiner Zeit sollten die Mendelsche Genetik noch lange mit »utterly erroneous ideas about evolution and speciation«[79] assoziieren.

---

[75] Bateson (1914), S. 290
[76] *ibid.*
[77] Carlson (1966), Kap. 8
[78] siehe 3.2
[79] Mayr (1982), S. 732

2.3 De Vries' Mutationstheorie

Nach Darwin wird genetische Variabilität durch »chance variations« verursacht, über die er schrieb:

> I have hitherto spoken as if the variations - so common and multiform in organic beings under domestication, and in a lesser degree in those in a state of nature - had been due to chance. This, of course, is a wholly incorrect expression, but it serves to acknowledge plainly our ignorance of the cause of each particular variation.[80]

Darwin war hier also offenbar der Auffassung, daß es für jede in der Natur vorkommende Variation in den erblichen Eigenschaften eines Organismus eine *Ursache* gibt; da diese ihm aber völlig unbekannt waren, nannte Darwin sie ungefähr im Sinne des heutigen subjektiven Zufallsbegriffs »zufällig«. Einen anderen Sinn von »Zufallsvariation« oder »Mutation« gibt es bei Darwin nicht. Die Idee, daß Mutationen zwar durch bestimmte chemische oder physikalische Prozesse verursacht werden, daß die Wahrscheinlichkeit einer bestimmten Mutation aber unabhängig von ihrem *adaptiven Nutzen* ist, entstand erst im 20. Jahrhundert und bildet einen Kernpunkt des »Neo-Darwinismus« bzw. der Synthetischen Theorie.

Dem niederländischen Botaniker Hugo de Vries kommt nach Mayr[81] das Verdienst zu, erstmals das Problem des Ursprungs genetischer Neuheiten in seiner vollen Tragweite erkannt und mit experimentellen Untersuchungen angegangen zu haben. Seine »Mutationstheorie«, die gleichzeitig eine Theorie der Entstehung neuer Arten war, erfreute sich in den ersten beiden Jahrzehnten des 20. Jahrhunderts einer großen Popularität und wurde von vielen als ernstzunehmende Alternative zu Darwins Theorie der Artbildung betrachtet, die scheinbar viele der damals angenommenen Probleme der Darwinschen Theorie löste. Die Mutationstheorie dominierte das evolutionäre Denken vieler Biologen besonders in der für die Entstehung der modernen Genetik kritischen Periode von 1900-1910[82]. Für unser Thema, die Interaktion von Genetik und Evolutionstheorie, ist de Vries' Theorie aus folgendem Grund interessant: Wie ich im Folgenden zu zeigen versuche, beruhte de Vries' Evolutionstheorie auf *falschen empirischen Annahmen* über die Vererbung bestimmter Eigenschaften, die in der

---

80 Darwin (1859), S. 131
81 Mayr (1982), S. 743
82 Bowler (1989), S. 276-278; Mayr (1982), S. 547; Dunn (1965), S. 59; Provine (1971), S. 68.

Zeit nach 1910 durch die klassische Genetik widerlegt wurden[83]. Im Gegensatz zu Darwins Theorie ist die Mutationstheorie bisher in der Literatur eher oberflächlich besprochen worden; ich versuche hier deswegen eine etwas gründlichere Rekonstruktion. Als hermeneutische Methode gestatte ich mir, de Vries Theorie verständlich zu machen, indem ich einige Vergleiche zu den heute üblichen Ansichten anstelle.

De Vries veröffentlichte 1901 und 1903 die beiden Bände seines *Opus magnum*: »Die Mutationstheorie«, in denen er seine Theorie ausführlich darstellte und seine experimentelle Evidenz präsentierte. Sein Programm war es, die Entstehung neuer Arten der *experimentellen* (im Gegensatz zur vergleichenden) Biologie zugänglich zu machen. De Vries argumentiert dafür, »dass Arten stossweise entstehen, und dass die einzelnen Stösse Vorgänge sind, welche sich ebenso gut beobachten lassen, wie jeder andere physiologische Process«[84]. Schon hier zeichnet sich de Vries Absicht ab, das Darwinsche Diktum *Natura non facit saltum*[85] anzugreifen; seine Theorie wird deshalb im Allgemeinen als »saltationistisch« apostrophiert. Die Mutationstheorie enthält als Kernthese den Satz,

> dass die Eigenschaften der Organismen aus scharf voneinander unterschiedenen Einheiten aufgebaut sind [...]. Uebergänge, wie sie die äusseren Formen der Pflanzen und Thiere so zahlreich darbieten, giebt es aber zwischen diesen Einheiten ebenso wenig wie zwischen den Molecülen der Chemie.[86]

Die evolutionäre Transformation von Arten erfolgt nach dieser Theorie über diskontinuierliche Sprünge, oder wie de Vries zu sagen vorzieht, »Stöße«. De Vries nennt diese Stöße »Mutationen« und die ihr zugrundliegende Variabilität »Mutabilität«. Diese wird scharf unterschiedenen von einer kontinuierlichen, graduellen Form von Variabilität, die »fluktuierende«, »individuelle« oder »gewöhnliche« Variabilität. Die Unterscheidung zwischen Mutabilität und fluktuierender Variabilität führt de Vries historisch auf Darwins Unterscheidung zwischen »individual« und »single variations« zurück[87]. Darwins gradualistische Theorie ging bekanntlich (siehe 2.1) davon aus, daß die natürliche Selektion auf geringfügige individuelle Unterschiede in bestimmten Merkmalen eines Organismus wirkt, und daß sich diese kleinen Schritte beliebig akkumulieren lassen, wenn die Selektion lange genug in einer bestimmten Richtung wirkt.

---

83 Es liegt vielleicht eine gewisse Ironie darin, daß de Vries zugleich einer der Wiederentdecker der Mendelschen Gesetze war. Diese waren allerdings für de Vries lediglich ein Teilaspekt seiner »elementaren Bastardlehre« (de Vries 1903).

84 de Vries (1901), Vorwort

85 Darwin (1859), S. 471

86 de Vries (1901), S. 3

87 *ibid.*, S. 21ff.

Durch die Kumulierbarkeit gradueller Unterschiede kann sich eine Gruppe von Organismen soweit verändern, daß sie einer anderen Art und schließlich anderen höheren Taxa (Gattung, Familie etc.) zugeschlagen werden kann.

De Vries hält die fluktuierende Variabilität und die Mutabilität für grundsätzlich verschiedene Phänomene. Ich habe die von de Vries angenommenen Unterschiede in folgender Tabelle zusammengestellt und werde die darin enthaltenen Punkte unten einzeln besprechen.

Variabilität:	Fluktuierende Variabilität	Mutabilität
Erscheinungsform:	kontinuierlich (graduell)	diskontinuierlich
Erblichkeit:	ja, aber Regression	ja
Selektion:	ja, aber Selektionserfolg rückgängig wenn Selektion aufhört	ja, aber rein eliminativ
Direkter Einfluß der Umwelt:	ja	nein/nicht bekannt (?)
genetische Basis:	Unterschiede in der Zahl der Pangene	Neuentstehung, Aktivierung oder Desaktivierung von Pangenen
Richtung:	plus/minus	alle Richtungen
Taxonomisches Gewicht:	Subspezies	≥ Subspezies

a) Erblichkeit und Selektion

Dem heutigen Leser von de Vries Werk fällt sofort auf, daß dieser offenbar mit »fluktuierender Variabilität« *jede* beobachtbare, kontinuierliche Reihe von Unterschieden bezüglich der Ausprägung eines Merkmals bei einem Organismus meint. Ich schließe dies daraus, daß sich bei de Vries die heute geläufige, auf Johannsen (siehe 3.1) zurückgehende Unterscheidung zwischen *genotypischer* und *phänotypischer* Variabilität nicht findet. Heute versteht man unter der ersteren den Bereich von Merkmalsausprägungen, die eine Gruppe von genetisch *verschiedenen* Organismen unter den *gleichen* Umweltbedingungen ausbilden. Letztere bezeichnet hingegen den Bereich von Merkmalsausprägungen, die eine Gruppe von genetisch *identischen* Organismen in einem Bereich *verschiedener* Umweltbedingungen zeigt. Bei de Vries findet sich kein Hinweis auf diese heute fundamentale Unterscheidung[88]; er scheint jegliche graduelle Variabilität unter der Bezeichnung »fluktuierende Variabilität« in den gleichen Topf zu werfen. Statt dessen diskutiert er ausführlich die »Gesetze«, welchen die fluktuierende Variabilität nach seiner Auffassung gehorcht. Diese Gesetze sind zum einen Quetelets Gesetz - ein Vorläufer der heutigen statistischen Normalverteilung - sowie Galtons Gesetz der Regression[89]. Nach dem Regressionsgesetz weicht, in de Vries' Worten, »das Mittel der Aussaat vom Mittel der Art um einen Werth ab, der nur 1/3 von der Abweichung der Eltern beträgt«[90]. Dies bedeutet, daß eine Population von Organismen, die einem Selektionsprozeß für graduelle Unterschiede bezüglich bestimmter Merkmale unterzogen wird, stets eine Tendenz hat, zum ursprünglich vorhandenen Durchschnittswert dieses Merkmals zurückzukehren. Das heißt, daß es zwar eine gewisse Erblichkeit von durch fluktuierende Variabilität entstandenen Abweichungen gibt, diese sind aber nicht stabil und verschwinden nach einigen Generationen wieder, wenn die Selektion nicht dauernd aufrechterhalten wird[91]. De Vries beruft sich hier einerseits auf Galton, andererseits verweist er auf die angeblich bekannte Tatsache aus der Pflanzenzucht, daß durch Zuchtwahl erzeugte Rassen unbeständig sind[92].

Nach dieser Theorie müßte die Selektion um ihre Wirksamkeit zu behalten, um so stärker werden, je weiter sich eine Population bezüglich eines Merkmals vom anfänglichen Durchschnitt wegbewegt:

> Aus dem Quetelet'schen Gesetze lässt sich berechnen, auf wie viele Individuen bei einer Variation, deren Curve man kennt, eine bestimmte gewünschte Abweichung zu erwarten ist. Es scheint diese Aussicht bei nicht allzu unerheblichen Differenzen sehr allgemein eine ganz kleine zu sein, bald Millionen von Individuen erfordernd.[93]

Dieser Behauptung scheint ein merkwürdiges Mißverständnis statistischer Gesetze wie der Quetelet-Verteilung zugrundezuliegen: Aus der Tatsache, daß sich variable biologische Eigenschaften oft in eine glockenförmige Verteilung

---

88 Siehe Brandon (1990), Kap. 2 für eine ausführliche Diskussion von genetischer und phänotypischer Variabilität aus heutiger Sicht.

89 vgl. 6.1

90 de Vries (1901), S. 60

91 vgl. S. 368: »Die Abweichungen der einzelnen Individuen vom Mittel sind erblich. Aber nicht in vollem Maasse, nur unter theilweisem Verlust. Es findet stets eine Regression statt, und diese beträgt gewöhnlich mehr als die Hälfte, oft etwa zwei Drittel der ursprünglichen Abweichung«.

92 Darwin war diesbezüglich gegenteiliger Auffassung; siehe Darwin (1859), Kap. 1.

93 de Vries (1901), S. 114

mit einem bestimmten Median und Quartil[94] bringen lassen, folgt nicht notwendigerweise, daß diese Verteilungsparameter für alle Zeiten fixiert sind[95]. Allerdings ist dies *empirisch* auch nicht ausgeschlossen; ich sehe *a priori* keinen Grund, weshalb sich eine Population von Organismen nicht auf die von de Vries (mit Galton) angenommene Weise verhalten könnte. Heute wissen wir allerdings, daß dies gerade bei einer evoluierenden Population nicht der Fall ist. Der Durchschnitt sowie die Varianz der Verteilung einer variablen *erblichen* Eigenschaft ist gerade, was sich in einem Selektionsprozeß verschieben kann, und zwar so lange wie noch genetische Variabilität und Fitneßunterschiede in der Population vorhanden sind[96]. Variiert diese Eigenschaft hingegen bloß *phänotypisch*, hat Selektion tatsächlich keine über eine Generation hinausgehende Auswirkungen; den Unterschied zwischen genotypischer und phänotypischer Variabilität macht de Vries aber nicht, wie bereits erwähnt.

Wir sehen also, daß de Vries hier eine folgenschwere, aus heutiger Sicht falsche empirische Annahme trifft, die er seinem Argument gegen die Wirksamkeit von natürlicher Selektion, die auf fluktuierende Variabilität wirkt, zugrundelegt. Die Implikationen für die Theorie der Artbildung liegen auf der Hand: Natürliche Selektion auf graduelle Variabilität kann die Grenzen einer Art nicht überwinden; sie führt lediglich zu Differenzierungen *innerhalb* einer Art, die rückgängig gemacht werden, wenn die Selektion nachläßt[97]. Damit

> stellt sich die Mutationstheorie gegenüber der jetzt vorherrschenden Selectionstheorie [d.h. Darwin und Wallace, M.W.]. Letztere nimmt die gewöhnliche oder sogenannte individuelle Variabilität als den Ausgangspunkt der Entstehung neuer Arten an. Nach der Mutationstheorie sind beide aber von einander durchaus unabhängig. Die gewöhnliche Variabilität kann [...] auch bei der schärfsten anhaltenden Selection nicht zu einem wirklichen Ueberschreiten der Artgrenzen führen, viel weniger noch zu der Entstehung neuer constanter Merkmale.[98]

Wie steht es mit Selektion für *Mutationen*? Diese existiert laut de Vries, aber sie hat eine ausschließlich negative oder *eliminative* Wirkung. Selektion eliminiert alle Mutanten, die völlig lebensunfähig oder unfruchtbar sind und läßt alle anderen am Leben. Die bei Darwin so zentrale Adaptivität von Merkmalen ist damit bei de Vries eher sekundär:

---

94 Das heute gebrächliche Maß der *Varianz* einer Verteilung war de Vries vermutlich noch nicht bekannt; er benutzte das Queteletsche Maß des Quartils, welches in einer Verteilung den Punkt angibt, jenseits dessen sich noch ein Viertel der Individuen der Population befinden.

95 Dies wurde bereits von Weldon (1902b, S. 368f.) bemerkt.

96 siehe z.B. Futuyma (1990), S. 175

97 de Vries (1901), S. 46

98 *ibid.*, S. 4

Auch ohne irgendwelche Vorzüge im Kampf ums Dasein wird eine neue Form sich behaupten, vorausgesetzt 1. dass sie hinreichend kräftig und fruchtbar sei um sich zu vermehren, und 2. dass sie nicht bloss einmal, sondern während einer längeren Periode wiederholt entstehe.[99]

In einem späteren Werk schreibt de Vries:

The sifting out of all organisms of minor worth through the struggle for life is only a sieve, and not a force of nature, no direct cause of improvement [...] with those single steps of evolution it has nothing to do. Only after the step [mutation, M.W.] has been taken, the sieve acts, eliminating the unfit.[100]

Selektion wirkt also nach de Vries wie ein Sieb, das bestimmte Formen durchläßt und andere zurückhält. Sie hat keinerlei *konstruktive* Kraft. In einer Darwinistischen Theorie hat Selektion hingegen eine konstruktive Wirkung, die durch die Möglichkeit der *Akkumulation* vieler geringfügiger Unterschiede durch während vieler Generationen anhaltende Selektion in eine Richtung gegeben ist[101].

b) Direkter Einfluß der Umwelt

Auch in dieser Hinsicht postuliert de Vries fundamentale Unterschiede zwischen der fluktuierenden Variabilität und der Mutabilität. In Bezug auf die fluktuierende Variabilität schreibt er an mehreren Stellen, daß diese auf Unterschiede in der *Ernährung* der Pflanzen zurückzuführen ist, wobei er unter »Ernährung« alle die für das Wachstum einer Pflanze notwendigen Umweltbedingungen subsumiert (Licht, Nährstoffe, Feuchtigkeit etc.). De Vries' Argument hierfür ist ausgesprochen merkwürdig:

Die Frage, ob irgend eine Eigenschaft in irgend einem Maasse von ihrem mittleren Werthe abweicht, hängt einerseits von der Selection, d.h. also von den Eigenschaften der Eltern und Grosseltern, andererseits von der Ernährung, d.h. also von der Einwirkung äusserer Umstände auf das Individuum selbst ab. Die Eigenschaften der Vorfahren wurden aber in derselben Weise von der Lebenslage bestimmt, und so ergiebt sich der Satz, dass die Erscheinungen der Variabilität im engeren Sinne, d.h. die individuellen Abweichungen vom Mittel der Art, ganz von den Lebensbedingungen abhängen. Nur ist dabei zu berücksichtigen, dass die Ernährungseinflüsse ihre Wirkung im Laufe einiger Generationen häufen können, da ja im Allgemeinen nur die besten Individuen die besten Samen hervorbringen werden.

---

99 *ibid.*, S. 148
100 de Vries (1905), S. 7
101 vgl. Neander (1995)

> Die fluktuierende Variabilität ist also eine Erscheinung der Ernährungsphysiologie.[102]

Es zeigt sich hier wiederum die Vermengung von genetischer und phänotypischer Variabilität. De Vries sieht keinen Unterschied zwischen einer Pflanze, die bezüglich eines Merkmals von einem artgleichen Individuum abweicht, weil sie besser ernährt ist, und einem Individuum, das abweicht, weil es andere genetische Eigenschaften hat. Aus heutiger Sicht ist dies für die Evolution ein fundamentaler Unterschied. Es ist zwar denkbar, daß sich eine Abweichung von der ersten Art über besser ausgestattete Samen an die nächste Generation »vererbt«, wird diese aber später schlecht ernährt, dann verschwindet das Merkmal. Eine genetisch bedingte Abweichung verbleibt aber stabil in der Population, solange keine Selektion stattfindet. Diese heute selbstverständlichen Tatsachen wurden erst aufgrund von Johannsens Genotyp/Phänotyp-Unterscheidung (siehe 3.1) sowie durch die Arbeiten Fishers zum Verhalten der genetischen Variabilität in Populationen (siehe 6.3) klar. De Vries' Position bezüglich der graduellen Variabilität könnte man geradezu als »lamarckistisch« bezeichnen, da er die ihr zugrundeliegenden Merkmalsunterschiede offenbar für durch Umwelteinflüsse erworbene Adaptationen hält, die zwar eine bestimmte Erblichkeit besitzen, aber der Galtonschen Regression unterliegen.

In Bezug auf die *Mutationen* vertritt de Vries hingegen bemerkenswerterweise eine durchaus ähnliche Auffassung wie heutige Biologen:

> Die Mutationstheorie geht [...] davon aus, dass die Artbildung eine richtungslose sei, dass die Mutationen unabhängig von der Frage nach Nutzen oder Anpassung entstehen.[103]

Dies entspricht im Wesentlichen dem, was heute üblicherweise mit dem (ausgesprochen vagen) Begriff »Neo-Darwinismus« und assoziiert wird[104]. Die Idee ist die, daß der Phänotyp über keinen Mechanismus verfügt, dem Erbgut mitzuteilen, welche Veränderungen in einem gegeben Moment für das Individuum günstig wären und welche nicht. Obwohl Mutationen nicht in dem Sinne »zufällig« sind, daß sie nicht durch erkennbare Ursachen entstanden sind, ist das Auftreten einer Mutation zu einem bestimmten Zeitpunkt kausal unabhängig von dem adaptiven Nutzen oder Schaden, den der Trägerorganismus davon hat. Allerdings hat der Mutationsbegriff bei de Vries eine andere Bedeutung als der entsprechende moderne Begriff (siehe 3.3). Die Ursachen der Mutationen läßt de Vries weitgehend offen. Er erlaubt sich aber

---

102 de Vries (1901), S. 411
103 de Vries (1903), S. 669
104 z.B. Dawkins (1988), S. 60

am Schluß des zweiten Bandes einige Spekulationen, auf die ich gleich zu sprechen komme.

c) Genetische Basis

De Vries hatte um 1889 seine Theorie der »intracellulären Pangenesis«[105] vorgelegt, die er als eine Weiterentwicklung der Darwinschen Theorie der Pangenesis (siehe Kap. 1) versteht. Diese enthält laut de Vries die folgenden beiden Kernthesen:

> In jeder Keimzelle und in jeder Knospe sind die einzelnen Zellen und Organe des ganzen Organismus durch bestimmte stoffliche Theilchen vertreten. Diese vermehren sich durch Theilung und gehen bei der Zelltheilung von der Mutterzelle auf ihre Töchter über (Pangenesislehre). Ausserdem werfen die sämmtlichen Zellen des Körpers zu verschiedenen Zeiten ihrer Entwicklung solche Theilchen ab, diese fliessen den Keimzellen zu und übertragen diesen die etwa fehlenden Eigenschaften des Organismus (Transporthypothese).[106]

De Vries läßt im Wesentlichen die »Transporthypothese« fallen und behält die »Pangenesislehre« bei. Ein Transport der Erbteilchen oder »Pangene« findet nach de Vries lediglich *innerhalb* der Zellen statt (deshalb der Name), nämlich vom Zellkern ins Zytoplasma[107]. Die Unterschiede zwischen den beiden Arten von Variabilität führt de Vries nun auf eine unterschiedliche materielle Basis zurück:

> Verändertes numerisches Verhalten der Pangene ist somit die Grundlage der fluctuirenden Variabilität. Umlagerung der Pangene im Kerne bedingt die retrogressiven und degressiven Mutationen, während die Bildung neuer Arten von Pangenen zur Erklärung der progressiven erforderlich ist.[108]

---

105 de Vries (1889)

106 de Vries (1903), S. 685

107 Die Idee ist für den heutigen Betrachter gar nicht so fremd; man denke an messenger-RNA.

108 *ibid.*, S. 693. Als »progressiv« bezeichnet de Vries Mutationen, bei denen ein in einer stammesgeschichtlichen Linie bisher nicht existierendes Merkmal neu auftritt (1901, S. 460f.). »Retrogressive« Mutationen sind durch den Verlust eines für eine Gruppe typischen Merkmals gekennzeichnet, während »degressive« Mutationen Neubildungen sind, die keine »klare Beziehung zum Fortschritt des ganzen Stammbaumes« (1901, S. 460) aufweisen. Es sind vor allem die progressiven Mutationen, die de Vries für artenbildend hält. Dies deutet darauf hin, daß de Vries' Theorie *progressionistisch* ist, ohne daß aber der evolutionäre Fortschrittsbegriff näher charakterisiert wird. Möglicherweise meint de Vries

De Vries postuliert also, daß graduelle Variabilität durch Schwankungen in der *Anzahl* von Pangenen hervorgerufen wird, während Mutationen *qualitative* Veränderungen in den Pangenen erfordern, z.B. deren ungleiche Teilung im Keimplasma[109]. Über die Ursachen solcher Veränderungen schweigt sich de Vries aus; er scheint aber eher zu inneren Ursachen zu tendieren. Denn Mutationen treten nach de Vries nur auf, solange sich eine Art in einem »mutablen Zustand«[110] befindet, welcher außerordentlich selten ist; so selten, daß er erst bei einer einzigen Art beobachtet wurde: nämlich bei seinen Nachtkerzen (*Oenothera Lamarckiana*, siehe unten). Wir sehen also, daß de Vries' Mutationstheorie auf einer von der heutigen fundamental verschiedenen Vererbungslehre aufbaut, und dies, obwohl de Vries mit den Mendelschen Gesetzen bereits vertraut war[111].

d) Richtung

Die unterschiedliche genetische Basis der graduellen Variabilität und der Mutabilität bedingt nach de Vries einen weiteren fundamentalen Unterschied: erstere kann nur in zwei Richtungen variieren (»plus« und »minus«), während letztere in alle Richtungen variieren kann. Auch dies verwendete de Vries als Argument dafür, daß durch graduelle Variation keine neue Arten entstehen können, denn bei diesen muß etwas qualitativ Neues entstehen[112]. Dieses Argument ist mir völlig unverständlich. Wenn mehrere Parameter gleichzeitig quantitativ variieren, weshalb ist das nicht »Variabilität in alle Richtungen«, und weshalb sollen dadurch nicht auch neue Artmerkmale entstehen können?

e) Taxonomisches Gewicht

Wir kommen nun zu einem ganz zentralen Punkt der Mutationstheorie, die ihren Anspruch als Erklärung für die Entstehung von Arten betrifft. Als erstes muß geklärt werden, was de Vries überhaupt unter einer »Art« versteht. Er

---

mit »Fortschritt« lediglich gewisse langanhaltende evolutionäre Trends. Interessanterweise glaubt de Vries, daß nur retrogressive und degressive Mutationen den Mendelschen Gesetzen folgen (1903, S. 642).

109 *ibid.*, S. 696

110 *ibid.*, S. 697ff.

111 Es existierten zwischen 1900 und 1910 höchst unterschiedliche Interpretationen der Mendelschen Gesetze (siehe 3.1).

112 de Vries (1903), S. 666; siehe auch Provine (1971), S. 92

unterscheidet zunächst zwischen »Kollektivarten« und »elementaren Arten«. Erstere sind die Arten der klassischen linnaeischen Tradition in der Taxonomie. Diese

> umfassen eine kleinere, oft auch eine grössere Reihe von Formen, welche von einander ebenso scharf und vollständig unterschieden sind, als die besten Arten.[113]

De Vries' »Kollektivarten« sind also *polytypisch*[114]. Das Kriterium für die Artzugehörigkeit einer Gruppe von Formen ist bei de Vries das *Fehlen von Zwischenformen*[115]. De Vries hält Kollektivarten außerdem nicht für *real*, sondern *konventionell*[116]. Er bezeichnet sie als »künstliche Gruppen, deren Umfang jeder nach seinen persönlichen Einsichten abändern kann«[117], z.B. wenn in anderen Gegenden bisher unbekannte Zwischenformen gefunden werden. Die Erforschung des Ursprungs von Kollektivarten ist nach de Vries Aufgabe der »vergleichenden Wissenschaft« also der Naturgeschichte:

> [N]ur für die wirklich existirenden Einheiten kann es sich um einen experimentellen Beweis ihrer gemeinschaftlichen Abstammung handeln; für die Gruppen von Einheiten wird die Descendenzlehre wohl stets eine vergleichende Wissenschaft bleiben.[118]

Welches sind nun diese »wirklich existierenden Einheiten« deren Entstehung der experimentellen Biologie zugänglich ist? Dieses sind die »elementaren Arten«. De Vries bedient sich einer von Galton übernommenen Metapher, des »Galtonschen Polyeders«, um das Wesen elementarer Arten zu explizieren[119]: Man stelle sich einen Polyeder vor, der auf einer ebenen Fläche umherrollen kann. Der Polyeder besitzt eine Anzahl von Gleichgewichtszuständen, die der Zahl seiner Flächen entspricht. Jeder andere Zustand des Polyeders als das Liegen auf einer seiner Flächen ist nicht stabil. Der Polyeder kann aber eine Zeitlang um einen Gleichgewichtszustand oszillieren. Die Oszillationen eines rollenden Polyeders vergleicht de Vries mit der fluktuierenden Variabilität innerhalb einer Art. Kippt der Polyeder auf eine andere Fläche, entsteht ein

---

113 de Vries (1901), S. 33

114 Siehe Mayr (1942, Kap. VI) für den Begriff der polytypischen Art.

115 de Vries (1901), S. 43; vgl. Renschs (1929) Begriff des Rassenkreises

116 Man beachte, daß die Vertreter der Synthetischen Evolutionstheorie im Gegensatz zu de Vries auch polytypische Arten für real halten werden (5.1).

117 *ibid.*, S. 118

118 *ibid.*, S. 116

119 *ibid.*, S. 39f.

neuer Gleichgewichtszustand; eine neue elementare Art[120]. Das Kippen sind die *Mutationen*; der beim Rollen auf einer ebenen Fläche zurückgelegte Weg ist die *Stammesgeschichte* der Art. E. Mayr hat nun behauptet, daß de Vries' Theorie der Artbildung *zirkulär* sei:

> Unfortunately, de Vries' argument was entirely circular: he called any discontinuous variant a species, hence species originate by any single step that causes a discontinuity.[121]

Dies ist m.E. nicht richtig. De Vries nannte *nicht* jede diskontinuierliche Variante eine (elementare) Art. Durch Mutationen können nicht nur elementare Arten, sondern auch *Varietäten* entstehen, wie schon der Titel einer späteren Publikation de Vries' andeutet: »Species and Varieties. Their Origin by Mutation«[122]. Aber schon in der »Mutationstheorie« gibt de Vries mehrere Beispiele von diskontinuierlichen Varianten, die er nicht als neue Arten taxiert, sondern als Varietäten[123]. Außerdem werden nicht alle von de Vries gefundenen *Oenothera*-Mutanten (siehe unten) als neue Arten eingestuft. Die Behauptung, die Mayr wahrscheinlich irregeführt hat, ist lediglich die, daß sich Mutationen, die zu neuen elementaren Arten führen und Mutationen, die zu (diskontinuierlichen) Variäteten der gleichen elementaren Arten führen, in *physiologischer* Hinsicht nicht unterscheiden, d.h. der Mutationsvorgang ist der gleiche[124]. In *taxonomischer* Hinsicht gibt es aber bei de Vries sehr wohl Unterschiede zwischen verschiedenen Mutanten: »Elementare Arten unterscheiden sich von ihren nächsten Verwandten mehr oder weniger in allen ihren Merkmalen« [125], und:

> Nach der Mutationstheorie unterscheiden sich die durch je eine Mutation entstandenen Arten ebenso scharf von einander, als nicht verwandte anerkannte systematische Arten [d.h. Kollektivarten, M.W.].[126]

De Vries Behauptung ist die, daß durch einen *einzigen* Mutationsschritt in einer Pflanze Merkmalsunterschiede entstehen *können*, deren taxonomisches Gewicht demjenigen von entsprechenden Merkmalen anerkannter linnaeischer Arten entspricht. Diese Aussage ist zweifellos eine *empirische*, und Mayrs Zirkularitäts-

---

120 Siehe auch de Vries (1903): »Die fluctuirende Variabilität stellt [...] nur ein einfaches Hin- und Herschwanken um eine bestimmte Gleichgewichtslage dar, während die Bildung neuer Arten die Erreichung neuer Gleichgewichtslagen erfordert« (S. 665).

121 Mayr (1982), S. 546

122 de Vries (1905)

123 z.B. die »plötzlich entstandenen Gartenvarietäten« (1901, S. 479-482)

124 de Vries (1901), S. 456

125 *ibid.*, S. 176

126 *ibid.*, S. 304

vorwurf ist somit falsch. Aber kann de Vries diese empirische Aussage belegen? An dieser Stelle müssen wir uns nun seinen Studien über *Oenothera* zuwenden.

De Vries hatte seine saltationistischen Überzeugungen vermutlich unter dem Einfluß Galtons und Batesons gewonnen, was an den unzähligen Hinweisen auf diese Autoren in beiden Bänden der »Mutationstheorie« belegt wird. Seine empirische Vorgehensweise war nicht induktiv, d.h. er sammelte seine Daten nicht in theoretischer Unvoreingenommenheit. Aus seinen Beschreibungen geht klar hervor, daß er gezielt nach einer Art gesucht hat, bei der die von ihm aus theoretischen Gründen postulierten Mutationen direkt beobachtet werden können:

> So lange man die Bedingungen nicht kennt, unter denen neue Arten entstehen, wird es schwierig bleiben, geeignetes Material für eine derartige Untersuchung zu finden. Ich habe aus diesem Grund im Jahr 1886 und in den nächstfolgenden Jahren im Freien in der Umgegend von Amsterdam vielfach nach Arten gesucht, welche durch Monströsitäten oder sonstige Abweichungen für meine Zwecke günstig schienen. Ich habe im Laufe der Jahre weit über hundert solcher Arten in Cultur genommen, doch hat im Wesentlichen nur eine thatsächlich meinen Wünschen entsprochen.[127]

> Only one of all my tests met my expectations. This species proved to be in a state of mutation, producing new elementary species continually and it soon became the chief member of my experimental garden. It was one of the evening primroses.[128]

Es handelte sich um eine von de Vries bei Hilversum gefundene Kolonie von Nachtkerzen, genauer *Oenothera Lamarckiana*[129]. Diese ist eine großgewachsene Pflanze mit gelben Blüten, die sich in der Abenddämmerung öffnen. *O. Lamarckiana* entsprach de Vries »Wünschen«, weil sie folgende Eigenschaft besaß: Sowohl im Feld als auch in Kultur fand de Vries regelmäßig Sprößlinge, die sich spektakulär von der Mutterpflanze unterschieden[130]. Da war z.B. eine Form, die durch ihren kurzen Griffel auffiel (*brevistylis*), eine Form mit glatten Blättern (*laevifolia*), mehrere Zwergformen (*nana*, *nanella*), eine riesenwüchsige Form (*gigas*), eine Form mit rötlichen Blattadern (*rubrinervis*) usw. Auffallend sind

---

[127] de Vries (1901), S. 151

[128] de Vries (1905), S. 521

[129] Die Art war nicht etwa, wie man meinen könnte, von de Vries nach dem großen französischen Evolutionisten benannt, sondern von dem Nämlichen selbst erstmals systematisch beschrieben worden! Es gibt meines Wissens aber keine historischen Hinweise darauf, daß Lamarck die von von de Vries bei dieser Pflanze beobachteten Phänomene-falls diese in Lamarcks Proben überhaupt auftraten-auch wahrgenommen hat, oder daß diese gar einen Einfluß auf seine Evolutionstheorie gehabt hätten. Es handelt sich hier wohl um einen merkwürdigen Zufall in der Geschichte der Evolutionsbiologie.

[130] Siehe de Vries' wunderschöne Zeichnungen in den Anhängen der beiden Bände der *Mutationstheorie*.

nun die taxonomischen Bezeichnungen, die de Vries für diese Formen wählte: *Oenothera brevistylis*, *O. laevifolia*, *O. rubrinervis* etc. Die Namen der neuen Formen stellte de Vries also unmittelbar hinter den Gattungsnamen; er gab ihnen Artstatus! De Vries wußte sehr wohl, daß er damit gegen sämtliche taxonomischen Konventionen verstieß. Nach der herrschenden taxonomischen Praxis hätten die von de Vries gefundenen Formen aufgrund ihrer unmittelbaren Abstammung von *O. Lamarckiana* als *O. Lamarckiana brevistylis*, *O. Lamarckiana laevifolia* etc. benannt werden müssen; d.h. als Varietäten oder Unterarten von *O. Lamarckiana*. De Vries schrieb:

> Ich bin völlig überzeugt, daß viele Leser meine neuen Arten gerade weil ich ihre Entstehung beobachten konnte, Varietäten nennen werden. Sie verfallen dann aber in einen Wortstreit, der für die Wissenschaft durchaus unwichtig ist.[131]

Der letzte Satz dieses Zitats ist m.E. reine Rhetorik, die Unterscheidung zwischen Varietäten und elementaren Arten ist de Vries durchaus wichtig. Er schreibt z.B. über seine Mutanten: »Sie unterscheiden sich von der *O. Lamarckiana* in zahlreichen Merkmalen und bilden daher gute elementare Arten«[132]. Ein Kriterium für eine neue Art ist also bei de Vries, daß diese sich von ihren nächsten Verwandten in *mehreren* Merkmalen unterscheidet. De Vries stellt fest,

> dass in der Gattung *Oenothera* die Merkmale der neuen Arten denselben systematischen Werth haben wie die unterscheidenden Charaktere der älteren, von Linné und den besten späteren Systematikern unterschiedenen Arten.[133]

De Vries hatte seine neuen durch Mutation entstandenen Formen sorgfältig mit den allgemein anerkannten Arten der Gattung *Oenothera* verglichen, z.B. *O. biennis*, *O. muricata* oder *O. suaveolens*, und war zum Schluß gelangt: »Meine neuen Arten weichen in einigen Hinsichten ebenso viel [...] von der Mutterart ab als diese allgemein anerkannten Formen«[134]. Beispielsweise gleichen sich die jungen Rosetten zwischen *O. Lamarckiana* und *O. muricata* (zwei etablierte Arten) stärker als die von *O. Lamarckiana* und *O. gigas* (eine von de Vries' Mutanten). Die Keimlinge von *O. gigas* gleichen eher denjenigen von *O. biennis*. Die schmalsten Blätter haben die Keimlinge von *O. sublinearis* (eine Mutante), die stärksten *O. gigas*. Dazwischen liegen bezüglich dieses taxonomisch bedeutenden Merkmals »die sämmtlichen älteren [d.h. anerkannten] und neueren [d.h. Mutanten] Arten in bunter Reihe durcheinander«[135]. Die Wurzel- und Stengelblätter der

---

131 de Vries (1901), S. 177
132 *ibid.*, S. 153
133 *ibid.*, S. 304f.
134 *ibid.*, S. 305.
135 de Vries (1901), S. 328

erwachsenen Rosetten von *O. Lamarckiana* und *O. biennis* - zwei anerkannte Arten - unterscheiden sich fast nicht, während diejenigen von *O. gigas* und *O. lata* - beides Mutanten - eine deutlich andere Form haben[136]. Ähnlich verhalten sich die Stengelblätter der blühenden Pflanzen[137]. Morphologische Vergleiche dieser Art stellte de Vries auch bezüglich der Form der Blüten, Früchte und Samen an. Auch bei diesen fand er beträchtliche Abweichungen in seinen Mutanten, die z.T. die Unterschiede zwischen etablierten Arten übertrafen. Daß de Vries nur Formen, die bezüglich *mehrerer* Merkmale abweichen, als elementare Arten betrachtet[138] ist ein zentraler Punkt in seiner Theorie, den Mayr vermutlich übersehen hatte, als er schrieb, daß de Vries *jede* diskontinuierliche Variante als Elementarart bezeichnet. De Vries neigte z.B. dazu, die Zwergmutanten *nana* und *nanella* als Variatäten zu bezeichnen, weil sich diese nur bezüglich der ausgewachsenen Größe von der Mutterpflanze unterschieden[139].

De Vries hat damit gezeigt, daß bei *Oenothera* durch einen einzigen Mutationsschritt Formen entstehen können, die nach *morphologischen* Kriterien als neue Arten zu klassifizieren sind. Es handelt sich bei diesen um Elementararten im Gegensatz zu Kollektivarten, weil sie aus einer einzigen Form bestehen; aus diesen könnten aber durch eine Kombination von fluktuierender Variabilität und subspezifischer Mutabilität auch eine Reihe von graduell verschiedenen Formen entstehen, die dann unter Kollektivarten zusammengefaßt werden könnten.

Damit ist m.E. der empirische *Gehalt* der Mutationstheorie der Entstehung von Arten ausgewiesen. Man kann nun noch fragen, wie gut die empirische *Evidenz* für diese Theorie war. In Bezug auf diese Frage hat Mayr zweifellos recht, wenn er über de Vries' empirische Evidenz schreibt:

> One can only shake one's head when one reads de Vries *Die Mutationstheorie*. This brilliant physiologist and geneticist, whose 1889 book on intracellular pangenesis was, prior to 1900, the most sensible and prophetic discussion of the problems of inheritance violates all the canons of science [...]. Not only are most of his conclusions circular, but he builds his entire theory on a single exceptional species, postulating without the shadow of a proof that the "far more than 100 other

136 Siehe de Vries' Abb. auf S. 207

137 Man vergleiche de Vries' entsprechende Abbildungen auf S. 209 und S. 331.

138 Strenggenommen können nach de Vries sogar nur *progressive* Mutationen (siehe oben) zur Bildung von Elementararten führen (1903, S. 466). Daraus folgt innerhalb von de Vries' Theorie, daß die interspezifische Variabilität nicht den Mendelschen Gesetzen folgen kann; dies wurde später widerlegt.

139 de Vries (1901), S. 257

species" which did not behave like *Oenothera* happened to be "in an immutable period."[140]

Den Zirkularitätsvorwurf glaube ich widerlegt zu haben; ansonsten schließe ich mich Mayrs Beurteilung an. Eine einzige Art ist natürlich dünne Evidenz für eine *allgemeine* Theorie der Artbildung. Die Theorie der »Mutationsperioden«[141] und de Vries' Annahme, alle anderen von ihm untersuchten Arten hätten sich in einem »immutablen Zustand« befunden, können wohl als *Ad hoc*-Hypothesen betrachtet werden, die de Vries' Theorie vor der Konfrontation mit der Wirklichkeit schützten.

Mayrs Einschätzung füge ich abschließend bei, daß de Vries' Mutationstheorie weitgehend in der Vererbungslehre des 19. Jahrhunderts gefangen war. Einerseits ist dies die auf Darwin und H. Spencer zurückgehende Pangenesislehre, andererseits die biometrischen Lehren Galtons. Beide wurden durch das Aufkommen der klassischen Transmissionsgenetik in den Jahren 1910-1920 (3.2) sowie der mathematischen Populationsgenetik in den Jahren 1918-1931 (6.3) hinfällig. Insbesondere erwies sich die kategoriale Unterscheidung von fluktuierender Variabilität und Mutabilität als inadäquat; sie wurde durch die Unterscheidung zwischen genotypischer und phänotypischer Variabilität abgelöst. Genotypische Variabilität kann auch kontinuierlich erscheinen, nämlich dann, wenn mehrere Gene dasselbe Merkmal beeinflussen. *Oenothera Lamarckiana* erwies sich später als ein komplexes, unstabiles System balancierter Chromosomen (siehe 3.3) und wurde damit als ungewöhnliches Beispiel genetischer Variabilität erkannt. Mit diesen Entwicklungen wurde der Mutationstheorie das Fundament entzogen.

---

140 Mayr (1982), S. 546f.
141 de Vries (1903), S. 697ff.

3 Die klassische Theorie des Gens, 1900-1936

3.1 Die Renaissance der Mendelschen Genetik im 20. Jahrhundert

Forschungstraditionen entstehen nicht aus dem Nichts; dies gilt auch für die moderne Genetik. Mendel selbst war nicht der weltfremde Mönch, für den ihn die Wissenschaftsfolklore gerne hält[1]. Seine Arbeit steht in einem direkten Zusammenhang mit einer schon im 18. Jahrhundert beginnenden Tradition der Pflanzenzucht wie sie z.B. von Kölreuter oder Gärtner mit wissenschaftlichem Anspruch betrieben wurde[2]. Wenn also die Wiederentdeckung der Mendelschen Gesetze durch de Vries, Correns, Tschermak und Bateson um 1900 als Neubeginn betrachtet wird, so muß dies unter dem Vorbehalt geschehen, daß auch diese Forscher Abkömmlinge entsprechender Traditionen waren, die das Feld, auf dem die neue Genetik gedeihen konnte, sozusagen vorgeackert hatten[3].

Bateson, der die Bezeichnung »genetics« erfand und für einen erheblichen Teil der genetischen Aufbruchstimmung zu Beginn des Jahrhunderts verantwortlich war, hatte seit den 1880er Jahren Hybridisierungsversuche durchgeführt und kam einer experimentellen Wiederentdeckung der Mendelschen Gesetze ziemlich nahe[4]. Einer bekannten Geschichte zufolge fuhr Bateson im Jahre 1900 eines Tages von Cambridge nach London, um dort einen Vortrag vor der Royal Horticultural Society zu halten. Im Zug las er Mendels berühmte Arbeit über Kreuzungsversuche in *Pisum*. Er war dermaßen begeistert davon, daß er die in dem Artikel beschriebenen wunderbar einfachen Gesetze aus dem Stegreif in seinen Vortrag einbaute[5]. Die Mendelschen Gesetze[6] fanden aber nicht sofort überall Zustimmung. Besonders die auf Galton zurückgehende biometrische

---

1 Mendel studierte in Wien und hörte u.a. Physik bei C.J. Doppler (Orel 1995).

2 Olby (1966)

3 Es muß u.a. auch gefragt werden, wieweit die »Wiederentdecker« ihre eigenen Theorien in Mendels Arbeit hineingelesen hatten (Olby 1979); dies führt jedoch über den Rahmen dieser kurzen historischen Betrachtung der klassischen Genetik hinaus.

4 Dunn (1965), S. 63

5 Der Vortrag wurde veröffentlicht (Bateson 1900). Batesons Frau schrieb später: »On his way to town to deliver it he read Mendel's actual paper on peas for the first time. As a lecturer he was always cautious, suggesting rather than affirming his own convictions. So ready was he however for the simple Mendelian law that he at once incorporated it into his lecture« (B. Bateson 1928, S. 73).

6 Aufgrund des großen Bekanntheitsgrads verzichte ich hier auf eine Darstellung der Mendelschen Gesetze. Man findet sie in jedem Lehrbuch der allgemeinen Biologie.

Schule um Karl Pearson hielt die Mendelschen Zahlenverhältnisse in den F_1 und F_2 Generationen für eine Ausnahmeerscheinung ohne besondere Implikationen für die Vererbungswissenschaft oder gar die Evolution. Batesons emotional getränktes Büchlein »Mendel's Principles of Heredity: A Defense«[7] war denn auch eine direkte Replik auf die von Weldon[8] geäußerte Kritik. Dies war der Anfang einer zunächst freundlichen und später erbitterten Kontroverse zwischen Bateson und dem Biometriker Weldon, bei der es nicht nur um die Mendelschen Gesetze, sondern auch um Fragen der Evolution sowie der wissenschaftlichen Methode ging[9]. In diesem Zusammenhang besonders zu erwähnen ist, daß die von Galton gegründete biometrische Schule, der Weldon angehörte, in Fragen der Evolution Darwin wesentlich zugeneigter war als Bateson, der die Darwinsche Theorie[10] für weitgehend unbegründet und für die Forschung unbrauchbar hielt[11]. Bateson war außerdem Saltationist[12] d.h. er glaubte, daß Evolution diskontinuierlich verläuft. Den diskontinuierlichen Charakter von Mendelschen Merkmalen betrachtete er als Evidenz hierfür[13]. Damit nahmen die Schwierigkeiten einer Synthese von Darwinismus und Genetik ihren Anfang: Die neu auftretende Genetik (in der Gestalt von Bateson und de Vries) sah sich zunächst in Opposition zur Darwinschen Evolutionstheorie und glaubte, diese durch ihre eigenen Prinzipien ersetzen zu können. Umgekehrt hielten Darwinisten wie Weldon oder Pearson die neue Genetik zunächst für irrelevant. Damit befanden sich die Biometriker aber bald in einer Außenseiterposition, als im Verlauf des ersten Jahrzehnts des neuen Jahrhunderts eine regelrechte Flut von Berichten über die Gültigkeit der Mendelschen Gesetze sowohl bei Tieren als auch bei Pflanzen über die Fachzeitschriften hereinbrach[14].

---

7 Bateson (1902a)

8 Weldon (1902a). Weldon kritisierte insbesondere, daß die Mendelianer die von Galton postulierten Beiträge der Großeltern, Urgroßeltern etc. zu den erblichen Eigenschaften eines Individuums vernachlässigten (S. 244 und 252).

9 Provine (1971), Kap. 3; Farrall (1975)

10 Es sei hier nochmals darauf hingewiesen, daß zu diesem Zeitpunkt kein ernstzunehmender Biologe mehr an der Deszendenz zweifelte. Wenn jemand im Folgenden als »Antidarwinist« bezeichnet wird, so ist das so zu verstehen, daß der Betreffende bezüglich der grundlegenden Evolutionsmechanismen anderer Auffassung war als Darwin.

11 Bateson (1913), S. 11 und S. 20f.

12 siehe 2.2

13 Wie wir gesehen hatten, war dieser Punkt bei Bateson aber unbegründet.

14 Dunn (1965), Kap. 8. Der letzte Versuch einer Gesamtübersicht aller Kreuzungsexperimente mit Tieren, die Mendels Gesetze bestätigen, ist Lang (1914), ein Werk von mehr als tausend Seiten!

Natürlich wurden dabei auch viele Ausnahmen zu Mendels Regeln gefunden. Ein erheblicher Teil der Forschung war denn auch damit beschäftigt, Erklärungen für diese Ausnahmen zu finden[15]. Einige dieser Erklärungen wurden später zum integralen Bestandteil der genetischen Theorie. Das von Bateson und Punnett um 1905 entdeckte Phänomen der Kopplung bei multifaktoriellen Kreuzungen[16] wurde beispielsweise später durch Morgans Identifikation der Kopplungsgruppen mit den Chromosomen erklärbar[17]. Kopplungsgruppen sind seither zentraler Bestandteil der genetischen Theorie (siehe 3.2).

H. Nilsson-Ehle konnte z.B. das zunächst unerwartete Verhalten gewisser Merkmale bei Kreuzungsversuchen mit Gräsern erklären, indem er zeigte, daß diese durch mehrere, unabhängig segregierende Gene bestimmt werden. Dies führte unmittelbar zur für die Evolutionstheorie bedeutenden Einsicht, daß genetische Variation dem Mendelschen Vererbungsmechanismus unterliegen und trotzdem kontinuierlich erscheinen kann[18]. Durch die Konfrontation der ursprünglichen Mendelschen Gesetze mit experimentellen Anomalien[19] hat die Genetik einige ihrer wichtigsten Entdeckungen gemacht[20].

Neben der großen Zahl von erfolgreichen experimentellen Bestätigungen waren aber auch einige theoretische und begriffliche Innovationen für die neue Genetik bedeutsam. Auf der begrifflichen Seite besonders hervorzuheben ist W. Johannsens Unterscheidung zwischen Genotyp und Phänotyp[21]. Letzterer gibt die Totalität aller sicht- oder meßbaren Eigenschaften eines Individuums an. Johannsen betonte, daß der Phänotyp stets durch eine Interaktion zwischen genetischen Dispositionen (»Anlagen« in Johannsens Terminologie. Nicht zu verwechseln mit den »Anlagen« der Embryologen!) und der Umwelt eines

---

15 Dunn (1965), Kap. 10

16 Bateson und Punnett (1905-1908); siehe auch Carlson (1966), S. 42

17 Das Phänomen der Kopplung und dessen Relation zu den Chromosomen wurde allerdings schon von Sutton (1903) vorhergesagt: »We must ... assume that some chromosomes at least are related to a number of allelomorphs. If then, the chromosomes permanently retain their individuality, it follows that all the allelomorphs represented by any one chromosome must be inherited together« (S. 34 in Peters 1959).

18 East (1910)

19 Darden (1991, 1995)

20 Man kann daraus wieder einmal die Lehre ziehen, daß es nicht immer vernünftig ist, eine Theorie beim Auftauchen von Gegenbeispielen aufzugeben, wie Popper dies gefordert hat. In manchen (aber nicht in allen) Fällen sind zur Stützung einer Theorie erfundene Ad hoc-Hypothesen nützlich, indem sie die Weiterentwicklung der Theorie ermöglichen, die ihr volles Potential u.U. erst dann unter Beweis stellen kann (vgl. Feyerabend 1983, Kap. 8).

21 Johannsen (1909), S. 162-170

Individuum entsteht[22]. Der Genotyp ist hingegen die Gesamtheit der genetischen Dispositionen oder Anlagen. Johannsens scharfsinnige Unterscheidung hatte auch bedeutende Auswirkungen auf den Genbegriff selbst, indem Gene nun als Elemente des Genotyps definiert werden konnten, ohne Annahmen über deren materielle Natur machen zu müssen, mit anderen Worten: das Gen konnte damit funktional definiert werden[23]. Schließlich stammt auch das Wort »Gen« selbst von Johannsen. Er leitete es von de Vries' Ausdruck »Pangen« ab, der diesen aufgrund von Darwins »Pangenesis« eingeführt hatte.

Eine weitere wichtige Entwicklung der Genetik im ersten Jahrzehnt war die zytologische Interpretation der Mendelschen Regeln, die unter dem Namen »Chromosomentheorie« bekannt wurde. Sutton[24] schlug erstmals vor, was uns heute selbstverständlich erscheint, nämlich daß die Paarung väterlicher und mütterlicher Chromosomen während der Entwicklung der Keimzellen, die zufällige Auswahl jeweils eines homologen Chromosoms bei der Gametenbildung und die Vereinigung je eines väterlichen und mütterlichen Homologs in der Zygote die von Mendel beobachteten Regelmäßigkeiten der Vererbung erklären, und zwar unter der Annahme, daß die Erbfaktoren an die Chromosomen gebunden sind. Boveri[25] demonstrierte außerdem in äußerst sorgfältigen zytologischen Studien die Individualität der Chromosomen, d.h. ihre kontinuierliche Existenz und Weitergabe über die Generationen hinweg.

Die Chromosomentheorie wurde aber nicht sofort von allen Genetikern adoptiert. Der bekannteste Skeptiker war Bateson, der noch 1913 in seinem »Problems of Genetics« die Chromosomen keines Wortes würdigte und statt dessen seltsam anmutende Hypothesen über »Vortizes« und »Vibrationen« vorbrachte, die die Weitergabe von erblichen Merkmalen vermitteln sollten[26]. Dies ist um so erstaunlicher angesichts der bereits erwähnten Tatsache, daß Bateson zusammen mit R. C. Punnett um 1905 erstmals das Phänomen der Kopplung von Genen beschrieben hatte, das später in den Händen Morgans und seiner Mitarbeiter zur Basis einer ganzen Serie von rigorosen experimentellen Nachweisen für die Chromosomentheorie wurde[27]. Weitere prominente Kritiker der Chromosomentheorie waren Johannsen, der um 1923 immer noch

---

22 Dies wird m.E. in der aktuellen Polemik über den »genetischen Determinismus« oft übersehen.

23 Dunn (1965), S. 92-93. Zur Geschichte des Genbegriffs siehe auch Carlson (1966, 1991), Waters (1994), Beurton et al. (1995), Burian (1985)

24 Sutton (1902, 1903); siehe auch Dunn (1965), Kap. 11 und Mayr (1982), S. 748.

25 Boveri (1904)

26 Bateson (1913), S. 40 und 60f.; siehe auch Burian (1985) sowie Cock (1983)

27 siehe 3.2

nicht überzeugt war, sowie Correns[28]. Somit akzeptierten drei der damals führenden Genetiker Europas die Chromosomentheorie nicht.

In den USA wurde die neue Genetik insbesondere durch W. E. Castle und E. M. East propagiert[29]. Besonders der letztere zog es vor, Gene als theoretische Entitäten zu betrachten, die zum Zweck der Konzeptualisierung von Kreuzungsversuchen eingeführt wurde, und hielt jegliche Theorien über deren materielle Basis für spekulativ und unerwünscht[30]. Castle war zunächst ebenfalls kein Anhänger der Chromosomentheorie. Vor diesem Hintergrund wird verständlich, weshalb die Morgan-Schule im nächsten Jahrzehnt derart viel Arbeit in den experimentellen Nachweis der Chromosomentheorie investierte.

3.2 Die Morgan-Schule

Die Experimente der Morgan-Schule verdienen aus mehreren Gründen eine genauere Betrachtung, da sie das begründeten, was heute die »klassische Genetik« oder »Transmissionsgenetik« genannt wird und außerdem m.E. für die späteren Arbeiten von Dobzhansky und anderen Synthetikern eine Schlüsselrolle spielten.

Thomas Hunt Morgan begann seine Karriere als Entwicklungsbiologe, begann sich aber bald für Genetik zu interessieren[31]. Zwischen 1904 und 1906 publizierte er mehrere Übersichtsartikel, in denen er Abweichungen von den Mendelschen Gesetzen diskutierte. Er unterhielt zu dieser Zeit eine erhebliche Skepsis bezüglich wesentlicher Aspekte der genetischen Theorie, z.B. betreffend der Integrität der Gene, d.h. der Frage, ob Allele wirklich unverändert oder »unkontaminiert« aus heterozygoten Vereinigungen hervorgehen[32]. Das Problem der »purity of the gametes« bzw. »constancy of the unit-character« war in den USA v.a. durch den Einfluß Castles kontrovers. Castle und seine Schüler hatten verschiedene Phänomene beobachtet, die sie als »Kontaminationen« von Erbfaktoren durch deren Vereinigung in der Heterozygote interpretierten (siehe auch 6.2). Diese Hypothese wurde in Castles Labor auch noch weiterverfolgt, als die meisten Genetiker bereits Easts und Nilsson-Ehles Theorie der multiplen

28 Dunn (1965), S. 132
29 Provine (1986), Kap. 2
30 East (1912); siehe auch Carlson (1966), S. 29
31 Allen (1978b)
32 Dunn (1965), S. 142; Carlson (1966), S. 41

Faktoren bzw. Mullers verwandte Theorie der »modifying factors« als Erklärung für die Inkonstanz mancher erblicher Merkmale akzeptierten[33].

Auch betreffend der Chromosomentheorie war Morgan zunächst nicht sehr optimistisch; in einem Übersichtsartikel im »American Naturalist« zählte er eine ganze Reihe von Einwänden auf, die er als massive Probleme für die Chromosomentheorie ansah[34]. Zum Zeitpunkt als Morgan mit seinen beiden ersten Doktoranden (Sturtevant und Bridges) die Kreuzungsexperimente mit *Drosophila melanogaster* im berühmten »fly room« an der Columbia University in New York begannen, tat er dies in einer höchst kritischen Einstellung gegenüber fast allen genetischen Theorien, die im ersten Jahrzehnt entwickelt worden waren. Morgan war außerdem sehr skeptisch bezüglich Darwins Evolutionstheorie; eine Skepsis, die er zeitlebens nicht vollständig ablegte[35]. Carlson vermutet sogar, daß Morgans anfängliche Motivation für die genetischen Experimente mit *Drosophila* darin bestand, Alternativen zur Darwinistischen Evolutionstheorie zu entwickeln[36]. Statt dessen produzierte die Morgan-Schule schließlich eine Theorie, die später das genetische Standbein der Neo-darwinistischen Synthese bilden sollte.

Was nun folgte, ist ohne Zweifel eine der faszinierendsten Episoden in der Geschichte der experimentellen Biologie. In einem winzigen Labor an der Columbia University, ausgerüstet mit einer Handvoll Lupen und einigen Hundert ausgedienten Milchflaschen mit Bananenbrei, in denen sich die *Drosophila-Fliegen* vermehrten, führten Morgan und seine Schüler Bridges, Sturtevant und Muller eine Serie von brillianten Experimenten durch, die in wenigen Jahren zu einer hochentwickelten genetischen Theorie führten[37]. Als die Morgan-Gruppe zu arbeiten begann, stellten sich diejenigen Genetiker, die über die materielle Basis der Vererbung zu spekulieren wagten (z.B. Castle oder Bateson) die Erbfaktoren als eine Population von atomistischen Partikeln vor, die in den Keimzellen umherschwammen. Carlson beschreibt das damals

---

33 Muller (1914a); Castle and Hadley (1915); Castle (1915a, 1915b). Wie Castle einige Jahre später selbst schrieb (Castle 1919), lag das Problem daran, daß er Merkmale gewählt hatte, die von mehreren Genen (multiple Faktoren) beeinflußt werden, gleichzeitig aber davon ausging, er habe es mit monogenen Merkmalen zu tun. Carlson (1966, S. 26-38) vermutet außerdem eine Verwechslung von *Gen* und *Merkmal* in der Folge Batesons. Erwähnenswert ist in diesem Zusammenhang außerdem, daß Castle glaubte, mit seinen Phänomenen der genetischen Basis der *kontinuierlichen Variabilität* auf der Spur zu sein, die einen graduellen Evolutionsprozeß à la Darwin ermöglicht hätte (Provine 1986, Kap. 2).

34 Morgan (1910a)

35 Allen (1968, 1978b, 1980)

36 Carlson (1966), S. 91

37 Siehe bes. Carlson (1981), Kap. 5 zur Geschichte der *Drosophila-Gruppe* um Morgan.

vorherrschende Genmodell als »colored glass beads in a fishbowl«[38]. Als 1926 Morgans »The Theory of the Gene« erschien, wurden Gene bereits als linear angeordnete Chromosomenbestandteile betrachtet, von denen detaillierte Karten verfügbar waren. Die im ersten Jahrzehnt gefundenen Phänomene der Kopplung und der Rekombination konnten mit bekannten zytologischen Mechanismen (Chromosomensegregation, Chiasmata, crossing-over) in Verbindung gebracht werden. Es lohnt sich, die wichtigsten Meilensteine dieser bemerkenswerten Entwicklung kurz zu betrachten.

Castle überzeugte Morgan um 1909, daß die Fruchtfliege *Drosophila* ein ideales System für genetische Versuche darstellt. Morgan begann Fliegen zu züchten. Er suchte zunächst nach »Mutationen« à la de Vries (siehe 2.2), fand aber nichts Derartiges. Statt dessen entdeckte er eines Tages ein Männchen mit weißen statt der normalen schönen roten Augen. Er kreuzte sie mit normalen Fliegen zurück und die Nachkommen kreuzte er mit deren Geschwister. Auf den ersten Blick verhielt sich white wie ein rezessives Mendelsches Merkmal: es verschwand in der F_1-Generation, um in F_2 wieder aufzutauchen. Dies war das Mendelsche Phänomen, das die Biologen zu dieser Zeit so faszinierte. Zu Morgans Überraschung waren aber alle weißäugigen Fliegen in F_2 männlich, entgegen Mendels Beobachtung, daß die Segregation von Merkmalen unabhängig vom Geschlecht der Merkmalsträger verläuft. Erst als Morgan die F_1-Weibchen aus der ersten Kreuzung mit weißäugigen Männchen rückkreuzte, erhielt er Weibchen mit weißen Augen. Morgan hatte damit ein von den Mendelschen Regeln abweichendes Vererbungsmuster gefunden und taufte es »sex-limited inheritance« (daraus wurde später »sex-linked«). Morgan stellte eine Hypothese auf, die das Verhalten von white erklären sollte: Der white-Faktor ist an den »sex factor« gekoppelt, für den man damals schon das X-Chromosom vermutete, das bei Weibchen doppelt, bei Männchen nur einfach vorhanden war. Morgan zog allerdings noch keine Folgerungen bezüglich der Chromosomentheorie; er redete weiterhin undeutlich von einem »sex factor«[39].

Morgan fand zwei weitere Mutanten, die einen geschlechtsgekoppelten Erbgang zeigten: *miniature wings* und *yellow*. Erstere besaß Stummelflügel, letztere eine gelbliche Rumpffarbe. Morgan stellte fest, daß *white, miniature wings* und *yellow* gekoppelt waren: In Kreuzungen von *white/yellow*-Fliegen mit *white/miniature wings* fand er z.B. hauptsächlich solche, die dieselbe Merkmals-Kombination besaßen und kaum solche, die z.B. gleichzeitig das *yellow* und *minature wings*-Merkmal besassen. Die Faktoren waren also gekoppelt (»linkage«); die Kopplung war aber nicht vollständig: einige Fliegen tanzten immer aus der

38 Carlson (1966), S. 61

39 Morgan (1910b)

Reihe[40]. Kopplung und die Unvollständigkeit derselben war bereits von Bateson und Punnett beobachtet worden; diese versuchten das Phänomen mit einer »Anziehungskraft« und einer »Abstossung« zwischen Erbpartikeln zu erklären[41].

Morgan hatte nun eine für die Entwicklung der Genetik folgenschwere Idee: Er nahm zunächst an, daß die Faktoren alle auf dem X-Chromosom lokalisiert waren. Dies erklärt die Kopplung. Durch eine hin und wieder stattfindende Überkreuzung (»crossing over«) zwischen zwei homologen Chromosomen können wildtyp- und mutierte Allele ausgetauscht werden. Dies erklärt die Unvollständigkeit der Kopplung. Als zytologischen Mechanismus für das crossing-over schlug er die von F. A. Janssen beobachteten Chiasmata vor. Während der Chromosomenpaarung in der Meiose bildet sich auf jedem Chromosom eine oder mehrere Stellen heraus, bei denen sich zwei Geschwisterchromosomen anscheinend überkreuzen; diese Kreuzungsstellen nannte Janssens »Chiasmata«. Bezüglich der Lage der Chiasmata innerhalb der Chromosomen waren keine auffälligen Regelmässigkeiten zu beobachten; die Kreuzungsstelle schien zufällig[42]. Morgans brilliante Idee war nun die, daß die Häufigkeit eines crossing-over zwischen zwei Loci proportional zur linearen Distanz der Loci auf dem Chromosom ist. Je weiter die Loci voneinander entfernt sind, desto größer ist die Wahrscheinlichkeit, daß sich zwischen ihnen ein Chiasma ausbildet und es zum genetischen Austausch zwischen den Geschwisterchromatiden kommt. Dies bedeutet, daß man die Häufigkeit von crossing-over Ereignissen benutzen kann, um die Distanz zwischen zwei Loci zu messen. Damit hatte Morgan den Grundstein gelegt zur Genkartierung, die die Genetik für die nächsten Jahrzehnte beschäftigt halten sollte (bis zum Aufkommen molekulargenetischer Techniken in den Siebziger- und Achtzigerjahren. Manche der klassischen Methoden spiele aber auch heute noch eine gewisse Rolle).

Sturtevant benutzte schließlich 1913 Morgans Idee, um die erste Genkarte zu erstellen. Wie es Morgan vorausgesagt hatte, konnten die sechs damals bekannten Gene des X-Chromosoms von *Drosophila* in eine lineare Anordnung gebracht werden, wobei sich die aufgrund der crossing-over Häufigkeit berechneten linearen Abstände mit erstaunlicher Genauigkeit additiv verhielten. Damit hatte man erstmals experimentelle Evidenz, daß Gene auf dem Chromosom linear angeordnet sind[43]. Weitere durch entsprechende Mutanten

---

40 Morgan (1911)

41 »reduplication hypothesis«; siehe Carlson (1966), S. 50ff.

42 Es stellte sich später heraus, daß gewisse Regionen im Chromosom häufiger Chiasmata bilden. Crossing-over ist seltener an den Enden sowie im Zentrum der Chromosomen.

43 Sturtevant war bezüglich dieses Punkts noch sehr vorsichtig: »Of course, there is no knowing whether or not these distances as drawn represent the actual relative spacial

identifizierte Gene wurden rasch kartiert, auch solche die auf den Autosomen von *Drosophila* lagen. Muller konnte schließlich 1914 feststellen, daß die Existenz von genau vier Kopplungsgruppen in Drosophila exakt den vier sichtbaren Chromosomen entspricht[44]. Dies und der crossing-over Mechanismus erklärten die Kopplung sowie Rekombination auf wesentlich plausiblere Weise als Batesons »reduplication hypothesis«[45]. Damit gab es kaum mehr ernsthafte Zweifel an der Chromosomentheorie.

Die von der Morgan-Gruppe erstellten Genkarten erwiesen sich später als verblüffend genau. Mit der Entdeckung zytologischer Kartierungsmethoden (Riesenchromosomen, siehe unten) konnten die Rekombinationsdistanzen zytologisch überprüft werden[46]. Die Übereinstimmung[47] der mit verschiedenen Methoden erstellten Genkarten lieferte ein starkes Argument für die Gültigkeit von Morgans Theorie bzw. die Realität des Chromosoms als lineare Abfolge von Genen. Alternative Theorien des Chromosoms als dreidimensionale Anordnung von Genen, wie sie z.B. von Castle ebenfalls auf der Basis von Rekombinationsfrequenzen vorgeschlagen worden waren[48], konnten damit endgültig *ad acta* gelegt werden.

Bridges[49] experimentierte mit white-Mutanten, die durch weiße Augen anstelle der normalen roten Augen gekennzeichnet sind. Die weiße Augenfarbe wird durch ein rezessives Allel verursacht. Ein bekanntes Kreuzungsmuster war die sogenannte »criss-cross inheritance«: Kreuzt man ein white-Weibchen mit einem Wildtyp-Männchen, so erhält man Wildtyp-Weibchen und white-Männchen in der F_1-Generation. Dies ist leicht erklärbar durch die Annahme, daß das

---

distances apart of the factors«, und »These results ... form a new argument in favor of the chromosome view of inheritance, since they indicate that the factors investigated are arranged in a linear series, at least mathematically« (Sturtevant 1913, zitiert aus dem dem Abdruck in Peters 1959, S. 71 und 77. Hervorh. von mir).

44 Muller (1914b)

45 Sturtevant (1914)

46 Painter (1933)

47 Die Übereinstimmung ist nicht besonders exakt. Es müssen z.B. bei der Erstellung von Rekombinationskarten auch mehrfache crossing-over zwischen zwei Loci berücksichtigt werden, die die Distanz zwischen den beiden Loci kleiner erscheinen läßt, als sie tatsächlich ist. Muller versuchte dies durch Einführung von Korrekturfaktoren zu beheben; dabei zeigte sich allerdings, daß bei doppelten crossing-over die Wahrscheinlichkeiten der beiden Einzelereignisse interferieren, was schwierig zu korrigieren ist, da die Interferenz nicht überall im Chromosom konstant ist. Die Übereinstimmung zwischen Rekombinationskarten und zytologischen Karten hält aber bezüglich der Reihenfolge der Loci, was immer noch ein starkes Argument für die lineare Abfolge derselben hergibt (Goodenough 1984, S. 456).

48 »rat trap model« (Castle 1920); siehe auch Carlson (1966), S. 79f.

49 Bridges (1914, 1916)

entsprechende Gen auf dem X-Chromosom lokalisiert ist, von dem die Weibchen zwei, die Männchen hingegen nur eine Kopie besitzen. Bridges fand aber auch entgegen den Erwartungen eine geringe Anzahl von *white*-Weibchen und Wildtyp-Männchen (wiederum eine Anomalie!). Als Erklärung dafür stellte sich das Phänomen der Non-disjunction heraus: Bei den Reduktionsteilungen während der Bildung der Eizellen kann es vorkommen, daß die beiden X-Chromosomen sich nicht ordnungsgemäß trennen und sich auf die beiden Tochterzellen verteilen[50]. Das Ergebnis sind Eizellen, die entweder zwei oder gar kein X-Chromosom enthalten. Werden solche Eizellen, die dazu noch den white-Marker tragen, mit Spermien von einem Wildtyp-Männchen befurchtet, so resultieren sowohl Nachkommen mit zwei X-Chromosomen als auch solche mit nur einem X-Chromosom. Erstere sind phänotypische Weibchen und zeigen die weiße Augenfarbe, da sie white im homozygoten Zustand tragen. Letztere sind phänotypische Männchen und zeigen die normale Augenfarbe, da sie das Wildtyp-Allel vom Vater geerbt haben. Auf diese Weise kann die Abweichung vom Muster der »criss-cross inheritance« erklärt werden. Der Witz bei der Sache war aber Bridges' folgende zytologische Untersuchung: Er fand zunächst, daß die normalen Männchen bezüglich der Geschlechtschromosomen nicht den Genotyp X0 aufwiesen, wie man bis dato geglaubt hatte. Bridges hatte somit das männliche Y-Chromosom entdeckt. Er fand, daß die abweichenden white-Weibchen in seinen Kreuzungen den Karyotyp XXY besaßen, während die abweichenden Wildtyp-Männchen tatsächlich X0 waren, daß ihnen also das Y-Chromosom fehlte[51]. Bridges und Morgan sahen sofort die Bedeutung dieses Experiments: Der postulierte Erbgang mit dem white-Marker auf dem X-Chromosom und Non-disjunction korrespondierte mit den zytologischen Beobachtungen. Bridges sah das zusätzliche bzw. fehlende Chromosom, das in diesem Experiment den Unterschied zwischen einer weißäugigen und einer rotäugigen Fliege ausmacht, im Mikroskop[52]. Auch dies war höchst überzeugen-

---

[50] Dieses Phänomen ist auch die Ursache des Down-Syndroms beim Menschen; es beruht auf einer Non-disjunction des 21. Chromosoms.

[51] X0-Individuen zeigen bei *Drosophila* den männlichen Phänotyp, sind aber unfruchtbar. Beim Menschen führt X0 auch zu unfruchtbaren Individuen, die allerdings weibliche Merkmale besitzen. Der Grund sind Unterschiede in der genetischen Geschlechtsbestimmung zwischen *Homo* und *Drosophila*.

[52] Es handelt sich um ein Argument des Typs »inference to the best explanation«: Es ist ist sehr unwahrscheinlich, daß chromosomale Non-disjunction und Versagen der criss-cross inheritance immer zusammen auftreten, außer wenn die erstere die Ursache der zweiten ist. Die beiden Phänomene treten aber immer zusammen auf, also ist Non-disjunction die Ursache. Daraus folgt, daß der white-Marker an das X-Chromosom gebunden ist.

de Evidenz für die Chromosomentheorie der Vererbung, die z.B. den zuvor noch agnostischen East überzeugte[53].

Anomalien tauchten weiterhin auf und führten zu weiteren interessanten Entdeckungen. Als besonders hartnäckiger Fall entpuppte sich die Mutation *Bar-eyes* oder kurz *Bar.* Die Mutante war 1914 erstmals beobachtet worden und ist durch zu schmalen Balken (engl. bar=Balken) verkümmerte Facettenaugen gekennzeichnet. *Bar* ist geschlechtsgekoppelt und semi-dominant: heterozygote Weibchen sowie *Bar*-Männchen zeigen einen intermediären Phänotyp zwischen dem Wildtyp und dem homozygoten *Bar*-Weibchen. Die Anomalie bestand in der ungewöhnliche Häufigkeit von Revertanten: In Kreuzungen zwischen homozygoten *Bar*-Weibchen und *Bar*-Männchen tauchten immer wieder Nachkommen mit normalen Augen auf, was bei diesem Erbgang eigentlich nicht möglich sein dürfte, außer wenn das Gen spontan zurückmutiert. Sturtevant und Morgan[54] vermuteten crossing-over als Ursache für die hohe Reversionsrate, was sich als richtig herausstellte. Wie allerdings ein blosser Wechsel des Gens durch crossing-over auf ein homologes Chromosom die Mutation rückgängig machen konnte war ein großes Rätsel. Sturtevant[55] schlug schließlich vor, daß *Bar* auf »unequal crossing over« (Überkreuzung zwischen zwei nicht-homologen Stellen eines Chromosoms) beruht, wodurch auf dem einen Chromosom eine Verdoppelung, auf dem anderen der totale Verlust des Gens zu erwarten ist[56]. Es blieb allerdings die Frage, weshalb eine Verdoppelung des Gens[57] auf demselben Chromosom eine derart drastische Wirkung hat, da ja das Wildtyp-Weibchen auch zwei Ausgaben des Gens besitzt; allerdings auf zwei separaten Chromosomen[58]. Sturtevant führte die Bezeichnung »position effect« für das Phänomen

---

53 East (1915), S. 473

54 Sturtevant und Morgan (1923)

55 Sturtevant (1925)

56 Es ist nicht klar, ob diese Idee wirklich von Sturtevant oder von Muller stammt, oder ob beide unabhängig darauf gestossen sind. Prioritätsdispute zwischen Muller und anderen Mitgliedern der *Drosophila*-Gruppe waren an der Tagesordnung. Darauf sollte hier zumindest hingewiesen werden, um nicht ein zu harmonisches Bild der Morgan-Gruppe zu zeichnen. Muller fühlte sich oft hintergangen-möglicherweise zu recht-und verfeindete sich später besonders mit Morgan und Sturtevant (Carlson 1981). Für die Fragestellung dieser Untersuchung sind diese Aspekte m.E. nicht von Bedeutung; hier geht es um die Entstehung und den Einfluß einer Forschungstradition und nicht so sehr um die Beiträge einzelner Individuen zu dieser Tradition.

57 Das Phänomen der Genduplikation gab außerdem erstmals einen Hinweis darauf, wie in der Evolution neue Gene entstehen könnten (Bridges 1935; Muller 1936).

58 Die normale zusätzliche Kopie, die das Weibchen gegenüber dem Männchen besitzt, unterliegt möglicherweise einem Dosiskompensationseffekt; vermutlich handelt es sich bei *Bar* also um ein Phänomen der Genregulation, das mit der damaligen Technologie nicht zugänglich war. Meines Wissens wurde das Geheimnis von *Bar* nie ganz gelöst.

ein, um die Vorstellung auszudrücken, daß die Wirkung eines Gens von seiner Umgebung im Chromosom abhängen kann. *Bar* hielt die Genetiker viele Jahre auf Trab und wurde als erhebliches Problem für die durch die Morgan-Schule entwickelte Theorie des Gens betrachtet[59]. Die Befürchtung tauchte auf, daß alle Mutationen auf solchen Positionseffekten beruhen könnten, was das Konzept des Gens als unabhängige Einheit der Transmission und der Genmutation als lokalisierte Veränderung der Feinstruktur von Genen in Frage stellte. Dies bewahrheitete sich aber nicht. Trotzdem betrachtete z.B. Goldschmidt *Bar* lange noch als Beweis für seine Theorie, nach der Chromosomen integrierte Ganzheiten sind, die nicht als lineare Anordnung von Genen betrachtet werden können[60].

Sturtevants Hypothese konnte später mit Hilfe einer neuen Technik bestätigt werden: Painter fand, daß die aus den Speicheldrüsen von *Drosophila*-Larven isolierten Riesenchromosomen zur zytologischen Kartierung verwendet werden können. Bei entsprechender Anfärbung zeigen diese Chromosomen unter dem Mikroskop sichtbare, unregelmäßige Bandenmuster, wobei das Muster für jeden Chromosomenabschnitt charakteristisch ist. Bridges machte 1936 mit Hilfe dieser Technik die aufsehenerregende Entdeckung, daß die Bar-Mutation stets mit einer Duplikation eines bestimmten Chromosomenabschnitts korreliert ist, und zwar lag die Duplikation in der Region, in der *Bar* kartierte[61]. Für die Mutante *Ultrabar*, bei der die Augen zu schmalen Schlitzen verkümmert sind, wurde sogar eine Triplikation des Bandenmusters gefunden-alles verhielt sich genau so wie es Sturtevant bereits 1925 vorhergesagt hatte! Diese unabhängige Bestätigung von Sturtevants allein aufgrund genetischer Daten aufgestellter Hypothese war absolut spektakulär und demonstrierte eindrücklich das Potential der neuen Genetik. Es war gelungen, die *Bar*-Mutation auf dem Chromosom sowohl genetisch als auch zytologisch (mittels der Riesenchromosomen) zu lokalisieren, und die beiden mit unabhängigen Methoden erstellten Karten stimmten überein[62]. Die Möglichkeit, mittels genetischen Methoden gefundene Chromosomenveränderungen unter dem Mikroskop sichtbar zu machen wurde mit Recht als Triumph der neuen Genetik verstanden. Wieder war aus einer schweren Anomalie für die Gentheorie der Morgan-Schule eine bestätigende Instanz geworden.

---

[59] Carlson (1966), Kap. 13-15
[60] Goldschmidt (1946), siehe auch 5.2
[61] Bridges (1936)
[62] vgl. Goodenough (1984), S. 189

Der Morgansche Ansatz hatte sich als äußerst fruchtbar erwiesen. Er kulminierte in einer, wie Morgan dies formulierte, »Theorie des Gens« (im folgenden »klassische Theorie« genannt). Diese Theorie besaß aufgrund der hervorragenden experimentellen Belege einen höheren Bestätigungsgrad als irgendeine andere Theorie zuvor. Die Kernpunkte der klassischen Theorie des Gens waren: (1) Gene sind stabile (solange sie nicht mutieren), unabhängige Einheiten der Transmission erblicher Eigenschaften. (2) Gene sind Teile von Chromosomen (dies impliziert ihre stoffliche Natur). (3) Die räumliche Anordnung der Gene auf den Chromosomen ist eindimensional (linear). (3) Gene können durch beobachtbare zytologische Mechanismen (crossing-over, Chromosomenbrüche mit anschl. Translokationen, Inversionen, Deletionen) zwischen Chromosomen ausgetauscht, oder innerhalb von Chromosomen rearrangiert, deletiert oder dupliziert werden. (4) Gene sind mutierbar (siehe 3.3) und es können verschiedene Varianten (Allele) eines Gens existieren[63]. Manche dieser Punkte mögen den heutigen Biologen trivial erscheinen; dies liegt aber nur daran, daß er oder sie nie etwas anderes gelernt hat. Die langjährigen Kontroversen zwischen den Morgan-Leuten und v.a. Castle, Bateson und Goldschmidt zeigen, daß ernstzunehmende Alternativen zur klassischen Theorie des Gens existierten. Der Ausschluß dieser Alternativen bildete den Hintergrund der meisten frühen Experimente in Morgans Labor.

Die wichtigsten Alternativen zur klassischen Theorie waren: ad (1) Gene sind vollständig kontextgebunden (Goldschmidt) oder Gene sind nicht stabil (Castle); ad (2) Gene sind frei im Zellkern oder Zytoplasma diffundierend und interagieren während der Meiose durch Abstossungs- und Anziehungskräfte (Bateson, der frühe Castle) oder Gene sind abstrakte Entitäten (East); ad (3) Die räumliche Anordnung der Gene im Chromosom ist dreidimensional (der späte Castle); ad (4) Gene als solche sind nicht mutierbar (Goldschmidt[64]) oder rezessive Allele bestehen lediglich in der Abwesenheit ihres dominanten Partners (Bateson[65]). Einige dieser alternativen Theorien wurden parallel zu den

---

63 Welches Wissen die klassische Genetik vor dem Aufkommen der biochemischen Genetik und der Molekularbiologie über die innere Struktur der Gene besaß ist eine interessante Frage, die ich aber hier weglasse, da dies meines Wissens in der Evolutionären Synthese kaum eine Rolle gespielt hat. Carlson (1966, S. 254) hat darauf hingewiesen, daß sich keiner der klassischen Genetiker Gene als »beads on a string« vorgestellt hat, wie Molekularbiologen das aus ihrer Sicht vorsintflutliche klassische Genkonzept manchmal karikieren. Dieses Genmodell war nach Carlson zu allen Zeiten ein »straw man«.

64 Gene existierten für Goldschmidt eigentlich gar nicht. Mutationen waren nach seiner Theorie komplexe Reorganisationen des gesamten »Reaktionssystems« eines Chromosoms, wobei er zwischen »Mikro-« und »Makromutationen« unterschied, siehe 5.2.

65 »presence and absence hypothesis« (Bateson 1926)

Entwicklungen in der Morgan-Schule weiterverfolgt und bildeten z.T. die Basis für die evolutionären Theorien von Bateson, Castle und Goldschmidt.

Castle gab seine Theorie der kontinuierlichen Variabilität einzelner Gene um etwa 1919 auf. East akzeptierte die Chromosomentheorie 1915, Bateson 1921. Goldschmidt änderte seine Meinung meines Wissens nie und ging als Häretiker in die Geschichte ein. Es muß aber darauf hingewiesen werden, daß einige der Alternativen zur klassischen Theorie des Gens durchaus nicht unbegründet waren. Sie beruhten ebenso auf experimentellen Untersuchungen wie diese und konnten zur Zeit ihrer Entstehung durchaus gewisse Phänomene erfolgreich erklären; trotzdem erfuhren sie niemals das Ausmaß an empirischer Bestätigung wie die Theorie der Morgan-Schule[66].

Es war diese erfolgreiche Genetik, die es mit der Evolutionstheorie zu vereinen galt. Es war kein Zufall, daß 1927 in Morgans Labor in New York Theodosius Dobzhansky eintraf, der sich genetische Kenntnisse direkt an der Quelle erwerben wollte. Wie wir sehen werden (Kap. 4 und 5), war es vor allem Dobzhansky, der die Verbindung zwischen dem Fliegenlabor und natürlichen Populationen und zwischen der neuen Genetik und dem Darwinismus schuf. Morgan oder seinen Schülern ist dies nie wirklich gelungen. Morgan selbst blieb ein Skeptiker bezüglich des Darwinismus. Er schrieb zwar mehrere Bücher über Evolution, weigerte sich aber standhaft, neuere Ergebnisse über evolutionäre Adaptationen und Artenbildung aus naturhistorischen Untersuchungen zur Kenntnis zu nehmen[67].

---

66 Carlson (1966), S. 56 und S. 247. Man kann hier auch wieder einmal das bekannte Diktum bestätigt sehen, daß auch die Wissenschaftsgeschichte von den Gewinnern geschrieben wird. Von Castle oder Goldschmidt hört der heutige Genetik-Student kaum etwas, während den Namen Morgan, Muller und Sturtevant nach einem fortgeschrittenen Genetik-Kurs eine Aura der Heiligkeit anhaftet. Dies ist m.E. nicht ganz gerecht, da auch falsche Theorien, so sie nicht völlig aus der Luft gegriffen sind, eine wichtige Funktion in der Wissenschaftsentwicklung haben (vgl. Feyerabend 1983, bes. Kap. 3).

67 Morgan (1916, 1925, 1932). Mayr (1982, S. 30 und 73) führt dies auf Morgans »Arroganz« gegenüber naturhistorischen Ansätzen sowie seinem Desinteresse für ultimate Ursachen zurück. Als psychologische Faktoren mögen Morgans Abneigung gegen quasi-teleologische Spekulationen eine Rolle gespielt haben, die vielleicht mit seinem radikalen Antiklerikalismus zu tun hatte (Allen 1978b). Es liegt vermutlich in der Natur der Sache, daß evolutionäre Theorien nie das Maß an empirischer Unterstützung geniessen können, die Morgans Idealen entsprachen und die er mit einem gewissen Recht in seiner Genetik verwirklicht sah.

3.3 Das Mutationsproblem

Wie wir in 3.2 gesehen hatten, bildet der Begriff der Mutation einen integralen Bestandteil der klassischen Theorie des Gens. Gene konnten anfänglich ausschließlich über Mutationen mit sichtbaren phänotypischen Auswirkungen identifiziert werden. Heute bringen wir den Mutationsbegriff aus der klassischen Genetik auch ohne weiteres mit der für den Evolutionsprozeß notwendigen *genetischen Variabilität* in Verbindung. Dies ist aber keine Selbstverständlichkeit, wie wir im Folgenden sehen werden.

Der Ausdruck »Mutation« wurde von de Vries eingeführt, der damit die von ihm beobachteten sprunghaften Veränderungen bei der Nachtkerze *Oenothera* bezeichnete. Für de Vries bildete dieses Phänomen die Grundlage für seine von Darwin stark abweichende Theorie der Entstehung neuer Arten (2.3). H. J. Muller definierte »Mutation« neu als *permanente Veränderung in einem einzelnen Gen*[68]. Von den ursprünglichen Mitgliedern der Morgan-Schule begann sich vor allem Muller ernsthaft für den Prozeß der Mutationsentstehung zu interessieren; er betrachtete ihn als zentrales Problem der biologischen Evolution sowie als wichtigen Ansatzpunkt, um die Struktur und Wirkungsweise von Genen zu verstehen.

Den Anfang von Mullers langjährigen Untersuchungen zur Mutationsentstehung bildete seine Analyse der *Drosophila*-Mutanten *truncate wings* (dp^T) und beaded wings (*Bd*), die beide im homozygoten Zustand lethal sind und durch verkürzte Flügel auffallen[69]. dp^T war außerdem durch eine starke Variabilität gekennzeichnet. Altenburg und Muller konnten zeigen, daß diese Variabilität durch die Existenz verschiedener Modifikatoren (d.h. nicht-allelische Gene, die die phänotypische Expression des Gens beeinflussen) erklärt werden kann[70]. Dies bestätigte die von Muller 1914 vorgeschlagene Interpretation von variablen Charakteren, die ohne die von Castle postulierte »Kontamination« von Genen im heterozygoten Zustand auskam und graduelle Variabilität durch die Interaktion mehrerer Gene erklären konnte[71]. Diese Erkenntnis war für die

---

68 Muller (1922)

69 Carlson (1981), S. 94ff.

70 Altenburg und Muller (1920); siehe auch die Darstellung dieser Versuche in Carlson (1981), S. 95.

71 Muller (1914a); cf. Castle (1915a). Eine ähnliche Mendelsche Erklärug für scheinbar kontinuierliche Variabilität war bereits von Nilsson-Ehle sowie von East vorgeschlagen worden (East 1910), aber in Altenburgs und Mullers Arbeiten zu diesem Problem wurde erstmals die Existenz der Modifikatoren direkt nachgewiesen und die entsprechenden Gene kartiert.

Evolutionstheorie von großer Bedeutung, da sie einen genetischen Mechanismus für die graduelle Variation nahelegte.

Mit *Bd* gelang es Muller, eine scheinbar reinrassige Linie zu etablieren, was mit einem lethalen Faktor eigentlich nicht möglich sein dürfte (rezessiv-lethale Faktoren können ja im homozygoten Zustand nicht existieren, da sie ja dann ihre Lethalität exprimieren). Muller fand schließlich eine interessante Erklärung für dieses Phänomen[72]: Die scheinbar reinrassige Linie von *Bd* war ein Fall von balancierten Lethalfaktoren: Sie trug ein Chromosom mit der *Bd*-Mutation und ein homologes Chromosom mit einem zweiten Lethalfaktor in unmittelbarer Nähe von *Bd*. Da beide Chromosomen nur im heterozygoten Zustand existieren können, tritt bei dieser Linie keine Segregation ein, was den irreführenden Eindruck erweckt, sie sei homozygot. Wird eine solche Linie über mehrere Generationen weitergezüchtet, so können sich unbemerkt rezessive Mutationen anhäufen. Diese werden nicht sichtbar, da die »balancer« Chromosomen ja nie im homozygoten Zustand auftreten. Wenn nun aber ein crossing-over zwischen *Bd* und dem anderen Lethalfaktor eintritt, so segregieren diese Mutanten plötzlich und werden sichtbar. Auf diese Weise kann eine scheinbar homozygote Linie plötzlich ein wildes »Mutationsverhalten« an den Tag legen. Muller vermutete schon um 1917, daß es ein solcher Effekt war, den de Vries zu seiner Theorie der diskontinuierlichen Evolution durch »Mutation« veranlaßt hatte. Er nannte den Fall der balancierten Lethalfaktoren »an Oenothera-like case in Drosophila«[73].

Mullers Interpretation des *Oenothera*-Falls mußte später leicht revidiert werden; es stellte sich aber als richtig heraus, daß die von de Vries beobachteten Phänomene diskontinuierlicher Evolution auf ein instabiles Chromosomensystem in *Oenothera* zurückzuführen sind[74]. Die Bedeutung von Mullers' Untersuchungen zu den balancierten Lethalfaktoren liegt darin, daß sie die Unterscheidung zwischen wirklichen Genmutationen und instabilen chromosomalen Systemen bestätigten. Muller trug damit zur Verwerfung von de Vries' Theorie als allgemeine Erklärung für den Ursprung neuer Arten bei. Die Versuche mit balancierten Lethalfaktoren führte unmittelbar zu Mullers Theorie der Mutation in individuellen Genen oder kurz Genmutation, die unten zu besprechen ist. De Vries' »Mutanten« sind nicht das Ergebnis von Mutationen in diesem neuen Sinn des Begriffs; die Extension des Mutationsbegriffs hat sich also verschoben.

---

72 Muller (1918)
73 Muller (1917)
74 Emerson (1935)

Muller veröffentlichte schließlich 1922 ein Exemplar jener besonderen Kategorie wissenschaftlicher Artikel, die nicht durch neue Daten oder eine ausgearbeitete Theorie ausgezeichnet sind, sondern durch brilliante und klar formulierte Fragen. Diese sind interessant, weil sie uns zeigen, worum es in der Genetik dieser Zeit ging. Muller weist zunächst darauf hin, daß eine fundamentale Eigenschaft des Gens in der Autokatalyse besteht (heute nennt man das Replikation). Damit bezeichnet Muller

> the fact that, within the complicated environment of the cell protoplasm, it [the gene, M.W.] reacts in such a way as to convert some of the common surrounding material into an end-product identical in kind with the original gene itself.[75]

Allein diese Formulierung ist bemerkenswert, mehr als 30 Jahre vor der Entdeckung der DNS-Doppelhelix und ihres Replikationsmechanismus. Muller stellt nun ein »Paradoxon« fest:

> But the most remarkable feature of the situation is not this oft-noted autocatalytic action in itself-it is the fact that, when the structure of the gene becomes changed, through some "chance variation," the catalytic property of the gene may become correspondingly changed, in such a way as to leave it still autocatalytic. In other words, the change in gene structure-accidental though it was-has somehow resulted in a change of exactly appropriate nature in the catalytic reactions, so that the new reactions are now accurately adapted to produce more material just like that in the new changed gene itself. It is this paradoxical phenomenon which is implied in the expression "variation due to change in the individual gene," or, as it is often called, "mutation.[76]

Muller sah klar, daß, was immer eine Genmutation ist, sie darf den (in heutiger Terminologie) Replikationsprozeß nicht beeinträchtigen, da sie sonst nicht weitervererbt würde. Die Mechanismen der Genwirkung und der Genreplikation müssen verschieden sein. Natürlich eilte Muller mit dieser Frage um viele Jahre voraus; sie wurde erst durch die Molekularbiologie beantwortbar[77]. Trotzdem ist diese Aussage Mullers höchst aufschlußreich für seine Theorie des Gens und der Mutation. Um den Mullerschen Begriff von anderen Mutationsbegriffen abzugrenzen verwende ich im Folgenden den Ausdruck *Genmutation*.

In der gleichen Arbeit behauptet Muller, daß Genmutationen zumindest eine Quelle von evolutionär relevanter genetischer Variation bilden:

> The subject of gene variation is an important one... not only on account of the apparent problem that is thus inherent in [siehe oben, M.W.], but also because this

---

75 Muller (1922); zitiert aus Peters (1959), S. 106

76 *ibid.*

77 Kitcher (1984)

> same peculiar phenomenon that it involves lies at the root of organic evolution, and hence of all the vital phenomena which have resulted in evolution. It is commonly said that evolution rests upon two foundations-inheritance and variation: but there is a subtle and important error here. Inheritance by itself leads to no change, and variation leads to no permanent change, unless the variations themselves are heritable. Thus it is not inheritance and variation which bring about evolution, but the inheritance of variation, and this in turn is due to the general principle of gene construction which causes the persistence of autocatalysis despite the alteration in structure of the gene itself. Given, now, any material or collection of materials having this unusual characteristic, and evolution would automatically follow, for this material would, after a time, through the accumulation, competition and selective spreading of the self-propagated variations, come to differ from ordinary inorganic matter in innumerable respects, in addition to the original difference in its mode of catalysis. There would thus result a wide gap between this matter and other matter, which would keep growing wider, with the increasing complexity, diversity and so-called "adaptation" of the selected mutable material.[78]

Der entscheidende Punkt hier ist, daß Genmutationen die Grundlage des Evolutionsprozesses bilden, d.h. den Ursprung der genetischen Variabilität, auf die z.B. die natürliche Selektion wirkt. Auch dies ist eine jener Behauptungen, die uns heute harmlos erscheinen, damals aber wissenschaftlichen Zündstoff ersten Grades bildeten. Muller meinte mit seinen »Mutationen« durchaus auch die *Drosophila*-Varianten, die er und seine Kollegen in Morgans Labor studierten und anhand derer sie Genkarten erstellten. Diese z.T. verkrüppelten und unter höchst künstlichen Bedingungen gehaltenen Fliegen sollen Beispiele eines Prozesses sein, der in einigen Hundert Millionen Jahren aus Amöben Menschen gemacht hat? Ernst Mayr war diesbezüglich während seiner Zeit als Doktorand in Berlin (1925-26) ziemlich skeptisch:

> One of my co-students, Kattinger, and I occasionally argued about this subject [Mutationen und Evolution, M.W.] but we were quite in agreement that mutations could not be the answer to speciation and adaptation. A yellow *Drosophila melanogaster* with crumbled wings and white eyes was still a perfectly good *D. melanogaster*, we maintained. *D. simulans*, visually indistinguishable from *melanogaster*, however, was clearly a different species. We were quite convinced at that time that species characters are in an entirely different category from the mutations with which the mutationists "played" in the genetics laboratories.[79]

Dies war damals die unter Naturhistorikern vorherrschende Meinung. Nichts konnte ihnen fremder sein als die Idee, die merkwürdigen Monster aus dem Genetik-Labor hätten etwas mit dem Ursprung der Arten oder den wunder-

---

78 Muller (1922), S. 107
79 Mayr (1980b), S. 414/15

samen Anpassungen derselben zu tun! Vor diesem Hintergrund wird der kontroverse Charakter von Mullers Behauptung verständlich. Der Weg dieser Behauptung von einer höchst kontroversen Aussage zur allgemein akzeptierten Lehrmeinung hat sehr viel mit dem zu tun, was man heute die Evolutionäre Synthese nennt.

Muller wies darauf hin, daß nicht alle Genmutationen solch drastische Effekte haben müssen wie bei den stummelflügeligen oder balkenäugigen *Drosophila*-Mutanten:

> In regard to the magnitude of the somatic effect produced by the gene variation, the *Drosophila* results show that there the smaller character changes occur oftener than large ones[80].

Muller realisierte auch, daß nicht alle Genmutationen überhaupt einen unmittelbaren Effekt zeigen müssen; es gibt wahrscheinlich immer einen versteckten Anteil genetischer Variabilität und manche Mutationen machen sich vielleicht erst in Komination mit anderen Mutationen bemerkbar:

> The evidence proves that there are still more genes whose change does not affect any character at all-no matter what this character may be ... and this raises the question as to how many mutations are absolutely unnoticed, affecting no character, or no detectable character, to any appreciable extent at all. Certainly there must be many such mutations, judging by the frequency with which "modifying factors" arise, which produce an effect only in the presence of a special genetic complex not ordinarily present[81].

Die Frage nach der »versteckten« genetischen Variabilität sollte erst nach der Synthese zu einer ausgewachsenen Kontroverse werden, nämlich im Zusammenhang mit der »classical/balance-Kontroverse«[82]. Vorerst ist bemerkenswert, daß Muller diese Möglichkeit gesehen hatte, und daß er darauf hinwies, daß durch neue Kombinationen von Allelen an verschiedenen Loci (»modifying factors«[83]) auch neue phänotypische Effekte entstehen können.

Viele Naturhistoriker vor 1937 waren der Auffassung, die von Morgan, Muller und den anderen untersuchten Genmutationen seien stets destruktiv. Als

---

80 Muller (1922), S. 111

81 *ibid.*

82 Beatty (1987c)

83 Darunter verstand Muller die Beeinflussung des phänotypischen Effekts eines Allels an einem Locus durch die Gegenwart bestimmter Allele an einem anderen Locus. Dies war die Erklärung im Rahmen der klassischen Theorie des Gens des durch Castle beobachteten Effekts der Variabilität von mendelnden Merkmalen (Muller 1914a; Castle 1915a)

Repräsentant dieser Auffassung sei zum Beispiel der Ornithologe J.E. Duerden zitiert:

> Much of the recent work on Mendelism and mutation strongly supports the view so warmly advocated by Professor W. Bateson and Professor T.H. Morgan that germinal characters appear apart from any adaptive considerations and the degenerative changes in the ostrich are in full accord with this; but it is by no means a complete answer to the problems of evolution, where so much appears that is directly adaptive and so little that is non-adaptive.[84]

Duerden hält also Genmutationen im Mullerschen Sinne[85] für hin und wieder auftretende, nicht-adaptive Degenerationen des Keimplasmas. Im Gegensatz dazu sind evolutionär relevante Veränderungen in Duerdens Sicht adaptiv und müssen durch einen völlig anderen Mechanismus entstehen, der auf die umweltbedingten adaptiven Bedürfnisse des Organismus reagiert. Duerden war ein Vertreter des »Neo-Lamarckismus«, wie auch der frühe Mayr[86]. Die Idee, daß durch Selektion auf ungerichtete Genmutationen über mehrere Generationen hinweg Adaptationen entstehen können wurde erst in den Dreißigerjahren durch die Arbeiten von Fisher und Wright allgemein bekannt. Zunächst mußte aber gezeigt werden, daß Genmutationen überhaupt etwas anderes sein können als Degenerationen des Keimplasmas.

Muller hatte damit zunächst Schwierigkeiten. Genmutationen sind in unbehandelten Fliegen doch relativ selten; in der frühen Zeit des Morgan-Labors wurde jede neugefundene Mutante als Glücksfall gefeiert. Muller hatte zwar entdeckt, daß durch Behandlung von Keimzellen mit β- oder γ-Strahlung sowohl Genmutationen als auch chromosomale Umlagerungen massenweise induziert werden können[87], doch forderte Muller mit dieser Technik die Kritiker

---

84 Duerden (1920), S. 312

85 Die von Duerden vorgenommene Identifikation von Morgans und Batesons Ansichten scheint mir auch charakteristisch für diese Zeit: die Theorie der Genmutationen als Rohstoff der Evolution wurde nach wie vor mit dem Saltationismus Batesons in Verbindung gebracht, der für die gradualistischen Darwinisten ein rotes Tuch war.

86 Siehe die in 1.1 zitierte Stelle Mayr (1982), S. 554

87 Muller (1927, 1928); siehe auch Carlsons (1981) exzellente Muller-Biographie, S. 144-150. Für diese Entdeckung erhielt Muller 1946 den Nobelpreis. Der Zeitpunkt dieser Ehrung Mullers für eine 20 Jahre zuvor gemachte Entdeckung fällt auf; erfolgte sie doch ungefähr ein Jahr nach den amerikanischen Atomangriffen auf Hiroshima und Nagasaki. Der Nobelpreisträger Muller war später in politische Kontroversen über die Schädlichkeit von Atomwaffentests involviert. Exponenten der amerikanischen Rüstungsindustrie versuchten der Öffentlichkeit weiszumachen, daß (überirdische) Atomexplosionen in unbewohnten Gebieten keine Gefahr für die Bevölkerung darstellten, weil es keine Evidenz für eine erhöhte Zahl von Mißbildungen durch radioaktive Niederschläge gäbe. Muller bekämpfte diesen Standpunkt, indem er immer wieder darauf hinwies, daß nur ein verschwindend kleiner Teil von durch Strahlung induzierten Mutationen zu schweren Mißbildungen in F_1

natürlich erst recht heraus: Diese Mutationen waren künstlich erzeugte, vorsätzliche Schädigungen des Keimplasmas. Muller war sich dieses Problems bewußt, wie in der folgenden (zwar vermutlich rhetorisch gemeinten) Frage ersichtlich wird:

> Can it be that we have in the X-ray tube and in the radium needle merely an amusing but not very instructive toy, wherewith to produce all sorts of bizarre monstrosities that are very pretty for us to play with, but that, after all, these "laboratory deformities" can have but little bearing on the constructive evolutionary processes of organic nature and on their physical basis?[88]

In den folgenden Teilen des Papers versucht Muller, Genmutationen als Basis der Evolution (und natürlich auch die von ihm entwickelte Technik des Studiums von Mutationen mittels Bestrahlung von Keimzellen!) zu verteidigen. Er weist zunächst darauf hin, daß Genmutationen und chromosomale Schäden nicht dasselbe sein können, da letztere in wesentlich stärkerem Maß durch Strahlung hervorgerufen können als erstere (S. 222). Dann beschreibt er einige Fälle von Rückmutationen, die im Labor beobachtet worden waren (u.a. auch die Bar-Geschichte, siehe 3.2). Diese Fälle zeigen, daß zumindest nicht alle Mutationen auf dem Totalverlust eines Gens beruhen müssen (außer wenn Gene spontan entstehen können, was damals niemand glaubte). Außerdem zeigten Rückmutationen, daß der Mutationsprozeß auch aus einem schlechter angepaßten Genotyp (z.B. einer verkrüppelten, flugunfähigen Mutante) einen besser angepaßten erzeugen kann (den Wildtyp). Dies widerlegte die Auffassung, daß Genmutationen immer degenerativ sind, d.h. eine Genfunktion zerstören. Durch Genmutationen können auch Funktionen entstehen, zumindest wenn ein entsprechendes mutierbares Gen schon vorhanden ist[89]. Rückmutationen wurden auch in ähnlichen Bestrahlungsversuchen und anschließenden Rückkreuzugen von Timoféeff-Ressovsky gefünden[90]. Die Studien von Patterson, Muller und Timoféeff-Ressovsky zeigten außerdem, daß die Bestrahlungsmethode z.T. dieselben Mutanten hervorbrachte wie die »natürlichen« Mutanten, die Morgan und Mitarbeiter (einschl. Muller selbst) Jahre zuvor im New Yorker fly room

---

führen; die meisten Mutationen sind gemäß Mullers und Altenburgs Experimenten rezessiv lethal und machen sich zunächst nicht oder nur schwach bemerkbar. Muller führte den Begriff der Mutationslast ein, um seine Vorstellung auszudrücken, daß eine ständige Einwirkung von Strahlung auf menschliche Genome schließlich zu deren irreduzibler Degeneration führen könnte. Muller wurde natürlich im Amerika der McCarthy-Ära wegen seiner kommunistischen Vergangenheit nichts geglaubt (siehe auch Beatty 1991 für die Rolle der Genetik in der amerikanischen Politik des Kalten Krieges).

88 Muller (1930), S. 221

89 Patterson und Muller (1930)

90 Timoféeff-Ressovsky (1930)

gefunden hatten. Selbst die allererste durch Morgan gefundene *Drosophila* Mutante - *white eyes* - konnte konsistent durch Bestrahlung induziert und sogar revertiert werden. Muller kommt zu folgendem Schluß:

> If the so-called "spontaneous" gene-mutations serve as the basis for evolution-and no other basis has yet been discoverd, despite the search of biologists on a grand scale-then the artificially produced mutations likewise must include amongst them artificial building-blocks of evolution as good as the natural stones.[91]

Wenn durch Strahlung im Labor ähnliche Mutanten erzeugt werden wie auf »natürliche« Weise, so wirft dies die Frage auf, ob alle Mutationen - auch in der freien Natur - durch solche Strahlung erzeugt werden könnte. Muller stellte umfangreiche Experimente und Berechnungen an, um diese Frage zu beantworten. Da die Häufigkeit der durch Strahlung induzierten Mutationen über weite Bereiche proportional zur Dosis der absorbierten Strahlung war, gab es keinen Hinweis auf einen Schwellenwert für die Dosis, unterhalb der keine Mutationen mehr erzeugt werden. Muller schloß daraus, daß ein einzelnes freies Elektron oder ein γ-Photon ausreichen könnte, um in einem Gen permanente Spuren zu hinterlassen[92]. Muller kam aber zu einem negativen Ergebnis: die natürliche Strahlung war viel zu schwach (im Vergleich zu den gewaltigen Dosen die er und seine Mitarbeiter im Labor applizierten!), um eine nennenswerte natürliche Mutationsrate zu erzeugen. Zusätzliche Mechanismen mußten in der Natur am Werk sein.

Muller konnte das Problem der Mutationserzeugung in der Natur nie wirklich lösen. Er besaß auch keine direkte Evidenz dafür, daß die von ihm beobachteten Mutationen in der Evolution natürlicher Populationen wirklich eine Rolle spielen. Außerdem wurden einige heute als wichtige Quellen genetischer Variation erkannte Mutationsmechanismen erst durch die Molekularbiologie entdeckt.

Trotzdem waren die Untersuchungen Mullers und einiger anderer Genetiker[93] für die Evolutionstheorie von großer Bedeutung. Die wichtigsten Erkenntnisse aus den strahlenbiologischen Studien seien hier nochmals zusammengefaßt: (1) Es gibt physikalische Prozesse, die Genmutationen oder Chromosomenbrüche

---

91 Muller (1930), S. 224

92 Diese zwar vermutlich richtige Erkenntnis versuchte man eine Zeitlang dafür zu verwenden, mit Hilfe einer Theorie des Treffer-Volumens die Größe eines Gens experimentell zu bestimmen. Aus heutiger Sicht müssen diese Versuche als erfolglos betrachtet werden; damals genoß die »Treffer-Theorie« aber sehr viel Ansehen, weil sie Biologie mit physikalischen Theorien und Methoden verband (Carlson 1966, Kap. 18). Auch der junge Delbrück arbeitete für kurze Zeit mit der Treffer-Theorie (Timoféeff-Ressovsky, Zimmer und Delbrück 1935).

93 bes. Timoféeff-Ressovsky (1930, 1934a) sowie Demerec (1935)

verursachen. Durch Genmutation entsteht ein anderes, in manchen Fällen funktionales oder teilfunktionales Allel desselben Gens; durch Chromosomenbrüche entstehen Translokationen (Umverlagerung eines Teils eines Chromosoms auf ein anderes Chromosom), Inversionen, Deletionen und Duplikationen. (2) Alle diese Prozesse sind zwar nicht vollständig zufallsverteilt[94], aber völlig unabhängig von den adaptiven Bedürfnissen eines Organismus (contra Neo-Lamarckismus). (3) Nicht alle Genmutationen sind degenerativ; es gibt auch Mutationen von einem schlechter adaptierten zu einem besser adaptierten Genotyp, sowie Mutationen mit sehr geringfügigen oder unter den gerade herrschenden Bedingungen überhaupt keinen phänotypischen Auswirkungen. Ein großer Teil der Mutationen sind außerdem lethal. (4) Durch die Interaktion von Genen mit sogenannten Modifikatoren kann mutationsbedingte genetische Variabilität auch kontinuierlich erscheinen.

Für eine wirkliche Synthese dieser Erkenntnisse mit der Evolutionstheorie fehlten aber um etwa 1935 noch Studien über das Vorkommen von Genmutationen und chromosomalen Veränderungen in natürlichen (im Gegensatz zu Labor-) Populationen. Solchen Studien wende ich mich im 4. Kapitel zu. Zunächst sind noch einige Bemerkungen zur klassischen Theorie des Gens vonnöten, wie sie sich in der Periode unmittelbar vor der evolutionären Synthese präsentierte.

3.4 Das Wesen der Transmissionsgenetik

L. C. Dunn[95] hat folgende Beobachtung gemacht: Während Vererbungstheorien im 19. Jahrhundert (z.B. die Theorien von Darwin, Galton oder Weismann) Erklärungen für die Ausprägung von Merkmalen unter dem Einfluß von hypothetischen Bestandteilen des Keimplasmas suchten, ist die neue Genetik des 20. Jahrhunderts dadurch gekennzeichnet, daß sie sämtliche Fragen der Entwicklung von organismischen Strukturen und Merkmalen ausblendet und sich auf das Problem der Transmission von Genen richtet[96]. Dies kommt z.B.

---

94 z.B. fand Timoféeff-Ressovsky (1930), daß manche Mutationsereigisse häufiger sind als andere.

95 Dunn (1965), S. 48-51

96 Dies gilt m.E. nur für die Morgan-Schule; Batesons und de Vries' Arbeiten sind in diesem Sinne noch »19. Jahrhundert«. De Vries entwickelte seine 1889 erstmals publizierte Theorie der »intracellulären Pangenesis« (siehe de Vries 1889), die stark an die pangenetischen Theorien des 19. Jahrhunderts angelehnt war (siehe 2.1), auch nach seiner »Konversion« zum Mendelianer weiter; tatsächlich betrachtete er die Mendelschen Phänomene zunächst als experimentelle Bestätigung seiner Theorie der Pangenesis (de Vries 1900). Bateson behandelt in seinem »Problems of Genetics« (1913, Kap. I-III) auch

in folgendem Zitat von Morgan zum Ausdruck: »[The theory of the gene] states nothing in respect to the way in which the genes are connected to the end product or character«.[97]

Dieser Punkt wird von Waters[98] als charakteristische Eigenschaft der Transmissionsgenetik betrachtet. Er weist darauf hin, daß z.B. die genetisch bestimmten Merkmale von *Drosophila*-Mutanten von den Mitgliedern der Morgan-Schule lediglich als »Indizes« betrachtet wurden, die die Existenz eines unsichtbaren, auf einem Chromosom lokalisierten Erbfaktors anzeigten. Die bei Genetikern heute noch geläufige Redeweise »a gene for x« -wobei x für ein beliebiges Merkmal steht - sagt lediglich aus, daß ein beobachteter Merkmalsunterschied zwischen zwei genetischen Varianten durch eine Mutation in einem bestimmten Gen verursacht wurde. Morgan und seine Leute wußten aber genau, daß damit über den Mechanismus, wie das mutierte Gen das veränderte Merkmal oder das ursprüngliche Gen (der »Wildtyp«) das unveränderte Merkmal hervorbringt, überhaupt nichts gesagt ist. Die Redeweise »a gene for x« in diesem Sinn ist völlig konsistent mit der Möglichkeit, daß jedes Merkmal - verändert oder unverändert - letztlich durch eine Vielzahl komplexer Wechselwirkungen zwischen dem Erbgut, Teilen des sich entwickelnden Embryos und der Umwelt erzeugt wird. Gene sind also unabhängige Einheiten der Vererbung nur in dem Sinn, daß sie durch den Mendelschen Mechanismus (Segregation, Rekombination) unabhängig von Generation zu Generation weitergegeben (transmittiert) werden oder mutieren können[99], nicht aber in dem Sinn, daß sie ihre

---

Fragen der Genwirkung und der Embryonalentwicklung, d.h. für ihn umfasste die »Genetik« nebst der Evolutionsbiologie auch die Entwicklungsbiologie. Dunn (1965, S. 48) vermutet, daß die Einschränkung der Fragestellung auf die Gentransmission und die damit verbundene Fokussierung auf die mit der damaligen Technologie lösbaren Probleme den spektakulären Aufstieg der klassischen Genetik auslöste. Die entwicklungsbiologischen und biochemischen Fragen wurden zwar für eine Weile in den Hintergrund gedrängt, aber nur im später um so mächtiger wieder in Erscheinung zu treten (vgl. Judson 1979, Kap. 4).

97 Morgan (1926a), S. 26

98 Waters (1994)

99 Das »klassische Gen« war gleichzeitig Einheit der Rekombination, der Mutation und der Funktion (Pontecorvo 1952, S. 125). Später wurde erkannt, daß diese nicht zusammenfallen müssen: ein Gen kann an verschiedenen Stellen mutieren und auf diese Weise erzeugte Mutanten können sich teilweise komplementieren (dh. gegenseitig ihre phänotypische Wirkung aufheben), wodurch der Eindruck entsteht, es wären mehrere »Subgene« am Werk (Dubinin 1932; Carlson 1959). Rekombination ist auch innerhalb eines Gens meßbar (Benzer 1955; Carlson 1959), wenn dieses z.B. als »cistron«, d.h. Einheit der Funktion definiert wird. Durch diese Erkenntnisse hat der klassische Genbegriff eine unhandliche Komplexität bekommen. Erst die Molekularbiologie hat m.E. wieder einen vereinheitlichten Genbegriff geschaffen (Waters 1994; siehe Beurton et al. 1995 für verschiedene Gegenpositionen).

Wirkung ganz auf sich gestellt entfalten. Morgan hat diesen Punkt ziemlich radikal formuliert:

> It may perhaps not be a very great exaggeration to say that every gene in the germ plasm affects every part of the body, or, in other words, that the whole germ plasm is instrumental in producing each and every part of the body.[100]

Wie stark »übertrieben« diese Aussage Morgans ist, sei dahingestellt; sie bestätigt aber Dunns Punkt, daß Morgan und seine Schüler Gene als Einheiten der Transmission betrachteten, und nicht als unabhängige Determinanten der Entwicklung. Jedes Merkmal entsteht durch die Wirkung vieler Gene; aber manche Merkmalsunterschiede werden durch Unterschiede in einem einzelnen Gen hervorgerufen. Durch die Transmission dieser sichtbaren Unterschiede in Kreuzungsversuchen können wegen des Phänomens des crossing-over Rückschlüsse über die Organisation der Gene in den Chromosomen gezogen werden. Außerdem kann die Häufigkeit von Genmutationen unter verschiedenen Umweltbedingungen studiert werden. Es ist m.E. außerordentlich wichtig, diese Feinheit im klassischen Genbegriff klar zu sehen[101]. Sie stellt einen radikalen Bruch dar mit den früheren präformationistischen Theorien der Pangenesis, in denen angenommen wurde, daß Teile des Organismus durch Partikeln des Keimplasmas »repräsentiert« oder »determiniert« werden.

Außerdem wussten Morgan und seine Schüler, daß eine Einzelmutation in einem Gen viele verschiedenen Effekte an verschiedenen Stellen im Organismus haben kann (heute nennt man dieses Phänomen »Pleiotropie«). Ein Gen entspricht also nicht immer einem Merkmal[102], aber alle Merkmale, die an ein bestimmtes Gen gebunden sind, werden in den allermeisten Fällen gemeinsam weitervererbt (Ausnahmen können entstehen, wenn ein Nachkomme an einer anderen Stelle ein Gen enthält, das den pleiotropen Phänotyp modifiziert; in solchen Fällen spricht man von »Epistase«). Morgan schließt daraus: »[Genes are] more significant than the characters chosen as an index for only one of these effects«.[103] Die Morgan-Schule war sich also der Komplexität der

---

[100] Morgan (1917), S. 519

[101] Dieser Punkt wurde bereits von Sturtevant (1915) in aller Klarheit ausgeführt. Siehe auch Carlson (1966, S. 69, 85) und Waters (1994).

[102] Carlson (1966, S. 13) nennt die von Bateson vorgenommene Vermengung der Gen- und Merkmalsbegriffe in seinem Ausdruck »unit-factor« ein »begriffliches Desaster«. In der Mendelschen Unterscheidung zwischen einem differenzierenden Merkmal einer genetischen Variante und einem formativen Element, das die Merkmalsdifferenzierung bewirkt, sieht Carlson gerade die wesentliche theoretische Innovation Mendels, die teilweise wieder abhanden kam, bevor Morgan und seine Schüler hier wieder Klarheit schufen (siehe auch Muller 1914a).

[103] Morgan (1917), S. 518

Genwirkung bewußt, entschloß sich aber, diese Frage vorerst beiseite zu lassen und primär die Transmission (d.h. Weitergabe von Generation zu Generation) von Genen zu betrachten. Sie interessierte sich speziell für die Mechanismen dieser Transmission, für die Organisation der Gene auf den Chromosomen (Genkartierung), sowie für die Mechanismen der Rekombination und Mutation von Genen. Wirkungsmechanismen von Genen sowie durch sie kontrollierte Entwicklungsvorgänge wurden erst später wieder durch Genetiker studiert, z.B. in der physiologischen und biochemischen Genetik oder noch später in der Molekulargenetik.

Diese (leider häufig übersehenen) Feinheiten der neuen Genetik des 20. Jahrhunderts gilt es auch im Hinblick auf deren evolutionäre Implikationen im Kopf zu behalten. Wie wir sehen werden, hat die Synthetische Theorie die eben beschriebenen Charakteristika der neuen Genetik gewissermaßen geerbt. Als interessante Frage ergibt sich außerdem, ob alle Evolutionsbiologen diese Auffassung von Genetik geteilt haben, und, falls nicht, ob unterschiedliche genetische Ansichten Auswirkungen auf das evolutionäre Theoretisieren hatten.

4 Ökologische Genetik, 1915-1936

4.1 Sumners Studien zur geographischen Variation bei Peromyscus

Wie bereits erwähnt wurde (Kap. 1), haben manche Historiker besonders die Arbeiten der mathematischen Populationsgenetiker R. A. Fisher, J. B. S. Haldane und S. Wright in der Widerlegung des Saltationismus und der Synthese zwischen der neuen Genetik und der klassischen Darwinschen Theorie hervorgehoben, während andere eher die Arbeiten von Dobzhansky und anderen »ökologischen Genetikern« betont haben. M.E. haben beide Entwicklungen die Evolutionäre Synthese entscheidend mitgetragen und die Frage, welche Tradition dies in einem größeren Ausmaß getan hat, ist nicht sehr interessant. Ich habe in Kap. 3 besonders auf die klassische Genetik selbst hingewiesen, die viele der besonders de Vries' Theorie zugrundliegenden genetischen Annahmen invalidiert hat, etwa daß kontinuierliche Variabilität keine (stabile) genetische Basis hat oder daß de Vries' *Oenothera*-Phänomene für bestimmte genetische und evolutionäre Prozesse repräsentativ sind. Außerdem habe ich besonders auf Mullers und Timoféeff-Ressovskys Studien der Genmutation hingewiesen, die dem Mutationsbegriff eine neue Bedeutung gaben und direkte Beobachtungen der Entstehung genetischer Variabilität ermöglichten.

Ich werde nun noch auf eine Reihe von empirischen Studien hinweisen, welche die klassische Genetik direkt auf Fragen der Artbildung und der Genetik natürlicher Populationen angewendet haben. Es gibt eine Menge solcher Untersuchungen aus dieser Zeit; die folgende Zusammenstellung erhebt keinen Anspruch auf Vollständigkeit. Das Ziel dieses Unterabschnitts besteht darin, gewisse Veränderungen im evolutionären Denken in der Zeit nach 1910 zu dokumentieren. Es geht mir hier vor allem darum, zu zeigen, wie sich die Meinung einiger Biologen in der Zeit nach 1915 allmählich dahingehend ändert, daß Darwinismus und Mendelismus nicht unverträglich sind, sondern einander ergänzen, und daß dieser Theoriewandel durch Untersuchungen zur genetischen Basis der geographischen Variabilität in natürlichen Populationen angetrieben wird. Wie wir gesehen haben (2.1), ist nach Darwin das Phänomen der *geographischen Variabilität* organismischer Eigenschaften die Basis der Entstehung neuer Arten. Ich habe außerdem gezeigt, daß Bateson (2.2) und de Vries (2.3) der Auffassung waren, daß kontinuierliche Variation, wie sie innerhalb und zwischen geographischen Rassen besteht, nicht die Basis permanenter evolutiver Veränderungen in Arten sein können.

Einer der ersten, die diese um 1910 weit verbreitete Auffassung in Frage stellte war der amerikanische Zoologe Francis B. Sumner[1]. Zumindest hat Sumner gesehen, daß dieses Problem ausschließlich durch *empirische Untersuchungen natürlicher Populationen* entschieden werden kann. Sumner wurde um ca. 1910 auf eine frühere Untersuchung des Zoologen Osgood aufmerksam, der in Kalifornien rund 40 geographische Rassen der Springmaus *Peromyscus maniculatus* (engl. deer-mouse) beschrieben hatte. Osgood hatte beträchtliche Unterschiede zwischen lokalen Populationen bezüglich 14 Merkmalen festgestellt, z.B. in der Pigmentierung, der relativen Schwanzlänge sowie der relativen Fußlänge der Tiere. Sumner stellte sich die folgenden Fragen bezüglich dieser geographischen Variabilität[2]: (1) Sind diese Unterschiede durch *direkte* Umwelteinflüsse oder durch »use and disuse of organs« bedingt? (2) Sind solche durch Umwelteinflüsse erworbene Eigenschaften *stabil*? (3) Sind die subspezifischen Merkmale (d.h. die unterscheidenden Merkmale der geographischen Rassen) *erblich fixiert*, oder entstehen sie in jeder Generation neu? (4) Falls die subspezifischen Merkmale erblich sind, entstehen sie durch »Mutationen« (im de Vriesschen Sinn) oder durch die kumulative Wirkung der Umwelt? Frage (4) muß vermutlich in Zusammenhang mit de Vries' Unterscheidung zwischen Mutabilität und fluktuierender Variabilität (siehe 2.3) gesehen werden; die Möglichkeit, daß Anpassungen durch Selektion auf Mendelsche erbliche Variabilität zustandekommen, wird von Sumner zu diesem Zeitpunkt offenbar noch nicht erwogen.

Es war bereits bekannt, daß eine normalerweise in kalifornischen Wüstengebieten lebende Rasse von *Peromyscus* auch in Berggebieten vorkommt; diese Tiere scheinen sich nicht sofort an die veränderten Bedingungen angepaßt zu haben. Sumner führte nun erstmals ein schlüssiges Experiment durch, um diese Hypothese zu belegen: Er translozierte Individuen der Unterart *P. maniculatis sonoriensis* aus einem Trockenhabitat bei Victorville CA nach dem feuchteren Berkeley. Daraufhin beobachtete er die Tiere sowie deren Nachkommen über mehrere Generationen, wobei eine lokale Rasse von Berkeley als Vergleich diente. Sumner stellte fest, daß die subspezifischen Merkmale nach der Translokation konstant blieben, und schloß, daß diese erblich (»germinal«) sind. Meines Wissens war dieses Ergebnis Sumners eines der ersten, die eine einigermaßen klare Aussage über die genetische Basis der geographischen Variabilität machte.

1918 erschien im »American Naturalist« eine dreiteilige Artikelserie Sumners, in dem er über weitere Ergebnisse seiner *Peromyscus*-Studien berichtete und eine

---

1 Zu Sumners Beitrag zur Synthese siehe auch Provine (1979).

2 Sumner (1915), S. 689

ausführliche theoretische Diskussion unternahm[3]. Sumner wies im ersten Artikel darauf hin, daß die Biologie zu diesem Zeitpunkt in einem hartnäckigen Dogma gefangen war, nämlich der fundamentalen Unterscheidung zwischen kontinuierlicher und diskontinuierlicher Variation, wobei angenommen wurde, daß lediglich letztere permanente Veränderungen in einer Art hervorbringen kann. Sumner führt die Unterscheidung auf Galton und dessen Polyeder-Metapher zurück[4]. Außerdem ist Sumner der Auffassung, daß die neue Mendelsche Genetik dieses Dogma zementiert habe:

> With the modern revival of Mendel's principle of heredity and the definite formulation of a "mutation theory" of evolution, some of Galton's more or less tentative views have crystallized into dogmas.[5]

Sumner geht es offensichtlich darum, dieses »Dogma« aufzuweichen. Er weist darauf hin, daß die Genetik selbst gezeigt habe, daß der fundamentale Unterschied zwischen kontinuierlicher und diskontinuierlicher Variabilität zumindest fragwürdig sei:

> The Mendelians have recently had recourse to more and more minute factorial differences in explaining certain lesser gradations of color in some of their material, until at length the distinction between their opponents "continuity" and their own "discontinuity" is more imaginary than real.[6]

Mit den »minute factorial differences« spielt Sumner offensichtlich auf Easts und Nilsson-Ehles »multiple factor hypothesis« als Erklärung für erbliche kontinuierliche Variabilität, die den Mendelschen Gesetzen unterliegt, an. East war aufgrund von Kreuzungsexperimenten mit Maispflanzen mit unterschiedlicher Färbung der Körner zum Schluß gelangt, daß bei Vorhandensein mehrerer Mendelnder Faktoren, die dasselbe Merkmal beeinflussen, rein kombinatorisch eine große Zahl von Typen entstehen können, die eine scheinbar kontinuierliche Reihe bilden. East schloß daraus:

> The effect of the truth of this hypothesis would be to add another link to the increasing chain of evidence that the word mutation may properly be applied to any inherited variation, however small; and that the word fluctuation should be restricted to those variations due to immediate environment which do not affect the germ cells.[7]

---

3 Sumner (1918)
4 Auch de Vries hatte diese bereits verwendet (siehe 2.3)
5 Sumner (1918, Teil I), S. 177f.
6 *ibid.*, S. 179
7 East (1910), S. 82

East schlägt also vor, daß der relevante Unterschied nicht zwischen fluktuierender und diskontinuierlicher Variabilität besteht, sondern zwischen erblicher und umweltbedingter. Es ist zumindest möglich, daß auch erstere den Mendelschen Gesetzen unterliegt, und nicht bloß letztere, wie de Vries angenommen hatte. Sumner scheint nun einer der ersten Feldforscher zu sein, der diesen Vorschlag Easts ernst genommen hat; zumindest scheint er für diese Theorie eine gewisse Sympathie zu hegen:

> The publication of the data which I offer in the present paper confessedly does not constitute a "frontal attack" upon the multiple factor hypothesis.[8]

Allerdings wird Sumner seine doch immer noch erhebliche Skepsis bezüglich der Rolle von Mendelschen Faktoren in der Evolution nicht vollständig ablegen.

Eine erste Frage, die Sumner bezüglich der geographischen Variabilität von *P. maniculatis* stellt, ist die nach dem Verhalten der Variabilität in Zonen, in denen sich geographische Rassen überlappen:

> Does this intermediate population manifest a complete blending of all the subspecific characters, or does it consist of a micture of individuals, severally exhibiting the respective racial characters in a fairly pure state, or may there be a mosaic condition more directly suggestive of Mendelian segregation?[9]

Obwohl er keine Antwort auf diese Frage anzubieten hat, versucht Sumner also zumindest, etwas wie Mendelnde Variabilität in der geographischen Variation zu finden. Er betrachtet vier geographische Rassen, die verschiedene Regionen Kaliforniens bewohnen und deren Verbreitungsgebiete sich teilweise gegenseitig überlappen. Die subspezifischen Unterschiede betreffen die Pigmentierung des Fells und der Haut der Tiere sowie strukturelle Merkmale wie Körpergewicht, Körperlänge, Schwanzlänge, Fußlänge, Ohrlänge sowie die Zahl der Schwanzwirbel. Sumner ordnete die vier geographischen Rassen in verschiedene Reihen, in der jeweils ein bestimmtes Merkmal zunimmt. Dabei fand er keine offensichtliche Korrelation zwischen den betrachteten Merkmalen:

> It is plain that these "subspecies" have diverged from one another in respect to characters which have varied quite independently. There is no single graded series for all the characters, which would lead us to suppose that they are in some way correlated or "linked" together.[10]

Eine Ausnahme bildet die schwache Korrelation zwischen der Schwanzlänge und der Fußlänge. Sumner folgert:

---

8 Sumner (1918), Teil I, S. 179

9 *ibid.*, S. 183f.

10 *ibid.*, S. 205f.

> It is plain that, with a single possible exception [number of caudal vertebrae, M.W.], all of the differences thus far considered are "substantive," rather than "meristic," to follow Bateson's terminology [...] In no cases are they of the nature of "presence-and-absence" differences, such as figure so widely in Mendelian literature.[11]

Der Hinweis auf Bateson ist äußerst aufschlußreich. Erstens scheint Sumner dessen Begriff der substantiven Variation zu mißverstehen. Bei Bateson bezieht sich dieser auf Veränderungen in der *chemischen Komposition* von Körperteilen, nicht auf die Frage der Diskontinuität der Variation[12]. Zweitens verweist er auf dessen »presence and absence« Hypothese, die durch die Arbeiten der Morgan-Schule zu diesem Zeitpunkt bereits weitgehend widerlegt war. Dies deutet darauf hin, daß Bateson von den Feldforschern nach wie vor als *die* Autorität in genetischen Dingen betrachtet wurde, dessen Saltationismus nach wie vor ein Hindernis für die Annahme der Mendelschen Genetik durch die Naturalisten bildete.

Als nächstes betrachtet Sumner die *Erblichkeit* der in Frage stehenden Merkmale. Daß gewisse Merkmalsunterschiede zwischen den geographischen Rassen erblich sind, hatte Sumner bereits mit seinen Translokationsexperimenten gezeigt. Er führte nun zusätzlich noch Kreuzungsversuche zwischen Vertretern der verschiedenen Rassen durch. Er stellte fest, daß die Nachkommen aus solchen Kreuzungen bezüglich aller betrachteten Merkmale einen *intermediären* Phänotyp zeigten; es liessen sich also keine dominanten und rezessiven Faktoren isolieren. Sumner zog daraus die Schlußfolgerung, daß, wenn die Rassenunterschiede durch Mendelsche Faktoren bestimmt werden, mehrere solcher Faktoren involviert sein müssen[13]. Im Gegensatz dazu zeigte das selten auftretende Merkmal des Albinismus (»pale sports«) eine klare Mendelsche Segregation. Sumner schrieb zu diesen:

> This clear-cut and typical example of Mendelian segregation, in respect to these *mutant* characters, is in striking contrast to the complete lack of segregation-so far as is obvious-in respect to the subspecific characters.[14]

Man wird bei der Lektüre von Sumners Artikeln den Eindruck nicht los, daß es ihm nicht gelingt, sich völlig von dem »Dogma« zu lösen, das er aufweichen will. Eben hatte er noch eine aus heutiger Sicht richtige Erklärung für das Auftreten intermediärer Phänotypen bei Kreuzungen zwischen geographischen Rassen gegeben, und schon unterstreicht er wieder den »striking contrast« zwischen

---

11 *ibid.*, S. 207

12 siehe 2.2

13 Sumner (1918), Teil II, S. 298

14 Sumner (1918), Teil III, S. 440

kontinuierlicher Variabilität und Mendelnden Merkmalsunterschieden. Sumners nicht auszuräumende Skepsis wird in der Schlußdiskussion deutlich:

> Any one approaching the data dealt with in the foregoing pages, unhampered by theoretical considerations, would, I think, conclude that we had to do with two types of variation and two types of inheritance, differing from one another in fundamental ways. In the one class we have the continuously graduated differences, occurring within the limits of one of our "subspecies" [...] we have no indication of a dominance of one step or grade in this series over another, and little to suggest that two of these grades, once united or blended in the offspring, tend to reassert their independence in subsequent generations.
> In the other class we have the "sports" or "mutations." These are distinctly *discontinuous*, in relation to the parent stock either in the sense that one of the two possesses elements which are altogether lacking in the other, or at least in the sense that the new form has undergone such a change in the proportions of existing elements that its range of variation does not overlap that of the normal race.[15]

Dies ist wieder die bekannte auch von de Vries und Bateson getroffene kategoriale Unterscheidung von kontinuierlicher und diskontinuierlicher Variabilität. Die folgende Bemerkung Sumners ist nun bemerkenswert:

> Now admittedly, the naive view of such a situation is not necessarily the correct one, else we should be forced to return to the geocentric theory of the solar system. But even in this last instance, the burden of proof most assuredly rested on the man who first asserted that the sun did not move around the earth. And to-day the same burden rests upon those who claim-possibly with truth-that heritable variations are all discontinuous and that blended inheritance is an illusion.[16]

Der Vergleich mit dem geozentrischen Weltbild ist aus folgendem Grund aufschlußreich: Auch dort *scheint* eine bestimmte Theorie besser mit der Erfahrung übereinzustimmen, und die Annahme einer der Erfahrung widersprechenden Theorie erfordert eine gute Begründung. Analog fordert Sumner eine Begründung für die Theorie, daß *alle* genetische Variabilität auf Unterschiede in Mendelschen Faktoren zurückzuführen ist und ein grundsätzlicher Unterschied zwischen kontinuierlicher und diskontinuierlicher Variabilität nur zum Schein besteht. Eine solche Begründung hält Sumner noch für außer Reichweite[17].

Sumners wichtigstes Ergebnis ist zweifellos die Erblichkeit subspezifischer Merkmalsunterschiede in den geographischen Rassen von *Peromyscus*. Da diese Variabilität eine graduelle ist, hat er damit erstmals Evidenz gegen die damals weitverbreitete Auffassung vorgebracht, nach der kontinuierliche Variation keine

---

15 *ibid.*, S. 446
16 *ibid.*, S. 447
17 *ibid.*, S. 452

oder eine unstabile genetische Basis hat. Sumner sah sich allerdings noch nicht veranlaßt, die Hypothese anzunehmen, daß die Erblichkeit subspezifischer Unterschiede *ebenso* durch Mendelnde Erbfaktoren bewirkt wird wie die bekannten Beispiele diskontinuierlicher Variation[18]. Das zweite wichtige Ergebnis Sumners ist, daß subspezifische Unterschiede *unabhängig* voneinander variieren können. Im Gegensatz dazu war ja de Vries der Auffassung gewesen, daß stabile erbliche Veränderungen stets viele Merkmale gleichzeitig betreffen und daß diese deshalb nicht unabhängig variieren[19].

4.2 Goldschmidts Studien zur geographischen Variation bei Lymantria

Der deutsche Genetiker Richard Goldschmidt stellte von ca. 1910 an ausführliche Untersuchungen zur geographischen Variabilität bei Faltern der Gattungen *Lymantria* (z.B. der Schwammspinner *L. dispar*) sowie *Callimorpha* sowie einigen anderen Gattungen an. Die zu diesen Gruppen gehörenden Arten sind z.T. weltweit verbreitet und leben unter recht unterschiedlichen klimatischen Bedingungen; daher waren sie ideale Objekte für Untersuchungen zur geographischen Variabilität. Seine Feldexkursionen führten Goldschmidt in den Nordosten der USA, nach Japan sowie in verschiedene Teile Europas.

Goldschmidt kreuzte z.B. im Labor verschiedene geographische Rassen des Schwammspinners untereinander, die sich besonders auffällig in der Zeichnung der Raupen unterschieden. Diese waren offensichtlich erblich, da sie sich über mehrere Generationen reproduzierten. Er fand, daß die F_1-Nachkommen aus solchen Kreuzungen häufig einen intermediären Phänotyp aufwiesen. In F_2 fand Goldschmidt in den meisten Kreuzungen eine gewisse, aber keine vollständige Dominanz der stärker pigmentierten Formen. Er interpretierte diese Ergebnisse wie folgt:

> we are dealing here with a case of multiple allelomorphism: The pigment factor, producing the gradual covering of the markings, is present in the different races in different degrees, all being allelomorphic to each other.[20]

»Multiple allelomorphism« ist nicht identisch mit Easts »multiple factors«; letztere bezeichnen eine Situation in der mehrere Loci dasselbe Merkmal beein-

---

[18] Auch fünf Jahre später schrieb Sumner in einer weiteren Veröffentlichung zu seinen *Peromyscus*-Studien, daß seine Ergebnisse die »multiple factor theory« der geographischen Variabilität zwar nicht widerlegen, aber auch nicht eindeutig bestätigen (Sumner 1923, S. 269ff.).

[19] siehe 2.3

[20] Goldschmidt (1918), S. 32

flussen, während Goldschmidt seine Resultate hier offenbar als das Vorhandensein mehrerer Allele an einem Locus deutet. Goldschmidt gab folgende physiologische Erklärung für dieses Phänomen:

> A careful consideration of these points shows clearly what these multiple allelomorphs for pigmentation really are: They are different quantities of the substance which we call a gene which act according to the mass-law of chemical reactions, i.e., produce a reaction or accelerate it to a velocity in proportion to their quantity.[21]

Goldschmidt schlägt also vor, daß die verschiedenen Grade in der Pigmentierung durch Unterschiede in der *Quantität* eines Gens verursacht werden, und das die Genwirkung dem chemischen Massenwirkungsgesetz folgt[22]. Heute würden wir natürlich sagen, daß der Grad der Pigmentierung von der Aktivität oder Expression eines *Enzyms* abhängt, und nicht von der »Menge« des entsprechenden Gens. Interessant ist aber vor allem der Unterschied zu Sumner: *Goldschmidt interpretiert die geographische Variabilität vollständig in der Begrifflichkeit der Mendelschen Genetik.* Für ihn besteht kein Zweifel, daß die kontinuierlichen Rassenunterschiede in der Zeichnung der Raupen durch *Unterschiede in Mendelschen Faktoren* hervorgerufen werden; er benutzt sogar Johannsens Begriff des *Gens*, der zu diesem Zeitpunkt noch umstritten war; manche Genetiker (z.B. Castle) bevorzugten nach wie vor Batesons *unit-factor* (siehe 3.1). Ob seine Interpretation mittels multiplen Allelen aus heutiger Sicht richtig ist, ist mir nicht bekannt; es könnte sich auch um mehrere Loci handeln. Ob Goldschmidt diesen Unterschied zu dem Zeitpunkt überhaupt gekannt hat geht aus dem Text nicht hervor[23].

Goldschmidt spekuliert, daß durch Selektion auf Unterschiede in der »Quantität« von Genen neue Arten entstehen könnten:

> There are [...] reasons for supposing that such differences of characters as are based on the quantitative differences of the gene are those which are influenced by selection and are important for the formation of the first steps toward diversification of species.[24]

---

21 *ibid.*, S. 36

22 Goldschmidt entwickelte diese Idee später in seine Theorie der »Reaktionssysteme« (siehe 5.2)

23 Der Unterschied zwischen multiplen Allelen an einem Locus und multiplen Loci ist wohl nur unter der Chromosomentheorie verständlich, die zwar zu diesem Zeitpunkt durch die Arbeit der Morgan Schule schon weit fortgeschritten war, von Goldschmidt aber nicht erwähnt wird. Seine Genetik hört sich zu diesem Zeitpunkt noch ziemlich »Batesonian« an. Auch später blieb Goldschmidt der größte Skeptiker hinsichtlich der klassischen Theorie des Gens, was sich auch auf seine Evolutionstheorie auswirkte (siehe 5.2).

24 Goldschmidt (1918), S. 43f.

Auch für lokale Adaptationen durch Selektion auf Mendelsche Faktoren glaubt Goldschmidt empirische Belege zu besitzen. Er verweist z.B. auf das damals schon gut bekannte Phänomen des *Industriemelanismus* bei Faltern der Gattung *Lymantria*. Kreuzungen heller Falter mit melanischen Formen ergaben, daß der Melanismus dominant gegenüber der hellen Flügelfarbe ist, wobei es auch hier anscheinend mehrere Allele für die dunkle Färbung gibt, die phänotypisch einen mehr oder weniger kontinuierlichen Bereich bilden. Goldschmidt gab an, daß die dunklen Falter »stronger, more lively, and better fliers«[25] seien als ihre helleren Artgenossen. Das Phänomen, daß die dunklen Typen in der Nähe von Städten häufiger sind, erklärt Goldschmidt damit, daß in einer solchen Umgebung die Lebensbedingungen für die Falter härter sind und deshalb ein stärkerer Selektionsdruck herrscht, der die dunklen Formen anreichert. Diese Hypothese erwies sich später als falsch; Industriemelanismus wird heute auf die durch Ruß verursachte Verfärbung heller Oberflächen wie z.B. Birkenrinden und die bessere Tarnung der melanischen Formen auf solchen Oberflächen zurückgeführt[26].

In den Jahren 1932 und 1933 erschien in der Zeitschrift »W. Roux' Archiv für Entwicklungsmechanik« eine siebenteilige Artikelserie Goldschmidts mit den umfangreichen Ergebnissen seiner Untersuchungen zur geographischen Variabilität im Schwammspinner *Lymantria dispar*. Goldschmidt betrachtete nun auch physiologische Merkmale wie die Inkubationszeit der Eier bis zum Schlüpfen der Larven. Die Inkubationszeit bei Rassen aus verschiedenen Gegenden variierte zwischen 2 und 12 Tagen. Goldschmidt stellte fest, daß die kurzen Inkubationszeiten besonders bei Rassen ausgeprägt waren, die in nördlichen Gebieten vorkamen. Dies legt natürlich unmittelbar die adaptive Hypothese nahe, daß die verkürzte Inkubationszeit eine Anpassung an den kurzen Sommer nördlicher Gegenden ist. Goldschmidt konnte dies nicht direkt nachweisen. Er konnte aber zeigen, daß mehrere solche Merkmale in Form von *Klinen* auftraten, d.h. kontinuierliche Serien von Merkmalsunterschieden, die mit einem Gradienten in den klimatischen Bedingungen korreliert sind. Das Auftreten geographischer Rassen in Klinen gilt als starke Evidenz für die Adaptivität der entsprechenden Merkmale[27].

Goldschmidt untersuchte, wie sich das Merkmal der Inkubationszeit bei Kreuzungen zwischen geographischen Rassen verhielt. Er fand, daß die längere Inkubationszeit meistens dominant gegenüber der kürzerern war, außer in einem einzigen Fall. Goldschmidt spekulierte, daß es ein »Hauptgen« gibt, das die Zeit

---

25 *ibid.*, S. 44

26 Kettlewell (1955)

27 Goldschmidt (1940), S. 66; vgl. Mayr (1942), S. 37

bis zum Schlüpfen bestimmt, das einerseits durch »Modifikatorgene« beeinflußt werden kann, von dem es gleichzeitig aber auch mulitple Allele gibt. Goldschmidt »weiß aber nicht, ob es die verfügbaren Methoden erlauben werden, den genetischen Beweis dafür zu erbringen«[28]. Auf jeden Fall unterstützten Goldschmidts Untersuchungen aber den Schluß,

> daß ein eminenter Anpassungscharakter, der die einzelnen Rassen paralell zu den Bedingungen des Jahreszeitenzyklus unterscheidet, auf einer Reihe mendelnder Gene beruht, die physiologische Vorgänge in ihrem typischen zeitlichen Ablauf, in ihrer Geschwindigkeit regulieren.[29]

Demnach bilden also mendelnde Gene die genetische Basis von Anpassungen geographischer Rassen an lokale Begebenheiten durch Selektion. Goldschmidt erzielte noch weitere, ähnliche Ergebnisse in Untersuchungen anderer Merkmale bei *Lymantria*, z.B. in der Raupenzeichnung, Geschlechtsbestimmung, Größe der Geschlechtstiere, Überwinterungsreaktion u.a.[30]. Über die Selektionsprozesse, die eine solche Anpassung herbeiführen könnten, sagt Goldschmidt weiter nichts; die zu diesem Zeitpunkt schon weit fortgeschrittene mathematische Populationsgenetik, die auf einzelne Gene oder auf durch viele Gene bedingte quantitative Variabilität wirkende Selektion theoretisch behandelt hatte (6.3), wird von ihm anscheinend nicht verwendet. So ist Goldschmidts experimenteller Nachweis einer genetischen Basis für adaptive geographische Variabilität in *Lymantria* ein beachtliches Ergebnis, das von den theoretischen Fortschritten in der mathematischen Populationsgenetik unabhängig war.

Goldschmidts evolutionsgenetische Theorie von 1932-33 unterschied sich von der späteren Synthetischen Evolutionstheorie vor allem dadurch, daß Goldschmidt seinen Modellvorstellungen nicht die zu diesem Zeitpunkt schon weit entwickelte *klassische Theorie des Gens* (Kap. 3) zugrundelegte. So gibt es bei ihm keine *Genmutationen* im Mullerschen Sinn; wie wir gesehen haben ist Goldschmidt der Auffassung, verschiedene Allele eines Gens stellen verschiedene *Mengen* desselben dar[31]. Bezüglich der Artbildung sollte Goldschmidt erst später radikal andere Ansichten entwickeln als die Architekten der Synthese, wie wir in 5.2 sehen werden. Auf jeden Fall aber leistete Goldschmidt mit seinen bis in die späten Dreißigerjahre hinein einzigartigen Untersuchungen zur Genetik der geographischen Variabilität einen wichtigen Beitrag zur Synthese.

---

28 Goldschmidt (1932), S. 767

29 *ibid.*

30 Siehe Goldschmidt (1940), S. 39ff. für eine Übersicht dieser Studien.

31 Goldschmidt akzeptierte die Vorstellung von scharf lokalisierten Genmutationen auch später nicht (siehe 5.2)

4.3 Timoféeff-Ressovskys evolutionsgenetische Studien mit Drosophila

Besonders hervorzuheben sind in diesem Zusammenhang auch die Untersuchungen des russischen Genetikers N. W. Timoféeff-Ressovsky, der bei Chetverikov am Kol'tsov Institut in Moskau studiert hatte und sich später am Kaiser Wilhelm-Institut für Hirnforschung in Berlin aufhielt. Wie bereits in 3.3 erwähnt wurde, führte Timoféeff-Ressovsky in den Dreißigerjahren für die klassische Genetik bedeutende Experimente zu dem von Muller entdeckten Phänomen der Erzeugung von Genmutationen durch ionisierende Strahlung durch[32]. Im Gegensatz zu Muller studierte Timoféeff-Ressovsky aber auch natürliche Populationen sowie den Einfluß von Umweltbedingungen auf die phänotypische Expression von Mutationen und kann deswegen auch zu den ökologischen Genetikern gerechnet werden.

Timoféeff-Ressovsky durchsuchte in den Zwanzigerjahren wilde *Drosophila*-Populationen in der Umgebung von Berlin auf das Vorhandensein von Mutanten. Er realisierte, daß es nicht genügt, die Proben auf sichtbare Veränderungen des Körperbaus zu untersuchen, da seltene rezessive Allele - die wegen ihrer Seltenheit vorwiegend im heterozygoten Zustand auftreten - auf diese Weise nicht entdeckt werden können. Die wilden Fliegen mußten ins Labor gebracht und über mehrere Generationen untereinander sowie mit Teststämmen gekreuzt werden, um solche Allele in der Wildpopulation nachzuweisen. Ein solcher Nachweis gelang Timoféeff-Ressovsky: Er fand in einer Stichprobe von 78 Weibchen neun verschiedene mutante Allele[33]. Dies war einer der ersten Nachweise von *Drosophila*-Mutanten in natürlichen Populationen und widersprach der damals populäre Auffassung, die Mutanten seien ein Artefakt aus den Genetiklabors (vgl. 3.3).

Timoféeff-Ressovsky begann außerdem etwa um 1926 eine größere Untersuchung des Effektes von Mutationen auf die »Vitalität« - heute würde man sagen: Fitness - von *Drosophila*-Fliegen, wobei er unter »Vitalität« das Produkt der Schlüpfrate (heute: Fekundität) und der Überlebensrate (heute: Viabilität) verstand, also verschiedene Fitnesskomponenten berücksichtigte. Er betrachtete beispielsweise sechs geschlechtsgekoppelte Mutationen von *Drosophila funebris*, die unter anderem die Form der Flügel sowie die Borsten betrafen[34]. Timoféeff-Ressovsky achtete besonders darauf, daß er alle diese Mutationen im gleichen, wie er dies nannte, »genotypischen Milieu« vorliegen hatte, um epistatische

---

32 Timoféeff-Ressovsky publizierte z.B. 1935 eine Arbeit mit M. Delbrück über die damals populären physikalischen Vorstellungen der Genstruktur (Timoféeff-Ressovsky, et al. 1935).

33 Timoféeff-Ressovsky und Timoféeff-Ressovsky (1927)

34 Timoféeff-Ressovsky (1934b), S. 320

Interaktionen (Beeinflussung des phänotypischen Effektes einer Mutation durch eine Mutation an einem anderen Locus) von anderen Effekten unterscheiden zu können. Durch Kreuzungen zwischen verschiedenen Mutationen innerhalb desselben genotypischen Milieus versuchte Timoféeff-Ressovsky solchen Effekten auf die Spur zu kommen.

Er stellte fest, daß einige seiner Mutationen einen drastischen Effekt auf die Vitalität hatten, während andere diese kaum beeinflußten. Bei einer Mutation war die Vitalität sogar leicht größer als im Wildtyp. Zwei der Mutationen zeigten in Kombination einen *additiven* Effekt auf die Vitalität, d.h. die Doppelmutante war um einen Betrag weniger vital, der ungefähr der Summe der Vitalitätsreduktionen der Einzelmutationen entsprach. Bei zwei solchen Kombinationen war die Herabsetzung der Vitalität wesentlich stärker als die Summe der Beiträge der beiden Einzelmutationen, d.h. die beiden Mutationen verstärkten sich gegenseitig bezüglich ihres Einflusses auf die Vitalität[35]. Timoféeff-Ressovsky kreuzte außerdem seine Mutationen in 30 verschiedene Wildstämme ein und konnte zeigen, daß die relative Vitalität in diesen Kreuzungen stark verschieden war, d.h. einige seiner Mutationen hatten in verschiedenen genotypischen Milieus aus natürlichen Populationen verschieden starke Auswirkungen auf die Vitalität. Solche Effekte werden heute »epistatisch« genannt und zeigten, daß eine wichtige Modellannahme der theoretischen Populationsgenetiker - die Unabhängigkeit des Fitnesseffekts einer Allelsubstitution von anderen Allelsubstitutionen - nicht in jedem Fall gegeben war[36].

Weiter studierte Timoféeff-Ressovsky den Einfluß von Mutationen auf die Vitalität unter verschiedenen Kulturbedingungen, namentlich der Bevölkerungsdichte in sowie der Temperatur. Überbevölkerung in den Kulturgläsern erzeugt, in Timoféeff-Ressovskys eigenen Worten, einen »Kampf ums Dasein« (heute: Kompetition) und ist natürlich deshalb evolutionstheoretisch besonders interessant. Zwei von Timoféeff-Ressovskys Mutationen zeigten in wenig bevölkerten Kulturen eine annähernd normale Vitalität, während diese in überbevölkerten Kulturen stark herabgesetzt war. Dies bedeutet, daß diese Mutationen die - wiederum in Timoféeff-Ressovskys eigenen Worten - die »Resistenz- und Konkurrenzfähigkeit« der Fliegen herabsetzten. Besonders interessant war eine der Mutationen: sie zeigte in wenig bevölkerten Kulturen eine gegenüber dem Wildtyp herabgesetzte Vitalität, während die Vitalität in überbevölkerten Kulturen erhöht war[37]. Bezüglich des Einflusses der Tem-

---

35 *ibid.*, S. 328

36 Dies bildet später die Grundlage einer der wichtigsten Einwände gegen den Genselektionismus G. C. Williams' und R. Dawkins' (Mayr 1975b).

37 Timoféeff-Ressovsky (1934b), S. 333

peratur auf den Vitalitätseffekt verschiedener Mutationen erzielte Timoféeff-Ressovsky ähnliche Ergebnisse; manche der Mutatanten zeigten sich resistenter gegen extreme Temperaturbedingungen, obwohl sie bei normalen Bedingungen dem Wildtyp unterlegen waren.

Timoféeff-Ressovskys Experimente lieferten starke Hinweise darauf, daß Genmutationen, wie sie von der klassischen Genetik im Labor untersucht wurden, *evolutionär relevant* sein können. Wie er selbst schrieb, folge aus seinen Ergebnissen mittels der Selektionstheorie, daß manche Gensubsitutionen unter bestimmten Umweltbedingungen der Selektion unterliegen müßten, da sie unter diesen Bedingungen Fliegen mit höherer Fekundität oder mit höherer Überlebensrate produzierten[38]. Die Ergebnisse bedeuteten aber auch, daß solche Selektionsprozesse wegen epistatischen Interaktionen zwischen Genen sowie wegen - in heutiger Terminologie - Genotyp x Umwelt-Interaktionen[39] komplexer waren als die damaligen Modelle der theoretischen Populationsgenetik, die additive Genwirkung und konstante Fitnesswerte annahmen, vorhersagten[40].

4.4 Die Annäherung der Genetik an den Darwinismus

Diese und weitere, ähnliche Arbeiten aus der ökologischen Genetik, die ich hier nicht alle berücksichtigen kann, hatten den Effekt, daß die von Bateson und de Vries aufgerissenen Gräben zwischen der Vererbungslehre und dem Darwinismus in den Jahren 1910-1937 allmählich zugeschüttet wurden. Der allmähliche Meinungsumschwung läßt sich vielerorts beobachten, sowohl in der Zoologie als auch in der Botanik.

1925 hielt der deutsche Botaniker Erwin Baur vor der Deutschen Gesellschaft für Vererbungswissenschaft einen Vortrag über »Die Bedeutung der Mutation für das Evolutionsproblem«, der in der »Zeitschrift für Induktive Abstammungs- und Vererbungslehre« veröffentlicht wurde[41]. Baur hatte seit 1904 Untersuchungen über die Vererbung von Rassenunterschieden in Pflanzen der Gattung *Antirrhinum* (Löwenmaul) durchgeführt[42]. Seine Meinungsänderung im Bezug auf die Bedeutung von »Faktormutationen« - d.h. erblichen Ver-

---

38 *ibid.*, S. 341

39 Brandon (1990), bes. Kap. 2

40 In heutigen theoretischen Modellen können solche Effekte teilweise berücksichtigt werden; dadurch werden die Modelle aber sofort mathematisch wesentlich schwieriger (Roughgarden 1979).

41 Baur (1925)

42 siehe Baur (1924)

änderungen die den Mendelschen Gesetzen folgten - für die Evolution beschrieb Baur in seinem Vortrag wie folgt:

> Faktormutationen schienen [als Auslesematerial für die Selektion, M.W.] auch nicht in Betracht zu kommen. Zwar zeigt das Experiment, daß Faktormutation bei fast allen Organismen beobachtet wurde, die man bisher auch nur einigermaßen daraufhin untersucht hat, aber ihre Häufigkeit schien sehr gering, und im wesentlichen schienen durch Faktormutationen Typen zu entstehen, die zwar sehr oft stark von der Stammform abweichen, die aber fast ausnahmslos *Mißbildungen* darstellten, jedenfalls nur ganz ausnahmsweise einen positiven Selektionswert haben. Ich habe selber auch lange Zeit unter dem Eindruck dieser Beobachtungen die Bedeutung der Faktormutationen für die Evolution *sehr* gering eingeschätzt. Im Laufe der Jahre haben aber meine sehr ausgedehnten Versuche mit *Antirrhinum*-Arten und meine gelegentlichen Beobachtungen an anderen Organismen mich zu einer völlig anderen Auffassung gezwungen. Die heute verbreitete Ansicht über die Häufigkeit und das Ausmaß der Faktormutationen ist danach völlig falsch. Falsch ist die Annahme, daß die Mehrzahl der Faktormutationen Mißgeburten darstellen, und ebenso falsch ist die Annahme, daß Faktormutationen nur sehr selten auftreten.[43]

Baurs Untersuchungen hatten ergeben, daß die Mehrzahl der Mutationen in *Antirrhinum* nur sehr geringfügige Auswirkungen auf die äußere Erscheinung und die Vitalität der Pflanze haben. Baur studierte z.B. einen rezessiven Faktor, der offenbar die Chlorophyllproduktion betrifft. Die homozygoten Nachkommen einer Pflanze, die für diesen Faktor heterozygot ist, sind im Mittel etwas dunkler grün gefärbt. Dies ist aber in F_1 schwierig festzustellen, da es auch starke ernährungsbedingte Schwankungen in der Blattfärbung gibt. Erst wenn man die Typen weiterzüchtet, läßt sich der Effekt eindeutig als rezessive Mutation, die zu einer stärkerern Chlorophyllproduktion führt, erkennen[44]. »Und die Mehrzahl aller Mutationen sind«, in Baurs Erfahrung, »Mutationen dieser Art«. Dies stimmt vermutlich nicht ganz; es wurde später klar, daß die Mehrzahl der Mutationen - zumindest in *Drosophila* - rezessiv lethal sind. Baur verfügte aber damals für den Nachweis rezessiv lethaler Mutationen nicht über die dafür notwendigen Methoden. Baurs Beobachtung, daß die meisten Mutationen nicht den Batesonschen oder de Vriesschen »Monstercharakter« aufweisen, ist aber zweifellos richtig und tatsächlich von großer Bedeutung für die Evolution. Baur schätzte, daß 10% der Nachkommen eines homozygoten Individuums Mutanten sind und fand, daß diese Zahl »die Bedeutung der Faktormutationen als Auselesematerial für eine natürliche Zuchtwahl in völlig anderem Lichte als

---

43 Baur (1925), S. 110f.
44 *ibid.*, S. 112

bisher«[45] erscheinen liess. In Verbindung mit der Tatsache, daß ein erheblicher Anteil dieser Mutationen lediglich geringfügige Unterschiede in der Pflanze hervorruft, wird es denkbar, daß solche Mutationen die genetische Basis für einen graduellen Evolutionsprozeß nach Darwin bilden. Auf der epistemischen Ebene bedeutet dies, daß die Mendelsche Genetik das Fundament einer darwinistischen Evolutionstheorie bilden kann[46].

Baur stellte außerdem Untersuchungen zur Genetik der *interspezifischen* Variabilität an. Er produzierte z.B. Hybride zwischen *Antirrhinum latifolium* und *Antirrhinum majus*. Der Erbgang der artspezifischen Unterschiede in solchen Kreuzungen unterschied sich nicht offensichtlich von demjenigen in Kreuzungen zwischen Rassen der gleichen Art. Baur schloß, daß Unterarten derselben Spezies und Vertreter verschiedener Spezies sich

> genetisch in einer großen Zahl von Erbfaktoren [unterscheiden], und zwar von Erbfaktoren genau der gleichen Art, und von genau dem gleichen Umfange wie die Erbfaktoren, die durch Mutation dauernd und in großer Zahl unter unserem Augen entstehen.[47]

Daraus folgt, daß durch die Anhäufung von Mutationen mit geringfügigen Auswirkungen - Baur nannte diese »Kleinmutationen« - aus einer bestimmten Form verschiedene Rassen und bei weiterer Anhäufung von Mutationen in vielen Faktoren neue Arten entstehen können, z.B. wenn zwei Rassen »unter verschiedenen Selektionsbedingungen, d.h. unter verschiedenen klimatischen und Standortverhältnissen leben«[48]. Dies heißt nichts anderes, daß Mutationen in mendelnden Erbfaktoren die Ursache für die *artenbildende Variabilität im Darwinschen Sinne* sein können. Der Unterschied dieser Theorie zu de Vries' Mutationstheorie (2.3) ist offensichtlich: Dort war es ein *einzelner* Mutationsschritt, der neue »elementare Arten« hervorbrachte, die sich innerhalb der Art durch »fluktuierende Variabilität« weiter ausdifferenzieren und »Kollektivarten« bilden konnten. Nach Baur sind es *viele* Mutationsschritte, die viele mendelnde Erbfaktoren betreffen[49], und den kategorialen Unterschied zwischen »fluktuierender Variabilität« und »Mutabilität« gibt es nicht mehr; Mutationen unterschieden sich lediglich im Ausmaß ihrer phänotypischen Auswirkungen.

---

45 *ibid.*, S. 113

46 Baur wird von Mayr (1982) als »the most consistent Darwinian among the continental geneticists« bezeichnet (S. 787).

47 Baur (1925), S. 114

48 *ibid.*, S. 115

49 Siehe *ibid.*: »Speziesunterschiede sind jedenfalls in der Gattungssektion *Antirrhinastrum* Summationen von sehr vielen kleinen Mutationsschritten«.

So selbstverständlich uns Baurs Ausführungen heute auch erscheinen mögen, zu jener Zeit waren längst nicht alle Biologen von einer solchen Auffassung überzeugt. Besonders die darwinistischen Naturhistoriker fuhren fort, die Arbeiten von Genetikern zur Entstehung genetischer Variabilität als für die Theorie der Artenbildung irrelevant anzusehen. Als Vertreter dieser Auffassung sei der amerikanische Paläontologe Henry Fairfield Osborn[50] erwähnt.

Osborn publizierte 1927 im »American Naturalist« einen ausführlichen Übersichtsartikel über aktuelle Forschungarbeiten zur Artenbildung in Vertebraten, u.a. die bereits erwähnten Arbeiten von Osgood und von Sumner über geographische Variation in *Peromyscus*. Er begrüßte diese Arbeiten als »the most convincing demonstration of the principle of continuity thus far afforded in zoological series, namely, continuity in subspeciation, which gives convincing proof of continuity in speciation«[51]. Osborn war also überzeugter Gradualist. Den Mutationsbegriff brachte er aber weiterhin mit saltatorischer Artbildung in Verbindung. Unter den Arbeiten, die er besprach waren auch einige, in denen die entsprechenden Autoren das saltatorische Auftreten neuer Arten behaupteten. Osborn hielt dies grundsätzlich für möglich, aber:

> Speciation is a normal and continuous process; it governs the greater part of the origin of species; it is apparently always adaptive. Mutation is an abnormal and irregular mode of origin, which while not infrequently occurring in nature is not essentially an adaptive process; it is rather, a disturbance of the regular course of speciation.[52]

Aus diesem Zitat spricht die alte vermeintliche Dichotomie von kontinuierlicher Variabilität, die zu Adaptationen führt, und von diskontinuierlichen Mutationen, die zufällig (nicht adaptiv) sind. Sowohl Saltationisten wie Bateson und de Vries als auch Gradualisten, wie hier Osborn, waren von dieser Dichotomie ausgegangen. Der Dissens zwischen Saltationisten und Gradualisten um die Jahrhundertwende betraf hauptsächlich die Frage, welche der beiden Arten von Variation für die Entstehung von Arten *relevant* sei. Obwohl Genetiker wie Morgan, Muller, East oder Baur immer wieder darauf hingewiesen hatten, daß kontinuierliche und diskontinuierliche erbliche Variabilität lediglich zwei *Erscheinungsformen* desselben fundamentalen Prozesses seien - nämlich permanente Veränderungen in mendelnden Genen - wurde dies von Naturhistorikern wie

---

50 Osborn war ein Anhänger der orthogenetisch-lamarckistischen Tradition des 19. Jahrhunderts (Bowler 1989, S. 268-270).

51 Osborn (1927), S. 35

52 *ibid.*, S. 40f.

Osborn offenbar nicht verstanden[53]. Man betrachte z.B. folgende Aussage T.H. Morgans, die von Osborn in der oben erwähnten Arbeit zitiert wird:

> At present there is no evidence that will stand the test of criticism in favor of any other origin than that all known variations owe their appearance to the same process of mutation that also produces the larger differences; and, I repeat, that there is much explicit evidence to show that very small differences, that add to or subtract from characters already present, do appear by mutation.[54]

Was Morgan hier natürlich meint, ist, daß Mutationen in Genen der *einzige* bekannte Mechanismus sind, durch den erbliche Variationen in Merkmalen entstehen können; er sagt an dieser Stelle nichts über den Prozeß der Speziation. Osborn versteht diese Stelle aber als »support of the exclusive origin of species by mutation with lack of proof of environmental influence«[55], wobei er mit »mutation« das nicht-adaptive, sprunghafte Entstehen einer neuen Art und mit »environmental influence« vermutlich Anpassung durch Selektion (ev. aber auch Vererbung erworbener Eigenschaften; dies geht aus dem Text nicht eindeutig hervor) meint. Osborn und Morgan reden hier offensichtlich aneinander vorbei, da sie den Mutationsbegriff in unterschiedlicher Bedeutung verwenden. Für Osborn bedeutete »Mutation« nach wie vor einen Mechanismus der *Artbildung*. Für Morgan war »Mutation« ein Mechanismus der *Entstehung genetischer Variation*, der nichts über die Mechanismen der Artbildung besagte, außer daß Mutationen für die evolutionäre Diversifikation auf allen taxonomischen Stufen *notwendig* sind. Diese Abkopplung der Theorie der Artbildung von der Theorie der Entstehung genetischer Variation war der entscheidende Schritt, der später zur Evolutionären Synthese führte.

An diesem Fall wird deutlich, daß sich in der Evolutionsgenetik *begriffliche Veränderungen* abgespielt hatten. Wie wir in Kap. 2 gesehen haben, hatten Bateson und de Vries eine begriffliche Taxonomie von Variationserscheinungen aufgestellt, nach der kontinuierliche und diskontinuierliche Variation zwei sowohl ihrer *Ursache* als auch ihren *Wirkungen* nach verschiedene Phänomene waren. Kontinuierliche, »fluktuierende« oder »individuelle« Variabilität war nach de Vries nur schwach erblich und konnte die Grenzen einer Art nicht überschreiten. Selektion auf diese Form der Variabilität würde nach de Vries zu vorübergehenden Anpassungen von Arten an lokale Umweltbedingungen, aber nicht zu permanenten und fortschreitenden Veränderungen bis hin zu neuen Arten führen. »Mutation« im de Vriesschen Sinn bezeichnete eine sprunghafte Veränderung im Erbgut (d.h. in der *Qualität* der »Pangene«), die drastische

---

53 vgl. Dobzhansky (1939), S. 27

54 Morgan (1926b), S. 105f.

55 Osborn (1927), S. 5

Auswirkungen auf viele Merkmale des Organismus haben. Solche »Mutanten« unterliegen der Selektion, aber nur in dem Sinn, daß lebensunfähige Mutanten eliminiert werden. Eine Kumulation von selektionsbedingten Anpassungen war so nicht möglich. Geographische Variation fiel bei de Vries unter »fluktuierende« Variabilität und war für die Entstehung neuer Arten irrelevant. Außerdem verfügte de Vries nicht über die Genotyp/Phänotyp-Unterscheidung wie wir sie heute kennen.

Durch die Arbeiten der ökologischen Genetiker wurden viele von de Vries' Annahmen *empirisch* widerlegt. Besonders Sumner und Goldschmidt zeigten, daß zumindest ein Teil der »fluktuierenden« geographischen Variabilität erblich war. Während Sumner bezüglich Mendelschen Interpretationen der Vererbung geographischer Rassenmerkmale noch skeptisch war, wiesen Goldschmidts Studien klar auf die Beteiligung Mendelscher Faktoren in der Vererbung geographischer Rassenmerkmale hin. Timoféeff-Ressovsky wies schließlich das Vorkommen von Mutanten - nun nicht mehr im de Vriesschen sondern im Mullerschen Sinn - in natürlichen *Drosophila*-Populationen nach. Auch dies wies darauf hin, daß es die aus den Labors bekannten genetischen Mechanismen waren, welche die evolutionär relevante genetische Variabilität in natürlichen Populationen erzeugten und weitervererbten. Weiterhin zeigten die theoretischen Berechnungen Fishers und Wrights, wie sich genetische Variabilität unter bestimmten (idealisierten) Bedingungen in der Population entwickelte (siehe 6.3).

Diese Entwicklungen führten dazu, daß die kategorische Unterscheidung zwischen kontinuierlicher und diskontinuierlicher Variabilität fallengelassen wurde. Sie wurden nun als zwei Erscheinungsformen derselben genetischen Mechanismen gesehen, die sich lediglich bezüglich ihrer phänotypischen Auswirkungen, nicht aber bezüglich ihrer *Ursachen* unterschieden. Es wurde außerdem klar, daß wenn diskontinuierliche Variation in der Natur in Erscheinung tritt - z.B. zwischen verschiedenen Arten - diese normalerweise nicht Einzelmutationen darstellt, sondern auf Unterschiede in vielen Genen zurückzuführen ist. Diese hatten nicht alle gleichzeitig mutiert, sondern eines nach dem anderen, wobei die meisten solchen Mutationen den Phänotyp nur geringfügig veränderten. Diskontinuitäten in der Natur sind also darauf zurückzuführen, daß die Zwischenformen ausgestorben sind - wie dies Darwin postuliert hatte (vgl. 2.1).

Mit dem Wegfallen des grundsätzlichen Unterschieds zwischen kontinuierlicher und diskontinuierlicher Variation gab es für Darwinisten keinen Grund mehr, die neue Genetik als Grundlage der Evolutionstheorie abzulehnen. Die ökologisch-genetischen Studien lieferten außerdem direkte Hinweise, daß aus der Genetik bekannte Prozesse in der Evolution eine Rolle spielten. Diese Evidenz verdichtete sich in den Dreißigerjahren, unter anderem durch die Arbeiten des nach den USA ausgewanderten russischen Genetikers und Naturforschers T. Dobzhansky.

4.5 »*Finally a geneticist who talks sense!*«

Theodosius Dobzhansky war schon während seiner Schulzeit in Kiev ein begeisterter Naturforscher. Als Fünfzehnjähriger las er eine russische Übersetzung von Darwins *Origin* und glaubte zu verstehen, was Darwin gemeint hatte[56]. Mit sechzehn Jahren begann er Marienkäfer (Fam. *Coccinellidae*) zu sammeln und entwickelte sich autodidaktisch in kurzer Zeit zum taxonomischen Experten in dieser Gruppe. Schon zwei Jahre später veröffentlichte er in einer russischen Faunistikzeitschrift seine erste Arbeit über eine zuvor unbeschriebene Marienkäferart, die er in der Umgebung von Kiev gefunden hatte. Dieser naturhistorische Hintergrund war eine wichtige Vorbereitung für Dobzhanskys spätere Rolle als einer der Architekten der Synthetischen Evolutionstheorie.

1921 kam Dobzhansky als junger Biologielehrer an einer polytechnischen Schule in Kiev erstmals mit der Genetik in Berührung. Er hielt sich regelmäßig am berühmten Kol'tsov Institut für experimentelle Biologie in Moskau auf und erhielt von Chetverikov, dem Pionier der russischen Populationsgenetik[57], seine ersten *Drosophila*-Stämme für genetische Experimente. Dobzhansky setzte aber auch seine Feldstudien mit *Coccinellidae* fort, wobei ihn dort besonders das Phänomen der geographischen Variabilität interessierte (siehe unten). Um etwa 1927 befand sich Dobzhansky in der unbefriedigenden Lage, daß er eine Menge über die Systematik und Verbreitung der *Coccinellidae* wußte, aber fast nichts über deren Genetik. Bei *Drosophila* verstand er etwas mehr von der Genetik, aber er wußte nichts über natürliche Populationen. Allerdings war er bezüglich der Genetik von *Drosophila* - wie die meisten russischen Genetiker zu seiner Zeit - nicht auf der Höhe der Forschung, die sich in den USA (Morgan & Co.) und in Deutschland (Timoféeff-Ressovsky) mit Riesenschritten vorwärtsbewegte. Die internationale wissenschaftliche Literatur war kaum erhältlich, und es war im Reiche Stalins schwierig, wissenschaftliche Kontakte mit Kollegen im Westen zu unterhalten. Kein Geringerer als Muller hatte zwar einige Jahre in der Sowjetunion gearbeitet. Er mußte das Land aber aus politischen Gründen wieder verlassen. Dobzhansky hatte von Muller und Morgan gehört und brannte darauf, die neue *Drosophila*-Genetik zu erlernen. Die Rockefeller Foundation er-

---

56 Für biographische Angaben zu Dobzhansky siehe Provine (1981) und Adams (1994).
57 Adams (1968)

möglichte ihm 1927 durch ein internationales Forschungsförderungsprogramm einen USA-Aufenthalt. Wohin es Dobzhansky zog, ist klar.

Kurze Zeit nach seiner Ankunft in den USA siedelte Dobzhansky mit der Morgan-Gruppe von New York ans California Institute of Technology in Pasadena über, wo er eine Anstellung erhielt. Unter Sturtevants Anleitung entwickelte sich Dobzhansky rasch zum kompetenten *Drosophila*-Genetiker. In den Jahren 1928 bis 1931 publizierte er nicht weniger als 13 *Drosophila*-Arbeiten, in denen es um klassische zytogenetische Fragestellungen geht. Diese Arbeiten weisen Dobzhansky als erstklassigen Transmissionsgenetiker aus[58].

Dobzhansky vergaß aber ob seinen zytogenetischen Studien die Evolution nicht. 1933 veröffentlichte er im »American Naturalist« einen Artikel über geographische Variabilität bei seinen früheren Lieblingstieren, den Marienkäfern. Die Arbeit, die ich gleich besprechen werde, erregte die Aufmerksamkeit des Ornithologen Ernst Mayr, damals am New Yorker American Museum of Natural History. Viele Jahre später schrieb Mayr an Dobzhansky: »I still remember how delighted I was when I read your 1933 paper on *Coccinellids*. I exclaimed at the time, 'finally a geneticist who talks sense!'«[59] Was an dieser Arbeit war es, das dem Darwinisten Mayr so gut gefiel?

Wie selbst dem entomologischen Laien (z.B. diesem Autor) schon aufgefallen sein dürfte, gibt es bei Marienkäfern erhebliche Unterschiede in der Färbung und Zeichnung des Elytrons (das auffaltbare, panzerähnliche Gebilde, das die Flügel bedeckt). Man findet kaum ein Exemplar, das die sechs symmetrisch angeordneten schwarzen Punkte auf rotem Grund aufweist, wie sie in Kinderzeichnungen vorkommen. Coccinellidologen hatten beobachtet, daß in mehreren Arten und Gattungen die gleichen Serien von Variationen bezüglich dieser Merkmale vorkommen, die aufgrund des wahrscheinlichen gemeinsamen phylogenetischen Ursprungs als *homologe Serien* bezeichnet werden. Dobzhansky führt das Phänomen auf eine vermutete genetische Ähnlichkeit der Arten und Gattungen zurück und spricht von »genotypical parallelism«[60]. Neben diesem Parallelismus gibt es auch einen »geographischen Parallelismus«. Dieser besagt, daß oft die Vertreter verschiedener Arten, die die gleiche Region bewohnen, untereinander ähnlichere Muster aufweisen als Vertreter der gleichen Arten in anderen Regionen der geographischen Verbreitung. Es existiert außerdem eine starke Korrelation des Ausmaßes der Pigmentierung und den klimatischen Bedingungen (»Allens Regel«), besonders Feuchtigkeit, was auf die *Adaptivität*

---

58 Als besonders bedeutend gelten Dobzhanskys Studien über Chromosomentranslokationen, z.B. Dobzhansky (1929).

59 Provine (1981), S. 22

60 Dobzhansky (1933), S. 108

dieser Merkmale hinweist, deren physiologische Basis damals aber nicht bekannt war.

Dobzhansky verweist auf einige genetische Untersuchungen über die Vererbung der Zeichnungsmuster. Er findet diese Daten »unsatisfactory from the standpoint of modern genetics«[61], aber sie lassen seines Erachtens keinen Zweifel daran, daß die Muster erblich sind und in der Regel durch *mehrere Gene* beeinflußt werden.

Die geographische Variabilität der Zeichnungsmuster tritt sowohl kontinuierlich als auch diskontinuierlich auf: Bei manchen Arten finden sich keine Zwischenformen zwischen zwei geographischen Rassen, während in anderen Arten geographisch ausgebreitete graduelle Serien bezüglich der Pigmentierung gefunden wurden. Nach Dobzhansky deutet aber nichts darauf hin, daß sich die kontinuierliche und die diskontinuierliche Variabilität bezüglich ihrer genetischen Basis unterscheiden:

> [T]he only distinction between the two types under consideration is that between hereditary factors producing minor changes, or, else, easily classifiable differences in the external characteristics of an organism. The practice of the geneticists shows that the so-called qualitative differences, especially differences in colors and patterns, are usually inherited on a monofactorial or a simple polyfactorial basis. On the other hand, the so-called quantitative characters, especially those involving the size or the shape of the body or its parts, are more frequently determined by the interaction of numerous factors. Each of these numerous factors alone produces only a small effect, sometimes discoverable only by statistical methods. Here, again not two distinct types of inheritance are involved.[62]

Der Unterschied zwischen kontinuierlicher und diskontinuierlicher Variabilität beruht also lediglich auf der Zahl der involvierten Gene. Wie im letzten Abschnitt erwähnt wurde, hatten viele Genetiker auf diesen Punkt hingewiesen (Dobzhansky zitiert an dieser Stelle Sumner). Zu diesem Zeitpunkt existierte außerdem bereits Fishers mathematische Theorie quantitativer genetischer Variabilität (6.3), die aber von Naturhistorikern wie Mayr mangels mathematischen Kenntnissen kaum verstanden wurde. Dobzhansky hingegen konnte man verstehen.

Dobzhansky gibt nun eine Interpretation diskontinuierlicher *geographischer* Variabilität in genetischen Begriffen:

> In cases of discontinuous variability the differences between the geographical races may be expressed in terms of the relative frequencies of genes responsible for patterns in the different localities. What we are studying is essentially the geography

---

[61] *ibid.*, S. 115

[62] *ibid.*, S. 120

> of the genes responsible for the different patterns, and not the geography of the patterns themselves.[63]

Hier zeigt sich nun der Einfluß der klassischen Theorie des Gens. Wie ich in 3.4 dargelegt habe, vollzieht diese einen Abstraktionsschritt, indem sie sich auf die Transmission von Genen von den Eltern an die Nachkommen konzentriert. Der phänotypische Effekt einer Gensubstitution ist von den zytologischen Mechanismen, die deren Transmission bestimmen, unabhängig. Dobzhansky macht nun den Schritt von diesem Ansatz auf das Phänomen der geographischen Variabilität: Die Merkmale geographischer Rassen sind durch die Häufigkeiten gewisser Gene in verschiedenen Regionen des Verbreitungsgebiets einer Art bestimmt. Erklärungen für die subspezifische Diversifizierung von Arten müssen deshalb auf der Ebene des Flusses solcher Gene in regionalen Populationen gesucht werden (»geography of the genes«). Dobzhansky macht z.B. folgende theoretische Vorhersage:

> A segregation of a panmictic population into two groups differing from each other in a complex of genes encounters considerable difficulties on its way. As soon as such two groups start to interbreed, the genes concerned will tend to become distributed in the whole population at random, unless some exceptional conditions (...) prevent it. The formation of such groups becomes more probable if they are at least partly isolated from each other by geographical, ecological or seasonal factors. The geographical isolation seems to be, at least in most animals, the most important kind of isolation contributing toward the splitting of a Linnean species into minor units.[64]

»Panmictic population« bedeutet eine Population, in der ständige Durchmischung der Gene durch sexuelle Fortpflanzung herrscht. Dobzhansky weist darauf hin, daß dies ein mögliches Hindernis für die subspezifische Diversifikation von Arten ist und schlägt vor, daß *geographische Isolation* ein mögliches Szenarium darstellt, mit dem dieses Hindernis überwunden werden kann. Subspezifische Diversifikation betrachtet Dobzhansky mit Darwin als den Anfang der Artenbildung, da »specific differences« lediglich »exaggerated racial ones« sind[65].

Damit können wir vermuten, was Mayr an Dobzhanskys Arbeit von 1933 so gut gefallen hatte: Hier wurden, auf der Basis der zeitgenössischen Transmissionsgenetik, Hypothesen über die Ursachen der geographischen Variabilität aufgestellt, die für den Darwinisten den Schlüssel für die Entstehung der Arten bildet (2.1). Natürlich waren diese Hypothesen zu diesem Zeitpunkt noch nicht

---

63 Dobzhansky (1933), S. 120
64 *ibid.*, S. 123
65 *ibid.*

bestätigt. Dobzhanskys Programm einer »Geographie der Gene« mußte erst noch durchgeführt werden. *Coccinella* war dazu nicht der richtige Organismus, weil zu wenig über dessen Genetik bekannt war.

1932, noch bevor die *Coccinellidae*-Arbeit erschien, ereigneten sich zwei Dinge, die für die weitere Entwicklung der Synthetischen Evolutionstheorie von besonderer Bedeutung waren: Dobzhansky besuchte den 6. Internationalen Kongress für Genetik in Ithaca, New York, wo er Sewall Wrights berühmten Vortrag »The Role of Mutation, Inbreeding, Crossbreeding and Selection in Evolution«[66] hörte. Wright versuchte dort erstmals, seine theoretischen Ergebnisse über die Wirkung von Selektion und genetischer Drift in Mendelnden Populationen einem breiteren Biologenpublikum verständlich zu machen, was ihm auch gelang[67]. Dobzhansky war begeistert und sah sofort das Potential der Wrightschen Theorie als theoretischen Hintergrund für empirische Untersuchungen zur genetischen Struktur natürlicher Populationen.

Auf seiner Reise nach Ithaca machte Dobzhansky einen Abstecher nach Seattle, wo er von seinem Kollegen R.D. Boche sieben Stämme von *Drosophila pseudoobscura* erhielt, die Boche im Staat Washington gesammelt hatte. *D. pseudoobscura* hatte 1929 die Aufmerksamkeit der Fachwelt erregt, als D.E. Lancefield zeigte, daß es in dieser Art zwei Rassen »A« und »B« gibt, die, obwohl morphologisch kaum zu unterscheiden, dennoch untereinander steril waren[68]. Lancefield wies darauf hin, daß die Differenzierung der beiden Rassen wesentlich geringer war als z.B. die zwischen *D. melanogaster* und *D. simulans*, und doch waren sie reproduktiv isoliert. Lancefield schlug vor, daß *D. pseudoobscura* einen frühen Schritt in der Entstehung einer neuen Art darstellte. Für Dobzhansky war sofort klar, daß er hier ein vielversprechendes Modellsystem für seine evolutionären Studien in Händen hielt. Obwohl die detailliertesten Genkarten für *D. melanogaster* vorlagen, konnten die bewährten genetischen Techniken auf *D. pseudoobscura* angewendet werden, und bald lagen auch schon die ersten genetischen Karten der *D. pseudoobscura*-Chromosomen vor. 1933 begann Dobzhansky an der kalifornischen Küste *D. pseudoobscura*-Fliegen zu sammeln und zwecks genetischer Untersuchungen in sein Labor zu bringen. Die Geographie der Gene begann sich zu materialisieren

Dobzhanskys Kollege C.C. Tan hatte 1935 mittels zytologischer Kartierung von Riesenchromosomen gezeigt, daß sich die beiden intersterilen Rassen A und

---

66 Wright (1932)

67 Provine (1986), S. 283ff.

68 Lancefield (1929). Lancefields amerikanische Fliegen wurden damals noch der in Europa vorkommenden, zum Verwechseln ähnlichen Art *D. obscura* zugeschlagen, später beschlossen die Drosophilisten wegen der fehlenden Interfertilität die Einführung einer neuen Art *D. pseudoobscura*. Man sieht hier bereits den biologischen Artbegriff in Aktion.

B von *D. pseudoobscura* durch drei Inversionen im dritten Chromosom unterschieden[69]. Mit Hilfe Sturtevants analysierte Dobzhansky nun Fliegen aus verschiedenen Lokalitäten. Er benutzte eine Reihe von genetischen Markern auf Chromosom III (d.h. phänotypisch bemerkbare, zytologisch kartierte Mutationen an verschiedenen, über das ganze Chromosom verteilte Loci), um die Rassen zytogenetisch zu charakterisieren. Sturtevant und Dobzhansky machten eine evolutionstheoretisch höchst interessante Beobachtung: Die Reihenfolge der genetischen Marker war in jeder untersuchten Rassen verschieden! Eine willkürlich gewählte Rasse wurde als Standardsequenz ausgewählt und durch die Markersequenz *ABCDEFGH* definiert. Die Rasse "Klamath" zeigte nun die Sequenz *ADCBEFGH*, die Rasse "Arrowhead" *ABEDCFGH*, "Pikes Peak" *ABCGFEDH*. Offenbar waren alle diese Chromosomen durch Inversionen aus einem ursprünglichen Chromosom entstanden! Sturtevant und Dobzhansky konnten somit erstmals *phylogenetische Beziehungen* zwischen geographischen Rassen auf der Basis genetischer Karten herstellen: »This method enables us to construct a phylogeny of the types concerned, though it does not give us a method of determining the direction in which the phylogeny should be read«[70]. Es gab mehrere mögliche Szenarien, wie die einzelnen Chromosomen durch Inversionen aus einem ursprünglichen entstanden sein konnte; Sturtevant und Dobzhansky konnten aber eines als das Wahrscheinlichste aussuchen, nämlich dasjenige, welches die wenigsten Inversionsschritte in Bezug auf die Rasse mit der weitesten geographischen Verbreitung aufwies.

Diese Arbeit stellte einen gewaltigen Fortschritt in der Evolutionsgenetik dar. Sturtevant und Dobzhansky lieferten nicht nur direkte Belege dafür, daß die in Genetiklabors schon seit vielen Jahren studierten zytologischen Prozesse in *natürlichen Populationen* tatsächlich ablaufen, sie konnten sogar die Geschichte eines Beispiels von subspezifischer geographischer Diversifikation auf der Ebene der *Chromosomen* rekonstruieren! Das von Sturtevant und Dobzhansky verwendete zytologische Verfahren zur Bestimmung phylogenetischer Beziehungen in einer Art konnte in einem Fall sogar auf *interspezifische Differenzierung* angewendet werden: Die Differenzierung einer (hypothetischen) Vorfahren-Fliege in die beiden Arten *D. pseudoobscura* und *D. miranda*. Auch diese Untersuchung ist ein bemerkenswertes Zeugnis der Fruchtbarkeit der neuen Zytogenetik für evolutionäre Fragen und wird kurz vorgestellt.

D. pseudoobscura und *D. miranda* sind zwei morphologisch sehr ähnliche Fliegenarten aus der artenreichen Gattung *Drosophila*. Männchen und Weibchen der beiden Arten sind untereinander fruchtbar, die Nachkommen sind aber

---

69 Tan (1935)
70 Sturtevant und Dobzhansky (1936), S. 449

steril. Während dies ausführliche genetische Untersuchungen der spezifischen Unterschiede verunmöglicht, so können die sterilen Nachkommen aus *D. pseudoobscura* x *D. miranda*-Kreuzungen dennoch zytologisch untersucht werden. Besonders aufschlußreich ist dabei die Kartierung von *chromosomalen Unterschieden* zwischen den beiden Arten. Werden aus den Speicheldrüsen von *D. pseudoobscura* x *D. miranda*-Larven Riesenchromosomen isoliert, so zeigen diese höchst interessante Muster. Riesenchromosomen sind Aggregate von Erbgut, in denen die mütterlichen und väterlichen Chromatiden - die in diesem Fall aus zwei verschiedenen Arten stammen - gepaart vorliegen. Es war bereits bekannt, daß diese Paarung oder *Synapsis* nur eintritt, wenn die Chromatiden ausreichend ähnlich sind. Die Reihenfolge genetischer Loci muß über eine gewisse Länge in beiden Chromatiden dieselbe sein, damit die Synapsis über diese Länge zustandekommen kann. Unterschiede *innerhalb* der Loci, das heißt das Vorliegen verschiedener Allele desselben Gens[71] scheinen die Synapsis nicht zu beeinträchtigen. Paarung von Riesenchromosomen erlaubt deshalb die Feststellung von *Homologiebeziehungen* zwischen Chromosomen unterschiedlicher Arten, d.h. der genetischen Ähnlichkeit und damit der *Abstammung* der Chromosomen[72]. Abschnitte mit fehlender Homologie erscheinen in den zytologischen Präparaten als symmetrische, Deletionen und Insertionen als asymmetrische Schlaufen, homologe aber invertierte Abschnitte als charakteristische Knäuel. Translokationen verraten sich dadurch, daß zwei Chromosomen stellenweise »aneinanderkleben«, multiple Translokationen zwischen mehreren Chromosomen führen zu bizarren Chromosomenknäueln.

Dobzhansky und Tan fanden nun in den *D. pseudoobscura* x *D. miranda*-Kreuzungen eine Vielzahl solcher Gebilde, die sie sorgfältig kartierten. Aufgrund dieser Karten konnten Dobzhansky und Tan eine Reihe von höchst interessanten Rückschlüssen über die genetischen Unterschiede zwischen den beiden Arten ziehen. Z.B. entpuppte sich der L-Arm des X-Chromosoms in *D. miranda* als näher mit demjenigen der A-Rasse von *D. pseudoobscura* verwandt als mit demjenigen der B-Rasse. Dies könnte bedeuten, daß *D. miranda* aus der A-Rasse von *D. pseudoobscura* entstanden ist, bevor diese Rassen aus ihrem letzten gemeinsamen Vorfahren hervorgingen. Auch der andere Arm des X-Chromosoms von *D. miranda* könnte durch eine Inversion und zwei kleinere Deletionen oder Translokationen aus dem homologen Arm von *D. pseudoobscura* A

---

71 Diese Situation wurde damals als »point mutation« bezeichnet, was aber nicht mit den Punktmutationen im Sinn der heutigen Molekulargenetik (Nukleotidsubstitutionen) verwechselt werden darf. Auch molekular komplexere Genveränderungen könnten theoretisch in den klassisch-genetischen Tests als »point mutations« in Erscheinung treten.

72 Dobzhansky und Tan (1936), S. 93

entstanden sein[73]. Das zweite Chromosom erwies sich als zu etwa drei Vierteln homolog, während sich das dritte Chromosom, obwohl eine gewisse Synapsis zu beobachten war, als »modified beyond recognition in the phylogeny of *pseudoobscura* and *miranda*«[74] erwies. Das vierte Chromosom konnte als weitgehend homolog in den beiden Arten identifiziert werden, wobei dieses vermutlich durch mehrere Translokationen aus einem Vorfahren-Chromosom hervorgegangen war. Das fünfte Chromosom war unterschiedlich groß in den beiden Arten und paarte im heterozygoten Zustand überhaupt nicht.

Dobzhansky und Tan kreuzten außerdem mehrere rezessive Mutanten in *D. pseudoobscura* mit *D. miranda* und fanden, daß deren Expression in den meisten Fällen unterdrückt war. Daraus schlossen sie, daß zumindest einige Gene der einen Art auch in der anderen Art vorhanden sein müßten, denn sonst wäre ein Chromosom der einen Art nicht in der Lage, einen rezessiven Funktionsverlust in der anderen Art zu kompensieren. Dies bedeutet, daß *D. miranda* funktionale Allele für gewisse Gene von *D. pseudoobscura* besitzen muß[75].

Natürlich versuchten Dobzhansky und Tan auch, die *Sterilität* der Nachkommen aus *D. pseudoobscura* x *D. miranda*-Kreuzungen zu erklären. Sie postulierten zwei mögliche Effekte, die zur Hybridensterilität beitragen könnten: »genische« und »chromosomale« Sterilität. Erstere entsteht gemäß Hypothese dadurch, daß sich die Gene, die die beiden nicht artgleichen Elternteile in die Hybriden einbringen, in ihrer Struktur und Wirkungsweise unterscheiden. In jeder Art ist die Genwirkung irgendwie integriert, so daß ein reinerbiges Keimplasma ein ausbalanciertes »Reaktionssystem«[76] bildet, das zur Entwicklung einer fruchtbaren Fliege führt. Stammen aber die Hälfte der Gene aus einer anderen Art, wird diese Balance der Genwirkung gestört. Warum werden bei Bastardsterilität nun aber oft kräftige Nachkommen produziert, die sich lediglich durch ihre Sterilität auszeichnen? Offenbar betrifft die »genische Unbalance« in solche Fällen lediglich Gene, die zur Gametenbildung erforderlich sind. Genische Sterilität ist auch möglich in Kreuzungen, bei denen die Anordnung der homologen Gene in den Chromosomen weitgehend übereinstimmt, wie etwa bei den intersterilen Rassen A und B in *D. pseudoobscura.* Gibt es aber infolge starker chromosomaler Umlagerungen große Unterschiede in der Anordnung der Gene, so kann es zu einer »chromosomalen« Sterilität kommen. Diese entsteht dadurch, daß sich die Chromosomen in der Meiose aufgrund der

---

[73] *ibid.*, S. 98. Dobzhansky klassifizierte die beiden Rassen von *D. pseudoobscura* später als eigenständige Arten (*D. pseudoobscura* und *D. persimilis*).

[74] *ibid.*, S. 101

[75] *ibid.*, S. 107

[76] *ibid.*, S. 109

fehlenden Homologie nicht ordnungsgemäß paaren, wodurch der zytologische Mechanismus der Gametenbildung gestört wird. Tatsächlich gab es Evidenz, daß dies in gewissen Arthybriden der Fall ist[77]. Die bestehenden starken chromosomalen Umlagerungen zwischen *D. pseudoobscura* und *D. miranda* deuteten darauf hin, daß chromosomale Sterilität zumindest einen Teil der fehlenden Fertilität zwischen den beiden Arten ausmachte.

Natürlich war man um 1936 weit davon entfernt, Hypothesen dieser Art wirklich eindeutig empirisch bestätigen zu können[78]. Trotzdem erlaubten es die neuen zytogenetischen Techniken in Verbindung mit der klassischen Theorie des Gens erstmals, plausible Hypothesen überhaupt aufstellen zu können. Es war klar, daß die *Drosophila*-Genetiker um Dobzhansky über ein phantastisches Modellsystem und mächtige experimentelle Techniken verfügten um evolutionstheoretisch interessante Phänomene wie subspezifische Diversifizierung und interspezifische Sterilität studieren zu können. Weshalb das Problem der Hybridensterilität Dobzhansky und andere Evolutionsbiologen dermaßen interessierte, wird klar, wenn wir die eigentliche Synthetische Evolutionstheorie vor uns haben, zu deren Besprechung ich jetzt übergehe.

---

77 *ibid.*, S. 111

78 Vermutlich sind solche Fragen nur mittels der Molekularbiologie eindeutig zu beantworten; es gibt aber erst wenige molekulare Untersuchungen zum Problem der Hybridensterilität (siehe z.B. Bradshaw Jr., et al. 1995).

5 Die Synthese und ihre Schwierigkeiten, 1937-1942

5.1 Dobzhanskys »Genetics and the Origin of Species«

Die im letzten Kapitel besprochenen evolutionsgenetischen Untersuchungen von Dobzhansky und seinen Kollegen Sturtevant und Tan stießen auf außerordentlich reges Interesse. 1936 wurde Dobzhansky eingeladen, die renommierten Jesup Lectures an der Columbia Universität in New York zu halten (wohin er kurz darauf berufen wurde). Diese Vorlesungen wurden 1937 in Buchform veröffentlicht, und zwar unter dem ehrgeizigen Titel »Genetics and the Origin of Species«[1] (fortan GOS). Da dieses Buch als der klassische Text der Synthetischen Evolutionstheorie gilt, folgt eine etwas ausführlichere Betrachtung dessen Inhaltes. Ich habe als Darstellungsform nicht eine systematische gewählt, sondern ich bespreche den Inhalt des Buches so, wie er sich in Dobzhanskys Text präsentiert (unter Weglassung einiger m.E. nicht zentraler Aspekte). Dies hat einen bestimmten Grund.

GOS erinnert nicht nur durch den Titel an Darwins »Origin«. Darwin besprach in Kap. I und II die Variabilität von Organismen, in Kap. III und IV natürliche Selektion, in Kap. VIII die Sterilität von Arthybriden, in Kap. XI und XII geographische Variation und in Kap. XIII Prinzipien einer evolutionären Taxonomie. Dobzhansky bespricht in Kap. II und III die Mechanismen der Mutation und die genetische Basis der subspezifischen und interspezifischen Variabilität, in Kap. IV Chromosomenveränderungen, in Kap. V Variabilität in natürlichen Populationen, in Kap. VI natürliche Selektion, in Kap. VIII geographische und reproduktive Isolation, in Kap. IX Hybridensterilität und in Kap. X Prinzipien einer Taxonomie auf der Basis des biologischen Artbegriffs. Die Ähnlichkeit im Aufbau zwischen GOS und Darwins »Origin« ist kaum zufällig. Dobzhansky war ebenso Darwinist wie moderner Genetiker. Wenn nun, wie oft erwähnt wird, Darwins Buch »ein langes Argument«[2] für die Theorie der Artbildung durch natürliche Selektion darstellt, dann ist GOS ein »langes Argument« für die Synthetische Evolutionstheorie.

---

1 Eine deutsche Übersetzung der ersten Ausgabe von GOS erschien 1939 unter dem Titel »Die genetischen Grundlagen der Artbildung« (Dobzhansky 1939). Am häufigsten zitiert wird die beträchtlich erweiterte zweite Ausgabe (Dobzhansky 1941). Dobzhansky hat GOS bis 1975 mehrmals auf den neusten Stand der Forschung gebracht und später in »Genetics of the Evolutionary Process« umgetauft.

2 z.B. Hodge (1977); Mayr (1991)

Das erste Kapitel beginnt mit der Feststellung, daß die Welt der Lebewesen, wie wir sie heute vorfinden, keine kontinuierliche Reihe von Formen bilde, sondern Gruppen von voneinander klar abgegrenzter Gruppen[3]. Diese Diskontinuität der Formen war ursprünglich das Phänomen, das eine Einteilung der belebten Welt in taxonomische Gruppen nahelegte. Dobzhansky erklärt es nun zum primären Ziel der Evolutionstheorie, solche Diskontinuitäten zu erklären:

> Zur Lösung des Problems der Mannigfaltigkeit in der Natur gehört ... die Beschreibung von Größe, Art und Ursache der Unterschiede zwischen den einzelnen Lebewesen.[4]

Eine solche Betrachtung muß sich nach Dobzhansky »zunächst mit der Darwinschen Abstammungslehre auseinandersetzen«. Diese besagt,

> 1. daß alle jetzt lebenden Wesen von andersartigen Wesen, die früher gelebt haben, abstammen, und 2. daß die sprunghafte Variation von heute, die Lücken zwischen den Formengruppen allmählich entstanden seien, so daß sich, könnte man alle Lebewesen, die je gelebt haben, gleichzeitig betrachten, eine ziemlich kontinuierliche Aneinanderreihung von Formen ergeben würde.[5]

Dobzhansky akzeptiert offensichtlich diesen gradualistischen Standpunkt. Als nächstes weist er darauf hin, daß ein solcher Standpunkt mit der modernen Genetik nicht nur völlig verträglich ist, sondern daß die graduelle Natur des Evolutionsprozesses durch diese sogar *erklärt* wird. Als erstes folgt die grundlegende Erkenntis der klassischen Theorie des Gens (vgl. 3.4):

> Quantitative und qualitative Merkmale, fluktuierende Variabilität oder sprunghafte Unterschiede zwischen den Individuen, normale und krankhafte, artspezifische und nicht artspezifische, "wesentliche" und "unwesentliche" Merkmale der Organismen werden durch Gene bestimmt, die in den Geschlechtszellen oder genauer gesagt in den Chromosomen dieser Zellen liegen.[6]

Man beachte den Kontrast etwa zu de Vries' Standpunkt, daß graduelle Variabilität keine »wesentlichen« Merkmale einer Art betreffen kann (2.3). Unterschiede sowohl zwischen Rassen als auch zwischen Arten werden nach Dobzhansky in der Regel durch Unterschiede in vielen Genen verursacht[7].

Alle genetische Variabilität wird nach Dobzhansky durch *Mutationen* verursacht, wobei er angibt, dieser Begriff werde manchmal immer noch in zwei

---

3 Dobzhansky (1939), S. 1f.
4 *ibid.*, S. 2f.
5 *ibid.*, S. 4
6 *ibid.*, S. 5
7 *ibid.*, S. 12

Bedeutungen gebraucht[8]: (1) in einem weiteren Sinn als jede *nicht* auf der Neukombination mendelnder Faktoren beruhende Veränderung des Genotyps, (2) als Strukturveränderung eines einzelnen Gens. De Vries' »Mutationen« sind Mutationen$_{(1)}$ aber nicht Mutationen$_{(2)}$. Dobzhansky schlägt vor, das Wort nur noch für Mutationen$_{(2)}$ zu verwenden, also im Sinne von »Genmutation«.

Neben den Mutationen in diesem Sinn gibt es Chromosomenveränderungen (Inversionen, Translokationen etc.). Diese können »Veränderungen der Genwirkung«[9] hervorrufen, z.B. durch Positionseffekte (siehe 3.2). Die Unterscheidung zwischen Genmutationen und Chromosomenveränderungen war damals nicht unumstritten; man war nicht sicher, ob Genmutationen nicht einfach stark lokalisierte Chromosomenveränderungen sind (was eigentlich aus heutiger Sicht richtig ist). Dobzhansky weist auf dieses Problem hin, dennoch vermutet er, daß Genmutationen und Chromosomenveränderungen verschiedene Rollen in der Evolution spielen[10].

Dobzhansky weist nun darauf hin, daß neuere Arbeiten über die Häufigkeit von Mutationen verschiedener Art gezeigt haben, daß Mutationen mit nur geringfügigem Effekt wesentlich häufiger sind als Mutationen, die zu »Monstern« führen. Er kann sich diesbezüglich auf die Untersuchungen von Muller, Baur und Timoféeff-Ressovsky berufen. Die Gradualität des Evolutionsprozesses läßt sich also zumindest teilweise mit der Tatsache erklären, daß die meisten Mutationen nur kleine Auswirkungen auf den Phänotyp haben[11].

Außerdem hatten vor allem Untersuchungen von Timoféeff-Ressovsky gezeigt, daß besonders unter für den Wildtyp ungünstigen Umweltbedingungen durchaus Mutationen auftreten können, die die Vitalität ihres Trägers unter diesen Bedingungen erhöhen (siehe 4.3). Ein Argument, daß Mutationen nicht die Grundlage von adaptiven Evolutionsprozessen sein können, weil sie stets Mißbildungen darstellen, kann die moderne Genetik also widerlegen. Trotzdem:

> Es steht aber von vornherein nicht fest, ob diese im Laboratorium beobachteten Vorgänge auch für die in der Natur beobachtete Mannigfaltigkeit verantwortlich sind. Wir nehmen das aber vorläufig als einzige bisher befriedigende Arbeitshypothese an.[12]

Das »vorläufig« bezieht sich vermutlich auf den Gang von Dobzhanskys Argument, denn er wird entsprechende Belege ja später in dem Buch vorlegen.

---

8 *ibid.*, S. 10
9 *ibid.*, S. 7
10 *ibid.*, S. 11; vgl. S. 53
11 *ibid.*, S. 38
12 *ibid.*, S. 8

Dobzhansky kann nun eine grobe Skizze einer Theorie der Entstehung der Arten vorlegen. Sie postuliert einen dreistufigen Prozeß[13]: (1) Mutationen und Chromosomenveränderungen erzeugen *genetische Variation.* (2) Die »Gesetze der Population« bestimmen die *Entwicklung* dieser genetischen Variation in einer sexuellen Population unter Selektion und anderen Populationsprozessen wie Migration und Drift. (3) Die dadurch erzeugte Mannigfaltigkeit kann durch Prozesse, die die Durchmischung von Erbgut in der Population stören, *festgehalten* werden. Im Rest des Buches werden diese drei Stufen des Evolutionsprozesses besprochen.

Im zweiten Kapitel findet sich, etwas beiläufig, jener Aspekt der modernen Evolutionstheorie, der manchmal mit dem vieldeutigen Ausdruck »Neo-Darwinismus« assoziiert wird. Dobzhansky weist auf die verschiedenen Faktoren hin, die nach dem damaligen Stand der genetischen Erkenntnis *Mutationen verursachen*, z.B. ionisierende Strahlung. Er stellt fest,

> daß die kurzwellige Bestrahlung nur die Mutationshäufigkeit gegenüber der Spontanmutation steigert, daß aber die Art (Qualität) der Mutationen nicht verändert wird. Die Art der Mutation ist bisher nicht beeinflußbar, denn weder mit noch ohne Röntgenstrahlen können Mutationen bestimmter Gene oder Mutationen in bestimmter Richtung erhalten werden. Mutationen bleiben zufällig.[14]

Behauptet wird hier also die *Zufälligkeit* der spezifischen Art und Weise, nicht aber der Auftretenshäufigkeit von Mutationen. Philosophische Analysen des Zufallsbegriffs haben ergeben, daß dieser vieldeutig ist[15], und man kann fragen, was Dobzhansky mit »Zufall« genau meint. Die minimale Interpretation, die durch das angegebene Zitat gestützt wird, ist die folgende: Weder Spontanmutationen noch durch Umwelteinflüsse ausgelöste Mutationen lassen sich in ihrer Richtung *vorhersagen* (»die Art der Mutation ist bisher nicht beeinflußbar«). Nach dieser Interpretation sind Mutationen also lediglich in einem *subjektiven* Sinn zufällig, wie etwa das Ergebnis eines Münzenwurfs. Ein solcher Zufallsbegriff impliziert aber nicht, daß der beschriebene Prozeß *objektseitig* nicht determiniert ist, sondern lediglich, daß die Kausalfaktoren, die den Ausgang determinieren, nicht bekannt sind. Nach dieser Interpretation ist also nicht ausgeschlossen, daß Evolution zumindest auf der Ebene der Entstehung genetischer Variabilität ein *deterministischer Prozeß* ist. Ob Dobzhansky die Zufälligkeit der Mutation in einem stärkeren, objektiven Sinn behauptet, geht aus dem Text nicht hervor, noch läßt

---

13 *ibid.*

14 *ibid.*, S. 20

15 Salmon, et al. (1992), S. 74-89

sich sagen ob sich Dobzhansky des fundamentalen Unterschieds zwischen subjektivem und objektivem Zufall bewußt war.

Es gibt nun aber noch einen weiteren, für die Evolutionstheorie spezifischen Sinn von »zufällig«. Man kann fragen, ob die *Häufigkeit* von Mutationen in einer gegeben Umwelt von deren *adaptivem Wert* für den Organismus *in dieser Umwelt* abhängt. Wenn dies der Fall wäre, müßte der Organismus über Mechanismen verfügen, den adaptiven Wert einer bestimmten genetischen Veränderung für das Leben in einer bestimmten Umwelt gewissermaßen zu antizipieren. Nach allem, was man damals über die Mechanismen der Mutationsentstehung wußte (siehe 3.3), handelte es sich bei diesen aber um physikalisch-chemische Prozesse, die völlig unabhängig von den adaptiven Bedürfnissen eines Organismus sind[16]. Ob diese physikalisch-chemischen Prozesse im Sinne eines objektiven Wahrscheinlichkeitsbegriffs zufällig bzw. *indeterministisch* sind, ist eine Frage, die auch heute noch nicht abschließend beantwortet werden kann[17].

Ob Dobzhansky »Zufallsmutation« im heute anerkannten Sinn meinte, ist am Text schwierig festzustellen. Die einzige möglicherweise aufschlußreiche Bemerkung ist die folgende:

> Die Mutationsauslösung durch äußere Faktoren hat nun aber beileibe nichts mit mit sog. direkter Anpassung oder der Vererbung erworbener Eigenschaften zu tun. Mutationsauslösende Mittel steigern nur die spontane Mutationsrate, d.h. die Qualität der Mutationen ist die gleiche, nur ihre Quantität hat sich geändert. Was die Erscheinung der direkten Anpassung anlangt, so gibt es keine Versuche, die dafür sprechen.[18]

Inwiefern eine nicht-Zufälligkeit der Mutation im Bezug auf deren adaptiven Wert so etwas wie Vererbung von erworbenen Eigenschaften im Sinne Lamarcks oder Darwins darstellen würde ist eine schwierige Frage, auf die ich nicht eingehen möchte. Hier wird nur behauptet, daß äußere Einflüße lediglich die *Frequenz*, aber nicht die *Art* der Mutationen erhöhen können. Wenn die Spontanmutationen in alle Richtungen erfolgen und Umwelteinflüsse lediglich die Häufigkeit dieses Prozesses erhöhen, wie Dobzhansky behauptet, so kann

---

16 Dies wurde durch ein berühmtes Experiment von Luria und Delbrück in den Vierzigerjahren an Bakterien direkt nachgewiesen (Luria und Delbrück 1943) und neuerdings durch molekulargenetische Untersuchungen in Frage gestellt (Cairns, et al. 1988, cf. Shapiro 1995).

17 Heute ist bekannt, daß viele Mutationsereignisse *enzymgeleitet* sind. Wieweit solche Enzyme deterministische Systeme sind, ist gegenwärtig nicht mit Gewißheit festzustellen. Objektiv- indeterministische Prozesse sind möglicherweise in reparaturbedingten Punktmutationen nach tautomeren Umlagerungen in den DNA-Basen gegeben, da diese vermutlich quantenmechanische Effekte involvieren.

18 *ibid.*, S. 20f.

man daraus ableiten, daß Umwelteinflüße keinen *selektiven* Einfluß auf die Häufigkeit günstiger Mutationen gegenüber ungünstigen ausüben können, was etwa dem oben angegeben Begriff der Zufallsmutation entspricht. Implizit ist dieser also in Dobzhanskys Theorie enthalten.

Im dritten Kapitel bespricht Dobzhansky die genetische Basis der Rassen- und Artunterschiede. Er geht mit der darwinistischen Tradition davon aus, daß »die Bildung geographischer Rassen ... wahrscheinlich der häufigste Weg der Artdifferenzierung bei Tieren und Pflanzen«[19] ist. Diese Auffassung der Entstehung von Arten war damals die unter Naturhistorikern vorherrschende[20]. Eine wichtige Frage ist deshalb,

> ob diese Rassenunterschiede auf der gleichen erblichen Grundlage beruhen wie die individuelle Variabilität, das heißt, ob beide auf Genunterschiede zurückgeführt werden können.[21]

Dobzhansky faßt nun die empirischen Belege zusammen, die für eine Bejahung dieser Frage sprechen. Erstens hatten Timoféeff-Ressovsky und andere gezeigt (siehe 4.3), daß mutierte Allele tatsächlich in Wildpopulationen von *Drosophila* vorkamen. Zweitens zeigten z.B. die umfangreichen Untersuchungen N. P. Dubinins an *Drosopila*-Populationen im Kaukasus, daß neben den bekannteren Mutationen und vielen Letalmutationen auch eine große Zahl von Mutationen mit geringem phänotypischem Effekt vorkamen, die theoretisch die genetische Basis für kontinuierliche geographische Variabilität bilden konnten[22]. Drittens existierten einige Beispiele von nachgewiesener genetisch bedingter geographischer Variabilität. Dobzhansky unterteilt diese in diskontinuierliche, durch ein einzelnes Gen bedingte Variabilität, z.B. die verschiedenen Blutgruppen beim Menschen[23], diskontinuierliche durch mehrere Gene bedingte Variabilität, wie sie bei bestimmten Merkmalen bei Cocceliniden nachgewiesen worden waren[24], sowie kontinuierliche geographische Variabilität, die stets durch Unterschiede in vielen Genen bedingt ist und den häufigsten Fall geographischer Variabilität darstellt[25]. Eine »scharfe Unterscheidung zwischen kontinuierlicher und diskontinuierlicher Variabilität ist jedoch willkürlich, da es alle Übergänge gibt«[26].

---

19 *ibid.*, S. 32
20 z.B. Rensch (1929); siehe auch 5.3
21 Dobzhansky (1939), S. 32
22 *ibid.*, S. 31
23 *ibid.*, S. 34
24 *ibid.*, S. 35
25 *ibid.*, S. 38f.
26 *ibid.*

Der letzte Punkt stellt eine wesentliche begriffliche Veränderung gegenüber den Evolutionstheorien von Bateson und de Vries dar, welche eine kategorische Unterscheidung zwischen diesen beiden Arten von Variabilität vorgenommen hatten (siehe 2.2. und 2.3). Dobzhansky macht einen kategorischen Unterschied nur noch zwischen *genotypischer* und *phänotypischer* Variabilität, welche wie folgt charakterisiert wird:

> Das Erbgut eines Individuums, sein Genotypus, bestimmt seine Reaktionsnorm gegenüber der Umwelt, und aus dem Zusammenwirken von Genotypus und Umwelt entsteht das Erscheinungsbild, der Phänotypus.[27]

Unter »Reaktionsnorm« versteht er vermutlich dasselbe wie heutige Evolutionsbiologen, nämlich den Bereich von möglichen Ausprägungen eines Merkmals bei einem bestimmten Genotyp in allen möglichen Umweltbedingungen[28]. Die genotypische Variabilität wird nur noch bezüglich der Anzahl der betroffenen Gene und des Ausmaßes ihrer phänotypischen Auswirkungen unterschieden, letztere bilden aber ein Kontinuum ohne scharfe Grenzen und rechtfertigen deshalb keine kategorische Unterscheidung etwa im Sinne von de Vries. Die Genotyp-/Phänotyp Unterscheidung ist hingegen evolutionär höchst relevant, da sich nur genotypische Unterscheide von Generation zu Generation weitervererben.

Dies alles gilt sowohl für Variation zwischen Individuen als auch für geographische Variation, sofern gezeigt werden kann, daß Unterschiede zwischen Vertretern verschiedener geographischer Rassen durch Unterschiede in einer gewissen Zahl von Genen hervorgerufen werden, die ja nach der Mendelschen Genetik auch die Ursache für erbliche Unterschiede zwischen Individuen sind. Dobzhansky weist auf Sumners und Goldschmidts Untersuchungen (siehe 4.1 und 4.2) zu dieser Frage hin, und auf die Schwierigkeiten, den mendelschen Erbgang bei durch viele Gene beeinflußten Merkmalen direkt nachzuweisen. Trotzdem rechtfertigen diese Untersuchungen nach Dobzhansky die Annahme, daß Allelismus an multiplen Genen der Grund für die Unterschiede zwischen den Vertretern geographischer Rassen sei[29].

Auf dieser Basis postuliert Dobzhansky folgenden evolutionären Mechanismus für die Entstehung und weitere Entwicklung geographischer Rassen:

> Die Rassenbildung beginnt damit, daß die Häufigkeit eines bestimmten Gens oder mehrerer Gene in einem Teil der Population etwas anders als in den übrigen Teilen wird. Wenn diese Differenzierung ungehindert fortschreiten kann, werden die

---

27 *ibid.*, S. 9
28 Brandon (1990), Kap. 2
29 Dobzhansky (1939), S. 42

> meisten oder alle Individuen einer Rasse gewisse Gene erhalten, die der anderen Rasse fehlen. Schließlich kann sich vielleicht ein Mechanismus entwickeln, der die Kreuzung der Rassen verhindert und so den ursprünglich einheitlichen Genotypus in zwei oder mehrere Gruppen aufspaltet. Wenn sich ein solcher Mechanismus entwickelt hat und die Kreuzung mehr oder weniger vollständig verhindert wird, handelt es sich um um getrennte, selbständige Arten. In dem Maße, wie dieser Prozeß fortschreitet, wird eine Rasse mehr und mehr zu einer "konkreten Einheit"; das Wesentliche an einer Rasse ist das Werden und nicht das Sein. Doch wenn die Trennung der Rassen vollständig geworden ist, handelt es sich nicht mehr um Rassen: es sind jetzt vielmehr getrennte Arten entstanden.[30]

Wir haben hier den Kern der Synthetischen Evolutionstheorie vor uns. Folgende Merkmale dieser Theorie sind festzuhalten: (1) Sie ist im wesentlichen *gradualistisch*. Wenn die Differenzierung der Rassen durch Änderungen der Häufigkeit von Allelen an vielen genetischen Loci in geographisch definierten Gruppen bedingt ist und, wie die Genetik lehrt, die meisten Mutationen in diesen Genen nur geringfügige Auswirkungen haben, so folgt vermittels der multiplen Faktor-Interpretation der kontinuierlichen Variabilität, daß die Veränderungen in den Merkmalen kontinuierlich ablaufen. (2) Rassen sind nach dieser Theorie »incipient species« im Darwinschen Sinn (siehe 2.1). Der Übergang von zwei Rassen zu zwei getrennten Arten geschieht *allmählich*. (3) Die Theorie weist der *reproduktiven Isolation* zwischen Rassen eine zentrale Bedeutung zu, da sich bei ihrem Fehlen die entsprechenden Genhäufigkeiten durch den Mendelschen sexuellen Mechanismus theoretisch wieder ausgleichen können. (4) Die Theorie macht primär eine Aussage über *Genhäufigkeiten*, und nicht über Merkmalsverteilungen. Dies wird von Dobzhansky explizit verlangt und auch begründet:

> Die Variabilität von Rassen muß durch die Häufigkeit bestimmter Gene in den Individuengruppen verschiedener geographischer Gebiete oder verschiedener Lebensräume ausgedrückt werden. Eine solche Beschreibung ist wesentlich sinnvoller als die übliche Methode, abstrakte Durchschnittsphänotypen aufzustellen, da sie nicht nur dem gegenwärtigen Zustand der Population gerecht wird, sondern auch bis zu einem gewissen Grad den Möglichkeiten, die in Zukunft verwirklicht werden können (z.B. die Heterozygotie gewisser Gene, die bei Zunahme ihrer Häufigkeit den Phänotypus der Rasse ändern können.[31]

Die Verschiebung der Aufmerksamkeit von *Merkmalen* oder phänotypischen Verteilungsparametern, die z.B. von den britischen Biometrikern (siehe 5.2) für zentral gehalten wurden, auf *Genfrequenzen* ist ein charakteristisches Merkmal der

---

30 *ibid.*, S. 43
31 *ibid.*

Synthetischen Theorie, die sie wesentlich von früheren Theorien - einschließlich Darwins - unterscheidet. Hier macht sich der Einfluß der theoretischen Populationsgenetik (siehe 6.3) bemerkbar.

Die Frage ist natürlich, durch welche empirischen Tatsachen eine solche Theorie gestützt werden kann. Da der Prozeß der Artbildung im Allgemeinen zu langsam ist, um direkt beobachtet zu werden, muß man sich größtenteils auf indirekte Hinweise stützen. Ein Argument für die Auffassung geographischer Rassen als »incipient species« wäre z.B. der Nachweis, daß die genetische Basis der *inter*spezifischen Variabilität die gleiche ist wie die der *sub*spezifischen Variabilität. Die Synthetische Theorie sagt, daß geographische Rassen durch die Akkumulation vieler Mutationen mit für sich genommen geringfügigem phänotypischem Effekt entstehen. Wird der genetische Unterschied so groß, daß wegen reproduktiver Isolation keine Durchmischung der Gene zwischen zwei Rassen stattfinden kann, entsteht eine neue Art. Aus diesem Mechanismus der Artbildung folgt, daß die erblichen Unterschiede zwischen zwei Arten sich nicht grundsätzlich von denen zwischen Rassen unterscheiden, höchstens in ihrem Ausmaß. In Verbindung mit der durch die Synthetische Theorie postulierten genetischen Basis von Rassen heißt das, daß Unterschiede zwischen zwei Arten ebenso durch Unterschiede in einzelnen Genen (und möglicherweise Chromosomenveränderungen) bedingt sein müssen wie die individuellen Unterschiede innerhalb der gleichen Rasse oder Art.

Damals gab es grundsätzlich zwei Möglichkeiten, diese Konsequenz der Synthetischen Theorie der Artbildung empirisch nachzuweisen: (1) Wo dies möglich ist, durch *Hybridisierungsversuche* zwischen Vertretern verschiedener Arten, und (2) durch den Nachweis von *Homologiebeziehungen* zwischen den Chromosomen nahe verwandter Arten mit Hilfe von genetischer Kartierung.

Mendelsche Analysen von Artkreuzungen sind natürlich auf solche Arten beschränkt, die untereinander überhaupt Nachkommen produzieren können. Sind diese Nachkommen steril, so muß die Analyse nach der F_1-Generation abbrechen, wodurch der Nachweis der Segregation verunmöglicht wird. Dobzhansky verweist auf die umfangreiche Literatur über Arthybridisierungen und stellt fest, daß »die Gesamtzahl von Genen, die für die Unterschiede zwischen zwei Arten verantwortlich sind, in keinem Fall genau festgestellt wurde«[32]. Die Tatsache, daß bei Artkreuzungen die Nachkommen bezüglich vieler Merkmale einen *intermediären* Phänotyp zwischen den Eltern zeigen deutet darauf hin, daß die Zahl dieser Gene im Allgemeinen sehr groß ist, was nach Dobzhanskys Artbildungstheorie, die ja die Akkumulation vieler kleiner

[32] *ibid.*, S. 46f.

Mutationen als die primäre Ursache der evolutionären Diversifikation ansieht, auch zu erwarten ist. Bloß läßt sich in Fällen, wo sich kein Mendelscher Erbgang herausisolieren läßt, nicht mit Sicherheit sagen, ob die entsprechenden Unterschiede wirklich durch Unterschiede in Mendelnden Genen verursacht werden. Das einzige Indiz für Mendelsche Segregation nach der Hybridisierung ist in stark polygenen Merkmalen die sprunghafte Zunahme der Variabilität vieler Merkmale in F_2, die in F_1 aufgrund von Dominanz verborgen war. Solche Variabilitätssprünge in F_2 - die sich natürlich nur in fertilen Arthybriden feststellen läßt - wurde in einigen Fällen beobachtet. In einigen Fällen konnte außerdem die Segregation von bestimmten Merkmalen in Arthybriden nachgewiesen werden.

Wesentlich bessere Einblicke in die genetische Basis der interspezifischen Variabilität gewährt die *Genkartierung*. Bemerkenswerterweise wurde dies bereits 1921 von dem Genetiker L. C. Dunn (einem Schüler Castles) gesehen. Dunn studierte die Vererbung der Fell- und Augenpigmentierung bei Nagetieren. Die Tatsache, daß bestimmte Fell- und Augenfarbvarianten bei verschiedenen Arten und sogar verschiedenen Gattungen von Nagetieren vorkommen, war Tierzüchtern seit Urzeiten bekannt. Die Farbtönungen agouti, schwarz-weiss gefleckt, gelblich, albino, schwarz, sowie rosa vs. schwarze Augen finden sich in fast identischer Weise bei Mäusen, Kaninchen, Ratten und Meerschweinchen. Dasselbe gilt für bestimmte Haarvarianten wie Angora, Rosetten usw. Untersuchungen von Dunn und anderen führten zu dem Vorschlag, daß diese Variationen in allen diesen Gattungen auf die *Homologie bestimmter Gene* zurückzuführen ist. Dunn erstellte Rekombinationskarten einiger Gene, die für solche Variationen verantwortlich sind. Er fand z.B., daß die Gene *albino* und *pink eyes* in *Mus musculus* und *Rattus norwegicus* auf dem Chromosom ungefähr gleich weit entfernt waren. Er schloß daraus, daß die entsprechenden Chromosomensegmente *homolog* seien, d.h. beide Arten hätten dieses Segment möglicherweise von ihrem letzten gemeinsamen Vorfahren in mehr oder weniger intakter Form geerbt[33]. Dies war einer der ersten Hinweise darauf, daß verschiedene Arten oder Gattungen teilweise die gleichen Gene besitzen. Das beantwortet natürlich die Frage nicht, weshalb sich die Arten dann *unterscheiden*. Aber es zeigt immerhin, daß im Vorgang der Artenbildung das genetische System dieser Organismen nicht völlig »umgekrempelt« wird. Dies aber bedeutet, daß Artbildung auf *lokalisierte* Veränderungen in den Chromosomen zurückzuführen ist, möglicherweise auf eine Reihe von Genmutationen.

---

33 Dunn (1921), S. 104

Im Vergleich mit Dunns Nagetieren bot *Drosophila* Dobzhansky und Mitarbeitern die Möglichkeit für außerordentlich detaillierte phylogenetische Untersuchungen von Chromosomen. Einige solche Untersuchungen wurden in 4.5 bereits besprochen. Wie wir gesehen haben, zeigten diese Untersuchungen, daß sowohl geographische Rassen als auch verschiedene Arten der Gattung *Drosophila* mehr oder weniger starke Chromosomenveränderungen aufwiesen, insbesondere Inversionen und Translokationen. In einigen Fällen konnte sogar die Stammesgeschichte von geographischen Rassen und Arten anhand dieser Chromosomenveränderungen rekonstruiert werden. Für Dobzhansky besteht »kein Zweifel, daß Chromosomenveränderungen eine der Hauptquellen der Evolution darstellen«[34].

Es besteht nun eine gewisse Spannung zwischen dieser Aussage und der vorhin besprochenen Kernthese der Synthetischen Evolutionstheorie, nach der die subspezifische und spezifische Diversifizierung primär durch die Anhäufung von *Genmutationen* angetrieben wird. Dobzhansky ist sich dieser Spannung natürlich bewußt:

> Es mag unverständlich scheinen, daß Inversionen und Translokationen eine so wichtige Rolle bei der Stammesentwicklung spielen sollen. Tatsächlich verändern sie nur die Reihenfolge, nicht aber die Qualität oder Quantität der Gene und brauchen sich daher nicht phänotypisch auszuwirken. Es sei zugegeben, daß die Rolle, die Inversionen und Translokationen in der Evolution spielen, vorläufig noch ungenügend geklärt ist.[35]

Dobzhansky versucht diese Spannung etwas abzuschwächen, indem er auf den Positionseffekt verweist. Wie schon in 3.2 besprochen wurde, bezeichnet dieser das Phänomen, daß ein Gen durch eine Lageänderung von einer gewissen chromosomalen Umgebung in eine andere seinen phänotypischen Effekt ändert. Dies zeigt nach Dobzhansky, »daß die Gene nicht ganz so selbständig und unabhängig von ihren Nachbarn sind, wie bisher angenommen wurde«[36] und »daß Genmutationen und Chromosomenaberrationen nicht ... unbedingt grundsätzlich verschiedene Erscheinungen sind«[37]. Positionseffekte und ähnliche Phänomene könnten einen Teil der Merkmalsunterschiede zwischen Rassen und Arten erklären, Dobzhansky schreckt aber offenbar vor einer Theorie zurück, die *alle* Mutationen letztlich für Positionseffekte hält, wie sie von einigen wenigen Genetikern vertreten wurde[38].

---

[34] Dobzhansky (1939), S. 80
[35] *ibid.*
[36] *ibid.*, S. 81
[37] *ibid.*, S. 82
[38] vgl. Carlson (1966), Kap. 15

Es besteht hier offenbar eine Schwachstelle in Dobzhanskys Theorie, die nicht zuletzt auch darauf zurückzuführen ist, daß um 1937 die Natur des Gens und damit von Genmutationen noch weitgehend unverstanden waren. Die damaligen genetischen Kartierungsmethoden erlaubten es zwar, phylogenetische Beziehungen zwischen *Chromosomen* nachzuweisen, nicht aber - wie dies heute mit Protein- und DNA-Sequenzierungsmethoden möglich ist - zwischen den *Genen* verschiedener Rassen oder Arten. Erstaunlicherweise weist Dobzhansky nicht auf die von Dunn (siehe oben) festgestellten evolutionären Implikationen der *Homologie* von Genen hin. Die Tatsache, daß verschiedene Rassen und Arten, manchmal sogar Vertreter verschiedener Gattungen homologe Chromosomenabschnitte mit derselben Anordnung einer bestimmten Zahl von homologen Genen besitzen, deutet klar darauf hin, daß bei der subspezifischen Diversifizierung, der Artbildung, ja sogar bei makroevolutionären Prozessen keine drastischen Umstrukturierungen des genetischen Materials (außer den feststellbaren Chromosomenumlagerungen) erfolgen, wie dies z.B. von Goldschmidt behauptet wurde (siehe 5.2). Wenn so etwas ausgeschlossen werden kann, dann bleiben nur Genmutationen als Ursache für die evolutionäre Diversifizierung übrig.

Kapitel V (»Variabilität in natürlichen Populationen«) beginnt mit der Feststellung, daß die moderne Genetik mehr über die Entstehung genetischer Vielfalt versteht als seinerzeit Darwin, auch wenn wesentliche Fragen noch nicht geklärt sind, z.B. das Wesen der Genmutation[39]. Wissen über die Entstehung genetischer Vielfalt reicht aber noch nicht zur Erklärung von Evolutionsprozessen:

> Die Frage danach, wie die Mannigfaltigkeit [d.h. genetische Variabilität, M.W.] zustandekommt, ist ein rein physiologisches und letzten Ende physikalisch-chemisches Problem, das die Grundlage für jede Theorie der Artentstehung bilden muß. Wenn aber die Erbmannigfaltigkeit erst in einer Population vorhanden ist, gerät sie in den Wirkungsbereich ganz andersartiger Kräfte. Diese Faktoren, wie natürliche und künstliche Auslese, die Fortpflanzungseigenschaften des Organismus, seine Beziehungen zur Umwelt und zu anderen Lebewesen sind letzten Endes auch physiologisch, chemisch und physikalisch bedingt. Ihr Zusammenwirken unterliegt jedoch Regeln eigener Art, Gesetzen der Physiologie von Populationen und nicht von Einzelwesen, etwa ebenso wie der Aufbau eines Staates nicht von den physiologischen Eigenschaften seiner einzelnen Angehörigen abhängt.[40]

Diese Bemerkung ist höchst aufschlußreich für den Zusammenhang zwischen den verschiedenen Bereichen der Evolutionstheorie. Es gibt einen Bereich, der

---

39 Dobzhansky (1939), S. 85
40 *ibid.*, S. 84

den Ursprung genetischer Vielfalt erklärt; dieser gehört der Genetik an und untersucht die Entstehung von Mutationen und Chromosomenveränderungen. Zusätzlich beschreibt die »Populationsphysiologie« die Prozesse, die sich auf Populationsebene abspielen und »eigenen Gesetzen gehorchen«, dennoch aber »physiologisch, chemisch und physikalisch bedingt« sind, z.B. Selektion (hier mit »Auslese« übersetzt). Es stellt sich die Frage, ob dies nicht einen Widerspruch enthält: Wie können Populationsprozesse physiologisch etc. bedingt sein und trotzdem eigenen Gesetzen gehorchen? Dies wird eine der Fragen sein, die mich im zweiten Teil dieser Arbeit beschäftigen (siehe Kap. 10-12).

In den Kapiteln V und VI bespricht Dobzhansky die oben angesprochenen Populationsprozesse, die durch die, wie er dies nennt, »Populationsphysiologie« beschrieben werden. Damit meint er im Wesentlichen die theoretischen Modelle der mathematischen Populationsgenetik von Selektion und Drift. Dobzhansky hat zur mathematischen Populationsgenetik selbst keinen eigenen Beitrag geleistet; er referiert vor allem ausgiebig die Thesen Sewall Wrights. Ich werde daher auf diese hier nicht weiter eingehen[41]. Die beiden Kapitel bilden einen etwas erratischen Block in der ersten Ausgabe von GOS, da Dobzhansky theoretische Ergebnisse vorträgt, die zum damaligen Zeitpunkt noch kaum empirisch getestet waren. Dobzhansky schreibt denn auch über Wrights Ergebnisse: »Versuche zur Bestätigung dieser mathematischen Ableitungen stehen vorläufig noch aus. Selbst zur Bestimmung der wichtigsten Konstanten auf diesem Gebiet fehlen die notwendigen Tatsachen und Zahlen«[42]. Empirische Untersuchungen über die Wirkung von Selektion und Drift in natürlichen Populationen hat Dobzhansky erst nach 1937 angestellt; diese bilden die Grundlage seiner berühmten »Genetics of Natural Populations Series«[43], eine Reihe von 43 (!) Arbeiten, die in den Jahren 1938-1976 erschienen und vermutlich zusammen bis auf den heutigen Tag die gründlichste Fallstudie über Evolution in irgendeiner taxonomischen Gruppe darstellen (die Arbeiten sind natürlich allesamt über *Drosophila*). Aber bereits in der ersten Ausgabe von GOS weist Dobzhansky darauf hin, daß die theoretische Populationsgenetik nicht

---

41 Siehe 6.3 für eine kurze Darstellung der wichtigsten Ergebnisse der mathematischen Populationsgenetik.

42 *ibid.*, S. 84f. Die Formulierung Dobzhanskys ist hier etwas ungeschickt (zumindest in der deutschen Übersetzung); natürlich ist es sinnlos, streng mathematische Ableitungen empirisch zu »bestätigen«. Was er vermutlich meint (bzw. meinen sollte) ist, daß die *Anwendbarkeit* von Wrights theoretischen Modellen auf natürliche Populationen diesem Zeitpunkt noch nicht geklärt war, da in solchen die von Wright und anderen getroffenen Modellannahmen nicht notwendigerweise erfüllt sein müssen.

43 Die Reihe ist vollständig abgedruckt in Lewontin, et al. (1981).

zuletzt deswegen so bedeutend sei, »da sie die Fragen, die experimentell aufgegriffen werden müssen, klar herausgestellt« habe[44].

Auf einen wichtigen Punkt ist in diesem Zusammenhang noch hinzuweisen: Dobzhansky sieht klar, daß Evolutionsprozesse nicht notwendigerweise *Selektion* involvieren müssen. Selbst wenn in einer Population die erforderliche genetische Variation vorhanden ist und Unterschiede im Fortpflanzungserfolg (heute: Fitness) zwischen genetischen Varianten vorliegen, können Gene durch stochastische Prozesse (Drift) fixiert werden; nämlich dann, wenn die effektive Populationsgröße klein ist im Vergleich zum selektiven Vorteil der entsprechenden Gene. Da die effektive Populationsgröße noch in keinem Fall wirklich bekannt war, ist es für Dobzhansky zu diesem Zeitpunkt eine offene Frage, wie groß der Beitrag der Selektion in Evolutionsprozessen ist[45]. Das Problem der *effektiven Populationsgröße* (d.h. die Anzahl der Individuen, die untereinander im freien Genaustausch durch sexuelle Fortpflanzung stehen) sollte zu einem zentralen Problem für Dobzhanskys empirische Untersuchungen in den folgenden Jahren werden, und ist eine jener Forschungsfragen, die durch Wrights theoretische Überlegungen aufgeworfen wurden[46]. Von dieser Frage hängt nichts Geringeres ab als die Frage, ob die Mehrzahl der Merkmale eines Organismus als *Anpassungen* betrachtet werden können (Adaptationismus), denn nur wenn Populationen im Allgemeinen groß genug sind, kommt es zu Selektion, und ohne Selektion gibt es keine Anpassung.

Eine weitere Frage, die Dobzhansky aufwirft, ist die nach der *Migrationsrate* in natürlichen Populationen, d.h. die Häufigkeit mit der geographische Rassen einer Art durch Wanderungsbewegungen Individuen und damit Erbmaterial austauschen. Von der Migrationsrate hängt es u.a. ab, »ob die Bildung von Kolonien zur Aufspaltung der Art führt«[47], d.h. ob aus einer Rasse eine neue Art entsteht oder nicht. Auch hier moniert Dobzhanksy das weitgehende Fehlen empirischer Daten. Es wird an solchen Bemerkungen Dobzhanskys klar, daß GOS in einem erheblichen Ausmaß ein *Forschungsprogramm* enthält, und nicht bloß eine Aufzählung von Tatsachen und Theorien über die Evolution. Gerade darin liegt ein Teil der Bedeutung des Werks.

In Kap. VIII bespricht Dobzhansky Isolationsmechanismen. Darunter versteht er alle Faktoren - geographische, genetische oder physiologische - die verhindern, daß die erblichen Unterschiede zwischen zwei Rassen einer Art durch Hybridisierung wieder verwischt werden. Eine solche Durchmischung

---

44 *ibid.*, S. 85

45 *ibid.*, S. 97 und S. 130

46 Provine (1986), Kap. 10 und 11

47 Dobzhansky (1939), S. 100

verhindert theoretisch, daß sich die beiden Rassen weiter ausdifferenzieren und gelegentlich eine neue Art bilden: »Ohne Isolation ist Artbildung unmöglich«[48]. Dobzhansky definiert »Isolationsmechanismus« als irgendeinen Faktor, der »die Häufigkeit des Genaustausches zwischen den Gruppen vermindert oder auf Null herabsetzt«[49]. Isolationsmechanismen zerfallen in zwei Klassen: *geographische* und *physiologische*. Erstere setzen die Häufigkeit des Genaustauschs zwischen zwei Gruppen dadurch herunter, indem die beiden durch geographische Entfernung oder natürliche Barrieren nicht miteinander in Kontakt kommen und sich deswegen nicht untereinander fortpflanzen. Eine verwandte Art der Isolation ist die *ökologische* Isolation, bei der die zwei isolierten Gruppen zwar das gleiche Gebiet bewohnen, aber verschiedene räumliche oder zeitliche Umgebungen desselben (z.B. Waldgebiet vs. Grasland oder Jahreszeiten). Physiologische Isolationsmechanismen verhindern oder reduzieren Kreuzungen zwischen den Vertretern zweier Gruppen auch dann, wenn die beiden Gruppen miteinander in Kontakt kommen. Dies kann durch eine große Zahl verschiedener Faktoren bedingt sein, z.B. Verhalten (Bevorzugung von Fortpflanzungspartnern der eigenen Gruppe), Inkompatibilität der Kopulationsorgane (»mechanische« Isolation, bes. bei Insekten), Intersterilität der Gameten (Verhinderung der Befruchtung), Bastardsterilität (Unfruchtbarkeit der Hybriden) usw.

Dobzhansky gibt ein Argument an, weshalb eine *einzige* Mutation in der Regel nicht reicht, um zwei Gruppen reproduktiv zu isolieren: Eine solche Mutation müßte *gleichzeitig* die Kreuzung mit Vertretern anderer Gruppen verhindern *und* die Reproduktion zwischen den Trägern dieser Mutation erlauben. Ein solches Zusammentreffen verschiedener phänotypischer Wirkungen einer Mutation hält Dobzhansky - allerdings ohne diesbezügliche empirische Belege - für sehr unwahrscheinlich[50]. Für wesentlich wahrscheinlicher hält Dobzhansky folgendes (hypothetisches) Szenario für die Entstehung neuer Arten: Eine Population mit dem Genotyp *aabb* werde geographisch oder ökologisch in zwei Kolonien aufgespalten. In der einen Population trete eine Mutation von *a* nach *A* auf, in der anderen eine Mutation von *b* nach *B*. Kreuzungen zwischen *aabb, aAbb und AAbb* in der einen sowie zwischen *aabb, aabB und aaBB* in der anderen Kolonie seien vital und die Allele *A* resp. *B* werden fixiert (ob durch Selektion oder Drift spielt keine Rolle). Kreuzungen zwischen *AAbb* und *aaBB* seien aber aus physiologischen oder genetischen Gründen unmöglich. Sollten die beiden Kolonien nun wieder in Kontakt geraten, werden sich die beiden Gruppen nicht mehr untereinander fortpflanzen können, d.h. ihre differenzierenden Merkmale

---

48 *ibid.*, S. 162
49 *ibid.*, S. 163
50 *ibid.*, S. 181

(sofern vorhanden) werden sich nicht mehr durchmischen. Aus einer Art sind zwei geworden.

Dieses Szenario enthält die Annahme, daß »der physiologischen die geographische Isolation vorausgeht«[51], welche damals von den meisten Naturhistorikern geteilt wurde[52] und heute als *allopatrische* Speziation bekannt ist. Dobzhansky hält eine vorausgehende geographische Isolation aber nicht für *unbedingt* notwendig für die Entstehung neuer Arten: »Anzunehmen, daß die geographische Isolation eine unbedingte Voraussetzung der Artbildung ist, ist jedoch nicht notwendig«[53]. Mit anderen Worten, Dobzhansky hält auch *sympatrische* Speziation für möglich, obwohl sowohl Theorie als auch die meiste Evidenz gegen diese sprechen[54]. Grundsätzlich hält aber auch Dobzhansky die reproduktive Isolation für »eine Begleiterscheinung der genetischen Differenzierung abgetrennter Populationen«[55], also für eine Konsequenz der geographischen Isolation. Die Fixierung von Genen, die zur physiologischen reproduktiven Isolation zwischen Gruppen führen, erfolgt demnach im Allgemeinen unabhängig von der physiologisch oder genetisch isolierenden Wirkung dieser Gene[56]. Allerdings erwägt Dobzhansky auch, daß das Durchbrechen von Isolationsbarrieren zwischen zwei bereits bestehenden Arten nachteilig sein kann, wenn die beiden Arten durch Selektion an eine bestimmte Umwelt angepaßt wurden und deshalb ein »einigermaßen harmonisches System von Genen und Chromosomenanordnungen«[57] darstellen. Es ist also nach Dobzhansky auch denkbar, daß solche Gruppen durch Selektion bevorzugt werden, die sich erfolgreich gegenüber anderen Gruppen reproduktiv isolieren[58].

Im letzten Kapitel bespricht Dobzhansky »die Art als natürliche Einheit«, d.h. taxonomische Prinzipien. Auch hier bewegt er sich ganz in der Darwinistischen Tradition, in der das »natürliche System« der Taxonomie auf der *Monophylie* (gemeinsamen Abstammung) der Mitglieder eines Taxons aufgebaut wird, und nicht auf *morphologischen* Kriterien. Er weist darauf hin, daß »die schon vor den Entwicklungstheorien vorhandene Einteilung der Organismen später erstaunlich

---

51 *ibid.*, S. 182

52 Siehe z.B. Rensch (1929), Mayr (1942), Chpt. IX

53 Dobzhansky (1939), S. 182

54 Mayr (1942), S. 190-209

55 Dobzhansky (1939), S. 183

56 Eine ähnliche Behauptung findet sich schon bei Darwin (1859): »sterility [of hybrids, M.W.] is not a specially acquired or endowed quality, but is incidental on other acquired differences« (S. 245).

57 *ibid.*, S. 163

58 *ibid.*, S. 171. M.E. ist diese Idee Dobzhanskys problematisch, da sie *Gruppenselektion* zu erfordern scheint (zu Problemen der Gruppenselektion siehe Williams 1966).

wenige Veränderungen durchgemacht hat«[59]. Der Grund dafür ist, daß die in der Natur gefundenen morphologischen Diskontinuitäten, die zur Klassifikation von Organismen herbeigezogen wurden, im Allgemeinen phylogenetische Beziehungen wiederspiegeln. Trotzdem ist die Einteilung von Organismengruppen durch das »natürliche System« nicht eindeutig bestimmt. Besonders höhere Taxa wie Gattungen, Familien, Ordnungen etc. beruhen »alleine auf Übereinkunft; der Forscher kann innerhalb gewisser Grenzen völlig frei seine Wahl treffen«[60]. Die Einteilungen des Tier- und Pflanzenreich haben sich seit Linné meist dahingehend verändert, daß bestimmte Gruppen heute *höheren* Taxa zugerechnet werden; z.B. sind die meisten von Linné aufgestellten Insektengattungen heute als Familien oder sogar noch höhere Taxa eingestuft, aus dem einfachen Grund, daß heute eine wesentlich größere Zahl von Insektenarten bekannt sind als zu Linnés Zeiten. Höhere Taxa sind also in dem Sinne nicht »wirklich«, als ihre Zuordnung von subjektiven Gegebenheiten wie der Zahl der *bekannten* Arten in einer Gruppe abhängt[61].

Eine taxonomische Kategorie ist aber nach Dobzhansky ausgezeichnet: die *Art*. Er schließt sich bezüglich des Problems des Artbegriffs einer langen Tradition von Systematikern an, die Arten sexuell reproduzierender Organismen als Fortpflanzungsgemeinschaften definieren; eine Definition, die als *biologischer Artbegriff* (biological species concept, Abk. BSC) bekannt ist[62]. Dobzhansky schlägt eine neue Formulierung für den BSC vor. Er definiert Arten als das

> Stadium des Evolutionsvorgangs ..., in dem Formengruppen, die sich bisher untereinander fortpflanzen oder jedenfalls dazu fähig waren, in zwei oder mehr gesonderte Gruppen aufgeteilt werden, die sich aus physiologischen Ursachen nicht untereinander fortpflanzen können.[63]

---

59 Dobzhansky (1939), S. 215f.

60 *ibid.*, S. 216. »*alleine* auf Übereinkunft« ist wohl übertrieben. Die von Dobzhansky erwähnten *Grenzen* in der Freiheit der Zuordnung von Taxa implizieren, daß es auch *objektive* Kriterien für die Bildung höherer Taxa gibt, die aber immer in einzelnen Fällen immer noch mehrere Möglichkeiten offen lassen können. Mayr stellte z.B. für die Bildung von Gattungen die Regel auf, daß die Zahl der Arten in einer Gattung dem morphologischen Abstand zu anderen Gattungen ungefähr umgekehrt proportional zu sein hat (Mayr 1942, S. 283). Solche Regeln erlauben nicht in jedem Fall eine eindeutige Entscheidung; trotzdem sind sie in einem gewissen Sinn »objektiv« und nicht »bloße Übereinkunft«.

61 vgl. Mayr (1942), S. 281. »Übereinkunft«, »objektiv«, »wirklich« und ähnliche Ausdrücke geraten in solchen Diskussionen leicht durcheinander. Eine begriffliche Klärung dieser Ausdrücke im Zusammenhang mit der biologischen Taxonomie ist m.E. längst überfällig, ist jedoch hier von untergeordnetem Interesse.

62 Zur Geschichte des biologischen Artbegriffs siehe Mayr (1982), S. 270-279

63 Dobzhansky (1939), S. 221

Mit dieser Definition wird die Art nach Dobzhansky zu einer »wirklichen« Einheit:

> Zweifellos gibt es in der Natur ein Stadium, in dem sich physiologische Isolationsmechanismen entwickeln und in dem die genetische Diskontinuität fixiert wird. Es besteht deshalb auch kein Zweifel darüber, daß unsere Artdefinition eine wirklich vorhandene und wichtige Naturgegebenheit erfaßt.[64]

Es ist offensichtlich, daß Dobzhanskys Artbegriff mit seiner Theorie der Artentstehung durch reproduktive Isolation verbunden ist. Die meisten der anderen »Architekten der Synthese« haben sich Dobzhansky in dieser Frage angeschlossen bzw. seinen Vorschlag sowie dessen Begründung verfeinert. Zum bekanntesten Verfechter einer solchen Variante des BSC wurde E. Mayr[65]. Der BSC wird heute noch eng mit der Synthetischen Evolutionstheorie assoziiert; allerdings hat sich besonders aus Dobzhanskys und Mayrs Vorschlägen zu diesem Thema später eine ausgedehnte Kontroverse entwickelt, die heute sowohl in der biologisch-systematischen als auch in der wissenschaftsphilosophischen Literatur einen beträchtlichen Raum einnimmt[66]. Auf diese Fragen kann hier nicht weiter eingegangen werden.

Hinzuweisen ist aber auf den erheblichen Unterschied des BSC etwa zu de Vries' Artbegriff (siehe 2.3): de Vries verstand Arten als *morphologisch* ausgezeichnete Gruppen, und de Vries' empirische Behauptung war die, daß die morphologischen Unterschiede zwischen Arten ausschließlich durch diskontinuierliche, sprunghafte Veränderungen im Erbgut mit drastischen Auswirkungen auf viele Merkmale zu überwinden sind. Die Synthetische Theorie Dobzhanskys definiert Arten hingegen *funktional* über die sexuelle Fortpflanzung und behauptet, daß die Fortpflanzungsfunktion zwischen Gruppen von Individuen durch geographische Isolation und anschließender genetische Diversifizierung über viele Mutationsschritte und chromosomale Umlagerungen mit geringfügigen phänotypischen Auswirkungen allmählich verloren geht, und daß morphologische Unterschiede zwischen Gruppen auf diese Weise verstärkt werden.

Mayr hat vor allem darauf hingewiesen, daß das BSC im Gegensatz zum morphologischen Artkonzept *polytypische* Gruppen oder »Rassenkreise«[67] herausgreift, wie sie der Systematiker in der Regel vorfindet. Eine Klassifikation

---

64 *ibid.*

65 Mayr (1942), Kap. V und VI

66 Für eine Sammlung klassischer sowie neuerer Aufsätze zu diesem Thema siehe Ereshefsky (1992).

67 Vgl. Rensch (1929): »Ein Rassenkreis ist ein Komplex geographischer Rassen, die sich unmittelbar auseinander entwickelt haben, geographisch einander vertreten und von denen jeweils die benachbarten miteinander unbegrenzt fruchtbar sind« (S. 13).

nach morphologischen *Typen* - von Mayr als »typologischer« Artbegriff bezeichnet - scheitert an der in den meisten Gruppen vorgefundenen morphologischen Variabilität, die keine eindeutigen Kriterien für eine Zuordnung von Gruppen in monotypische Arten bietet und zu dementsprechend »chaotischen« Klassifikationen führt[68]. Das für den Systematiker wichtigste Argument für die Überlegenheit eines polytypischen gegenüber eines morphologischen Artbegriffs ist also die empirische Bewährung des ersteren. Ob allerdings BSC eine adäquate Definition der polytypischen Artkategorie darstellt, ist eine sehr schwierige Frage, auf die ich hier nicht eingehen kann.

Zusammenfassend stelle ich fest, daß Dobzhansky in GOS mehr Fragen über den Evolutionsprozeß aufwarf, als er zum damaligen Zeitpunkt beantworten konnte. Wie wir gesehen haben, besitzen die von Dobzhansky in GOS gestellten Fragen aber stets einen präzisen *theoretischen Hintergrund*, der teils aus der mathematischen Populationsgenetik, teils aus der ökologischen Genetik und der Systematik stammt. Dies ist mit ein Grund für den großen Einfluß des Werks auf die Geschichte der Evolutionsbiologie im 20. Jahrhundert. An positivem Wissen enthält GOS eine kohärente, empirisch gestützte Argumentation für die *Gradualität* des Evolutionsprozesses, für die Rolle bekannter genetischer Vorgänge (Genmutationen, Chromosomenveränderungen) in der Erzeugung der *evolutionär relevanten Variabilität*, sowie für die Rolle der geographischer Variation sowie von physiologischen und genetischen *Isolationsmechanismen* in der Artbildung.

Ich ziehe damit folgende Schlußfolgerungen über die Synthetische Evolutionstheorie: Diese enthält nebst den theoretischen Modellen der mathematischen Populationsgenetik über Selektion, Migration und Drift eine große Zahl von Verallgemeinerungen über (1) die genetische Basis der subspezifischen und interspezifischen Variabilität, (2) das Vorkommen von Genmutationen und Chromosomenveränderungen in natürlichen Populationen sowie (3) über die genetische Basis und kausale Rolle der reproduktiven Isolation in der Artbildung. Diese Verallgemeinerungen haben *theoretischen Status*, da sie in Erklärungen von Evolutionsprozessen einfließen. Sie gehören aber einem anderen *Theorietyp* an als die Modelle der Populationsgenetik. Letztere sind quantitativ formulierte deduktive Konsequenzen einer kleinen Zahl von empirischen Prinzipien wie dem Hardy-Weinberg Gesetz (siehe 5.3). Erstere sind qualitativ formulierte *induktive Verallgemeinerungen* aus einer beschränkten Zahl von Experimenten und Beobachtungen.

---

68 Mayr (1942), S. 126f.

5.2 Goldschmidts Neo-Saltationismus

Wie in 4.2 gezeigt wurde, hatten Goldschmidts Untersuchungen in den Zehner- und Zwanzigerjahren zur Genetik der geographischen Variation in Lepidopteren wesentlich zur Synthese beigetragen. Daher mag es erstaunen, daß Goldschmidt nach seiner Flucht in die USA mit einer eigenen Synthese auftrat, die derjenigen Dobzhanskys in wesentlichen Punkten widersprach[69]. Ich halte eine Besprechung von Goldschmidts Theorie an dieser Stelle für aufschlußreich, da die Gegenüberstellung seiner Aussagen mit denjenigen Dobzhanskys die Synthetische Theorie in ein schärferes Licht rückt.

Goldschmidt geht mit Dobzhansky darin einig, daß Veränderungen in mendelnden Genen mit geringfügigen phänotypischen Auswirkungen die genetische Basis für die *sub*spezifische Variabilität sowie für lokale Anpassungen bilden:

> It is clear that the standard type of mutation which is used in analytical work plays no role, or only a very limited role, in microevolution. The decisive differences, which must have arisen by mutation, are based on groups of extremely small but additive deviations, as revealed by multiple factor or multiple-allelic differences. These differences accumulate, beginning with differences between colonies of such a minor order that they can hardly be described ... and aggregate into the easily distinguishable quantitative differences separating actual subspecies. The genetic picture *within* the species, then, agrees with Darwin's ideas, formulated in the recent genetic era as the occurrence of micromutations.[70]

Mit »standard type of mutation« meint Goldschmidt die meist drastischen Mutationen, die von der Morgan-Schule und anderen für genetische Studien verwendet wurden. Goldschmidt selbst hatte ja bei *Lymantria dispar* gezeigt, daß die genetischen Unterschiede zwischen geographischen Rassen auf vielen Mutation mit schwachem phänotypischem Effekt beruhen (siehe 4.2). Was also

---

69 Für einen wissenschaftssoziologischen Erklärungsversuch siehe Dietrich (1995). Goldschmidt war als Direktor eines Kaiser-Wilhelm-Instituts in Berlin in einer höchst einflußreichen Position. Nach Hitlers Machtergreifung wurde er wie viele jüdische Professoren seines Amtes enthoben und mußte fliehen. Er erhielt zwar an der University of California at Berkeley eine Anstellung, mußte aber einen beträchtlichen Statusverlust hinnehmen. Dietrich führt Goldschmidts Attacken gegen die in den USA etablierten Genetiker darauf zurück. Mir erscheint diese Erklärung völlig *ad hoc*. M.E. hatte Goldschmidt gute wissenschaftliche Gründe für seine evolutionstheoretische Position, deren Wurzeln in seinen schon vor seiner Flucht in die USA durchgeführten Arbeiten liegen. Abgesehen vom *ad hoc*-Charakter seiner wissenschaftssoziologischen Erklärung hat Dietrich (1995) eine wertvolle Analyse der Entwicklung von Goldschmidts Theorie und ihrer Rolle in der Evolutionären Synthese gegeben.

70 Goldschmidt (1940), S. 101

die Diversifizierung von Arten in geographische Rassen betrifft, ist Goldschmidt also ganz auf Dobzhanskys Neo-Darwinistischer Linie. Goldschmidt bezeichnet diesen Vorgang als *Mikroevolution* und hält es für gesichert, daß bei diesem Prozeß Selektion eine Rolle spielt, d.h., daß gewisse subspezifische Merkmale *adaptiv* sind[71]. Auch diesbezüglich kann Goldschmidt seine eigenen Arbeiten über klinale Variation z.B. in der Entwicklungsgeschwindigkeit des Schwammspinners zitieren (siehe 4.2).

Goldschmidt entwirft aber ein radikal anderes Bild vom Prozeß der *Makroevolution*, d.h. die Entstehung von Arten und höheren Taxa. Für die Synthetische Theorie ist typisch, daß sie zwischen Mikro- und Makroevolution - in Dobzhanskys Worten - »ein Gleichheitszeichen setzt«[72], was heißen soll, daß makroevolutionäre Veränderungen lediglich in der Akkumulation mikroevolutionärer Schritte bestehen[73]. Goldschmidt lehnt diese These ab. Er ist der Auffassung, daß verschiedene Arten genetisch aus verschiedenen »Materialien« bestehen. Ein wichtiges Argument Dobzhanskys für die Gradualität der Artbildung und für Rassen als »incipient species« war ja, daß die genetischen Unterschiede zwischen Arten zumindest qualitativ von der gleichen Art sind wie die Unterschiede zwischen geographischen Rassen, welche ihrerseits von der gleichen Art sind wie die Unterschiede zwischen Individuen (siehe 5.1). Goldschmidt glaubt aber, über Beweise zu verfügen, daß es zwischen den Vertretern verschiedener Arten genetische Unterschiede gibt, die von einer anderen Natur sind, d.h. nicht bloß quantitative Unterschiede in der Zahl der Gen- und Chromosomenveränderungen.

Als Beispiel präsentiert Goldschmidt die beiden *Lymantria*-Arten *L. mathura* und *L. monacha.* Die beiden Arten unterscheiden sich in der Flügelzeichnung, im Ausmaß des sexuellen Dimorphismus, in der Form der Genitalien, in der Größe und Form des Thorax, in der Morphologie der Raupen und der Puppen, sowie in der Chromosomenzahl. Goldschmidt behauptet, daß diese Unterschiede im Vergleich mit den Unterschieden zwischen Subspezies »at a different level of organization« angesiedelt seien und genetisch »the result of different materials« darstellen[74]. Was dies genau heißt, bleibt hier unklar; etwas klarer wird es

---

71 *ibid.,* S. 139

72 Dobzhansky (1939), S. 7

73 In diesem Sinne ist auch die Rede von einer »Reduktion« von Makro- auf Mikroevolution zu verstehen, die von den meisten Autoren als für die Synthetische Theorie charakteristisch angesehen wird (Ayala 1985). In neuerer Zeit ist die ursächliche Gleichheit von Mikro- und Makroevolution besonders von Paläontologen angezweifelt worden (Stanley 1979; Gould und Eldredge 1993).

74 Goldschmidt (1940), S. 149

vielleicht, wenn Goldschmidt seine eigene Theorie über die Genetik der interspezifischen Variabilität vorstellt.

Das Problem, auf das Goldschmidt mit Recht hinweist, ist, daß es keinen einzigen Fall gibt, bei dem wirklich bekannt ist, wie viele Gene mutiert haben, um aus einer Art eine andere zu machen. Da Schätzungen über die Zahl der in quantitativ variierenden Merkmalen beteiligten Gene bei 200-300 lagen, findet Goldschmidt, daß zur Erklärung der doch meist beträchtlichen Unterschiede zwischen Arten bezüglich *vieler* quantitativer Merkmale »a perfectly ridiculous number of genes«[75] postuliert werden müßten. Goldschmidt fragt sich:

> Why must we, then, subdive the linkage group, i.e., the chromosome or chromosome segment, into innumerable polymorphic genes, the existence of which cannot be proven in these cases, and which put an unknown burden upon evolution by small steps?[76]

Goldschmidts Zweifel gehen noch weiter: er bezweifelt die ganze klassische Theorie des Gens, oder, wie er diese nennt, the »received view«. Nach dieser trägt jedes Chromosom

> a string of genes, independent, atomistic units of at least molecular order, each of which controlled certain developmental processes, though the final result was brought about by an integration of these processes.[77]

Nach dieser klassischen Auffassung bleibt dem Genetiker laut Goldschmidt nichts anderes übrig, als evolutionäre Veränderungen innerhalb von einzelnen Genen anzusiedeln, da ja z.B. Chromosomenumlagerungen nach einer solchen Auffassung theoretisch keinen Effekt auf die Genwirkung haben dürften[78]. Gerade diese Annahme wurde aber durch die Entdeckung von *Positionseffekten* in Frage gestellt (vgl. 3.2). Goldschmidt schreibt über den Positionseffekt:

> it is becoming more and more evident that this effect has nothing to do with the theoretical units, the genes, but is an independent effect of the whole chromosome or more or less small sections of it.[79]

Vielleicht, spekuliert Goldschmidt, gibt es überhaupt keine Genmutationen im Mullerschen Sinn (siehe 3.3), sondern »all mutations are based on very small pattern changes«[80], wobei er mit »pattern« irgendwelche unsichtbaren chromoso-

---

75 *ibid.*, S. 175
76 *ibid.*
77 *ibid.*, S. 200
78 vgl. Dobzhanskys Diskussion dieses Problems (5.1)
79 *ibid.*, S. 202
80 *ibid.*, S. 203

malen Strukturen meint[81]. Welches immer die molekulare Basis solcher »Mikromutationen« ist, sie sind nach Goldschmidt nicht der Stoff der Makroevolution. Goldschmidt stellt sich vor, daß manchmal auf eine noch unbekannte Weise eine vollständige Restrukturierung von Chromosomen oder Chromosomenteilen auftritt. Diese bildet

> a new chemical system which as such, i.e., as a unit, has a definite and completely divergent action upon development, an action which can be conceived of as surpassing the combined actions of numerous individual changes.[82]

Demnach wirken also Chromosomen oder Abschnitte davon in der Embryonalentwicklung als integrierte Systeme, die sich nicht punktuell, sondern auf einer höheren Integrationsebene verändern. Goldschmidt vergleicht solche Chromosomenveränderungen mit einer Violinsaite, die an einem bestimmten Punkt niedergedrückt wird. Dadurch ändert sich deren Resonanzverhalten, ein neuer Ton entsteht. Es ist aber das *ganze System*, das dieses Resonanzverhalten hat; die Veränderung läßt sich nicht lokalisieren[83]. Ob die aus der Zytogenetik bekannten Chromosomenumlagerungen auch in diese Kategorie genetischer Veränderungen fallen können, wird am Text nicht klar; nach Goldschmidt war aber Dobzhansky »embarassed by his own discoveries on the importance of chromosomal changes in evolution«[84], weil diese nach der klassischen Theorie des Gens ja keinen Effekt haben dürften. Ich habe in 5.1 darauf hingewiesen, daß Dobzhanskys Theorie diesbezüglich tatsächlich eine Unsicherheit aufweist. Goldschmidt macht sich diese zu Nutze.

Goldschmidt zog auch entwicklungsbiologische Überlegungen zur Begründung seiner Evolutionstheorie herbei. Auch darin unterscheidet er sich stark von Dobzhansky, der solche Fragen völlig ausklammerte - ganz in der Tradition der Transmissionsgenetik (siehe 3.4). Nach Goldschmidt bilden die Chromosomen eines Organismus »Reaktionssysteme«, die die Geschwindigkeit bestimmer chemischer Reaktionen im sich entwickelnden Embryo kontrollieren[85]. Diese

---

81 Aus heutiger Sicht ist das gar nicht so falsch, da Mutationen molekular gesehen Veränderungen in der Nukleotidsequenz eines kontinuierlichen DNA-Moleküls darstellen.

82 *ibid.*, S. 203

83 *ibid.* Man beachte den holistischen Charakter von Goldschmidts Ideen. Die Violinmetapher erinnert ein wenig an Batesons Vorstellungen über die Natur von »metrischer« Variabilität (siehe 2.2). Saltationisten scheinen eine Vorliebe für solche Metaphern zu haben.

84 *ibid.*, S. 242

85 Der Keim dieses Gedankens findet sich schon in Goldschmidts früheren Arbeiten (siehe 4.2).

Reaktionssysteme bieten »Potentialitäten« für makroevolutionäre Schritte[86]. Sprunghafte Veränderungen mit einem taxonomischen Gewicht auf Art- und sogar auf höherer Stufe sind nach Goldschmidt auf diese Weise möglich:

> The actually existing series of large anatomical differences between taxonomic groups does therefore not require an evolution by simultaneous selection of numerous small mutants of the determiners for every single organ, a necessary hypothesis on the basis of the neo-Darwinian view, or the current theory of the genes. A single mutational step affecting the right process at the right moment can accomplish everything, provided that it is able to set in motion the everpresent potentialities of embryonic regulation.[87]

Goldschmidts Theorie steht offensichtlich in der saltationistischen Tradition Batesons, der sich ebenfalls von embryologischen Vorstellungen leiten ließ und Makroevolution ebenfalls als das sprunghafte »Umklappen« von Entwicklungssystemen verstand (siehe 2.2). Der wesentliche Unterschied zwischen Bateson und Goldschmidt besteht darin, daß letzterer Gene für die genetische Basis der *Mikroevolution*, nicht aber der Makroevolution hielt, während Bateson die Mendelsche Genetik besonders für makroevolutive Veränderungen relevant hielt. Nach Goldschmidt bilden Mikromutationen die generative Variabilität der Mikroevolution, Veränderungen von qualitativ anderer Art aber sind der Stoff der Makroevolution. Goldschmidt führte die Bezeichnung »systemische Mutationen« oder »Makromutationen« für genetische Veränderungen der letztgenannte Art ein. Berühmt wurde aber besonders sein Ausdruck »hopeful monsters« für die Träger systemischer Mutationen[88].

5.3 Die Antwort der Architekten

Dobzhanskys Antwort ließ nicht lange auf sich warten. 1941 erschien eine stark erweiterte Ausgabe von GOS, in der Dobzhansky direkt zu Goldschmidts alternativer Theorie Stellung nahm. Dobzhansky beschreibt Goldschmidts Theorie wie folgt:

> [Goldschmidt] believes that mutational gene changes are responsible only for differences bewteen individuals and races of the *same* species and that evolution proceeds mainly through "systemic mutations" which transform one species at once

---

86 *ibid.*, S. 265f. Diese Idee erinnert wiederum an Bateson, besonders dessen Vorstellungen über die »Stabilität« bestimmter Zustände im Entwicklungssystem des Embryos (vgl. 2.2).

87 *ibid.*, S. 297

88 *ibid.*, S. 390

> into a different one. Systemic mutations are by their very nature not resolvable into analyzable genic differences, and it is their property to disrupt the crossability of the new species to its ancestor or to make the hybrids between them sterile.[89]

Der Kontrast zu Dobzhanskys eigener Theorie der Artbildung ist offensichtlich: Nach dieser entstehen Arten *aus* geographischen Rassen »incipient species«), und die Intersterilität ist eine Folge allmählicher genetischer Differenzierung, die durch Akkumulation von Genmutationen und Chromosomenveränderungen und selektives oder zufälliges Überleben der genetischen Varianten unter den geographisch variierenden Umweltbedingungen entsteht. Es ist nun interessant, zu sehen, mit welchen Ressourcen Dobzhansky seine Theorie gegenüber Goldschmidt stützen kann.

Dobzhansky führt ungefähr fünf Argumente an: (1) systemische Mutationen in Goldschmidts Sinn wurden nie beobachtet[90]. Dieses Argument ist nicht ganz korrekt; Goldschmidt hat verschiedenen Beispiele von dem, was er systemische Mutationen nennt, angegeben, z.B. homeotische Mutationen in *Drosophila*[91]. Die Frage ist aber, ob solche Mutationen in der Makroevolution tatsächlich eine Rolle spielen. Darauf wird später eingegangen. (2) Es ist höchst unwahrscheinlich, daß Arten auf saltatorischem Weg entstehen:

> Assuming that two species differ in only one hundred genes and taking the mutation rate of individual genes· to be as high as 1:10,000, the probability of a sudden origin of a new species would be $10{,}000^{100}$. This is not unlike assuming that water in a kettle placed on a fire will freeze, an event which is not altogether impossible, according to the new physics, but neverteless improbable in the extreme. Although the integration of mutational steps into genotypes of races and species is probably always an adaptive process, it does not follow that every component step in this process is always adaptive from the start. To suppose that the organism is endowed with the ability to produce adaptive mutations ... and to believe that these changes arise just where and when needed, amounts to a belief in miracles.[92]

Dieses Argument berührt Goldschmidts Theorie überhaupt nicht. Goldschmidt bestreitet ja gerade, daß die genetischen Unterschiede zwischen Arten in einer Anzahl von Genveränderungen von der Art, wie sie zwischen Rassen bestehen, liegen. Es mag sein, daß Mutationen mit drastischen Auswirkungen, die Goldschmidt »systemisch« nennt, seltener sind als die Mutationen mit kleinem Effekt, aber allein die Tatsache, daß z.B. homeotische Mutanten überhaupt mehrmals beobachtet wurden deutet darauf hin, daß sie nicht dermaßen

---

89 Dobzhansky (1941), S. 79f.
90 *ibid.*, S. 80
91 Goldschmidt (1940), S. 324-330
92 Dobzhansky (1941), S. 52

unwahrscheinlich sein können wie das spontane Gefrieren eines Kessel Wassers auf dem Feuer. Goldschmidt sagt ja nicht, daß die Artbildung saltatorisch ist, weil alle erforderlichen Mutationen gleichzeitig auftreten, sondern daß zur Artbildung eine andere *Kategorie* von Mutationen erforderlich ist als zur subspezifischen Diversifizierung, und daß eine einzige Mutation *dieser Kategorie* neue Arten hervorbringt.

(3) Schon eher fraglich ist, ob ein »hopeful monster« in der Natur überleben kann, d.h. ob nicht letztlich alle Monster »hopeless« sind:

> It is possible to imagine a mutation so drastic that its product becomes a monster hurling itself beyond the confines of species, genus, family, or class. But in what Goldschmidt has called the "hopeful monster" the harmonious system, which any organism must necessarily possess, must be transformed at once into a radically different, but still sufficiently coherent, system to enable the monster to survive. The assumption that such a prodigy may, however rarely, walk the earth overtaxes one's credulity.[93]

Dies scheint das erste harte Argument gegen Goldschmidt zu sein. Eine Mutation mit drastischem Effekt bringt ein komplexes adaptiertes System durcheinander, so daß das Überleben einer solchen Variante, besonders angesichts von Konkurrenz mit nicht-mißgebildeten Vertretern, fraglich ist. Besonders wenn die »systemische Mutation« die Fortpflanzungsfähigkeit mit der Mutterart unterbindet, müßten ja gleichzeitig mehrere (d.h. mindestens ein Männchen und ein Weibchen) untereinander fortpflanzungsfähige Monster der gleichen Art auftreten. Dieser Punkt scheint ein ernsthaftes Problem für Goldschmidts Theorie zu sein. Noch besser für Dobzhansky wäre es natürlich, wenn er *quantitative* Angaben über die Wahrscheinlichkeit des Überlebens von Monstern in natürlichen Populationen machen könnte. Es ist erstaunlich, daß Dobzhansky hier nicht Wrights Berechnungen der Wahrscheinlichkeit der Zufallsfixierung von Allelen herbeizieht, die er in GOS ja selbst zitiert[94]. Diese zeigen allerdings, daß in begrenzten Populationen unter Umständen auch ein nachteiliges Allel zufallsfixiert werden könnte (sofern sich seine Träger mit den Trägern alternativer Allele noch fortpflanzen können), was Goldschmidt eher zu gute kommen würde.

Das Problem der Überlebenswahrscheinlichkeit von Mutanten ist ein Problem, das die Synthetische Theorie nicht hat. Erstens hatten Timoféeff-Ressovskys Studien gezeigt, daß es in wilden Populationen Mutationen mit geringem Effekt gibt, die unter bestimmten Bedingungen besser adaptiert sind

---

93 *ibid.*, S. 53

94 Dobzhansky (1939), S. 126f.

als die bereits vorhandenen Genotypen (siehe 4.3). Die Wahrscheinlichkeit des Überlebens von einzeln aufgetretenen, vorteilhaften Mutationen wurde von Fisher und Wright quantitativ behandelt. Fisher rechnete z.B. aus, daß ein durch ein einziges Mutationsereignis entstandenes Allel mit einem selektiven Vorteil von nur 1% in einer großen Population mit einer Wahrscheinlichkeit von 0.02 überlebt[95]. Die Zahl erscheint klein, in Kombination mit der Häufigkeit von Mutationsereignissen ergeben sich aber genügend Mutationen für fortlaufende Evolutionsprozesse. Die Überlebenswahrscheinlichkeit für ein nachteilhaftes Allel ist Null. Fishers Berechnungen gelten aber nur für Populationen, in denen Drifteffekte (siehe 6.3) vernachläßigt werden können; wie bereits erwähnt, kann in begrenzte Populationen auch ein nicht allzu nachteilhaftes Gen mit einer gewissen Wahrscheinlichkeit überleben. Es scheint also, daß das Argument von der Überlebenswahrscheinlichkeit doch nicht so zwingend ist, wie es scheint. Von der Populationsgenetik her gibt es m.E. keine harten Einwände gegen Goldschmidts Theorie[96].

(4) Dobzhanskys viertes Argument bedient sich des empirischen Wissens über die genetische Basis der interspezifischen Variabilität:

> It is beyond doubt that certain qualitative characters show simple Mendelian segregation in many interspecific crosses where hybrids are fertile - But there is left a residue of differences between the parental species which is not easily dissolved into constituent genes. What is this residue, and does it any way resemble the postulated systemic mutations?[97]

Goldschmidt hatte argumentiert, daß es keine guten Hinweise auf die Anzahl der bei der Artentstehung betroffenen Gene gibt. Dobzhansky gesteht zu, daß es in allen untersuchten Fällen stets einen Rest von genetischen Unterschieden gab, die man nicht auf Unterschiede in einzelnen Genen zurückführen konnte. Die Frage ist nun, ob dieser Rest in systemischen Mutationen besteht. Dobzhansky findet, daß die Evidenz eher für viele kleine Mutationen spricht:

> It must be admitted that in no case have all the differences between two good species been completely resolved into gene changes. The view that they are so resolvable is, nevertheless a working hypothesis so far not contradicted by any facts

---

95 Fisher (1930), S. 76

96 Goldschmidt selbst ist der mathematischen Populationsgenetik eher skeptisch gesonnen. Er schreibt, daß Fishers und Wrights Berechnungen Dobzhanskys »Neo-Darwinismus« (damit meint er den Gradualismus) favorisieren, »but speciation by accumulation of micromutations is taken for granted« (Goldschmidt 1940, S. 169).

97 Dobzhansky (1941), S. 81

> and has far more evidence in its favor than any of the alternative hypotheses ever possessed.[98]

Die hier angesprochene Evidenz besteht darin, daß die untersuchten Fälle von Merkmalsunterschieden *zwischen* Arten keine grundsätzlich anderen Typ von Variabilität zu Tage gefördert haben als bei Merkmalsunterschieden *innerhalb* von Arten. Besonders auffällig ist dies bei den gut untersuchten *Drosophila*-Arten. Die Unterschiede zwischen den Arten sind teilweise minimal. Nur der *Drosophila*-Systematiker kann sie überhaupt erkennen; trotzdem besteht kein Zweifel, daß es verschiedenen Arten sind. Die Artunterschiede betreffen Merkmale, die auch *innerhalb* einer Art variieren können, und dies in einem vergleichbaren Ausmaß. Goldschmidt war bei seinen Untersuchungen von *Lymantria* zur gegenteiligen Überzeugung gelangt, hat aber nicht näher angeben können, inwiefern z.B. *L. mathura* und *L. monacha* aus genetisch fundamental verschiedenen »Materialien« aufgebaut seien (siehe 5.2).

Dobzhanskys stärkstes Argument für die ursächliche Identität von Rassen- und Artunterschieden ergibt sich aus seinen Untersuchungen zu Chromosomenveränderungen bei *Drosophila* (siehe auch 4.5):

> the chromosomal differences between species are identical in kind, if not in degree, with those found among races and individuals. No evidence is discoverable to support Goldschmidt's view that species formation is caused by systemic chromosomal mutations which do not occur on the racial level.[99]

Dies ergibt zwar wiederum kein Argument für die Rolle von Genmutationen in der Artenbildung, aber es zeigt immerhin, daß auf der Ebene der Chromosomen in der Artbildung nicht etwas fundamental anderes passiert als in der subspezifischen Diversifikation. Für das Auftreten von systemischen Mutationen (d.h. radikale Chromosomenveränderungen) in der ersteren, *nicht* aber in der letzteren Stufe des Evolutionsprozesses gibt es also keine zytogenetischen Hinweise.

(5) Dobzhanskys fünftes Argument betrifft Goldschmidts Skepsis gegenüber der klassischen Theorie des Gens. Goldschmidt hatte immer wieder das Phänomen des Positionseffekts (siehe 3.2) aufgegriffen, um zu argumentieren, daß Mutationen nicht lokalisierte Veränderungen in partikulären Genen sind, sondern »pattern changes« in größeren, integrierten chromosomalen Abschnitten[100]. Dobzhansky findet diese Auffassung ungerechtfertigt:

> According to Goldschmidt, genes must either be separated by impregnable walls, or else they do not exist at all. If this were the only choice, his conclusion would be

---

[98] *ibid.*, S. 82
[99] *ibid.*, S. 148f.
[100] siehe z.B. Goldschmidt (1946)

> justified. But surely many more than these two alternatives are to be considered. Discrete entities like genes may be integrated into systems, chromosomes, *functioning* as such. The existence of organs and tissues does not preclude their cellular organization... To what extent the genes in a chromosome are interrelated is an open question.[101]

Die Tatsache also, daß Gene zusammen *funktional* als Einheit in Erscheinung treten können heißt nicht, daß sich genetische Unterschiede nicht auf die kombinierte Wirkung einzelner Gene zurückführen ließen[102]. Demnach begeht Goldschmidt bei dem Postulat systemischer Mutationen den Fehler, daß er vom Nichtvorliegen einer *Analyse* eines Effekts in Teileffekte auf die *Nichtexistenz* der Teileffekte (d.h. Genmutationen) schließt. Dies ist unzulässig, da hier von einem *epistemischen* auf einen *ontologischen* Sachverhalt geschlossen wird. Außerdem ist Goldschmidts Wiedergabe der klassischen Theorie des Gens ungenügend, da kein Vertreter dieser Theorie je behauptet hat, Gene würden in ihrer physiologischen Wirkung nicht interagieren[103].

Zu Dobzhanskys Verteidung eilte auch sogleich E. Mayr in seinem »Systematics and the Origin of Species« (1942) herbei. Tatsächlich sagt Mayr, daß dieses Werk - das ebenfalls als Klassiker der Synthetischen Evolutionstheorie gilt - bis zu einem gewissen Grad eine Reaktion auf Goldschmidts Neo-Saltationismus war[104]. Es wäre also falsch, Goldschmidt in der Evolutionären Synthese als Randfigur zu betrachten, bloß weil sich seine Theorie nicht durchsetzte.

Für Mayr liegt der Hauptgrund für die Annahme einer gradualistischen Theorie in der Evidenz für die Rolle der *geographischen Variation* in der Artbildung. Nach Goldschmidt reichen die evolutionären Prozesse die zur Bildung von geographischen Rassen führen zur Bildung neuer Arten nicht aus; diese erfordere besondere Mutationsereignisse, die zu charakteristischen Lücken (»bridgeless gaps«) zwischen den verschiedenen Formen führten. Mayr weist darauf hin, daß solche »gaps« keineswegs notwendigerweise an spezifische Diversifikation gekoppelt sind. Sie treten in ausgeprägter Form vor allem zwischen *sympatrischen* Arten auf, d.h. Arten, deren Verbreitungsgebiete sich überlappen oder decken. Zwischen *allopatrischen* Arten gibt es hingegen alle Abstufungen von nahezu vollständiger Kontinuität bis zu erheblichen »gaps«[105].

---

[101] Dobzhansky (1941), S. 110

[102] Der Fehler, anzunehmen, daß das Vorliegen von *Interaktionen* zwischen irgendwie organisierten Einheiten eine Analyse eines solchen Systems aufgrund der Eigenschaften seiner Teile verunmöglicht, wird von Holisten immer wieder begangen (Hoyningen-Huene 1989b).

[103] vgl. Carlson (1966), S. 253

[104] Mayr (1980b), S. 421

[105] Mayr (1942), S. 149

In diesen Fällen kommt es zu den bereits von Darwin festgestellten systematischen Grenzfällen, in denen nicht klar ist, ob zwei geographische Formen nun als Rassen oder als Arten zu klassifizieren sind (siehe 2.1). Dies ist aber genau, was man unter der Theorie der geographischen Speziation erwartet:

> the allopatric species borders are not always sharply defined, but ... this lack of clear-cut delimitation of some geographic representatives is an inevitable consequence of the continued operation of evolution.[106]

Wo also der Artbildungsprozeß aktiv ist, erwartet man unter der Theorie der geographischen Speziation recht fließende Übergänge zwischen Arten, die demnach eben erst entstanden sind und noch keine Zeit hatten, durch evolutionäre Divergenz deutliche Diskontinuitäten auszubilden. Mayr kritisiert an Goldschmidts Präsentation der systematischen Evidenz für diskontinuierliche Artbildung, daß dieser die gesamte Evidenz für »bridgeless gaps« aus Gruppen von *sympatrischen* Arten entnimmt, und dann von diesen auf *alle* Arten schließt. Dabei verpaßt er gerade diejenigen Fälle, die durch geograpahische Isolation entstehende oder bereits entstandene *allopatrische* Arten darstellen[107].

Die wichtigste Evidenz für die Rolle geographische Variation in der Artbildung ist nach Mayr, daß alle Unterschiede zwischen Arten selbst geographisch variieren, und daß es keinen Unterschied zwischen spezifischen und subspezifischen Charakteristiken gibt:

> If species formation and subspecies formation were two fundamentally different processes, we should find that the two different classes of characters were subject to variation in the two categories (geographic race and species). But this is not what we found in our analysis of geographically variable characters. Not a species character is known, be it morphological, physiological or other, which is not subject to geographic variation. As a general rule it can be said that characters separating full species tend to be more pronounced, and that there are often more differences between species than between subspecies. But this criterion breaks down completely in all the really doubtful cases, and many subspecies are characterized by more striking differences than some "good" species. It is therefore obvious that there is no "gap" between subspecies and species, as far as systematic characters are concerned.[108]

Mayrs Argument for geographische Speziation ist also, daß es keine Unterschiede zwischen Arten gibt, die nicht auch geographisch variieren, und daß keine klare Grenze zwischen subspezifischer und spezifischer Variabilität gezogen kann. Goldschmidt hatte im Gegensatz dazu behauptet, daß Artun-

---

106 *ibid.*, S. 153
107 *ibid.*, S. 149
108 *ibid.*, S. 162f.

terschiede von einer qualitativ anderen Art sind, und daß gewisse Sprünge in der interspezifischen Variabilität, nicht aber in der subspezifischen Variabilität, durch »Potentialitäten« im Entwicklungssystem vorgegeben sind. Der Systematiker Mayr findet aber keinerlei Evidenz für zwei Klassen von Variabilität, und er überblickt wesentlich mehr taxonomische Gruppen als der Genetiker Goldschmidt. Nach Mayrs Auffassung ist also die in der Natur vorgefundenen Verteilung von sympatrischen und allopatrischen Arten und geographischen Rassen nur mit einer gradualistischen Theorie der Artentstehung vereinbar, die der geographischen Variation eine wesentliche kausale Rolle einräumt.

Zusammenfassend stelle ich fest, daß die mathematische Populationsgenetik allein nicht über die theoretischen Ressourcen verfügte, um Goldschmidts saltationistische Theorie zurückweisen zu können. Dobzhansky mußte zur Verteidigung seiner Theorie besonders auf Verallgemeinerungen über die genetische Basis der geographischen und interspezifischen Variabilität hinweisen, insbesondere die Ergebnisse seiner Studien über die Rolle von Chromosomenveränderungen in verschiedenen Rassen und Arten von *Drosophila*. Mayr argumentierte gegen Goldschmidt vor allem mittels induktiver Verallgemeinerungen über das Vorkommen von Diskontinuitäten zwischen Arten in sympatrischen und allopatrischen Populationen sowie über die fliessenden Übergänge zwischen subspezifischer und interspezifischer Variabilität. Weder Dobzhansky noch Mayr bedienten sich der theoretischen Populationsgenetik, um die Gradualität des Evolutionsprozesses und die kausale Rolle der geographischen Variabilität in der Entstehung neuer Arten gegenüber einer Neo-Saltationistischen Theorie wie der Goldschmidtschen zu begründen. Es handelt sich bei ihren Argumentationen also nicht bloß um empirische Tests theoretischer Vorhersagen aus der mathematischen Populationsgenetik. Dies belegt zusätzlich meine in 5.1 aufgestellte These, daß die Synthetische Evolutionstheorie ein komplexeres Theoriengebäude darstellt, als eine Ansammlung von quantitiativen Modellen über Selektion, Migration und Drift, wie sie von Fisher, Haldane und Wright ausgearbeitet wurden. Damit soll die Bedeutung dieser quantitativen Modelle keineswegs in Abrede gestellt werden. Mein Punkt ist lediglich der, daß die Synthetische Evolutionstheorie zusätzliches theoretisches Wissen enthält, das von einer anderen Natur ist als die von den mathematischen Populationsgenetikern deduzierten Konsequenzen des Mendelschen Mechanismus auf Populationsebene.

6 Kurze Geschichte der Selektionstheorie, 1859 bis heute

6.1 Darwins »Kampf ums Dasein«

Darwins Begriff der natürlichen Selektion ist eng mit seiner Vorstellung von einem »Kampf ums Dasein« (struggle for existence) verknüpft:

> A struggle for existence inevitably follows from the high rate at which all organic beings tend to increase. Every being, which during its natural lifetime produces several eggs or seeds must suffer destruction during some period of its life, and during some season or occasional year, otherwise, on the principle of geometrical increase, its numbers would quickly become so inordinately great that no country could support the product. Hence, as more individuals are produced than can possibly survive, there must in every case be a struggle for existence, either one individual with another of the same species, or with the individuals of distinct species, or with the physical conditions of life.[1]

»Kampf ums Dasein« ist, wie Darwin selbst schreibt, ein metaphorischer Ausdruck, der z.B. auch Phänomene wie den »Kampf« einer Wüstenpflanze gegen die Trockenheit mit einschließt[2]. Dies wirkt zunächst verwirrend. Daß z.B. Tiere im Winter um eine beschränkte Futtermenge »kämpfen« mag noch einleuchten; in welchem Sinn aber »kämpfen« biologische Individuen, wie Darwin in der eben zitierten Stelle schreibt, gegen *Umweltbedingungen*? Die Metapher ist wie folgt zu verstehen: Unter optimalen Bedingungen ist jeder Organismus in der Lage, sich *exponentiell* zu vermehren (»principle of geometrical increase«). Dies würde in kurzer Zeit zu immensen Populationen führen. Nun sind aber die Bedingungen in den seltensten Fällen optimal: Die Individuen einer sich stark vermehrenden Population kommen sich gegenseitig in die Quere, Futter und andere Ressourcen können knapp werden, so daß viele Individuen sterben oder aufgrund Ressourcenmangels gar nicht geboren werden. Eine Population unter Bedingungen, die in anderer Hinsicht suboptimal sind, z.B. bei extremer Trockenheit, wird ebenfalls eine geringere Wachstumsrate (u.U. eine negative) aufweisen als unter idealen Bedingungen möglich wäre. Man kann dies auch so ausdrücken: Jede Population einer bestimmten Art hat eine *intrinsische* Wachstumsrate (d.h. die unter idealen Bedingungen theoretisch

---

1 Darwin (1859), S. 63

2 *ibid.*, S. 62

mögliche Rate) und eine *tatsächliche* Wachtsumsrate. Letztere wird *per definitionem* entweder gleich groß oder kleiner wie die erstere sein. Die Differenz der beiden Raten kann viele Ursachen haben: Inter- oder intraspezifische Kompetition, Wassermangel, natürliche Feinde usw. In jedem Fall tritt eine *Wachstumsbegrenzung* ein.

Im zweiten Kapitel von »On the Origin of Species« argumentiert Darwin, daß es sowohl in natürlichen als auch in domestizierten Populationen von Organismen stets eine beträchtliche *Variabilität* bezüglich vieler Merkmale gibt. Im ersten Kapitel hatte Darwin außerdem auf den wohl jedermann bekannten Umstand hingewiesen, daß in der Tier- und Pflanzenzucht durch gezielte Auswahl bestimmter Merkmale eine Rasse beträchtlich verändert werden kann. Darwin zieht nun folgende Analogie[3] zwischen künstlicher (Züchtung) und der von ihm postulierten natürlichen Selektion:

> Let it be borne in mind in what an endless number of strange peculiarities our domestic productions, and, in a lesser degree, those under nature, vary; and how strong the hereditary tendency is [...] Let it be borne in mind how indefinitely complex and close-fitting are the mutual relations of all organic beings to each other and to their physical conditions of life. Can it, then, be thought improbable, seeing that variations useful to man have undoubtedly occurred, that other variations useful in some way to each being in the great and complex battle of life, should sometimes occur in the course of thousands of generations? If such do occur, can we doubt (remembering that many more individuals are born that can possibly survive) that individuals having any advantage, however slight, over others, would have the best chance of surviving and of procreating their kind? On the other hand, we may feel sure that any variations in the least degree injurious would be rigidly destroyed. The preservation of favourable races and the rejection of injurious variations, I call Natural Selection.[4]

Mit anderen Worten: In der Tier- und Pflanzenzucht sehen wir, daß Variationen auftreten, die eine bestimmte Rasse für den Menschen nützlich machen. Wir sehen außerdem, daß sich solche Variationen in vielen Fällen weitervererben. Auch in der Natur sehen wir eine beträchtliche Variabilität. Warum sollten also

---

3 Nach Ruse (1979, S. 56-63 und S. 189-190) benutzte Darwin zur Rechtfertigung der Selektionstheorie sowie anderer Aspekte seiner Evolutionstheorie ein *vera causa*-Argument, das er von den britischen Wissenschaftsphilosophen J. F. W. Herschel und W. Whewell gelernt hatte (wenn das stimmt, müsste man die heute vorherrschende Ansicht, Wissenschaftsphilosophie sei für die Wissenschaft völlig nutzlos, revidieren!) Argumente von *verae causae* gehen von der Regel aus, daß von einer bekannten Ursache eines Phänomens auf die Ursache eines stark analogen Phänomens geschlossen werden darf. Als allgemeine methodologische Regel scheint mir dieses Prinzip kaum rechtfertigbar zu sein, höchstens als Heuristik.

4 Darwin (1859), S. 80-81

dort keine Varianten auftreten, die nützlich sind, und zwar nicht für den Menschen, sondern für die Vertreter der Rasse selbst? Darwin sah, daß in der Natur durch graduelle Variation winzige Merkmalsunterschiede auftreten könnten, die einer Variante im Kampf ums Dasein von Nutzen sein könnte. Aufgrund der oben angegebenen Lesart des »struggle« heißt das: Es gibt Unterschiede zwischen den Varianten einer Art hinsichtlich der Wirksamkeit wachstumsbegrenzender Faktoren. Solche »bevorzugte Rassen« werden mehr lebende Nachkommen produzieren, und die weniger bevorzugten (d.h. stärker wachstumsbegrenzten) Varianten verdrängen. Unter der Bedingung, daß diese Merkmale erblich sind, werden zukünftige Generationen die Merkmale der für den Kampf ums Dasein besser gewappneten Varianten tragen. Da in jeder Generation wieder eine neue Variabilität in alle Richtungen erzeugt wird[5], kann der Selektionsprozeß auch *kumulativ* wirken, wenn in den folgenden Generationen wiederum die in die gleiche Richtung variierenden Individuen einen Vorteil im Kampf ums Dasein haben. Die Darwinsche Version der Selektionstheorie weist also die folgenden vier Elemente auf: (1) graduelle Variation, (2) Kampf ums Dasein mit unterschiedlichem Ausgang für verschiedene Varianten, (3) Vererbung und (4) kumulative Wirkung über mehrere Generationen.

Soweit zu Darwins Theorie[6]. Ich habe sie kurz dargestellt, um einige Unterschiede zur heutigen Theorie herauszuarbeiten: Erstens gibt es in den meisten heute verwendeten Modellen für Selektion keine Entsprechung zum Kampf ums Dasein[7]. Wir werden zwar später eine Ausnahme betrachten, aber grundsätzlich gilt: Die heute meistverwendeten Selektionsmodelle beziehen sich, wie wir sehen werden, meist auf exponentielle Wachstumsraten oder überhaupt nicht auf Wachstum von Populationen oder Subpopulationen sondern z.B. die *Veränderung von Genfrequenzen*. Zwei Populationen mit unterschiedlichen intrinsischen Wachstumsraten unterliegen nach den meisten heutigen Modellen der Selektion, auch wenn ihr Wachstum ungebremst ist, d.h., wenn nach Darwin gar kein Kampf ums Dasein stattfindet! Selektion durch unterschiedliche intrinsische Wachstumsraten kann sogar außerordentlich stark sein; so stark, daß

---

5 Darwin hielt die Fähigkeit zur Variation selbst auch für eine erbliche Eigenschaft, siehe (1859), S. 118.

6 Es gibt bei Darwin noch einen zweiten Typ von Selektion, die *sexuelle* Selektion: »This [sexual selection, M.W.] depends, not on a struggle for existence, but on a struggle between the males to possess the female«, (*op. cit.*, S. 88; siehe auch Darwin 1871, Kap. VIII), die man als Wettstreit zwischen den Männchen einer Art um die knappe Ressource »weibliches reproduktives Potential« beschreiben kann. Natürliche und sexuelle Selektion werden heute nicht mehr kategorisch unterschieden.

7 Diesen Punkt haben erstaunlich wenige Autoren gesehen; eine Ausnahme sind Lennox und Wilson (1994).

in den meisten Modellen keine weiteren das Wachstum betreffende Faktoren berücksichtigt werden müssen[8].

Ein zweiter wichtiger Unterschied betrifft die *Formulierung* der Theorie: Darwins Theorie ist *qualitativ*. Obwohl Darwin mit dem Verweis auf das »Prinzip des geometrischen [=exponentiellen] Wachstums« eine Quantisierung zumindest nahegelegt hat, hat er nie versucht, seine Theorie quantitativ zu formulieren. Es gibt bei Darwin kein Maß für die *Stärke* eines Selektionsprozesses. Im Gegensatz dazu ist heute die theoretische Behandlung sowie der empirische Nachweis von Selektionsprozessen in natürlichen Populationen weitestgehend an quantitative Modelle gebunden. Das Maß für die Stärke der Selektion ist *Fitness*. Es gibt viele verschiedene solche Maße, wie ich in den nachfolgenden Abschnitten zeigen werde, und dies hat interessante Konsequenzen für die Struktur der Selektionstheorie. Der Reichtum verschiedener Selektionsmodelle ist ein weiterer wesentlicher Unterschied zwischen Darwin und der heutigen Selektionstheorie.

Zwischen Darwins Formulierung der Selektionstheorie und ihrer heutigen Form liegen einige Entwicklungen, die ich im Folgenden kurz beleuchte.

6.2 Die Schwierigkeiten der Selektionstheorie im 19. und frühen 20. Jahrhundert

Paradoxerweise hatte Darwin viele seiner wissenschaftlichen Zeitgenossen von der Deszendenz und der *Veränderbarkeit der Arten* überzeugt, aber nicht von seinem primären Evolutions*mechanismus*, der natürlichen Selektion. Ein ernsthafter Einwand gegen die Wirksamkeit der natürlichen Selektion beruhte auf dem von Darwin selbst postulierten Prozeß der »blending inheritance«[9]. Bei dieser lagen die Nachkommen in ihren Merkmalsausprägungen zwischen den beiden Elternteilen. Wenn nun eine vorteilhafte Variation auftritt, warum wird diese durch Rückkreuzung mit durchschnittlicheren Vertreten nicht wieder ausgedünnt (»swamping«)? Darwin anerkannte diesen Einwand als Problem für seine Theorie[10]. Sogar zwei von Darwins treuesten Anhängern und Bewunderern, T.H. Huxley (»Darwin's bulldog«) und F. Galton (ein Vetter Darwins), glaubten nicht, daß Selektion für graduelle Variationen wirksam sein könnte.

Huxley konnte eine solche Auffassung nicht mit seiner essentialistischen Theorie morphologischer Typen vereinbaren[11]. Galton stellte sein berühmtes

---

8 Eine Ausnahme bildet das heute kaum mehr verwendete *K*- vs. *r*-Selektionsmodell von MacArthur und Wilson, siehe 8.2

9 Vorzimmer (1963)

10 Ruse (1979), S. 211

11 Lyons (1995)

Regressionsgesetz auf, welches besagt, daß die Nachkommen bezüglich kontinuierlich variierender erblicher Eigenschaften (z.B. Körpergröße) stets näher beim Populationsdurchschnitt liegen als der Durchschnitt der beiden Elternteile[12]. Galton erklärte dies mit seinem »law of ancestral heredity«, nach dem beide Elternteile je 1/4, die Großeltern je 1/16 usw. zu den erblichen Eigenschaften der Nachkommen beitragen[13]. Das Regressionsgesetz würde, wie Galton glaubte, Selektion für kontinuierlich variierende Merkmale unmöglich machen. Sowohl Huxley als auch Galton sahen nur diskontinuierliche Sprünge (»sports«) als möglichen Evolutionsmechanismus. Wie wir auch bei de Vries gesehen hatten, reduziert sich Selektion in einer solchen, saltationistischen Theorie auf die Elimination von lebensuntüchtigen »sports« und hat nicht den kumulativen Charakter wie bei Darwin Die Galtonsche Auffassung von gradueller Variabilität war auch ein wesentliches Element in de Vries' Argumentation für diskontinuierliche Evolution (2.3).

Obwohl Galton Saltationist war und als der Begründer der britischen biometrischen Schule gilt, waren die beiden Biometriker K. Pearson und F. Weldon *Gradualisten*. Sie glaubten, einen Fehler in Galtons Schluß vom Regressionsgesetz (welches sie akzeptierten) auf diskontinuierliche Evolution gefunden zu haben und räumten einem Selektionsprozeß à la Darwin mehr Raum ein[14]. Trotzdem gelang es Pearson und Weldon nie, eine quantitative Theorie der natürlichen Selektion zu entwickeln. Weldon hatte zwar seit etwa 1890 an der Frage gearbeitet, wie differentielle Todesraten die statistische Verteilung quantitativer Merkmale in einer Population beeinflussen[15], konzentrierte sich aber nach 1900 auf Probleme der Vererbung. Die Biometriker glaubten, diese auf der Basis von Galtons Regressionsgesetz lösen zu können und produzierten unter anderem die heute seltsam anmutende Theorie der »Homotyposis«[16], nach der es einen direkten Zusammenhang gibt zwischen der Repetition von Teilen innerhalb eines *Individuums* (z.B. die Blätter eines Baums) und der Vererbung von Eigenschaften an die *nächste Generation*.

Die Biometriker konnten sich mit der Mendelschen Genetik nie anfreunden, unter anderem, weil sie nach ihrer Auffassung mit einer gradualistischen Evolutionstheorie nicht verträglich war. Der fundamentale Dissens zwischen den Biometrikern und den Mendelianern wird an folgender Bemerkung Pearsons deutlich:

---

12 Provine (1971), S. 12-23; Bowler (1989), S. 254f.

13 Galtons Theorie war mathematisch inkonsistent (Provine 1971, S. 52).

14 Weldon (1902b); Pearson (1906), S. 15ff.; siehe auch Provine (1971), S. 34f.

15 Pearson (1906), S. 16

16 Pearson (1901); cf. Bateson (1901)

> To those who accept the biometric standpoint, that in the main evolution has not taken place by leaps, but by continuous selection of the favourable variation from the distribution of the offspring round the ancestrally fixed type [...] there must be a manifest want in Mendelian theories of inheritance. Reproduction from this standpoint can only shake the caleidoscope of existing alternatives; it can bring nothing new into the field. To complete a Mendelian theory we must apparently associate it for the purposes of evolution with some hypothesis of "mutations." The chief upholder of such an hypothesis has been de Vries.[17]

Die Biometriker sahen also keine Möglichkeit, den Mendelschen Mechanismus mit einer Theorie der Selektion für kontinuierlich variierende Merkmale zu vereinbaren. Durch bloße Segregation mendelnder Faktoren kann sich eine Art nicht wesentlich verändern, außer wenn Mutationen eintreten (was auch aus heutiger Sicht stimmt). Der moderne Mutationsbegriff entstand aber erst in den 20er-Jahren (siehe 3.3), und die de Vriesschen »Mutationen« waren für die Biometriker wegen ihres saltatorischen Charakters nicht akzeptabel.

Nach Weldons frühem Tod (1905) und den spektakulären Erfolgen der Genetik der Morgan-Schule nach 1910 verschwanden die Biometriker weitgehend von der Bildfläche, und mit ihnen (vorläufig) die Möglichkeit einer quantitativen genetischen Theorie der Selektion. Aus der Kontroverse zwischen Biometrikern und den Mendelianern gingen die Mendelianer triumphierend hervor, und diese sahen Selektion höchstens als einen Mechanismus, der lebensuntüchtige diskontinuierliche Varianten eliminierte.

Auch die ersten beiden Jahrzehnte des 20. Jahrhunderts waren wesentlich von Zweifeln der Effektivität von Selektion im Darwinschen Sinn geprägt. Während im 19. Jahrhundert vorwiegend *theoretische* Bedenken gegen Darwinsche Selektion existierten (z.B. das »blending«-Problem), glaubten nun mehrere Forscher, *experimentelle* Evidenz gegen die Wirksamkeit Darwinscher Selektion zu besitzen. Da waren zunächst de Vries' Beobachtungen mit *Oenothera*, die scheinbar einen völlig anderen Evolutionsmechanismus nahelegten. Viele Biologen zu dieser Zeit (z.B. T.H. Morgan, siehe 3.2) waren zutiefst beeindruckt von de Vries' Studien, weil in diesen der Evolutionsprozeß anscheinend experimentell beobachtet werden konnte, während die von Darwin postulierten Prozesse nie direkt beobachtet worden waren[18]. Darüber hinaus gab es experimentelle Hinweise, daß Selektion für ein bestimmtes Merkmal stets an gewisse Grenzen stößt. Am einflußreichsten waren die von W. Johannsen 1901 begonnenen Selektionsexperimente mit *Phaseolus*-Bohnen, die das Ziel verfolgten, Galtons Regressionsgesetz zu bestätigen und weiterzuentwickeln.

---

17 Pearson (1906), S. 39

18 Siehe de Vries (1901), Vorwort

Johannsen begann mit mehreren reinrassigen Linien von unterschiedlichem Durchschnittsgewicht der Bohnen. Er züchtete die Pflanzen über mehrere Generationen und maß in jeder Generation die Gewichtsverteilung der Bohnen. Er stellte fest, daß Bohnen mit durchschnittlichem Gewicht eine Nachkommenschaft produzierten, die die gleiche Gewichtsverteilung wie die Elterngeneration besaßen. Dies entsprach Galtons Regressionsgesetz. Als Johannsen Bohnen aus verschiedenen Gewichtsklassen über mehrere Generationen untereinander kreuzte, erhielt er in jeder derartigen Linie wiederum eine glockenförmige Verteilung, wobei eine gewisse Regression zum Populationsdurchschnitt festzustellen war, wie Galtons Gesetz dies verlangte. Als Johannsen nun die größten Bohnen in der höchsten Gewichtsklasse untereinander kreuzte, erhielt er wieder dieselbe Verteilung wie in der vorigen Generation. Dasselbe Phänomen war mit den kleinsten Bohnen in der untersten Klasse zu beobachten. Johannsen schloß daraus:

> [T]he action of selection cannot go beyond the known limits-it must stop when the purification [...] of the most strongly divergent pure line is complete.[19]

Die »reinen Linien« (d.h. die stabilen Reihen, die aus seinen Selektionsexperimenten hervorgingen) identifizierte Johannsen als die *Genotypen*; dies entspricht etwa der heutigen Terminologie. Aus heutiger Sicht hatte Johannsen folgendes beobachtet: Selektion wirkt genau solange, wie in der Population genetische Variabilität vorhanden ist. Durch dieses Verfahren kann ein extremer Genotyp herausselektiert werden, dessen *phänotypische* Erscheinung immer noch variabel sein kann (aufgrund von variablen Umwelteinflüssen). Solange aber keine neue *genotypische* Variabilität eingeführt wird, kommt die Selektion zum Stillstand. Für den heutigen Betrachter scheint dies völlig trivial; in der damaligen Zeit wirkten Johannsens Experimente aber verheerend für die Darwinsche Selektionstheorie. Sie galten lange als Beweis, daß Darwinsche Selektion zwar Merkmale innerhalb eines gewissen Spielraums verändern, aber nicht die Grenzen einer Art überwinden kann. Johannsen sah keine Alternative als die Notwendigkeit diskontinuierlicher Variation für die Evolution zu postulieren, und glaubte, mit seinen Experimenten zur Bestätigung von de Vries' Mutationstheorie beigetragen zu haben. Johannsens Experimente sowie die von ihm daraus gezogene Folgerung der Unwirksamkeit kumulativer Selektion hatten einen beträchtlichen Einfluß[20], und die Darwinistische Selektionstheorie war um etwa 1910 auf einem historischen Tiefpunkt angelangt.

---

19 Johannsen (1903), zitiert aus Peters (1959), S. 21
20 Provine (1971), S. 92-108

Im darauffolgenden Jahrzehnt gab es weitere Versuche, die Effektivität von Selektion auf erbliche Merkmale nachzuweisen. Der amerikanische Genetiker W. E. Castle (ein Lehrer Wrights und Dunns) experimentierte beispielsweise mit »piebald rats«. Ratten dieser Varietät besitzen am Kopf verschieden große schwarze »Kapuzen« auf ihrem sonst weißen Fell. Castle zeigte, daß das Kapuzenmuster (»hooded pattern«) bei Kreuzungen mit anderen Rassen einen rezessiven Mendelschen Erbgang aufwies[21]. Das Kapuzenmuster war aber nicht konstant; bei einigen Tieren erstreckte sich die schwarze »Kapuze« fast über die Hälfte des ganzen Körpers, während sie bei anderen auf einen schmalen Streifen am Kopf begrenzt war. Castle quantisierte die Fläche der schwarzen Pigmentierung, wobei er einem willkürlich gewählten Phänotyp den Wert Null zuwies, und Abweichungen davon in beide Richtungen mit einer dimensionslosen Zahl maß, die er »hoodedness« nannte. Er begann 1907 ein großangelegtes Selektionsexperiment, wobei er jeweils Tiere mit extremen hoodedness-Werten untereinander kreuzte. Nach mehreren Jahren Selektion stellte er fest, daß das Kapuzenmuster sich in beide Richtungen über die Grenzen der ursprünglich gefundenen Variabilität ausdehnen ließ. Dies war an sich keine große Neuigkeit, da Tierzüchter ähnliche Versuche schon immer z.T. erfolgreich angestellt hatten. Das Neuartige an Castles Ergebnissen war, daß es sich bei dem Kapuzenmuster scheinbar um ein durch, wie Castle meinte, *einzelnes* Gen (»unit-factor«) bestimmtes Merkmal handelte, was durch den Mendel Erbgang angezeigt wurde. Castle interpretierte das Ergebnis so, daß sich das Gen *selbst* durch die Selektion verändert habe: »The unit *itself* changes under repeated selection in the direction of selection«[22], und: »*Genotypic* variation may assume a continuous form, and it can be shifted by selection«[23].

Nach Castle waren seine Ergebnisse Evidenz gegen die besonders von de Vries (siehe 2.3) vertretene Auffassung, daß kontinuierlich variierende Merkmale sich durch Selektion nicht permanent über die Grenzen der ursprünglich vorhandenen Variationsbreite verschieben lassen. Außerdem stellten die Resultate in Castles Sicht die klassische Theorie des Gens in Frage, welche Gene als stabil und nur durch seltene Mutationsereignisse veränderbar ansah (siehe Kap. 3). Easts und Mullers Theorie der »modifying factors« - also Gene, die die phänotypische Expression eines anderen Gens ändern - lehnte er ab. Hätte Castle allerdings eine seiner durch Selektion veränderten Tiere mit einer der ursprünglichen Formen zurückgekreuzt, so hätte er gesehen, daß die über mehrere Jahre ausgeübte Selektion sich in wenigen Kreuzungsschritten

---

21 Castle (1915a), S. 718
22 *ibid.*, S. 722
23 *ibid.*, S. 724

rückgängig machen ließ, weil die Modifikatorgene - die tatsächlich für diesen Effekt verantwortlich waren - segregieren würden[24]. Das Hauptgen für das »piebald«-Muster selbst hatte sich vermutlich überhaupt nicht verändert, außer wenn in Castles Experimenten eine große Zahl von kleinen Mutationsschritten passiert wären, was höchst unwahrscheinlich ist. Ohne äußere Einflüsse wie z.B. Bestrahlung mutiert ein Gen eines höheren Organismus nur sehr selten.

Castles Schlußfolgerungen in seinem »American Naturalist«-Artikel von 1915 belegen deutlich die anfänglichen Schwierigkeiten, eine Theorie partikulärer, stabiler Gene mit einer Theorie der Selektion auf kontinuierliche Merkmalsunterschiede zu vereinbaren. Die meisten Genetiker, z.B. Johannsen (siehe oben), reagierten auf dieses Dilemma, indem sie die Effektivität der Selektion in Frage stellten und eine Mutationstheorie de Vriesscher Prägung annahmen. Castle stellte dagegen die Stabilität von Genen in Frage, um die Genetik mit der Selektionstheorie vereinbaren zu können. Erst die mathematische Populationsgenetik, besonders Fishers quantitative Genetik, konnte dieses Dilemma auflösen.

6.3 Die mathematische Populationsgenetik

Weitgehend unbemerkt waren schon vor 1910 einige aus heutiger Sicht wegweisende Arbeiten zum Selektionsproblem erschienen. Unabhängig voneinander berechneten G. H. Hardy[25] und W. Weinberg[26] die Verteilung der Allelfrequenzen in einer Mendelnden Population-und erhielten das später nach ihnen benannte Hardy-Weinberg Gesetz (siehe unten). R.C. Punnett bat den Mathematiker H. T. J. Norton, die Auswirkung von Selektion in einer Population mit Zufallspaarung auf einen rezessiven oder dominanten Mendelschen Faktor über mehrere Generationen zu berechnen. Das Ergebnis, in Form einer Tafel in einem Buch von Punnett[27] über Mimikry bei Schmetterlingen, ging als »Nortons Tafel« in die Geschichte ein und hinterliess einen beträchtlichen Eindruck[28]. Selektion für einzelne Mendelsche Erbfaktoren ist, wenn man den Mendelschen Mechanismus und das Hardy-Weinberg Gesetz (siehe unten)

---

24 Dieses Experiment wurde 1919 auf Anregung Sewall Wrights - damals Doktorand an der Harvard-Universität - tatsächlich durchgeführt und bestätigte die »modifying factors« interpretation, worauf Castle seine Theorie der durch Selektion veränderbaren Gene widerrief (Castle 1919; siehe auch Provine 1986, S. 72).

25 Hardy (1908)

26 Weinberg (1908)

27 Punnett (1915), S. 155; die Tafel ist auch abgedruckt in Provine (1971), S. 138

28 Mayr (1982), S. 554

berücksichtigt, nicht nur wirksam, sondern auch noch schnell! Damit war der Weg geebnet für die mathematische Theorie der Populationsgenetik, die in den Jahren 1918-1931 von R. A. Fisher, S. Wright und J. B. S. Haldane entwickelt wurde[29].

Die Populationsgenetik beruht auf der *klassischen Theorie des Gens*, wie sie in Kap. 3 besprochen wurde. Besonders zentral ist die von Muller gegen Castle verteidigte These der *Stabilität* von Allelen über viele Generationen. Diese bedeutet, in Verbindung mit dem Hardy-Weinberg Gesetz, daß genetische Variabilität keine intrinsische Tendenz besitzt, aus einer Population zu verschwinden[30]; sie tut dies ausschließlich unter dem Einfluß von Selektion, Drift oder Migration (siehe unten). Damit war »blending inheritance« kein Problem mehr für die Selektionstheorie. Zentral ist auch der Begriff der *Genmutation* im Sinne Mullers[31]. Eine wichtige Erkenntnis der Populationsgentiker war, daß bei den geschätzten Mutationsraten in natürlichen Populationen der Mutationsprozeß *selbst* weitgehend außerstande war, die genetische Zusammensetzung der Population zu verändern. Fisher[32] schloß daraus, daß der Mutationsprozeß selbst der Evolution keine bestimmte *Richtung* geben könne; er stellt lediglich die genetische Variabilität bereit, auf die die Selektion wirke. Wie Norton bereits gezeigt hatte (siehe oben), ist Selektion für ein einzelnes Allel selbst bei geringem Überlebensvorteil höchst effektiv. Eine wichtige Voraussetzung der theoretischen Arbeiten Fishers, Haldanes und Wrights war auch die Annahme, daß gewisse Merkmale durch den Einfluß von Modifikatorgenen[33] *kontinuierlich* variieren können, obwohl die zugrundeliegenden genetischen Einheiten *partikulär* sind[34]. Interessanterweise spielt der für die klassische Genetik so wichtige Begriff der chromosomalen *Kopplung* von Genloci in den frühen Arbeiten der Populationsgenetiker kaum eine Rolle; die Gene wurden stets als unabhängig segregierend angenommen[35].

Fisher[36] wendete erstmals die z.T. von ihm selbst entwickelten statistischen Verfahren auf die Analyse der Konsequenzen des Mendelschen Mechanismus

---

29 Provine (1971), bes. Kap. 5; Provine (1986); Sarkar (1993)
30 Fisher (1930), S. 9
31 Wright (1931), S. 99; siehe auch 3.3
32 Fisher (1930), S. 19-20
33 Wie 3.2 und 3.3 bereits erwähnt wurde, wurden Modifikatorgene von Nilsson-Ehle sowie von East postuliert und später von Altenburg und Muller (1920) direkt nachgewiesen.
34 Wright (1931), S. 99
35 Dies ist legitim solange Selektion in jeder Kopplungsgruppe nur auf ein einziges, durch einen einzelnen Genlocus kontrolliertes Merkmal wirkt.
36 Fisher (1918)

für die Evolution *quantitativer* Merkmale an (d.h. in Zahlen meßbare, kontinuierlich variierende Eigenschaften wie z.B. Körpergröße). Er nahm dabei an, daß solche Merkmale durch viele Genloci beeinflußt wurden, die alle einen kleinen Beitrag zur gesamten genetisch bedingten Varianz des Merkmals lieferten. Wenn diese Gene in der Population *unabhängig* voneinander variieren, entsteht eine statistische Normalverteilung (»Quetelets Gesetz«) für das quantitative Merkmal. Damit wurde erstmals eine Verbindung geschaffen zwischen der quantitativen Biometrik und der Mendelschen Genetik. Dieser Ansatz heißt heute »quantitative Genetik« und wurde seit Fishers ersten populationsgenetischen Arbeiten beständig weiterentwickelt[37]. 1930 veröffentlichte Fisher seine »genetische Theorie der natürlichen Selektion«, die in einem gewissen Sinn die erste ausgereifte Synthese zwischen der Selektionstheorie und der Mendelschen Genetik darstellt. Andere Aspekte der Darwinschen Theorie wie die Theorie der Artenbildung behandelte Fisher aber nicht; deswegen kann man es nicht als eine Synthese des Darwinismus an sich und der Genetik bezeichnen.

Fisher leitet in dem Buch sein berühmtes »Fundamental Theorem of Natural Selection« her, welches besagt, daß die Zuwachsrate der durchschnittlichen Fitness in einer Population unter Selektion gleich der genetischen Varianz der Fitness zu diesem Zeitpunkt ist[38]. Fisher hielt dieses Ergebnis für höchst bedeutend. Er verglich sein Theorem mit dem zweiten Hauptsatz der Thermodynamik, indem er eine Analogie behauptete zwischen der Entropie und der genetischen Varianz der Fitness als Triebkräfte irreversibler thermodynamischer Prozesse resp. Evolution![39] Fishers Theorem verlieh Darwins Postulat, daß Selektion *kumulativ* wirken kann, erstmals eine gewisse theoretische Plausibilität. Selektion kann nach dem Theorem nämlich fortschreiten, solange in der Population genetische Variabilität für Fitness vorhanden ist. Durch Genmutationen kann eine solche Variabilität laufend neu in eine Population injiziert werden, so daß der Selektionsprozeß theoretisch nie zum Erliegen kommt. Heute weiß man allerdings, daß das Theorem nur gilt, wenn die Fitness keine Funktion der Genfrequenzen ist und wenn keine chromosomale oder epistatische Kopplung zwischen den zur genetischen Variabilität der Fitness beitragender Loci gegeben ist[40].

Wie bereits erwähnt, spielt in der Populationsgenetik das *Hardy-Weinberg* (H-W) *Gesetz* eine fundamentale Rolle. Das Gesetz besagt, daß die Frequenzen *p*

---

37 Für Einführungen in die heutige quantitative Genetik siehe z.B. Maynard Smith (1992), Kap. 6; Stearns (1992), Kap. 3; Roughgarden (1979), Kap. 9.

38 Fisher (1930), S. 34-35

39 *ibid.*, S. 36

40 Roughgarden (1979), S. 168

und *q* der Allele *A* und *a* in der Abwesenheit von Selektion in einer Population mit Zufallspaarung bereits in der zweiten Generationen ein Gleichgewicht erreichen, für das gilt[41]: $p^2 + 2pq + q^2 = 1$. Obwohl das H-W Gesetz trivial scheint (es ist letztlich eine einfache Binomialverteilung), ist es dies nur unter der Kenntnis des *Mendelschen Mechanismus*[42]. Es muß, um das H-W Gesetz abzuleiten, bekannt sein, daß jedes Individuum an jedem (autosomalen) Locus genau zwei entweder verschiedene oder identische Allele besitzt, daß jede Zygote ein Allel vom Vater und eins von der Mutter erbt, und daß die Wahrscheinlichkeit, ein bestimmtes Allel zu erben, der Frequenz dieses Allels in der Population proportional ist (Zufallspaarung vorausgesetzt; andernfalls gilt das H-W Gesetz nicht). Unter diesen Voraussetzungen folgt das H-W Gesetz *deduktiv* aus den Mendel Gesetzen[43].

Die große Bedeutung des H-W Gesetzes für die Möglichkeit von Selektion wurde von den Populationsgenetikern in den 20er-Jahren erkannt[44]. Das H-W Gesetz zeigt, daß genetische Variation in der Population *stabil* sein kann und nicht durch »blending inheritance« ständig ausverdünnt wird. Das H-W Gesetz wurde sogar mit dem Trägheitsgesetz in der Newtonschen Mechanik verglichen, weil es einen »zero force state« definiert, an den evolutionäre »Kräfte« wie Selektion, oder Migration angreifen können[45].

Selektion tritt ein, wenn es durch *Fitnessunterschiede* einen systematischen »bias« in der Rate geben kann, mit der bestimmte Allele weitergegeben werden (siehe 8.2 für eine etwas ausführlichere theoretische Behandlung). Allel *A* kann z.B. im Durchschnitt um einen Faktor $1 - s$ (*s*: Selektionskoeffizient) weniger häufig an die nächste Generation weitergegeben werden als Allel *a*. Dabei wird das H-W Gleichgewicht in jeder Generation neu eingependelt. Dieser Prozeß wurde von Chetverikov am eindrücklichsten beschrieben:

> In this way, two opposing forces will constantly struggle against each other with respect to the frequencies of the different pairs of alleles: one, the force of selection, which disrupts the existing state of equilibrium to the advantage of the selected gene; the other, the stabilizing action of free crossing, striving in the very first generation to re-establish order and equilibrium, which will again and again be disturbed by the action of selection. As a result, the population will continuously

41 Wright (1931), S. 100; Dobzhansky (1970), S. 99f.; siehe auch Sober (1984), S. 32ff.

42 Ruse (1981)

43 siehe Futuyma (1990), S. 95 oder Beatty (1981), S. 420f. für Ableitungen des H-W Gesetzes

44 Chetverikov (1926); Fisher (1930), Kap. 1; Wright (1931), S. 100

45 Ruse (1981); Sober (1984), Kap. 1

pass from one equilibrium state to another, and this process will last until the operation of selection ceases.[46]

Selektion an einem Locus in einer Mendelnden Population ist also nicht in der Lage, diese aus dem H-W Gleichgewicht zu bringen; sie verschiebt lediglich die *Position* desselben (d.h. p und q nehmen andere Werte an, aber die Gleichung $p^2 + 2pq + q^2 = 1$ ist immer noch erfüllt). Anders liegt der Fall, wenn die Selektion auf zwei oder mehrere Genloci wirkt, die entweder durch epistatische Interaktionen (gegenseitige Beeinflussung der phänotypischen Wirkung einer Allelsubstitution an den gekoppelten Loci) oder durch chromosomale Nachbarschaft *gekoppelt* sind. Kopplung führt zu einem sog. *Kopplungsungleichgewicht* und damit zu Abweichungen vom H-W Gesetz. Dieses kann aber heute für bestimmte Fälle berechnet werden[47]. Die Multilocustheorie wurde erst in den Sechziger- und Siebzigerjahren entwickelt und ist mathematisch etwas anspruchsvoller als die gängigen Ein-Locus Modelle; es werden aber außer dem Kopplungsungleichgewicht keine neuen Begriffe eingeführt[48].

Ein bedeutendes Ergebnis der mathematischen Populationsgenetik war auch die Theorie der *genetischen Drift*. Fisher[49] rechnete aus, daß in einer Population von N Individuen die Anzahl der *Heterozygoten* an einem bestimmten Locus auch *ohne Selektion* mit einer Rate von $1/4N$ abnehmen muß, und zwar weil bei jedem Reproduktionsakt mit heterozygoten Individuen eine gewisse Wahrscheinlichkeit > 0 gegeben ist, daß alle Nachkommen homozygot sind[50]. Wenn alle Nachkommen für dasselbe Allel homozygot sind, ist das alternative Allel in dieser Linie »ausgestorben«. Einen ähnlichen Vorschlag hatten ein Jahr zuvor A.L. und A.C. Hagedoorn gemacht, deshalb nannte Fisher dies den »Hagedoorn effect«. Wright[51] zeigte, daß Fishers Zahl $1/4N$ nur bei großen Populationen gilt; die Verlustrate heterozygoter Genotypen an einem Locus ist wegen Inzuchteffekten in kleinen Populationen doppelt so groß ($1/2N$). In einer sehr großen Population ist außerdem zu erwarten, daß alle Allele gleich häufig von diesem sto-

---

46 Chetverikov (1926), S. 181

47 Roughgarden (1979), Kap. 8

48 Die Multilocustheorie ist m.E. besonders im Hinblick auf das »units of selection«-Problem interessant, zumindest soweit das anti-genselektionistische Argument von den epistatischen Interaktionen (Mayr 1975b) betroffen ist. Die Multilocustheorie wurde in der »units of selection« Literatur bisher merkwürdigerweise weitgehend ignoriert.

49 Fisher (1922), S. 330

50 Man betrachte z.B. eine Familie, in der beide Eltern heterozygot für braune (vs. blaue) Augen sind. Bei zwei Kindern ist die Wahrscheinlichkeit, daß beide Kinder homozygot für blau oder für braun sind 1/8. Sind sie für dasselbe Allel homozygot, was mit einer Wahrscheinlichkeit von 1/16 eintritt, so hat sich das alternative Allel nicht weitervererbt. Durch diesen Effekt nimmt die Zahl der Heterozygoten in einer Population ständig ab.

51 Wright (1931), S. 110

chastischen Effekt betroffen sind, so daß der Effekt keinen Einfluß auf die relativen Genfrequenzen hat (d.h. das H-W Gesetz hält). In kleinen Populationen kann es aber durch Zufall vorkommen, daß ein Allel häufiger betroffen ist als seine Partner. Wright schloß daraus:

> The constancy of gene frequencies in the absence of selection, mutation or migration cannot for example be expected to be absolute in populations of limited size. Merely by chance one or the other allelomorphs may be expected to increase its frequency in a given generation and in time the proportions may drift a long way from its original values.[52]

Wenn also ein Allel keinen Effekt auf das Überleben oder die Fortpflanzung hat (=neutrales Allel), dann wird seine Frequenz in jeder Generation um einen Betrag fluktuieren, der um so größer ist, je kleiner die Population ist. Auf diese Weise kann ein Allel sogar völlig aussterben oder »fixiert« werden (wenn seine Frequenz 1 wird, dann ist das alternative Allel ausgestorben und die Frequenz bleibt 1, bis ein neues alternatives Allel auftaucht). Wright[53] zeigte außerdem, daß Selektion auf einzelne Genloci nur wirksam ist, wenn der Selektionskoeffizient s wesentlich größer als $1/2N$ ist, andernfalls »driftet« die Population an diesem Locus.

Wrights Theorie der genetischen Drift löste eine langjährige Kontroverse aus[54]. Fisher und sein Mitstreiter E. B. Ford waren der Auffassung, daß die meisten Evolutionsprozesse durch Massenselektion von Allelen in großen Populationen dominiert werden. Dies impliziert, daß die meisten evolutionären Veränderungen *adaptiv* sind; Fisher und Ford waren also »Adaptationisten«[55]. Wright räumte hingegen der Drift eine bedeutende Rolle in der Evolution ein. Sein Standpunkt wurde oft dahingehend mißverstanden, er hätte behauptet, daß Drift der dominierende Faktor in der Evolution natürlicher Populationen sein; demnach wäre Wright ein Anti-Adaptationist gewesen. Wrights Standpunkt war aber subtiler: Er postulierte eine komplexe Interaktion von Selektion, Drift und Migration als hauptsächlichen Evolutionsmechanismus. Wright stellte sich vor, daß große Populationen häufig in kleine Kolonien aufgespalten werden, in denen genetische *Drift* auftritt[56]. Dadurch könnten in einigen Kolonien durch Zufall besonders günstige Genkombinationen entstehen, deren einzelne Gene für sich genommen nicht adaptiv sind. Diese günstigen Genotypen würden sich

---

52 *ibid.*, S. 106

53 *ibid.*, S. 134

54 Provine (1986), Kap. 9 und 12

55 Siehe Gould und Lewontin (1979) sowie Sober (1993, Kap. 5) zu Problemen des Adaptationismus.

56 Wright (1932)

stark vermehren und *Migranten* in die umliegenden Kolonien aussenden, so daß in diesen Kolonien weniger günstige Genotypen durch *Selektion* verdrängt würden[57]. Wright nannte diesen Prozeß »intergroup selection«, was aber nicht mit »Gruppenselektion« im Sinne etwa Wynne-Edwards[58] identisch ist. Wrights »shifting balance«-Prozeß wurde von Dobzhansky als wichtiger Evolutionsmechanismus betrachtet[59].

Genetische Drift ist bis heute ein ebenso kontroverses wie interessantes Thema geblieben, besonders durch die neueren »neutralistischen« Theorien molekularer Evolution[60]. Diese Theorien gehen davon aus, daß die meisten Mutationen überhaupt keine phänotypischen Auswirkungen haben, weil sie oft funktional neutrale Aminosäuresubstitutionen in Proteinen betreffen und deshalb ein großer Teil der Evolution von Proteinen nicht adaptiv ist. Außerdem gab es Diskussionen, ob in einem gegeben Fall eines Evolutionsprozesses von Selektion oder von Drift als *Nullhypothese* auszugehen ist[61]. Wird die These vertreten, daß man eine Hypothese, daß Selektion stattgefunden hat, nur annehmen darf, wenn Drift als Ursache eines Evolutionsprozesses statistisch gesehen verworfen werden kann, wird die Drifttheorie integraler Bestandteil der Selektionstheorie.

6.4 Die Rückkehr des Phänotyps

Die mathematische Populationsgenetik bestand darin, von einigen wenigen fundamentalen Prinzipien wie dem Hardy-Weinberg Gesetz ausgehend quantitative Modelle aufzustellen, die theoretische Erklärungen für gewisse Evolutionsprozesse, vor allem Selektion und Drift an einzelnen Loci sowie Selektion von durch viele Gene bestimmten, quantitativen Merkmalsunterschieden möglich machten. In den letzten drei Jahrzehnten wurde aber Selektion zunehmend auch mit quantitativen *phänotypischen* Modellen studiert. Darunter versteht man solche Modelle, die keine Annahmen über das *genetische System* (haploid/diploid; sexuell/vegetativ etc.) der betrachteten Organismen machen. Man kann sich fragen, weshalb dies überhaupt erwünscht sein sollte, nachdem man nun diese präzisen populationsgenetischen Theorien hat und aus der Geschichte gelernt haben sollte, wie fundamental die Mechanismen der

---

57 Provine (1986), S. 288

58 Wynne-Edwards (1963)

59 Dobzhansky (1939), S. 133. Wright hatte vermutlich über Dobzhansky von den drei großen Populationsgenetikern den stärksten Einfluß auf die Evolutionäre Synthese.

60 Kimura (1983)

61 Beatty (1987a)

Vererbung für das Verständnis der Evolution sind. In der folgenden Diskussion soll klar gemacht werden, weshalb für das Verständnis der Evolution auch phänotypische Modelle der Selektion erforderlich sind.

Wie in 6.3 bereits kurz erwähnt wurde, gehen die Selektionsmodelle der theoretischen Populationsgenetik davon aus, daß gewisse Allele in Populationen die Tendenz haben, mehr Kopien in den folgenden Generationen zu hinterlassen als alternative Allele. Unterschiede in dieser Tendenz werden meist durch den Selektionskoeffizienten *s* ausgedrückt, wobei dem vorteilhaften Allel meist willkürlich der Wert 1, dem nachteilhaften Allel der Wert 1 - *s* zugeschrieben wird (siehe auch 8.2e). Wodurch der Unterschied in der Weitergabetendenz zwischen verschiedenen Allelen bedingt ist, spielt in dieser Art von theoretischer Betrachtung keine Rolle. Trotzdem will die Biologin natürlich in konkreten Fällen wissen, ***warum*** gewisse Allele unter bestimmten Bedingungen besser an die nächste Generation weitergegeben werden.

Ein Allel kann in einer Population bevorzugt werden, weil es seinen Trägern (oder den nächsten Verwandten seiner Träger, siehe unten) einen *Fortpflanzungs-* oder *Überlebensvorteil* gegenüber den Trägern eines alternativen Allels verschafft. Wenn die Träger eines bestimmten Allels im Durchschnitt mehr Nachkommen hinterlassen als die Träger eines alternativen Alleles, so wird das Allel in zukünftigen Generationen in größerer Kopienzahl vertreten sein. Mit anderen Worten, ein Allel kann die Häufigkeit, mit der es an die nächsten Generationen weitergeben wird dadurch erhöhen, indem es die *Fitness* seines Trägers erhöht (siehe Kap. 8 für eine ausführliche Diskussion des Fitnessbegriffs). Eine vollständige Erklärung eines Selektionsprozesses für ein einzelnes Allel beinhaltet auch eine Erklärung, weshalb die durch das Allel verursachten Merkmalsunterschiede beim Trägerorganismus eine höhere Fitness bewirken. Erst dieses Wissen ergibt eine vollständige Erklärung, weshalb die durch ein in der Selektion bevorzugtes Allel bestimmten organismischen Merkmale *adaptiv* sind.

Evolutionsbiologen sind nun aber oft an Merkmalen interessiert, deren genetische Basis sie nicht kennen, d.h., bei denen die Gene, die diese Merkmale in der Population genetisch variieren lassen können, nicht durch genetische Analysen identifiziert wurden. Dies ist oft dann der Fall, wenn es sich um komplexe Merkmale höherer Organismen handelt, bei denen genetische Analysen deswegen schwierig sind, weil sie durch eine große Zahl von Genen beeinflußt werden. Besonders gilt dies z.B. für *Verhaltensmerkmale* bei höheren Tieren sowie die Merkmale des *Lebenszyklus* bei Tieren und Pflanzen (in der Fachsprache meist »life history traits« genannt, z.B. die Anzahl der Nachkommen pro Wurf, das Alter bei Erreichen der Geschlechtsreife, die Häufigkeit von Fortpflanzungsversuchen usw.). Solche Merkmale werden durch höchst komplexe genetische Programme kontrolliert, über deren Struktur und Wirkungsweise man in vielen Fällen so gut wie nichts weiß. Es ist in den letzten Jahren aber klar geworden, daß man über solche Merkmale trotzdem evolutionäre Aussagen machen kann, besonders bezüglich der Frage, ob es sich um *adaptive* Merkmale handelt, und, falls ja, *warum* sie adaptiv sind. Mit anderen Worten, in vielen Fällen lassen sich heute die *ultimaten* Ursachen (siehe Kap. 7) von Merkmalen - d.h. die historischen Gründe, weshalb diese Merkmale in einer Art vorhanden sind - angeben, bevor man deren *proximate* Ursachen kennt - d.h. die genetischen, physiologischen und embryologischen Umstände, die das Merkmal in jedem Individuum während dessen Ontogenese hervorbringen[62].

Das Studium von Adaptationen war schon immer Gegenstand der Evolutionsbiologie. Darwins »Origin« enthält viele adaptive Hypothesen, in denen Darwin über den evolutionären Nutzen bestimmter organismischer Merkmale spekuliert. Besonders schön ist z.B. Darwins Untersuchung der Wabenkonstruktion bei Honigbienen, wo er mit Manipulationsexperimenten zu zeigen versuchte, daß die Konstruktion, die für die Zwecke der Bienen optimal zu sein scheint, durch einige Modifikationsschritte aus einfachen Verhaltensweisen beim Wabenbau erhalten werden kann. Er folgert: »the most wonderful of all known instincts, that of the hive-bee, can be explained by natural selection having taken advantage of numerous successive, slight modifications of simpler instincts«[63].

Wie in 6.2 gezeigt wurde, bestanden um die Jahrhundertwende erhebliche Zweifel bezüglich der Wirksamkeit von Selektion. Dementsprechend betrachteten besonders Genetiker das Studium von Adaptationen oft als »unwissenschaftlich«. Wie in 2.2 erwähnt wurde, bemängelte z.B. Bateson das Fehlen quantitativer Angaben über die »Kosten« und »Nutzen« bestimmter Eigenschaften, ohne die in Batesons Sicht keine Angaben über die Adaptivität bestimmter Merkmale gemacht werden dürfen. Darin wird Bateson jeder heutige Biologe sofort zustimmen; nur sind heute genau solche »Kosten/Nutzen«-Rechnungen mit Hilfe von theoretischen Ansätzen, die unten zu besprechen sind, möglich.

Vermutlich aufgrund der allgemeinen Annahme der Synthetischen Evolutionstheorie, die der Adaptation durch natürliche Selektion eine bedeutende

---

62 Siehe z.B. Stearns (1992): »We cannot afford to wait until the molecular analysis of development and physiology has delivered a few mature summary statements relevant to individual variation in fitness, for that will take centuries-if it ever happens at all. We must make our own hypotheses and hope that that the molecular connection will come at a later date« (S. 10).

63 Darwin (1859), S. 235

Rolle zuwies[64], begann die allgemeine Skepsis bezüglich der Adaptation in eine regelrechte Begeisterung für adaptive Hypothesen umzuschlagen. Sehr einflußreich war z.B. Wynne-Edwards Vorschlag aus den Sechzigerjahren, daß bestimmte Verhaltensweisen bei Tieren die adaptive Funktion hätten, die Populationsdichte zu regulieren, damit die Population nicht ihre Ressourcen übernutzt und damit ausstirbt. Wynne-Edwards postulierte einen Prozeß der »Gruppenselektion« der zu solchen Adaptationen führen soll[65]. Die Theorie der Gruppenselektion wurde in der Folge in einem vielzitierten Buch von G. C. Williams (1966) kritisiert und zurückgewiesen. Williams verlangte beim Studium von Adaptationen »a more rigorously disciplined treatment«[66], als es eine Zeitlang üblich war. Adaptivität eines Merkmals darf nach Williams niemals einfach angenommen werden (höchstens zu heuristischen Zwecken), sondern darf nur dann postuliert werden, wenn positive Evidenz dafür vorliegt und nicht-adaptive Erklärungen zur Erklärung des Vorhandeseins eines Merkmals nicht ausreichen.

Eine bedeutende neuere Entwicklung in der Selektionstheorie ist die Theorie der »kin selection« von W. D. Hamilton. Hamilton gab erstmals eine populationsgenetische Erklärung für scheinbar »altruistische« Verhaltensweisen bei Tieren, die keine Gruppenselektion postulieren mußte[67]. Mit Hamiltons Theorie konnte man z.B. das Verhalten staatenbildender Insekten erklären, wo bestimmte Individuen zugunsten von Geschwistern auf ihre eigene Fortpflanzung verzichten. Nach Hamiltons Theorie hat die Selektion dieses Verhalten bevorzugt, weil die haploiden Arbeiterinnen mit ihren Geschwistern näher verwandt sind, als mit diploiden Söhnen. Die Gene der Arbeiterinnen tragen unter diesen gegeben Bedingungen besser zu ihrem Überleben bei, indem sie das Insekt veranlassen, ihren Geschwistern zu helfen[68]. Die Theorie der »kin selection« (siehe auch 8.2) trifft also explizite Annahmen über das genetische System der beteiligten Organismen. Obwohl die Gene, die das »altruistische« Verhalten kontrollieren, in der Regel nicht bekannt sind, werden solche Gene als in den sexuellen Lebenszyklus eingebundene theoretische Entitäten postuliert

---

64 Gould (1983) hat darauf hingewiesen, daß die anfänglichen Vertreter der Synthetischen Evolutionstheorie bezüglich des Adaptationismus noch sehr vorsichtig waren, dann aber zunehmend adaptationistischer wurden. Gould bezeichnet diese post-synthetische Tendenz zum Adaptationismus als »the hardening of the synthesis«.

65 Wynne-Edwards (1963)

66 Williams (1966), S. 258

67 Hamilton (1964)

68 Für eine gut verständliche Einführung in die Theorie der »kin selection« siehe Dawkins (1989), Kap. 6).

(daß das Verhalten von Insekten größtenteils genetisch bedingt ist, d.h. daß diese Tiere kaum gelerntes Verhalten zeigen, steht allerdings außer Zweifel).

Es wurden aber in neuerer Zeit auch theoretische Modelle zur Erklärung von Adaptationen entwickelt, die ausschließlich von *Phänotypen* handeln und nicht von Genen. Ich werde drei Typen von solchen Modellen kurz vorstellen: (1) spieltheoretische Modelle mit dem Begriff der evolutionsstabilen Strategie (ESS), (2) die Theorie der optimalen Lebenszyklen und (3) öko-physiologische Optimierungsmodelle. Besonders interessieren mich hier die Gemeinsamkeiten dieser drei theoretischen Ansätze.

Spieltheoretische Modelle wurden anfänglich entwickelt, um ritualisiertes Konfliktverhalten bei sozialen Tieren zu erklären. In den Sechzigerjahren war für solche soziobiologischen Phänomene eine bestimmte Art von Erklärung populär, die die Ritualbildung und Kontrolle der intraspezifischen Aggression auf Adaptationen zurückführten, die »zum Wohle der Art« entstanden sind, d.h. durch Gruppenselektion[69]. Nachdem Gruppenselektion aufgrund von Williams' Kritik nicht mehr akzeptabel war, mußten alternative Erklärungen gesucht werden. J. Maynard Smith und G. R. Price verwendeten erstmals einen spieltheoretischen mathematischen Ansatz zu diesem Zweck[70]. Der Ansatz wird am einfachsten anhand des bekannten »Falken/Tauben-Spiels« verständlich.

Es wird angenommen, daß in einer Population von Tieren zwei verschiedene Verhaltensphänotypen H und D vorkommen. Im Zusammenhang mit Verhaltensweisen spricht man meist von »Strategien«. Ein Tier mit Strategie H (für »hawk«, Falke, Symbol des Kriegs) verhält sich wie folgt: Wenn es einem anderen Tier der gleichen Art begegnet und es zum Konflikt kommt (z.B. wegen eines Beutetiers), läßt H den Konflikt eskalieren, d.h. es kämpft und riskiert dabei, verletzt zu werden. Phänotyp D (für »dove«, Taube, Symbol des Friedens) ist sanftmütiger: Das Tier zieht sich zurück, bevor es zu Verletzungen auf irgendeiner Seite kommen kann. Es fragt sich nun, welche dieser beiden Strategien die erfolgreichere ist, d.h., welcher Phänotyp die größere Fitness besitzt. Eine heuristische Überlegung möge die Komplexität des Problems verdeutlichen.

Eine Population bestehe zum überwiegenden Teil aus Tauben und einigen wenigen Falken. Es scheint, daß die Falken in einer solchen Population einen Vorteil haben. Bei den meisten Konflikten werden sie als Sieger hervorgehen, weil die Tauben sich ja dauernd zurückziehen. Der Falke wird über mehr Ressourcen, ein größeres Territorium, mehr Weibchen oder worüber immer der Konflikt ausgebrochen ist verfügen, d.h. er hat eine höhere Fitness. Jetzt nehme

---

69 Der berühmteste Verfechter einer solchen Theorie war Konrad Lorenz (Lorenz 1966).

70 Maynard Smith und Price (1973); siehe auch Maynard Smith (1982)

man an, ein Selektionsprozeß setze ein, der die Population mit Falken anreichert. Dies ist zu erwarten, denn die Gene, die den Falken-Phänotyp bedingen, werden unter den beschriebenen Umständen mehr Kopien in den folgenden Generation hinterlassen. Irgendwann besteht die Population fast nur noch aus Falken und nur noch wenigen Tauben. Ein Falke wird sich dann in den meisten Konfliktsituationen einem anderen Falken gegenüber finden, und möglicherweise schwer verletzt werden, weil der Konflikt eskaliert. Unter diesen Bedingungen sind unter Umständen die wenigen noch vorhandenen Tauben im Vorteil, denn sie fliehen stets, bevor sie von einem Falken verletzt werden können. Offenbar hängt die Fitness der beiden Phänotypen H und D davon ab, welche der beiden Strategien in der Population gerade vorherrscht. Diesen Fall nennt man *Frequenzabhängigkeit* der Fitness.

Die heuristische Überlegung macht deutlich, wie eine solche Population evoluiert: Die Falken nehmen zu, solange sie in der überwiegenden Minderheit sind, ebenso die Tauben. Dies heißt, daß es einen Gleichgewichtspunkt in der Verteilung von Falken und Tauben geben muß, bei dem sich die Vorteile und Nachteile der beiden Strategien die Waage halten. Dies kann im Falken/Tauben Spiel dadurch realisiert werden, indem ein Teil der Population den Phänotyp H und der Rest den Phänotyp D annimmt, oder indem alle Individuen zu einem gewissen Teil H und zu einem gewissen Teil D spielen (gemischte Strategie). Solche Gleichgewichtszustände haben Maynard Smith und Price *evolutionsstabile Strategien* (ESS) genannt. Eine ESS ist dadurch charakterisiert, daß wenn die Mehrheit der Population die ESS befolgt, keine Mutanten in die Population eindringen können, deren Strategie bezüglich des betrachteten Verhaltens nicht der ESS entspricht.

Auf eine mathematische Darstellung der Kriterien für eine ESS wird hier verzichtet; eine solche läßt sich in jedem fortgeschrittenen Lehrbuch der Evolutionsbiologie nachschlagen[71]. Es gilt aber, folgende Merkmale des spieltheoretischen Ansatzes festzuhalten: (1) Er läßt sich *verallgemeinern* auf alle Fälle, in denen die Kosten und Nutzen eines Merkmals frequenzabhängig sind. Dies ist nicht nur bei vielen sozialen Interaktionen im Tierreich der Fall, sondern kann z.B. auch bezüglich des Wachtums von Pflanzen in Pflanzengemeinschaften auftreten. Spieltheoretische Ansätze konnten dementsprechend auch erfolgreich auf solche Fälle angewendet werden[72]. (2) Spieltheoretische Modelle geben Kriterien für ein *Selektionsgleichgewicht* an; sie sagen nichts darüber, wie und ob ein solches Gleichgewicht in einer gegeben Population erreicht werden kann. (3) Es werden keinerlei *genetische Annahmen* getroffen. Es muß lediglich

---

[71] z.B. Maynard Smith (1992), S. 116-124 oder Futuyma (1990), S. 307

[72] z.B. Schmid und Bazzaz (1994)

angenommen werden, *daß* die betrachteten Phänotypen genetisch fixiert sind, und daß eine ausreichende genetische Variabilität vorhanden ist, um die Population durch Selektion ins Gleichgewicht zu bringen. Die Modelle lassen sich theoretisch gleichermaßen für sexuelle und für asexuelle Organismen anwenden. Bei sexuellen Populationen können sich theoretisch gewisse Komplikationen ergeben, die das Erreichen der ESS verhindern, besonders bei gemischten ESS[73]. (4) Bei frequenzabhängiger Selektion kann der scheinbar paradoxe Fall eintreten, daß die durchschnittliche Fitness der Population als Folge des Selektionsprozesses *abnimmt*, was unter anderem Fishers Theorem (siehe 6.3) widerspricht. Daraus folgt, daß natürliche Selektion nicht unbedingt zu einer »Verbesserung« eines Organismus bezüglich seines reproduktiven Erfolgs führen muß[74].

Ein erheblicher Teil der evolutionsbiologischen Forschung seit den Vierzigerjahren hat sich mit der Evolution von *Lebenszyklen* beschäftigt. Unter Lebenszyklus-Merkmalen (»life history traits«) werden eine große Zahl von Parametern zusammengefaßt, die innerhalb einer Art bestimmte durchschnittliche Werte annehmen, z.B. die Lebensdauer, die Zahl der Nachkommen pro Wurf, die Zahl der Fortpflanzungsversuche, das Alter und Gewicht bei Erreichen der Geschlechtsreife und noch weitere, ähnliche Parameter. In der Natur findet sich eine ungeheure Bandbreite von verschiedenen Lebenszyklen (man vergleiche z.B. eine Eintagsfliege mit einer dreihundertjährigen Eiche!) und das Auffinden von ultimaten Erklärungen für das Vorherrschen bestimmter Lebenszyklen bei bestimmten Arten ist zu einem ebenso komplexen wie faszinierenden Forschungsgebiet geworden, mit dem sich gegenwärtig vermutlich mehr Biologen und Biologinnen beschäftigen als mit einigen der »klassischen« Fragen in der Evolutionsbiologie (z.B. Artbildung). Es konnte gezeigt werden, daß viele Lebenszyklus-Parameter unter der strengen Kontrolle der natürlichen Selektion stehen, d.h. daß es starke Selektionsdrücke für die evolutionäre Einstellung der Lebenszyklen auf lokale Adaptivitätsmaxima gibt. Dies leuchtet auch intuitiv sofort ein: Lebenszyklus-Parameter sind Merkmale, die einen unmittelbaren Effekt auf den Fortpflanzungserfolg eines Typs haben können, was besonders bei der Zahl der Nachkommen offensichtlich ist.

Eine klassische Arbeit in diesem Bereich ist D. Lacks Studie zum Einfluß der Gelegegröße bei Staren auf den Fortpflanzungserfolg der Vögel[75]. Lack zeigte, daß es eine obere Grenze für die Anzahl der gelegten und bebrüteten Eier gibt, deren Überschreiten sich auf den Fortpflanzungserfolg eines Paares ungünstig

---

73 Maynard Smith (1992), S. 125

74 vgl. Sober (1993), S. 97f.

75 Lack (1947b)

auswirkt. Als Grund schlug Lack vor, daß oberhalb dieser Grenze die Überlebenschancen der Jungvögel stark abnehmen, weil die Eltern nur eine gewisse Zahl von Jungtieren optimal füttern können. Lack schlug vor, daß die Zahl der *überlebenden* Nachkommen diejenige Größe ist, die durch Selektion optimiert wird, und daß es für jede Vogelart eine optimale Gelegegröße gibt, die diesen Wert optimiert. Die Zahl der überlebenden Nachkommen repräsentiert in diesem Fall also die Fitness. Neuere Arbeiten zu diesem Problem haben vor allem versucht, Abweichungen von der »Lack clutch« zu erklären[76].

Eine erste allgemeine Theorie über die Evolution von Lebenszyklen stammt von R. H. MacArthur und E. O.Wilson[77]. Diese Autoren schlugen vor, daß alle Lebenszyklen in einem Kontinuum zwischen zwei extremen Strategien liegen, die sie als »*r*-Strategie« und als »*K*-Strategie« bezeichneten. Die beiden Größen *r* und *K* entstammen der logistischen Gleichung für dichtelimitiertes Populationswachstum (siehe 8.2), wo sie die intrinsische Wachstumsrate resp. die Tragfähigkeit bezeichnen. MacArthur und Wilson stellten sich vor, daß Selektion in einer Umwelt, in der keine Ressourcenlimitierung vorliegt (z.B. beim Eindringen einer Art in einen bisher ungenutzten Lebensraum), die intrinsische Wachstumsrate der Population erhöht (*r*-Selektion), während sie in einer Umwelt mit starker Ressourcenlimitierung (z.B. infolge Kompetition) die Tragfähigkeit zu erhöhen versucht (*K*-Selektion). *r*- und *K*- Selektion führen zu unterschiedlichen Fortpflanzungsstrategien: Erstere bevorzugt Typen, die möglichst schnell möglichst viele Nachkommen produzieren, letztere solche, die wenige aber kompetitiv erfolgversprechende Nachkommen hervorbringen. Die Theorie der *r* und *K*-Selektion hatte eine befruchtende Wirkung für weitere Forschung auf diesem Gebiet, gilt heute allerdings als zu stark vereinfacht[78].

Inzwischen gibt es eine große Zahl von Modellen über die verschiedenen Lebenszyklusparameter. S. C. Stearns und J. Koella haben z.B. gezeigt, daß auf das Alter und Gewicht, bei denen die sexuelle Maturität erreicht wird, theoretisch ein starker Selektionsdruck zu erwarten ist[79]. Heuristisch kann dies folgendermaßen plausibel gemacht werden: Beginnt ein Organismus seine Fortpflanzung zu spät, kann er dadurch in Nachteil geraten, besonders in einer schnell wachsenden Population, in der die früh sich fortpflanzenden Typen später überproportional vertreten sein werden. Zu frühes Einsetzen der Fortpflanzung kann aber auch einen Nachteil bedeuten, da z.B. ein noch untergewichtiges Weibchen noch nicht über die für den optimalen Erfolg des

---

76 Stearns (1992), S. 151ff.
77 MacArthur und Wilson (1967)
78 Stearns (1992), S. 206f.
79 Stearns und Koella (1986)

Fortpflanzungsversuchs notwendigen Ressourcen verfügen könnte. Irgendwo gibt es ein Optimum, das unter bestimmten Modellannahmen berechnet werden kann. Stearns und Koella nahmen an, daß die demographische Verteilung der Population der Euler-Lotka Gleichung (siehe 8.3) gehorcht und daß Selektion für den Zeitpunkt der Erreichung der Maturität den Malthusischen Parameter (ein Maß für das Wachstum einer Population mit stabiler demographischer Struktur, siehe 8.3) maximiert, der hier als Maß für die Fitness des Phänotyps auftritt.

Ein weiterer Lebenszyklus-Parameter, der intensiv untersucht wurde, ist die Lebensdauer, die z.B. im Zusammenhang mit der Humanbiologie natürlich eine besonders interessante Eigenschaft ist. Die grundsätzliche Frage ist, ob z.B. die menschliche Lebensdauer (d.h. deren Reaktionsnorm!) sich gegenwärtig in einem Selektionsgleichgewicht befindet, oder ob auf dieses Merkmal keine starke Selektion wirkt. Mache Biologen vermuten, daß die Lebensdauer vor allem durch das späte Wirksamwerden gewisser Mutationen, gegen die während der reproduktiv kritischen Phase keine Selektion herrscht weil sie sich erst im Alter bemerkbar machen, begrenzt wird (z.B. Mutationen die zu degenerativen Erkrankungen des Zentralnervensystems wie der berüchtigten Alzheimer-Krankheit führen). In diesem Fall wäre die Lebensdauer kein adaptives Merkmal. Es ist aber auch denkbar, daß die Lebensdauer durch Selektion so eingestellt wurde, daß die Gesamtfitness optimiert wird; in diesem Fall wäre sie ein adaptives Merkmal. Das Problem hat sich als äußerst komplex erwiesen und ist zur Zeit Gegenstand intensiver Forschung[80].

Die Lebenszyklus-Theorie ist sehr anspruchsvoll und ich werde hier nicht weiter darauf eingehen. Auf die bei Lebenszyklus-Modellen verwendeten Fitnessmaße werde ich in Kap. 8 zurückkommen. Hier sollen aber die wichtigsten Merkmale der Lebenszyklus-Theorie festgehalten werden: (1) Wie auch die oben erwähnten spieltheoretischen Modelle, sind die meisten Lebenszyklus-Modelle *phänotypisch*. Es wird davon ausgegangen, daß die Lebenszyklus-Parameter bzw. deren Reaktionsnormen (d.h. der Bereich phänotypischer Ausprägungen bezüglich eines Merkmals, die ein Genotyp unter verschiedenen Umweltbedingungen annehmen kann) genetisch fixiert sind, daß es genetische Variabilität für diese Merkmale gibt, und daß Selektion auf die für die Parameter verantwortlichen Gene z.B. in einem sexuellen Organismus zur Optimierung dieser Parameter führen kann. Sexuelle Fortpflanzung wird aber bei den meisten solchen Modellen nicht vorausgesetzt. (2) Wie bereits in den spieltheoretischen Ansätzen gibt die Theorie der optimalen Lebenszyklen nur

---

80 Siehe Partridge und Barton (1993) für einen neueren Übersichtsartikel zu diesem Thema.

den *Gleichgewichtszustand* für die phänotypischen Parameter eines entsprechenden Selektionsprozesses an; sie sagen nichts über diesen Prozeß selbst. (3) Bei der Aufstellung von Optimierungsmodellen für Lebenszyklen müssen zwei wichtige Faktoren berücksichtigt werden: »trade-offs« und »constraints«. Die ersteren bezeichnen einen »Interessenkonflikt« zwischen verschiedenen Merkmalen. Bei physiologischen trade-offs geht es beispielsweise um die Verteilung von Ressourcen, meist irgendeine Form von metabolischer Energie, zwischen verschiedenen physiologischen Prozessen. Z.B. kann bei einem Säugetierweibchen eine gesteigerte Milchproduktion, die die Überlebenschancen der Nachkommen erhöht, die Überlebenschancen des Muttertiers während des Winters herabsetzen, da die entsprechenden Ressourcen auch für die Anlegung von Fettreserven verwendet werden könnten. Eine größere Überlebenswahrscheinlichkeit der Nachkommen wird also in diesem Fall mit dem Risiko »erkauft«, daß das Weibchen im darauffolgenden Jahr infolge Todes oder Schwächung keine weiteren Nachkommen produzieren kann[81]. Selektion kann aber theoretisch die physiologische Regulation der Verteilung der Energieressourcen des Tieres dergestalt optimieren, daß der totale Fortpflanzungserfolg maximiert wird. Lebenszyklus-Modelle müssen solche »trade-offs« natürlich möglichst zu berücksichtigen versuchen.

»Constraints« bezeichnen Merkmale, die in der Physiologie oder Ontogenese eines Organismus dermaßen fest verankert sind, daß sie durch die Evolution kurzfristig nicht verändert werden können[82]. An dem Prädikat »kurzfristig« sieht man, daß constraints stets *relativ* zu anderen, mikroevolutionär leichter veränderlichen Merkmalen definiert sind. Für die Mikroevolution von Bakterien ist z.B. die Größe des Genoms ein constraint, da diese Organismen sich um so langsamer fortpflanzen, je mehr DNA sie replizieren müssen. Irgendwo in der Evolution von Eukaryonten wurden aber die multiplen Replikationsursprünge erfunden (d.h. der DNA-Kopierprozeß beginnt an mehreren Stellen des Chromosoms gleichzeitig), so daß dieser constraint wegfällt. Auch constraints bilden einen integralen Bestandteil von Modellen in der Theorie der optimalen Lebenszyklen[83].

Die letzte hier zu besprechende Klasse von phänotypischen Modellen in der Selektionstheorie betrifft physiologische sowie ökologische Eigenschaften von Organismen, bei denen es meist um die *Effizienz* bestimmter Prozesse,

---

81 Stearns (1992), S. 75

82 *ibid.*, S. 17f.

83 Manche Autoren haben darauf hingewiesen, daß constraints in der klassischen Synthetischen Evolutionstheorie kaum berücksichtigt wurden, daß Selektion also sozusagen für omnipotent gehalten wurde, z.B. Gould und Vrba (1982) oder Gould (1994).

Strukturen oder Dispositionen geht. Heuristisch gesehen ist die Idee, daß natürliche Selektion die physiologischen Prozesse eines Organismus sowie dessen mechanische, molekulare usw. Strukturen in Richtung höherer Effizienz gestaltet, höchst plausibel. Die Frage für die Wissenschaft ist natürlich, *warum* gewisse Prozesse, Dispositionen oder Strukturen effizienter sind als andere, und was »Effizienz« genau bedeutet. Da Effizienz zumindest komparativ, wenn nicht quantitativ ist, scheint es angebracht, diese Frage mittels quantitativer Methoden zu studieren. Dieser Zweig der Evolutionsbiologie heißt Optimierungstheorie (engl. optimality theory) und macht zur Zeit einen erheblichen Teil der evolutionsbiologischen Forschung aus.

Das Ziel der Optimierungstheorie besteht darin, sogenannte Optimierungsmodelle über bestimmte organismische Merkmale zu konstruieren. Dabei wird gefragt, welche Kombination von Merkmalsausprägungen für seine Träger die höchste Fitness ergibt. Das gesuchte Fitnessmaximum ist dabei ein *lokales*, d.h. es gilt für einen Bereich von Möglichkeiten, die dem Organismus überhaupt zur Verfügung stehen. Bei der Konstruktion eines Modells wird meist davon ausgegangen, daß im untersuchten Fall ein entsprechender Selektionsprozeß bereits stattgefunden hat, d.h. daß die betrachteten Merkmale für die Fitness der Organismen in der Geschichte der untersuchten Art optimiert wurden. Theoretisch könnten Optimierungsmodelle aber auch dazu verwendet werden, zu zeigen, daß ein solcher Selektionsprozeß in einem gegeben Fall *nicht* stattgefunden hat[84]; allerdings ist diese theoretische Möglichkeit bisher noch kaum realisiert worden.

Ein klassisches Beispiel eines Optimierungsmodells ist C. S. Hollings Analyse des Fangapparates der Gottesanbeterin[85]. Holling studierte die Geometrie der Vorderbeine dieses Insekts, und berechnete den maximalen Durchmesser eines Beutestücks, das die Gottesanbeterin festhalten kann. In der Annahme, daß die Gottesanbeterin versucht, bei einem Beutezug möglichst viel Energie in Form von Beutetieren zu sich zu nehmen, sagte er voraus, daß die Tiere möglichst Beutetiere von dem von ihm berechneten Durchmesser fangen sollten. Hollings Vorhersage konnte empirisch bestätigt werden.

Ein weiteres Beispiel ist G. Parkers Studie über das Paarungsverhalten von Schmeißfliegen (*Scatophaga stercoraria*)[86]. Die Weibchen kopulieren mehrmals, wobei Parker zeigte, daß bei zwei aufeinanderfolgenden Kopulationen mit zwei verschiedenen Männchen das zweite Männchen mehr Eier befruchtet als das erste. Dies ist vermutlich der Grund, weshalb die Männchen nach einer erfolgten

---

84 Parker und Maynard Smith (1990)

85 Holling (1964), siehe auch Beatty (1980)

86 Parker (1974); siehe auch Sober (1993), S. 133-136

Kopulation das Weibchen während einer gewissen Zeit bewachen und Männchen vertreiben, die sich dem Weibchen nähern wollen. Außerdem zeigte Parker, daß die Anzahl der durch ein Männchen befruchteten Eier von der Kopulationsdauer abhängt; bei etwa 100 Minuten Kopulation sind alle Eier befruchtet. Um also eine maximale Zahl von Nachkommen von einem Weibchen zu erhalten, muß ein Männchen rund 256 Minuten mit dem Weibchen verbringen. In dieser Zeit könnte das Männchen natürlich weitere Weibchen befruchten, was sich unter Umständen für das Männchen mehr lohnt, da die Anzahl der befruchteten Eier pro zusätzliche in die Kopulation investierte Zeit ständig abnimmt. Parker berechnete mittels eines einfachen graphischen Optimierungsverfahrens, bei dem er die Zahl der befruchteten Eier gegen die Kopulationszeit auftrug, daß das Männchen die Anzahl der befruchteten Eier pro Zeit maximieren kann, indem es mit jedem Weibchen ca. 41 Minuten kopuliert. Der tatsächlich beobachtete Wert war 35 Minuten, was angesichts der Einfachheit des Modells eine gute Übereinstimmung darstellt.

Bei dem eben besprochenen Optimierungsmodell wurde angenommen, daß die Männchen ihre Fitness maximieren können, indem sie pro Zeiteinheit möglichst viele Eier befruchten. Da es einen direkten Zusammenhang zwischen der Anzahl befruchteten Eier und der Anzahl der Nachkommen eines Männchens gibt, kann man sagen, daß die maximierte Variable in diesem Beispiel ein mehr oder weniger direktes Fitnessmaß ist. Bei anderen Optimierungsmodellen kommen aber völlig andersartige Fitnessmaße zum Zug. In einem Optimierungsmodell für das Nektarsammelverhalten von Honigbienen benutzten z.B. P. Schmid-Hempel und Mitarbeiter die Energieeffizienz des Nektarsammelns, d.h. den Energiegewinn (in Form von energiereichen Verbindungen im Nektar) pro Energieaufwand (in Form von für den Sammelflug aufgewendeter metabolischer Energie) als Maß für die Fitness, d.h. als diejenige Größe, für die angenommen wird, daß sie durch Selektion optimiert wurde. Dieses Beispiel wird in 11.3 noch im Detail vorgestellt werden.

Folgende Eigenschaften charakterisieren solche öko-physiologischen Optimierungsmodelle: (1) Die Modelle sind phänotypisch in dem bereits im Zusammenhang mit der evolutionären Spieltheorie und der Lebenszyklus-Theorie ausgeführten Sinn. (2) Auch Optimierungsmodelle geben Bedingungen für Gleichgewichtszustände in Populationen von Organismen mit den im Modell festgehaltenen Eigenschaften an; sie sagen nichts über die Selektionsprozesse, die dieses Gleichgewicht herbeiführen könnten.

(3) In allen Optimierungsmodellen treten zwei Arten von Variablen auf: die sogenannten *Entscheidungsvariablen* und die *Optimierungsvariable*. Erstere spezifizieren die phänotypischen Merkmale, auf die die Selektion wirkt. In dem ersten erwähnten Beispiel (Hollinger) war dies die Größe der Beutetiere, im zweiten

Beispiel (Parker) die Kopulationszeit, im dritten Beispiel (Schmid-Hempel) die Menge des gesammelten Nektars pro Flug. Die Optimierungsvariable ist dagegen diejenige Größe, die durch Selektion entweder maximiert oder (bei manchen Modellen) minimiert wird. Im ersten Beispiel war dies der Energiegewinn pro Beutestück, im zweiten Beispiel die Anzahl der durch ein Männchen befruchteten Eier pro Zeiteinheit, im dritten Beispiel die Energieeffizienz des Nektarsammelns. Die Optimierungsvariable wird manchmal auch als »payoff function« $f(z)$ bezeichnet und ist stets, entweder *ex hypothesi* oder (was vorzuziehen ist) empirisch nachgewiesen, mit der Fitness des durch die Entscheidungsvariable spezifizierten Phänotyps korreliert, und zwar dergestalt, daß die Fitness mit der Optimierungsvariable *monoton* zu- oder abnehmen muß. Jedes Modell muß die Optimierungsvariable $f(z)$ als Funktion der Entscheidungsvariable (z) darstellen. Das Kriterium für den optimalen Phänotyp ist $\delta f/\delta z = 0$, d.h. das Vorliegen eines lokalen Maximums ($\delta^2 f/\delta^2 z < 0$) oder, je nach Modell, Minimums ($\delta^2 f/\delta^2 z > 0$) der »payoff function«. Nicht bei allen Modellen läßt sich die Optimierung analytisch, d.h. allein mittels der mathematischen Methoden der Kurvendiskussion angeben. In manchen Fällen sind numerische Verfahren zur Lösung des Optimierungsproblems erforderlich[87].

(4) In der Optimierungstheorie wird nicht angenommen, daß Selektion immer die bestmögliche »Lösung« eines bestimmten biologischen »Problems« hervorbringt. Das gesuchte Optimum wird stets als in einem Bereich von möglichen Phänotypen liegend angenommen, der auf beiden Seiten durch die Physiologie oder Ökologie eines Organismus begrenzt wird (»constraints«). Dieser Bereich wird meist als »strategy set« bezeichnet[88].

Wir sind nun in der Lage, die Gemeinsamkeiten und Differenzen von evolutionärer Spieltheorie, Lebenszyklus-Theorie und Optimierungstheorie festzuhalten. Wir hatten gesehen, daß alle diese Modelle keine expliziten populationsgenetischen Annahmen enthalten. Sie könnten gleichermaßen für sexuelle wie für klonale Organismen (oder sogar für völlig andersartige Replikatoren, z.B. kulturell weitergegebene Verhaltensweisen) angewendet werden. Es wird lediglich angenommen, *daß* die betrachteten Merkmale oder deren Reaktionsnormen genetisch fixiert sind. Außerdem wird angenommen, daß das genetische System das Erreichen der durch die phänotypischen Modelle angenommenen Gleichgewichtszustände *ermöglicht*. Wie dies geschieht wird durch die Modelle nicht beschrieben. Es könnte sich z.B. entweder um Massenselektion für eine Zahl von rezessiven oder dominanten Loci handeln, oder auch um einen »shifting balance« Prozeß, wie ihn sich Wright vorgestellt

---

87 Schmid-Hempel (1990)
88 Maynard Smith (1978)

oder auch um einen »shifting balance« Prozeß, wie ihn sich Wright vorgestellt hatte (siehe 6.4)[89]. Theoretisch sind populationsgenetische Szenarien denkbar, die das Erreichen des »adaptiven Gipfels« verhindern, z.B. das Vorliegen von Heterozygoten-Überlegenheit an einem oder mehreren für das betrachtete Merkmal ausschlaggebenden genetischen Locus[90].

Ein wesentlicher Unterschied zwischen der evolutionären Spieltheorie und der Lebenszyklus und der Optimierungstheorie besteht darin, daß bei den letzteren die *Fitness* der Phänotypen *maximiert* wird. Wie bereits erwähnt wurde, kann bei den Phänomenen, die die Spieltheorie betrachtet, die durchschnittliche Fitness einer Population auch abnehmen. Dies ist eine Folge davon, daß bei solchen Phänomenen eine Frequenzabhängigkeit der Fitness (d.h. Abhängigkeit der Fitness eines Phänotyps von seiner relativen Häufigkeit in der Population) gegeben ist.

Zusammenfassend läßt sich feststellen, daß die Theorie der natürlichen Selektion seit Darwin beträchtliche Veränderungen und Verfeinerungen erfahren hat. Was bei Darwin eine einfache, qualitativ formulierte Idee war, ist heute ein komplexes Gebilde von mathematisch formulierten Modellen mit unterschiedlichen Grundannahmen und explanatorischen Zielsetzungen. Die Struktur dieses Gebildes wird im zweiten Teil noch ausführlich untersucht.

---

89 Einige neuere, noch nicht veröffentlichte theoretische Untersuchungen deuten darauf hin, daß tatsächlich in manchen Fällen ein »shifting balance«-ähnlicher Prozeß notwendig ist, um den adaptiven Gipfel zu erreichen (R. Brandon, pers. Mitteilung).

90 Sober (1993), S. 123-127

II Die Einheit der Evolutionstheorie

7 Einleitung Teil II: Die Einheit der Evolutionstheorie

Aus den historischen Untersuchungen im ersten Teil dieser Arbeit ging hervor, daß die Synthetische Evolutionstheorie aus den Dreißiger- und Vierzigerjahren dieses Jahrhunderts Wissen aus der Transmissionsgenetik (Ursachen genetischer Variabilität, genetische Basis der reproduktiven Isolation), der theoretischen Populationsgenetik (Wirksamkeit v. Selektion sowie genetischer Drift), der ökologischen Genetik (genetische Basis der geographischen Variabilität), aber auch aus der biologischen Systematik (Artbegriff) enthält oder zumindest substanziell auf solches Wissen zurückgreifen muß, um den Ursprung der Arten erklären zu können. Wenn wir nun den Blick auf den gegenwärtigen Stand der Evolutionsbiologie richten, so wird das Bild noch komplexer. Seit den Vierzigerjahren haben Evolutionsbiologinnen und -biologen einen beträchtlichen Reichtum an Verfeinerungen der ursprünglichen populationsgenetischen Modelle, an neuartigen theoretischen Modellen (z.B. die in 6.4 diskutierten phänotypischen Modelle der Adaptation), an neuem evolutionsgenetischen Wissen (z.B. über molekulare Evolution) sowie an empirischen Daten über Evolutionsprozesse in natürlichen Populationen zusammengetragen. Ein Blick in ein gutes zeitgenössisches Lehrbuch der allgemeinen Evolutionsbiologie[1], in dem Kapitel über den ökologischen Kontext des evolutionären Wandels, dessen genetische Basis, theoretische Modelle der Selektion und der Drift, adaptive Erklärungen von Lebenszyklen und Verhaltensweisen, phylogenetische Beziehungen, makroevolutionäre Trends, Biogeographie, sowie molekulare Evolution sich abwechseln, enthüllt eine verwirrende Komplexität. Was ist eigentlich heute *die* Evolutionstheorie?

Die Antwort auf diese Frage hängt offensichtlich davon ab, was man unter einer »Theorie« versteht. Es gibt wohl kaum einen Begriff in den modernen Wissenschaften, der in annähernd so vielen verschiedenen Bedeutungen verwendet wird. Am eindeutigsten wird der Begriff vermutlich in der Physik verwendet, etwa in »die Newtonsche Theorie der Gravitation« oder die »Maxwellsche Theorie der Elektrodynamik«. Das Bezeichnende an diesen Theorien ist, daß sie eine kleine Zahl fundamentaler Prinzipien enthalten, z.B. das Newtonsche Gravitationsgesetz oder die vier Maxwellschen Feldgleichungen, von denen sich durch Einsetzen von Anfangs- und Randbedingungen eine

---

1 z.B. Futuyma (1990)

große Zahl von empirischen Konsequenzen ableiten lassen, die für praktisch nützliche Vorhersagen, wissenschaftliche Erklärungen sowie für die Bestätigung oder Widerlegung der Theorien dienen können. Viele klassische wissenschaftstheoretische Arbeiten haben sich stark an physikalischen Theorien orientiert.

In der Biologie wird der Theoriebegriff in sehr vielen verschiedenen Bedeutungen gebraucht. Man spricht z.B. von »Darwins *Theorie*« und meint damit eigentlich mindestens vier verschiedene, teilweise unabhängige Behauptungen über den Ursprung der biologischen Vielfalt (siehe Kap. 1), sofern man den Ausdruck nicht in seiner populären Bedeutung verwendet. Die »neutrale *Theorie* der molekularen Evolution«[2] ist ein höchst komplexes System von Behauptungen über die Evolution von Proteinmolekülen in natürlichen Populationen von Organismen und stellt ein ziemlich andersartiges Gebilde dar als z.B. die *Theorie* der »punctuated equilibria«[3] oder Fishers »genetische *Theorie* der natürlichen Selektion«[4].

Viele wissenschaftstheoretische Arbeiten über »die moderne Evolutionstheorie« haben ihr Augenmerk fast ausschließlich auf die *Selektionstheorie* gerichtet[5]. Wie wir in Teil I gesehen haben, bildete diese ein wichtiges Element in der Evolutionären Synthese; der Kern der Synthetischen Evolutionstheorie ist aber eine Theorie der Artbildung, bei der neben Selektion auch noch andere Prozesse eine Rolle spielen. »Die Evolutionstheorie« darf also nicht einfach mit der Selektionstheorie gleichgesetzt werden (auch dann nicht, wenn man letztere als die Theorie der genetischen Drift enthaltend betrachtet). Man liegt wohl kaum falsch, wenn man »die« Evolutionstheorie in ihrer heutigen Form als eine Ansammlung *mehrerer* Theorien auffaßt, was immer eine biologische Theorie genau ist. Dies wirft die Frage auf, in welcher Beziehung diese Theorien zueinander stehen.

K. F. Schaffner hat behauptet, daß »die Evolutionstheorie« innerhalb der gesamten modernen Biologie eine Sonderstellung einnehme[6]. Als spezielle Eigenschaften der »Theorie« hebt er ihre große Allgemeinheit sowie ihre Axiomatisierbarkeit hervor. Schaffner neigt allerdings dazu, »die Evolutionstheorie« mit der Populationsgenetik gleichzusetzen, und nur bei dieser scheint eine Axiomatisierung überhaupt in Frage zu kommen, da sie im Hardy-Weinberg Gesetz über ein fundamentales Prinzip verfügt, von dem fast die gesamte theoretische Populationsgenetik abgeleitet werden kann. M. B. Williams

---

2 Kimura (1983)
3 Gould und Eldredge (1993)
4 Fisher (1930)
5 z.B. Lloyd (1988); Sober (1984, 1993); Rosenberg (1985)
6 Schaffner (1993), S. 90ff.

hat dagegen versucht, ein axiomatisches System für die Selektionstheorie zu formulieren[7], das keine expliziten genetischen Annahmen trifft und damit die theoretische Populationsgenetik nicht enthält. A. Rosenberg betrachtet diese Abstraktheit als Vorzug von Williams' Axiomatisierung[8], während M. Ruse darin eine entscheidende Schwäche sieht[9]. An solchen Streitfragen wird die Schwierigkeit deutlich, auch nur die Selektionstheorie wissenschaftstheoretisch zu charakterisieren. Andere Teile der Evolutionstheorie wie die Theorie der Artbildung sind wahrscheinlich noch komplexer.

Der Theoriebegriff in der Biologie muß also präzisiert werden. Dabei wird man auf viele Probleme stoßen, wie z.B. den Begriff des Naturgesetzes, der nach der klassischen logisch-empiristischen Theorieauffassung mit dem Theoriebegriff zusammenhängt. Außerdem muß man sich auf gewisse logisch-semantische Probleme des Theoriebegriffs einlassen, z.B. die kontroverse Frage, ob Theorien in ihrer logischen Struktur als deduktive Systeme mit einer kleinen Zahl von Gesetzen als Axiome (»statement view«) oder als nicht-linguistische Strukturen (»semantic view«; »modelltheoretische« Auffassung) betrachtet werden sollen. Ich werde in Kap. 8 einen Beitrag zum Theorieproblem in der Biologie zu leisten versuchen, wobei ich ebenfalls die Selektionstheorie betrachte. Insbesondere werde ich auf das Problem hinweisen, daß der zentrale Begriff dieser Theorie - der Fitnessbegriff - nur im Kontext eines spezifischen Modells der natürlichen Selektion eine exakte Bedeutung hat. Die Bedeutung des Fitnessbegriffs variiert mit der Art der verwendeten Modelle; eine präzise, allgemeine Definition des Begriffs existiert gegenwärtig nicht. Das bedeutet, daß eine allgemeine quantitative Formulierung eines Prinzips oder Gesetzes der natürlichen Selektion zur Zeit nicht gegeben werden kann. Dieses Phänomen ist möglicherweise mit der modelltheoretischen Auffassung leichter in Einklang zu bringen.

In den restlichen Kapiteln geht es um explanatorische Beziehungen zwischen verschiedenen Bereichen der modernen Evolutionsbiologie. Wie in Kap. 1 bereits erwähnt wurde, gilt ja der Aspekt der theoretischen Vereinheitlichung als zentrales Element der Synthetischen Evolutionstheorie. Ich werde versuchen, den Ansatz der wissenschaftlichen Vereinheitlichung aus der Tradition des logischen Empirismus, der auf Philosophen wie O. Neurath, R. Carnap, C. G. Hempel und E. Nagel zurückgeht, auf die heutige Evolutionstheorie anzuwenden. Meines Wissens ist dies immer noch der einzige wissenschaftstheoretische Ansatz, der ein ausgearbeitetes begriffliches Instrumentarium für

---

7 Williams (1970)

8 Rosenberg (1985), S. 136

9 Ruse (1973), S. 50

das Problem der theoretischen Vereinheitlichung zur Verfügung stellt. Das »unity of science«-Programm war von Anfang an ein integraler Bestandteil der logisch-empiristischen Wissenschaftstheorie[10] und beinhaltet die Grundidee, daß in einem bestimmten Sinn alle Wissenschaften letztlich auf die fundamentalen Theorien der Physik zurückführbar sind oder zu sein haben, wenn nicht direkt, so doch über Zwischenstufen, z.B. Soziologie-Psychologie-Biologie-Chemie-Physik, analog einer ontologischen Hierarchie Sozialsysteme-menschliche Individuen-Zellen-Moleküle-Atome und Elementarteilchen[11]. Ein solches Programm ist natürlich reduktionistisch und mag deswegen dem einen oder anderen für die Biologie - besonders die Evolutionsbiologie - als im höchsten Maß unangemessen erscheinen. Ich teile dieses Unbehagen bis zu einem gewissen Grad. Bevor wir aber ein solches Konzept der Einheit der Wissenschaften verwerfen, müssen wir uns zumindest klar werden, was es eigentlich besagt, besonders in diesem Zusammenhang. Der Angelpunkt ist offensichtlich der Begriff der Zurückführung oder Reduktion, der ausführlich zu analysieren und für die Anwendung auf die Evolutionstheorie zu verfeinern sein wird (Kap. 9). Um an die Grundidee der restlichen Kapitel heranzuführen, möchte ich kurz ein Bild zeichnen, das ich mir beim Physiker Steven Weinberg leihe[12].

Weinberg will erklären, warum Kreide weiß ist. Er erklärt zunächst, daß weißes Licht aus den Farben des Regenbogens zusammengesetzt ist. Jede Farbe entsteht durch die Wirkung von reflektierter elektromagnetischer Strahlung einer bestimmten Wellenlänge auf die Retina des Beobachters. Objekte, die in einer bestimmten Farbe erscheinen, tun dies, weil sie nicht alle Wellenlängen des Spektrums gleich stark reflektieren. Kreide reflektiert hingegen alle Wellenlängen etwa gleich, deswegen erscheint sie weiß. Warum reflektiert Kreide alle Wellenlängen des Spektrums etwa gleich? Licht wird von einer Oberfläche reflektiert, wenn es nicht absorbiert wird. Nach den neueren Erkenntnissen der Physik besteht Licht aus masselosen, elektrisch neutralen Teilchen, den Photonen. Photonen mit einer Wellenlänge im sichtbaren Bereich können von einem Stück Materie nur absorbiert werden, wenn die Elektronen in den Molekülen, aus denen dieses Stück Materie besteht, in angeregte Zustände springen können. Diese Zustände sind diskret und durch eine bestimmte Differenz in der potentiellen Energie der Elektronen gekennzeichnet. Ein Photon kann nur absorbiert werden, wenn seine Energie, die durch seine Wellenlänge bestimmt ist, der Energiedifferenz zwischen zwei möglichen Zuständen eines Elektrons entspricht. Die möglichen Elektronenzustände in

10 siehe z.B. Carnap (1938)
11 Oppenheim und Putnam (1958)
12 Weinberg (1992), Kap. II

einem Stück Materie sind durch die Struktur der Moleküle bestimmt. Die Struktur von Kreidemolekülen ist so, daß es keine Elektronenzustände gibt, deren Energiedifferenz der Wellenlänge eines sichtbaren Photons entspricht. Deswegen absorbiert Kreide bei allen Wellenlängen relativ wenig Licht, sondern reflektiert das meiste davon. Deswegen erscheint die Kreide weiß. Warum sind die Zustände der Elektronen in einem Molekül diskret, so daß nur Licht von bestimmten Wellenlängen absorbiert werden kann? Nach dem sogenannten Standardmodell der Elementarteilchenphysik werden alle Wechselwirkungen, also z.B. diejenigen zwischen Elektronen und Atomkernen, durch Felder vermittelt. Diese Felder sind nicht kontinuierlich, wie dies in der klassischen Physik angenommen wurde, sondern gequantelt. Jede Wechselwirkung ist im Prinzip ein Austausch von Quanten eines bestimmten Feldes. Die Quantelung des elektrostatischen Feldes, das die Wechselwirkung zwischen Atomkernen und Elektronen vermittelt, erklärt die Diskretheit der möglichen Zustände des Elektrons. Warum treten die fundamentalen Wechselwirkungen der Natur in Quanten auf?

An dieser Stelle bricht Weinbergs Erklärungskette ab, denn auf die letzte Frage hat die moderne Physik noch keine Antwort. Dies könnte zweierlei Gründe haben: entweder es gibt keine solche Erklärung, oder die Physiker haben sie noch nicht gefunden. Weinberg glaubt letzteres. Seiner Meinung nach muß es eine vereinheitlichte Feldtheorie geben, die diese letzte Frage beantwortet. Aber auch für Weinberg ist die Erklärungskette irgendwo zu Ende; spätestens bei der vereinheitlichten Feldtheorie selbst. Diese Theorie ist das Prinzip, das alle anderen physikalischen Phänomene erklärt, für das es aber selbst keine Erklärung gibt. Sie ist der Punkt, an dem »alle Erklärungspfeile konvergieren«, wie Weinberg dies elegant ausdrückt.

Weinberg zeichnet das Bild einer vereinheitlichten Wissenschaft. Die Einheit besteht nicht darin, daß alle Wissenschaft letztlich Elementarteilchenphysik ist. Sie besteht vielmehr darin, daß es zumindest in den Naturwissenschaften solche durchgehenden Erklärungsketten gibt, die alle bei der Elementarteilchenphysik, spätestens aber bei der noch zu findenden vereinheitlichten Feldtheorie abbrechen. Auf allen Organisationsstufen der Materie gibt es aber wichtige theoretische Fragen, und die Antworten, die die mit diesen Fragen betrauten Wissenschaften geben, machen die Elementarteilchenphysik erst zu dem was sie ist, nämlich der fundamentale Ort, an dem von weit herkommende Erklärungsketten enden. Ich werde dieses Bild den »Weinbergschen Erklärungszubringer« nennen und versuchen, es auf die Biologie zu erweitern.

Für die Molekularbiologie endet der Zubringer spätestens bei den chemischen Bestandteilen der belebten Materie und deren Wechselwirkungen. Gewisse Lebensvorgänge, z.B. der Zellstoffwechsel, die Biogenese von

Proteinen, die Verarbeitung von inter- und intrazellulären Signalen, die Vervielfältigung der Erbsubstanz usw. lassen sich heute durch molekulare Wechselwirkungen erklären. Diese Wechselwirkungen, z.B. das Binden eines genregulatorischen Proteins an eine bestimmte Stelle im Erbgut einer Zelle, schließen den Horizont des Molekularbiologen ab. Dieser verläßt den Zubringer an dieser Stelle und überläßt ihn dem Physikochemiker oder Biophysiker. Der Molekularbiologe weiß gerade noch, daß viele Wechselwirkungen zwischen biologischen Makromolekülen durch die speziellen Eigenschaften des Lösungsmittels Wasser bedingt sind, die dazu führen, daß sich bestimmte molekulare Oberflächen bevorzugt aneinanderlagern. Aber wie das genau funktioniert, muß er dem Physikochemiker überlassen. Dafür fängt der biologische Erklärungszubringer viel weiter oben an: Für viele biologische Prozesse wie Nervenleitung, Krankheitsabwehr oder für gewisse Teilschritte der Embryonalentwicklung sind heute molekulare und zelluläre Mechanismen bekannt, die diese Prozesse bewirken. Andere biologische Prozesse, die z.B. mit der funktionalen Integration ganzer Organsysteme zu tun haben, muß der Molekularbiologe allerdings in vielen Fällen dem Physiologen überlassen.

Die Fragen der Evolutionsbiologie unterscheiden sich auf eine charakteristische Weise von den typischen Fragen der Molekularbiologie, Biochemie oder Physiologie. Sie fragt beispielsweise: Warum haben die Männchen vieler Vogelarten ein viel bunteres Gefieder als die Weibchen? Warum sammeln Honigbienen auf ihren Ausflügen weniger Nektar, als sie transportieren könnten? Warum pflanzen sich die meisten Tiere und Pflanzen sexuell fort? Ernst Mayr hat festgestellt, daß es auf solche Fragen immer zwei Arten von Antworten gibt[13]. Das bunte Gefieder der Vogelmännchen ist eine Konsequenz von gewissen pigmentbildenden Prozessen während der Entwicklung der Jungvögel. Das Verhalten der Honigbienen ist durch bestimmte neurologische Vorgänge im Zentralnervensystem dieser Insekten bestimmt. Sexuelle Reproduktion ist die Folge einer höchst verwickelten Kette von Prozessen, die vom Paarungsverhalten bis zur Bildung von haploiden Keimzellen durch Zelldifferenzierungsmechanismen reicht. Diese Antworten nennt Mayr proximate Erklärungen. Die Evolutionsbiologie sucht aber immer auch eine andere Art von Erklärungen. Sie fragt: warum ist bei einer bestimmten Art dieser Mechanismus da und nicht ein anderer? Warum sind die pigmentbildenden Prozesse nur in den Vogelmännchen vorhanden, und nicht (oder nur in geringerem Ausmaß) bei den Weibchen? Warum haben die Honigbienen nicht ein anderes Verhaltensprogramm, das sie dazu zwingt, so viel Nektar wie

[13] Mayr (1961)

möglich zu sammeln? Warum verzichten die Weibchen irgendeiner Art nicht einfach auf die äußerst kostspielige sexuelle Fortpflanzung und vermehren sich durch Parthenogenese (»Jungfernzeugung«)? Anworten auf solche Fragen liefert die Evolutionsbiologie, und Mayr nennt sie ultimate Erklärungen. Solche Erklärungen gehen in der Regel so vor, daß der Evolutionsbiologe zeigt, daß der betrachtete Prozeß oder die betrachteten Merkmale einer Art den Individuen, die diese Merkmale haben, einen Selektionsvorteil gegenüber Individuen verschafft, die sie nicht oder nur in geringerem Ausmaß haben. Dies erklärt, warum sich die Eigenschaft in der Population angereichert hat und nicht so leicht wieder verloren geht. Die Basis solcher Erklärungen ist also die Theorie der natürlichen Selektion. In Verbindung mit Hypothesen über die Geschichte einer Art, läßt sich in gewissen Fällen auch erklären, wie sich bestimmte Merkmale stammesgeschichtlich herausgebildet haben. Jede ultimate Erklärung ist im Prinzip eine Hypothese über die Geschichte einer Art, indem sie behauptet, daß ein bestimmter Selektions- oder ein anderer evolutionärer Prozeß stattgefunden hat, oder immer noch wirksam ist. Geschichte ist immer ein wichtiges Element in der Biologie[14].

Die Frage, die uns hier interessiert, ist nun die: Lassen sich evolutionäre Erklärungen irgendwo an den Weinbergschen Eklärungszubringer anschließen? Gibt es eine Diskontinuität zwischen den Erklärungspfeilen der Evolutionsbiologie und denjenigen der Zell- und Molekularbiologie und der Physiologie, die über die Biochemie und Biophysik relativ leicht Anschluß an den Weinbergschen Zubringer finden?

Viele Evolutionsbiologen und Philosophen der Biologie haben behauptet, daß die Evolutionsbiologie einen großen Grad an »Autonomie« besitzt. Einer bekannten Anekdote zufolge wird Ernst Mayrs Denken - das die Evolutionsbiologie als weitgehend autonome Wissenschaft betrachtet[15] - von manchen Marxisten als Manifestation der Philosophie des dialektischen Materialismus betrachtet, die zwar die Existenz einer geheimnisvollen Lebenskraft (vis viva, élan vital) als »bürgerlichen Idealismus« bzw. »reaktionäre Metaphysik« ansieht, aber auch das Weinbergsche Programm ablehnt, weil es nicht »dialektisch« sei. Im Gegenzug dazu werde ich zu zeigen versuchen, daß sich auch die Evolutionsbiologie in das Weinbergsche Programm einfügen läßt. Die Erklärungspfeile dieser Wissenschaft münden in diejenigen der Genetik, der Physiologie und der Ökologie. Deren Erklärungspfeile münden in die Molekularbiologie und in die Zellbiologie, welche in die Biochemie und Biophysik verweisen, und so weiter, auf dem Weinbergschen Erklärungszubringer. Auf jeder Ebene des

---

14 Gould (1989)
15 Mayr (1988)

Zubringers werden gewisse warum-Fragen mit einem Verweis auf die nächst tiefere Ebene beantwortet. Die modernen Wissenschaften bilden in diesem Sinne eine Einheit, so verschieden die in den einzelnen Disziplinen zur Anwendung gelangenden Methoden sein mögen, so verschieden die Probleme sind, vor denen die Forschung in diesen Disziplinen steht. Historisch gesehen geht das vereinheitlichte Weltbild der Evolutionsbiologie auf die Zeit der »Modernen Synthese« zurück (siehe Teil I).

Das eben skizzierte Bild von einer Einheit der Wissenschaften ist reduktionistisch. An einem solchen Programm läßt sich vieles aussetzen. Warum, so könnte man sich fragen, sollen immer die Phänomene auf einer bestimmten Organisationsstufe durch die Phänomene auf der nächst unteren Organisationsstufe erklärt werden? Ist es nicht gerade bei den ultimaten, den evolutionären Erklärungen gerade umgekehrt? Sind die Eigenschaften eines Ganzen stets durch die Eigenschaften der Teile determiniert (Mikrodetermination), oder könnte es in manchen Fällen nicht so sein, daß die Eigenschaften des Ganzen die der Teile determinieren (Makrodetermination), so daß eigentlich die Erklärungspfeile in die entgegengesetzte Richtung weisen müssen? Dies sind berechtigte Fragen, denen sich die Wissenschaftsphilosophie stellen muß. Allerdings kann ich sie hier nicht abschließend behandeln; auf einige dieser Punkte komme ich aber im Epilog noch zu sprechen. Vorerst wird mein Vorgehen wird so sein, daß ich einige der Argumente, die für die Irreduzibilität der Evolutionsbiologie vorgebracht wurden, zunächst wiedergebe und dann zu kritisieren versuche.

Unter dieser Voraussetzung geht es vor allem darum zu sehen, wie weit eine reduktionistische Theorie der Einheit der Wissenschaften auf die verschiedenen Bereiche der Evolutionstheorie anwendbar ist, d.h. ob die Relationen zwischen den Bereichen der Evolutionstheorie unter dieses Einheitskonzept oder eine Weiterentwicklung desselben subsumiert werden können. Ein schwaches Argument für die Plausibilität dieser Idee können wir aus Teil I ableiten: Dort hatten wir gesehen, daß die moderne Genetik, sowohl in der Form der klassischen Theorie des Gens und den mit ihr assoziierten Theorien über die Entstehung von Mutationen und Chromosomenveränderungen und die Theorien über die genetische Basis der subspezifischen Variabilität und der interspezifischen Sterilität, als auch in Form der theoretischen Populationsgenetik, erst zur heutigen Form der Evolutionstheorie geführt hat. Zu einem gewissen Teil beruht die Neo-Darwinistische Theorie ohne Zweifel auf der Genetik. Daraus folgt aber nicht unbedingt, daß das Verhältnis dieser beiden Theoriebereiche untereinander sowie zu anderen in der Evolutionsbiologie möglicherweise benötigten Wissenschaften (z.B. Physiologie, Ökologie) unter einem logisch-empiristischen Reduktionsbegriff subsumiert werden kann. Ich nehme trotzdem an, als Arbeitshypothese gewissermaßen, daß es möglich ist. Unter dieser Voraussetzung gilt es zunächst, Kandidaten für reduktive Beziehungen zwischen evolutionstheoretischen und anderen Sätzen zu identifizieren.

Die Evolutionsbiologie läßt sich in verschiedene Forschungsbereiche gliedern, z.B. Paläontologie, Biogeographie, vergleichende Morphologie, Systematik, vergleichende Embryologie, Soziobiologie, Verhaltensökologie, Evolution der Lebenszyklen, Populationsgenetik, Molekulargenetik usw. Als erstes stellt sich die Frage, ob einer dieser Bereiche über eine Theorie verfügt, die in dem Sinne fundamental ist, daß sie alle anderen Theorien aus den verschiedenen Bereichen zumindest im Prinzip und unter Berücksichtigung geeigneter Randbedingungen erklären kann. Eine solche Theorie wird in der logisch-empiristischen Wissenschaftstheorie eine reduzierende Theorie genannt. In der klassischen Physik wurde die Newtonsche Mechanik als eine solche Theorie betrachtet, in der zeitgenössischen Physik gilt besonders die Quantenmechanik als fundamental[16].

M. Ruse hat der Populationsgenetik eine solche oder zumindest ähnliche Rolle innerhalb der Evolutionsbiologie zugesprochen: er bezeichnet sie als den »hypothetiko-deduktiven Kern« der Synthetischen Evolutionstheorie[17]. Was er damit meint, geht aus folgendem Abschnitt hervor:

> I suggest [...] that all the different disciplines [of evolutionary studies, M.W.] are unified in that they presuppose a background knowledge of genetics, particularly population genetics. The knowledge that the population geneticist supplies about the way in which heritable variations are transmitted from one generation of a population to the next is presupposed and drawn upon by every kind of evolutionist, even (nay, particularly) those like the paleontologist who study the largest of heritable changes, from fish to reptiles, and from reptiles to mammals and birds.[18]

Demnach wird also die Evolutionstheorie durch die Populationsgenetik irgendwie vereinheitlicht. Ruse gibt zu, daß die Evolutionsbiologen weit davon entfernt sind, paläontologische oder bio-geographische Prinzipien formal aus der Populationsgenetik ableiten zu können:

> [I]t cannot be denied that the whole theory does not possess the deductive completeness possessed, say by Newtonian mechanics. Because of many factors - the newness of the theory, the fact that many pertinent pieces of information are irretrievably lost, the incredible magnitude and complexity of the problems, and so on - many of the parts of evolutionary theory are just 'sketched in.' What one finds,

---

16 Weinberg (1992)
17 Ruse (1973), Kap. 3, 4; Ruse (1981)
18 Ruse (1973), S. 48

> instead of explicitly formulated strong links between various levels, are suggestions, hypotheses, extremely weak inductive inferences, and frequently, outright guesses. Hence, at best, one can say that evolutionists have the hypothetico-deductive model as an ideal in some sense - they are far from having it as a realized actuality.[19]

Ruse erläutert seinen Vorschlag, die Populationsgenetik als hypothetiko-deduktiven Kern der Neo-Darwinistischen Evolutionstheorie zu betrachten, an einem Beispiel aus der Insel-Biogeographie.

Die Insel-Biogeographie hat folgende Tatsachen zu erklären: (1) Weshalb enthalten kleinere Inseln in der Nähe einer größeren Landmasse ähnliche, aber doch verschiedene Organismen im Vergleich zu den Bewohnern der Landmasse? (2) Weshalb haben die Inseln einen Anteil von endemischen (d.h. nur an diesem Ort vorkommenden) Arten, der mit der Entfernung der Insel von der Landmasse korreliert zu sein scheint? (3) Weshalb gelten (1) und (2) fast ausschließlich für kleinere Tiere wie Vögel, Reptilien und Insekten, nicht aber für Säuger? Das berühmteste Beispiel hierfür sind Darwins Finken[20]. Die Erklärung der durch dieses Beispiel gegebenen Explanandum-Tatsachen durch die Synthetische Evolutionstheorie verläuft wie folgt: Erstens, alle diese Arten stammen von einer gemeinsamen Vorfahren-Art auf dem Festland ab. Zweitens, der Transfer von Individuen vom Festland auf eine Insel ist selten, aber er ist möglich (z.B. durch starke Winde oder auf Treibgut). Drittens, die »gestrandeten« Arten vermehren sich auf den Inseln und erfahren dort unterschiedliche Selektionsbedingungen. Viertens, die gestrandeten Individuen sind in vielen Fällen genetisch nicht repräsentativ, was zu einem Gründereffekt[21] führen kann.

Der erste Punkt erklärt die Ähnlichkeit der Insel-Arten untereinander und zu gewissen Festland-Arten. Der zweite Punkt erklärt, warum besonders kleinere Tiere auf den Inseln anzutreffen sind, und nicht etwa Elefanten. Der zweite und dritte Punkt erklären, warum es feine Unterschiede zwischen den Arten gibt. Die geographische Isolation führt zur evolutionären Divergenz. Geringfügige Unterschiede in den insulären Umweltbedingungen können durch Selektion zu unterschiedlichen Anpassungen führen (z.B. Form und Gösse der Schnäbel bei Darwins Finken). Der vierte Punkt erklärt, warum es auch bei praktisch identischen Umweltbedingungen auf zwei Inseln trotzdem ausgeprägte Unterschiede zwischen endemischen Arten geben kann.

Ruses Argument besteht nun darin zu zeigen, daß diese typische synthetisch-evolutionäre Erklärung in einem starken Sinne von populationsgenetischen Prinzipien abhängt. Erst die moderne Formulierung der Evolutionstheorie unter

---

19 *ibid.*, S. 49
20 Lack (1947a)
21 Mayr (1954)

Berücksichtigung der Genetik konnte erklären, warum sich Anpassungen nicht durch »blending« ständig ausverdünnen, m.a.W., warum Selektion überhaupt wirksam sein kann, und dies innerhalb weniger Generationen (siehe Kap. 6). Nur die moderne Populationsgenetik kann erklären, wie genetische Polymorphismen in Populationen aufrechterhalten werden, ohne die kein Gründereffekt eintreten kann. Die Synthetische Evolutionstheorie verwendet also eine Reihe von »Randbedingungen« wie die Verteilung der Inseln usw. in Verbindung mit den »Gesetzen« der Populationsgenetik, um die Explanandum-Tatsachen wenn nicht formal zu deduzieren, so doch plausibel zu machen. In diesem Sinne will Ruse seine Behauptung verstanden wissen, daß die Populationsgenetik den deduktiven Kern der Synthetischen Evolutionstheorie bildet.

Ich interpretiere Ruses Behauptung als These der prinzipiellen Reduzierbarkeit der Synthetischen Evolutionstheorie auf die Populationsgenetik. Ruses Bild ist für den Reduktionisten verlockend, weil über die Populationsgenetik eine Verbindung zur Molekularbiologie und von dort bis hin zu Physik und Chemie hergestellt werden kann und so die reduktionistische These von der Einheit der Wissenschaften befriedigt wird. Ich werde deshalb Ruses Vorschlag in seinen Grundzügen übernehmen, habe allerdings zwei Modifikationen vorzuschlagen.

(1) In den Kapiteln 4 und 5 haben wir gesehen, daß die Synthetische Evolutionstheorie neben den Modellen der mathematischen Populationsgenetik eine Zahl von induktiven Verallgemeinerungen über die genetische Basis der intra- und interspezifischen Variabilität, die genetische Basis der interspezifischen Sterilität, sowie der kausalen Rolle der reproduktiven Isolation in der Artbildung enthält. Ich habe außerdem gezeigt, daß es gerade dieses Wissen war, das es Dobzhansky und Mayr erlaubte, eine saltationistische Theorie der Artentstehung zurückzuweisen, die mit den Prinzipien der mathematischen Populationsgenetik ebenfalls vereinbar war.

Es scheint nicht, daß man die erwähnten Verallgemeinerungen als Randbedingungen für die Theorien der mathematischen Populationsgenetik betrachten kann. Zwar können ökologische Genetik und Biogeographie solche Randbedingungen liefern, z.B. über die effektive Populationsgröße, Mutations- und Migrationsraten etc. Die erwähnten Verallgemeinerungen sind aber nicht von dieser Art. Sie sind integraler Bestandteil der Synthetischen Theorie der Artbildung. Damit soll nicht gesagt werden, daß es nicht möglich ist, auch mathematische Modelle z.B. über den Effekt der geographischen Isolation auf die evolutionäre Diversifikation einer Gruppe von Organismen zu machen (tatsächlich existieren solche Versuche). Meine Behauptung ist lediglich die, daß derjenige Teil der klassischen Populationsgenetik, der auf das Hardy-Weinberg

Gesetz und die quantitative Genetik zurückzuführen ist, zu diesem Zweck nicht ausreicht.

Der Hauptgrund ist, daß die klassische Populationsgenetik keine Aussagen macht über die Entwicklung und Beschaffenheit von Barrieren des Genflusses[22] zwischen Populationen von beginnenden Arten; sie beschäftigt sich lediglich mit den Gesetzen dieses Genflusses innerhalb von Populationen. Dabei müssen natürlich bestimmte Anfangs- und Randbedingungen dieser Populationen eingesetzt werden; diese beinhalten aber höchstens Aussagen, daß z.B. der Genfluß zwischen zwei Populationen limitiert ist, aber nicht warum, d.h. kraft welcher genetischen, morphologischen, physiologischen, ökologischen und geographischen Eigenschaften der Organismen. Zu einer vollständigen Erklärung davon, wie es zur Bildung neuer Arten kommt, gehören aber Antworten auf diese Fragen, und diese kamen historisch gesehen weitgehend unabhängig von den mathematischen Modellen der theoretischen Populationsgenetik zustande und sind auch, wie gezeigt wurde, in einem systematischen Sinn unabhängig von diesen.

(2) Wie vor allem in 6.4 besprochen wurde, beschäftigt sich ein Zweig der Evolutionsbiologie mit der Erklärung von Fitnessunterschieden zwischen Phänotypen. Obwohl diese Theorien annehmen müssen, daß diese Phänotypen genetisch fixiert sind und daß das genetische System die Selektion für die optimalen Phänotypen erlaubt, sind auch diese Theorieteile der heutigen Evolutionstheorie von den Modellen der klassischen Populationsgenetik verschieden. Die Populationsgenetik sagt lediglich, daß bei Vorliegen von Fitnessunterschieden zwischen den Trägern verschiedener Allele und bei ausreichender Populationsgröße Selektionsprozesse statthaben, die zur Erhöhung der Häufigkeit dieser Allele in der Population führen. Warum verschiedene Allele verschiedene Fitness haben können, ist Gegenstand eines anderen Theoriebereichs, des Bereichs phänotypischer Modelle der Anpassung. In vielen Beispielen interessanter adaptiver Erklärungen sind die Gene, die für die untersuchten phänotypischen Merkmale verantwortlich sind, nicht bekannt. Trotzdem bilden phänotypische Modelle ultimate Erklärungen für das Vorherrschen bestimmter Eigenschaften in Populationen von Organismen. In diese Erklärungen fließt physiologisches, demographisches sowie ökologisches Wissen ein.

Die beiden Punkte (1) und (2) führen zu folgender, m.E. für das Verständnis der Struktur der modernen Evolutionstheorie zentralen Einsicht: Die heutige Evolutionsbiologie erfordert mehr als eine reduzierende Theorie für eine

---

[22] vgl. Futuyma (1990), S. 248

Rekonstruktion im Sinne der logisch-empiristischen Theorie der Einheit der Wissenschaft. Die klassische Populationsgenetik bildet zweifellos eine solche reduzierende Theorie; sie erklärt gewisse Regularitäten der natürlichen Selektion. Ob sie die Darwinsche Selektionstheorie erklärt, ist eine schwierige Frage; wie ich in Kap. 6 dargelegt habe, gibt es beträchtliche Unterschiede zwischen der Darwinschen Theorie und der heutigen Selektionstheorie. Außer Zweifel steht aber, daß die klassische Populationsgenetik einige beträchtliche theoretische Schwierigkeiten der Darwinschen Selektionstheorie gelöst hat. Man könnte daher argumentieren, daß die Populationsgenetik eine reduzierende Theorie in Bezug auf eine der Darwinschen analoge Theorie darstellt[23]. Ich werde mich aber im Folgenden nicht auf das Problem der sukzessiven Theoriereduktion konzentrieren (d.h. Reduktion einer Vorgängertheorie auf eine neuere Theorie), sondern auf eventuelle reduktive Beziehungen innerhalb der heutigen Evolutionstheorie[24].

Wie bereits mehrmals erwähnt wurde, ist die Selektionstheorie nicht mit der Evolutionstheorie identisch. Vollständige Erklärungen der Prozesse der Artbildung erfordern Theorien der ökologischen Genetik, die nicht direkt etwas mit Selektion zu tun haben und die von der klassischen Populationsgenetik unabhängig sind. Also muß auch die ökologische Genetik, wenn man so reden will, als reduzierende Theorie der Synthetischen Evolutionstheorie betrachtet werden. Teile der ökologischen Genetik können durchaus so angesehen werden, daß sie Anfangs- und Randbedingungen für die Anwendung der theoretischen Modelle der klassischen Populationsgenetik liefern, z.B. Verallgemeinerungen über das Vorkommen von Mutationen in natürlichen Populationen oder über das Ausmaß der genetischen Durchmischung von Populationen. Andere Teile bilden aber eigenständige Theorien, besonders die in Kap. 4 und 5 erwähnten Theorien über die genetische Basis von Rassen- und Artunterschieden sowie die Mechanismen der reproduktiven Isolation. Diese Theorien liefern genetische Erklärungen für komplexere Prozesse als Selektion innerhalb einer sexuellen Population, besonders Artbildung durch geographische Isolation. Auch hier gibt es, wie wir gesehen haben, Unterschiede zwischen der Darwinschen und der Neo-Darwinistischen Theorie; letztere hält allopatrische Artbildung für wesentlich relevanter als sympatrische Artbildung, während Darwin eher sympatrische Artbildung bevorzugte (siehe 2.1).

Außer diesen Theorien spielen in der Evolutionsbiologie aber noch reduzierende Theorien aus anderen Bereichen eine Rolle, namentlich aus der Physiologie und Ökologie. Solche Theorien werden benötigt, um Fitness-

---

23 vgl. Schaffner (1967)

24 vgl. Nickles (1973); Wimsatt (1976)

unterschiede zwischen verschiedenen Phänotypen zu erklären. Die Modelle der Populationsgenetik sind im Prinzip auf jeden Fall anwendbar, in dem genetisch bedingte Fitnessunterschiede zwischen verschiedenen Phänotypen bestehen. Wie diese Fitnessunterschiede physiologisch realisiert werden, spielt in populationsgenetischen Betrachtungen keine Rolle. Daraus ergibt sich die beträchtliche Allgemeinheit der populationsgenetischen Theorien. Für vollständige adaptive Erklärungen müssen aber solche Fitnessunterschiede in einem gegebenen Beispiel von Selektion erklärt werden. Tatsächlich ist die multiple Realisierbarkeit oder Supervenienz von Fitnessunterschieden von einigen Autoren dazu verwendet worden, um für die Irreduzibilität der Evolutionstheorie zu argumentieren. Mit diesem Argument werde ich mich in Kap. 10 beschäftigen.

Die Frage bei solchen Betrachtungen ist stets, ob man bei einer Behauptung der Reduzierbarkeit von Theorien bei vagen Behauptungen wie »im Prinzip ist x auf y reduzierbar« bleiben muß, oder ob die Reduktion tatsächlich vorgeführt werden kann. Nach der logisch-empiristischen Theorie der Reduktion beinhaltet dies, daß die Begriffe der zu reduzierenden Theorie mit den Begriffen der reduzierten Theorie in Verbindung gebracht werden müssen. Dann muß eine Reihe von logischen Folgerungen angegeben werden können, wie die zu reduzierende Theorie (oder ein Analogon davon) aus der reduzierenden Theorie folgt. Das erwähnte Argument gegen die Reduzierbarkeit der Selektionstheorie versucht zu zeigen, daß bereits die Verbindung der Begriffe der Selektionstheorie - namentlich des Fitnessbegriffs - in Begriffen irgendeiner reduzierenden Theorie nicht möglich ist. Als Grund hierfür wird meist die multiple Realisierbarkeit (Supervenienz) von Fitness durch physiologische, morphologische, molekulare usw. Eigenschaften angegeben. Wie ich in den Kapiteln 9 und 10 zeigen werde, beruht dieses Argument aber auf einer unrealistischen Theorie der Verbindbarkeit von Begriffen; eine Theorie, die nicht einmal typischen reduktiven Erklärungen in der Physik gerecht wird. Ich werde mich in Kap. 11 eines Beispiels aus der Optimierungstheorie bedienen, um zu zeigen, daß typische Erklärungen von Fitnessunterschieden zwischen Phänotypen eine ähnliche Struktur aufweisen wie Dispositionserklärungen (Erklärungen von Eigenschaften wie Löslichkeit oder elektrischem Widerstand) in der Physik oder der Chemie.

Eine reduktionistische Interpretation der Einheit der Evolutionstheorie muß also davon ausgehen, daß es innerhalb der Evolutionsbiologie eine große Zahl von reduktiven Beziehungen gibt zwischen der Selektionstheorie, der Theorie der Artbildung und phänotypischen Theorien der Adaptation auf der einen und den theoretischen Modellen der Populationsgenetik, den Verallgemeinerungen der ökologischen Genetik und den physiologischen und ökologischen Theorien, die für die Erklärungen von Fitnessunterschieden benötigt werden, auf der anderen Seite. Es ist wahrscheinlich weder möglich noch sinnvoll, alle diese reduktiven Beziehungen explizit aufzuzählen. Es muß genügen, einige wenige solcher Beziehungen aufzuzeigen. Dann kann diskutiert werden, ob das dabei verwendete Grundmuster für alle anderen Beziehungen auch angewendet werden kann, oder ob bei bestimmten Fällen Gründe denkbar sind, die das Verfahren prinzipiell unmöglich machen. Ich werde mich in Kap. 11 deshalb besonders mit der Erklärung von Fitnessunterschieden[25] und in Kap. 12 mit der Beziehung solcher Erklärungen zur Populationsgenetik befassen.

Ich betrachte es als einen Erfolg der philosophischen Arbeit, wenn sie dazu führt, daß die Vertreter zweier verschiedener Positionen durch sorgfältige Argumentation dahin kommen zu sehen, in welchen Punkten sie abweichende Meinungen vertreten. Eine Basis für ein solches »agreement to disagree« zwischen evolutionstheoretischem Reduktionismus und Antireduktionismus zu schaffen ist neben der Einsicht in die Struktur der Evolutionstheorie auch ein Ziel dieses zweiten Teils.

---

[25] Diese wurden in Ruses (1973, 1981), und Lloyds (1988) Betrachtungen der Struktur der Evolutionstheorie völlig ausgeklammert. Rosenberg (1985) und Sober (1984, 1993) haben solche Aspekte teilweise berücksichtigt und einige wichtige Probleme für eine reduktionistische Interpretation aufgezeigt, an denen ich mich z.T. orientieren werde.

8 Fitness und die Struktur der Selektionstheorie

8.1 Allgemeine Formulierungen und Modelle der Selektionstheorie

Natürliche Selektion wird heute meist etwa wie folgt definiert: Selektion ist die nicht-zufällige differenzielle Fortpflanzung und/oder das differenzielle Überleben von genetischen Varianten in einer Population von Organismen. »Nicht-zufällig« bedeutet dabei, daß die Differenzen in den Fortpflanzungs- und Überlebensraten durch Unterschiede in den durchschnittlichen phänotypischen Eigenschaften zwischen genetischen Varianten von Organismen verursacht sein müssen, und nicht z.B. durch Umweltfluktuationen in der unmittelbaren Umgebung der Individuen, z.B. indem ein bestimmtes Individuum vom Blitz getroffen wird und ein anderes nicht[1].

R. Lewontin hat eine etwas formalere Definition von natürlicher Selektion gegeben[2]. Folgende drei Bedingungen sind nach Lewontin notwendig und hinreichend für das Eintreten von Selektion in einer Population von Organismen irgendeiner Art: (1) Verschiedene Individuen haben verschiedene morphologische, physiologische oder ethologische Eigenschaften (phänotypische Variation). (2) Verschiedene Phänotypen haben verschiedene Fortpflanzungs- und/oder Überlebensraten (differentielle Fitness). (3) Es gibt eine Korrelation zwischen Eltern und Nachkommen bezüglich des Beitrags von Nachkommen an die nächste Generation (Erblichkeit der Fitness).

Das Charakteristische an solchen Beschreibungen oder Definitionen des Prozesses der natürlichen Selektion ist ihre Allgemeinheit und ihre Abstraktheit. Es wird nichts über Vererbungsmechanismen vorausgesetzt (außer deren Existenz), es wird nicht gesagt, auf welche Entitäten (Gene, Individuen, Gruppen, Arten) sich die Selektion richtet[3], und es wird nicht genauer angegeben, wie die Fortpflanzungs- und Überlebensraten bestimmt werden müssen. Diese werden einfach unter dem Begriff »Fitness« zusammengefaßt, ohne daß dieser

---

1 Scriven (1959); siehe auch Mills und Beatty (1979), Ettinger, et al. (1990), Richardson und Burian (1992), Horan (1994), Hodge (1987) und Brandon (1990), Kap. 1, für den probabilistischen Charakter der Selektionstheorie.

2 Lewontin (1970), S. 1f.

3 Daraus ergibt sich das bekannte »units of selection«-Problem. Siehe Brandon und Burian (1984) für eine Sammlung von Aufsätzen sowie Sober und Wilson (1994) und Sterelny (1995) für neuere Übersichtsartikel zur umfangreichen Literatur zu diesem Problem.

Begriff noch weiter spezifiziert würde, z.B. indem angegeben würde, wie die Überlebens- und Fortpflanzungsraten zu dieser Quantität beitragen. Diese Unschärfe in solchen abstrakten Charakterisierungen ist sozusagen der Preis für ihre Allgemeinheit.

Neben solchen abstrakten Formulierungen gibt es konkrete Modelle über Selektionsprozesse oder -Gleichgewichtszustände, die heute größtenteils in mathematischer Form vorliegen. Wir werden einige solche Modelle noch kennenlernen, andere habe ich bereits in qualitativer Form vorgestellt (siehe 6.3-6.4). Als Beispiel, das den Gebrauch des vieldeutigen Ausdrucks »Modell« in diesem Zusammenhang festlegen soll, sei etwa das Ein-Locus Modell für Selektion in einer Population von sexuellen Organismen, die sich zufällig paaren, genannt (siehe 8.2e für Details). Es stellt sich nun die Frage, wie das Verhältnis dieser konkreten Modelle zu einer abstrakten Formulierung, wie der oben angegebenen, zu beschreiben ist. Eine Möglichkeit ist die folgende: Die abstrakte Formulierung ist ein Schema, das durch konkrete Modelle instantiiert werden kann[4]. Das heißt, das abstrakte Schema gibt etwas an, was allen diesen Modellen gemeinsam ist; erst ein konkretes Modell füllt die in dem abstrakten Schema enthaltenen Leerstellen aus, z.B. welchen Gesetzmäßigkeiten die Vererbung folgt oder auf welcher Ebene die Selektion wirkt. Einem anderen Vorschlag zufolge ist die abstrakte Formulierung der Selektionstheorie eine »Metatheorie«, die gewisse Merkmale für konkretere Theorien der Selektion festlegt[5]. Welche Charakterisierung nun die zutreffendere ist, ist schwierig zu entscheiden; sie scheinen mir aber nicht grundsätzlich verschieden zu sein.

Eine grundsätzlich andere Auffassung der Struktur der Selektionstheorie wäre aber die folgende: Die Modelle der Selektion sind allesamt deduktive Konsequenzen einer fundamentalen Theorie, die durch Einsetzen von Anfangs- und Randbedingungen erhalten wurden. Z.B. würde man das Ein-Locus Modell der Selektion in einer mendelnden Population durch Einsetzen der im Hardy-Weinberg Gesetz enthaltenen Mendelschen Gesetze in den durch die fundamentale Theorie festgelegten Kalkül erhalten. Als physikalische Analogie könnte man die klassische Mechanik herbeiziehen, wo man durch Einsetzen gewisser Randbedingungen aus den Newtonschen Gesetzen z.B. ein Modell für die Bewegung eines harmonischen Oszillators erhalten kann. Die Newtonschen Gesetze legen fest, daß die Impulsänderung pro Zeiteinheit des bewegten Körpers gleich der auf den Körper wirkenden Kraft ist. Bei der Ableitung des Modells für den harmonischen Oszillator wird dann als Randbedingung eine

4 Brandon (1981)
5 Tuomi (1981)

Funktion für die Abhängigkeit der Kraft von der Auslenkung des Oszillators eingesetzt. Dadurch wird eine Bewegungsgleichung erhalten, die integriert werden kann. Das dadurch erhaltene Modell beschreibt die Bewegung eines (idealisierten) harmonischen Oszillators. Wenn man nun ein solches Modell mit dem Ein-Locus Modell für Selektion vergleicht, so scheinen gewisse Ähnlichkeiten vorzuliegen: Letzteres beschreibt die »Bewegung« der Frequenz zweier Allele in einer Mendelnden Population unter der Wirkung von Selektion. Das Modell kann unter gewissen Annahmen aus dem Hardy-Weinberg Gesetz abgeleitet werden. Ist es nun angebracht, das Hardy-Weinberg Gesetz mit den Newtonschen Gesetzen der klassischen Mechanik zu vergleichen[6]?

Als Analogie mag ein solcher Vergleich angebracht sein; jede Analogie beeinhaltet aber mindestens eine Disanalogie. In diesem Fall ist das unter anderem folgender Umstand: Das Hardy-Weinberg Gesetz kann nicht als *fundamentales* Gesetz der Evolution betrachtet werden, weil es nur für sexuelle Organismen gilt, die sich zufällig paaren. Außerdem unterliegen die Mendelschen Gesetze und mit ihnen das Hardy-Weinberg Gesetz *selbst* dem evolutionären Wandel, können also allein deswegen kein fundamentales Gesetz für die Selektionstheorie abgeben[7]. Das Gesetz sowie alle daraus abgeleiteten Modelle (d.h. fast die gesamte klassische Populationsgenetik) müßten demnach bereits von einem *noch* fundamentaleren Prinzip der natürlichen Selektion abgeleitet sein.

Das Problem ist nun das folgende: Obwohl es Versuche gibt, ein fundamentales Prinzip der natürlichen Selektion mathematisch zu formulieren, das gegenüber den Kontingenzen der Mendelschen Vererbung invariant ist (siehe unten), ist es offensichtlich, daß ein solches Prinzip in der Evolutionstheorie, so wie sie in der Lehre und Forschung verwendet wird, nicht die geringste Rolle spielt. Lehrbücher über Evolutionsgenetik fangen stets mit dem Hardy-Weinberg Gesetz an und stellen die verschiedenen Modelle vor, die man daraus ableiten kann. Asexuelle Organismen werden meist weiter hinten behandelt (wenn überhaupt), wobei dort aber auch nicht von einem fundamentalen Prinzip der Selektion ausgegangen wird, sondern von bestimmten genetischen Annahmen über diese Organismen[8].

Das Fehlen eines fundamentalen Prinzips oder Gesetzes der natürlichen Selektion hat viele zeitgenössischen Philosophen der Biologie dazu veranlaßt, für die Selektionstheorie die sogenannte »semantic view« wissenschaftlicher

---

6 Dies tut z.B. Sober (1984), Kap. 1

7 Beatty (1981)

8 z.B. Maynard Smith (1992), Kap. 10

Theorien anzunehmen[9]. Um das Wesen dieser Theorieauffassung zu verstehen, muß kurz deren klassische Alternative betrachtet werden.

Nach E. Nagel, einem Vertreter der klassischen Theorieauffassung des logischen Empirismus, kann eine ausgearbeitete wissenschaftliche Theorie in die folgenden Elemente analysiert werden[10]: (1) Einen formalen Kalkül mit einer kleinen Zahl von Axiomen (z.B. die drei Newtonschen Gesetze). Der Kalkül legt die Verwendung der nicht-logischen Ausdrücke der Theorie fest (z.B. Masse, Beschleunigung und Kraft in der Newtonschen Mechanik) und erlaubt die deduktive Generierung von Theoremen (z.B. Bewegungsgleichungen für Massenpunkte auf die bestimmte Kräfte wirken; etwa Gleichungen für die elliptische Bewegung eines Massenpunkts, auf den eine zentripetale Kraft wirkt). (2) Einen Satz von »Korrespondenzregeln«, die die theoretischen Terme des Kalküls mit beobachtbaren Eigenschaften verknüpfen (z.B. Elektronenorbits in Bohrs Atommodell mit Spektrallinien) und (3) Eine Interpretation oder »Modell«[11] des abstrakten Kalküls, die diesen mit bestimmten Vorstellungen über die Natur physikalischer Systeme verknüpft (auch »semantische Regeln« genannt, weil die Interpretation erst den vollen Sinn der Aussagen der Theorie herstellt). Nach der logisch-empiristischen Theorieaufassung muß die Theorie zudem mindestens ein *Gesetz* enthalten, d.h. eine empirische, wahre, notwendige Allaussage. Solche Gesetze erhält man aus den Axiomen und Theoremen einer Theorie mit Hilfe der Interpretation. Der Punkt bei dieser Theorieauffassung ist nicht, daß gute wissenschaftliche Theorien in der Regel tatsächlich auf diese Weise formuliert werden, aber daß sie unter Beibehaltung ihres Inhalts so formuliert werden *können*[12].

Wenn man nun die Selektionstheorie auf diese Weise zu formulieren versucht, gerät man in Schwierigkeiten. Die offensichtlichste ist die, daß es den geforderten formalen Kalkül, bestehend aus einer kleinen Zahl von Axiomen, nicht gibt; zumindest besteht in der Evolutionstheorie keine Einigkeit darüber, wie ein solcher Kalkül auszusehen hat[13]. Was es gibt, sind lediglich die verschiedenen Modelle für Selektion verschiedener Entitäten unter verschiedenen

---

9 Beatty (1980, 1981, 1987b); Horan (1988); Lloyd (1984, 1987, 1988); Sloep und Van der Steen (1987); Thompson (1983, 1987, 1989); Schaffner (1993), S. 99-107; siehe bes. auch Ereshefsky (1991) für eine kritische Diskussion.

10 Nagel (1961), S. 90-105; siehe auch Carnap (1939), Kap. 23, für die Quelle dieser Idee und Suppe (1974) für eine historische Übersicht ihrer Entwicklung und ihrer z.T. beträchtlichen Schwierigkeiten.

11 Dies ist eine andere Verwendung des Ausdrucks »Modell« als in den obenstehenden Ausführungen.

12 Suppe (1974), S. 60

13 Siehe auch Shimony (1989), cf. Sober (1989).

Bedingungen, von denen aber keines die vom klassischen logischen Empirismus für Theorien geforderte Allgemeingültigkeit besitzt. Eine »allgemeine« Theorie muß natürlich auch nach dieser Theorieauffassung nicht für alles gelten, aber sie muß zumindest alle Phänomene in ihrem Bereich einigermaßen erklären können. Das Problem hier ist, daß es in der Evolutionsbiologie keinen einfachen Satz von Prinzipien gibt, mit denen alle Phänomene der natürlichen Selektion behandelt werden können. Es gibt zwar, wie oben erwähnt, allgemeine, abstrakte Formulierungen der Selektionstheorie (z.B. diejenige von Lewontin), aber diese sind eben gerade dadurch gekennzeichnet, daß sie keinen formalen Apparat enthalten.

Einen Versuch, eine allgemeine Theorie der natürlichen Selektion axiomatisch zu formulieren, unternahm M.B. Williams mittels eines mengentheoretischen Ansatzes[14]. Meines Wissens ist es jedoch nicht gelungen, Williams' Theoreme mit den in der Evolutionsbiologie verwendeten konkreten Modellen der Selektion - z.B. den Modellen der Populationsgenetik - in Beziehung zu bringen[15]. Allerdings ergibt sich allein aus dem Umstand, daß Evolutionsbiologen keinen solchen allgemeinen formalen Kalkül verwenden oder aus dem Fehlen eines Konsenses über ein fundamentales Prinzip oder Gesetz der natürlichen Selektion, kein gutes Argument dagegen, daß auch die Selektionstheorie die von Nagel verlangte Struktur haben *sollte*, aber etwas unbefriedigend ist es schon[16].

Die am weitesten verbreitete Alternative zur klassischen Theorieauffassung ist die »semantic view« oder »modelltheoretische« Auffassung[17]. Nach dieser

---

14 Williams (1970)

15 vgl. Ruse (1977)

16 Die klassische Theorieauffassung wird von einigen zeitgenössischen Philosophen auch für die als Physik unangemessen betrachtet, siehe z.B. Giere (1988); van Fraassen (1980).

17 Es gibt einige Paralellen zwischen klassischer vs. modelltheoretischer Auffassung und Beweistheorie vs. Modelltheorie in der mathematischen Logik. Bei der Beweistheorie werden Systeme der formalen Logik, d.h. die Menge der logisch wahren Aussageformen durch syntaktische Transformationsregeln sowie eine kleine Zahl von Axiomen generiert, deren Korrektheit und Vollständigkeit jeweils zu beweisen ist. In der logischen Modelltheorie werden hingegen anstelle von Axiomen und Transformationsregeln Wahrheitsbedingungen (Semantik) für die logischen Verknüpfungen angegeben (siehe Suppes 1957 für eine Einführung). Ein »Modell« einer logischen Formel ist in der Modelltheorie eine Interpretation (d.h. eine Zuordnung von Wahrheitswerten zu den Teilen der Formel), durch die die gesamte Formel wahr wird; es zeichnet also gewisse Interpretationen logischer Formeln aus. Folgende Analogien können ausgemacht werden: Nach der klassischen Auffassung wird eine wissenschaftliche Theorie durch syntaktische Regeln sowie eine kleine Zahl von Axiomen generiert. Das Ziel ist aber nicht, wie bei der mathematischen Logik, die Auszeichnung *logisch* wahrer Aussagen, sondern *empirisch* wahrer

Auffassung besteht eine Theorie aus einer Familie von Modellen sowie einer Spezifikation der intendierten Anwendungen für diese Modelle, wobei »Modell« hier nicht in Nagels Sinn (Interpretation eines formalen Kalküls) verwendet wird, sondern in einem noch auszuführenden Sinn. Axiome und allgemeine Gesetze verlangt die modelltheoretische Auffassung keine, sie schließt sie aber auch nicht notwendigerweise aus.

Ein Modell im modelltheoretischen Sinn hat folgende Eigenschaften: (1) Es soll einen physikalischen oder biologischen Prozeß repräsentieren[18], (2) es macht diesen Prozeß auf irgendeine Weise verstehbar, (3) es ist abstrakt und idealisiert, (4) es tritt meist nicht in Isolation auf, sondern zusammen mit ähnlichen Modellen. Betrachten wir diese vier Charakteristika zunächst am Beispiel des Modells des harmonischen Oszillators[19]:

(1) Das Modell des harmonischen Oszillators repräsentiert gewisse Schwingungsvorgänge, wie sie z.B. an einem an einer Feder befestigten Gewicht, in einem elektrischen Schwingkreis oder auch in vibrierenden Molekülen auftreten. (2) Das Modell macht verständlich, weshalb die repräsentierten Systeme das Schwingungsphänomen zeigen und erklärt gewisse Eigenschaften dieses Schwingungsphänomens wie etwa die Frequenz sowie die Form der Bewegung, die mathematisch durch eine Überlagerung von trigonometrischen Funktionen beschrieben werden kann. In diese Erklärung gehen im Fall des harmonischen Oszillators die Newtonschen Bewegungsgesetze ein (bzw. elektrodynamische

---

Aussagen, die durch die Interpretation erhalten werden können; ansonsten ist die Analogie recht stark und wohl von den logischen Empiristen auch so beabsichtigt (Carnap 1939, Kap. 23). In der modelltheoretischen Auffassung wissenschaftlicher Theorien besteht eine Theorie hingegen aus nicht-linguistischen (d.h. nicht aus Aussagen zusammengesetzten) Repräsentationen physikalischer Systeme, die als »Modelle« bezeichnet werden. Theorien können trotzdem sprachlich formuliert werden; es kann aber mehrere äquivalente Formulierungen einer Theorie geben. Eine »Anwendung« eines Modells kommt zustande, wenn ein physikalisches oder biologisches System kraft seiner spezifischen Eigenschaften das Modell »erfüllt«, d.h. wenn die im Modell getroffenen Voraussetzungen bei dem System zutreffen. Die Analogie zur logischen Modelltheorie besteht darin, daß Modelle bestimmte Strukturen auszeichnen, bloß daß es sich bei diesen Strukturen nicht um Interpretationen logischer Formeln handelt sondern um abstrakte, idealisierte Beschreibungen physikalischer Systeme (Suppe 1989, Kap. 3). Der Name »semantic view« rührt daher, daß eine Theorie nach dieser Auffassung die Wahrheitsbedingungen (Semantik) für die Anwendungen ihrer Modelle festlegt.

18 Der Repräsentationsaspekt wird nicht von allen Autoren geteilt, da er irgendeine Version des wissenschaftlichen Realismus voraussetzt. Die modelltheoretische Aufassung wird im allgemeinen als neutral bezüglich der Realismusfrage angesehen (außer natürlich Punkt (1) in meiner Charakterisierung der Modelltheorie). Giere (1988) vertritt z.B. eine realistische, van Frassen (1980) eine empiristische Position.

19 Für das folgende siehe Giere (1988, S. 68-74) sowie Giere (1994).

Gesetze beim elektrischen Schwingkreis). (3) Das Modell abstrahiert von verschiedenen Faktoren wie Reibung, Eigengewicht der Feder, Nichtproportionalität der Rückstellkraft etc. und betrachtet nur einen genau festgelegten Satz von Zustandsvariablen und Parametern (Auslenkung, Rückstellkraft, Masse). Je stärker die im Modell wegabstrahierten Faktoren bei einem realen System sind, desto ungenauer beschreibt das Modell in der Regel das Verhalten des Systems[20]. (4) Zum Modell des harmonischen Oszillators gesellen sich ähnliche Modelle, z.B. das Modell für ein einfaches Pendel mit kleiner Auslenkung oder das Modell des gedämpften harmonischen Oszillators, sowie weniger ähnliche Modelle wie parametrische Pendel etc. R. Giere hält die gesamte Theorie der klassischen Mechanik für eine Kombination von Familien von Modellen (im eben ausgeführten Sinn), die durch Hypothesen über die Anwendbarkeit dieser Modelle ergänzt wird[21]. Die Modelle *definieren* abstrakte mentale Repräsentationen möglicher physikalischer Vorgänge, während die Hypothesen *empirischen* Status haben.

Diese Auffassung von wissenschaftlichen Theorien scheint auch für die Biologie attraktiv, da sie das Problem allgemeingültiger Gesetze vermeidet[22]. Die modelltheoretische Auffassung unterscheidet sich von der logisch-empiristischen Auffassung von Theorien primär darin, daß sie Theorien nicht als Systeme von *Aussagen* auffaßt, sondern als Mengen von *Prädikaten*. Jedes Modell einer Theorie (z.B. das Modell des harmonischen Oszillators) ist ein solches Prädikat, das zur Repräsentation von Phänomenen verwendet werden kann, ebenso wie das Prädikat »Haus« eine bestimmte Art von Objekten repräsentiert, nämlich Artefakte, in denen jemand wohnt.

Die modelltheoretische Interpretation wissenschaftlicher Theorien hat verschiedene Konsequenzen: (1) Theorien sind weder wahr noch falsch, sondern höchstens unterschiedlich gut auf reelle Systeme anwendbar. (2) Theorien haben keinen *empirischen,* sondern *definitorischen* Charakter. Sie definieren idealisierte physikalische oder biologische Systeme. Nach einer bestimmten Variante der Modelltheorie[23] definiert eine wissenschaftliche Theorie einen Zustandsraum

---

20 Suppe (1989, S. 95) weist darauf hin, daß bei der Anwendung eines Modells S auf ein wirkliches System P meist eine *kontrafaktische Konditionalaussage* gemacht wird, etwa »wenn P ein physikalisches System wäre, bei dem die in S wegabstrahierten Faktoren einen kleinen Einfluß auf die Entwicklung des Systems haben, dann würden seine Zustandsvariablen zum Zeitpunkt t die durch S bestimmten Werte annehmen«.

21 Giere (1988), S. 82-86

22 Für das Problem biologischer Gesetze siehe Smart (1963), S. 52ff.; Beckner (1959), S. 159-160; Beatty (1995); Carrier (1995); Schaffner (1993), S. 119-125; Hull (1978); Ghiselin (1989); Lange (1995), Waters (1996).

23 »state space approach« (van Fraassen 1972)

(d.h. einen Raum von Parametern, in dem jeder Punkt einen Zustand eines Systems darstellt, das bezüglich dieser Parameter bestimmte Werte annimmt), der eine abstrakte, idealisierte Beschreibung einer Klasse von physikalischen oder biologischen Systemen darstellt. Konkrete Modelle der Theorie werden dann auf bestimmte Regionen dieses Zustandsraums beschränkt und beschreiben die »Bewegung« des Systems im Zustandsraum.

Empirische Aussagen werden aus modelltheoretischer Sicht erst gemacht, wenn behauptet wird, ein bestimmtes System werde durch ein Modell adäquat beschrieben. Axiome, die nach der logisch-empiristischen Wissenschaftstheorie eine zentrale Position in einer Theorie einnehmen, spielen in der modelltheoretischen Auffassung keine Rolle. Giere weist darauf hin, daß es für die klassische Mechanik zwar axiomatische Darstellungen gibt, diese aber in der Lehr- und Forschungspraxis der Physik kaum eine Rolle spielen[24]. Die modelltheoretische Auffassung ist deshalb nach Giere näher am naturwissenschaftlichen Theorieverständnis als die stark von der formalen Logik geprägten logisch-empiristische Auffassung.

Es ist nicht mein Ziel, mich hier auf die Kontroverse zwischen traditioneller und modelltheoretischer Auffassung wissenschaftlicher Theorien im Detail einzulassen. Es ist denkbar, daß weder die eine noch die andere Auffassung das Wesen naturwissenschaftlicher Theorien adäquat beschreibt, bzw. adäquate Regeln angibt, wie eine Theorie formuliert werden muß. Ich möchte aber auf ein meines Wissens bisher in der philosophischen Literatur unbeachtet gebliebenes Problem mit der zeitgenössischen Selektionstheorie hinweisen, das möglicherweise mit der modelltheoretischen Auffassung einfacher in Einklang zu bringen ist. Das Problem besteht darin, daß gegenwärtig keine allgemeine Definition des Fitnessbegriffs existiert und daß »Fitness« in verschiedenen Verwendungskontexten etwas anderes bedeutet.

8.2 Dimensionen des Fitnessbegriffs

S.C. Stearns bemerkt in seinem Lehrbuch über die Evolution von Lebenszyklen: »A general definition of fitness has not been found. Whether such a definition exists can provoke spirited discussion«[25]. Dies ist ein bemerkenswerter, in der philosophischen Literatur zur Selektionstheorie bisher kaum beachteter Umstand, der möglicherweise Konsequenzen für die Struktur der Selek-

---

24 Giere (1988), S. 87-88
25 Stearns (1992), S. 14

tionstheorie hat. Ich werde diesen Aspekt des Fitnessbegriffs deswegen hier etwas eingehender untersuchen.

Betrachten wir zunächst ein Beispiel, wie Fitness in einem Lehrbuch eingeführt wird:

> Für die Berechnung von Genfrequenzveränderungen in einer Population über eine bestimmte Zeit benötigen wir ein Maß für das Überleben und für die Reproduktion. Ein solches Maß stellt die *Fitness* dar, die in der Populationsgenetik eine rein technische Bedeutung hat. Eine Definition der Fitness läßt sich am leichtesten für Populationen mit diskreten Generationen geben, wie z.B. für Insekten, bei denen alle Adulte nach der Fortpflanzung sterben. In diesem Fall ist die Fitness eine bestimmten Typs *A* die erwartete Anzahl Nachkommen, die ein *A*-Individuum zur nächsten Generation beisteuert.[26]

Diese Definition hat zwei charakteristische Eigenschaften: (1) Die Definition der Fitness als Maß für reproduktiven Erfolg bzw. Überleben eines Typs hängt offenbar von bestimmten Annahmen bezüglich des Lebenszyklus des betrachteten Organismus ab. Ist die von Maynard Smith in der obenstehenden Definition angegebene Bedingung der Diskretheit der Generationen nicht erfüllt, ist die Definition »Fitness $=_{\mathrm{def}}$ erwartete Anzahl Nachkommen ...« nicht ausreichend und muß durch eine andere, möglicherweise komplexere Definition ersetzt werden. Ich bezeichne dieses Phänomen als die *Pluralität operationaler Definitionen* des Fitnessbegriffs[27].

(2) Maynard Smiths operationale Definition verknüpft Fitness direkt mit dem reproduktiven Erfolg bestimmter Typen von Organismen. Fitness ist ein »Maß für das Überleben und die Reproduktion«. Diese Weise, Fitness zu definieren, hat einige Philosophen dazu veranlaßt, die Evolutionstheorie resp. natürliche Selektion als Erklärung für evolutionäre Veränderungen als »tautologisch«, »zirkulär«, »empirisch leer« oder »nicht falsifizierbar« (je nach Autor) zu betrachten[28]. Andere Philosophen haben daraufhin versucht, dieses sogenannte »Tautologieproblem« zu lösen, indem sie nach Definitionen gesucht haben, die Fitness *nicht* direkt mit dem zu erwartenden Fortpflanzungserfolg

---

26 Maynard Smith (1992), S. 33

27 Die Pluralität operationaler Fitnessdefinitionen ist in der biologischen Fachliteratur ausführlich diskutiert worden, z.B. Stearns (1992), Kap. 1; Dawkins (1982), Kap. 10; Murray (1990), Hamilton (1975), West Eberhard (1975), Endler (1986), Brown (1987), Grafen (1988), Charlesworth (1970), Pollak und Kempthorne (1971), Denniston (1978), Cooper (1984). Im Gegensatz dazu gibt es kaum philosophische Literatur zu diesem Problem; die einzigen mir bekannten Ausnahmen sind Fox Keller (1992) und Beatty und Finsen (1989).

28 Der Tautologievorwurf wurde anscheinend schon von T. H. Morgan im Jahre 1914 als Argument gegen den Darwinismus verwendet; das Argument beschränkt sich also nicht auf die Philosophie (Weinstein 1980, S. 437).

eines Organismus gleichsetzen. Das Tautologieproblem beruht nach Ansicht dieser Philosophen auf einem Mißverständnis, das dadurch zustande kommt, daß die Biologen Fitness falsch oder unvollständig definieren, auch wenn sie den Begriff durchaus mit Erfolg verwenden. Aus diesen Versuchen erwuchs eine ganze Tradition philosophischer Explikationen des Fitnessbegriffs[29]. Ich werde auf das Tautologieproblem nicht weiter eingehen; es sei aber darauf hingewiesen, daß das Problem sich in der modelltheoretischen Auffassung von Theorien nicht stellt, da die theoretischen Modelle für sich genommen in dieser Auffassung ohnehin keinen empirischen Gehalt besitzen[30] (empirische Aussagen kommen erst zustande, wenn ein bestimmtes Modell auf eine Problemsituation angewendet wird).

Während meiner Versuche, die heutige Selektionstheorie zu verstehen fand ich, daß diese äußerst verwirrend ist, da sie aus einer Vielzahl von verschiedenen Modellen besteht, deren Beziehung zueinander zunächst unklar erscheint. Das verwirrendste aber ist, daß der zentrale Begriff der quantitativen Selektionstheorie - Fitness - im Kontext verschiedener Modelle etwas anderes bedeutet. Eine erschöpfende Aufstellung von technischen Fitnessdefinitionen sowie deren theoretische Behandlung ist nicht mein Ziel. Ich will aber versuchen, die Komplexität des Fitnessbegriffs zu demonstrieren, indem ich eine Reihe von Fallunterscheidungen bezüglich den verschiedenen Bedeutungen treffe, die der Begriff im Kontext verschiedener Modelle annimmt. Diese definieren sozusagen eine Reihe von Dimensionen, entlang derer der Fitnessbegriff variieren kann.

a) Numerische Dominanz vs. temporale Persistenz

Man betrachte den hypothetischen Fall einer Population asexueller Organismen, die aus verschiedenen Klonen besteht (ein Klon ist eine Menge von Individuen, die durch vegetative Vermehrung aus demselben Individuum hervorgegangen sind und damit - sofern keine Mutationen aufgetreten sind - genetisch identisch sind). Das Habitat dieser Population sei heterogen und die Population entwickle sich durch Geburt und Tod von Individuen. Die einzelnen Klone seien gleichmäßig auf das Habitat verteilt. Wir verfolgen die einzelnen Klone über die Jahre. Manche werden mit der Umweltheterogenität besser fertig, andere weniger gut. Manche Klone werden sehr zahlreich, andere fristen ein Minderheiten-Dasein. Manche Klone sterben aus. Nach vielen Jahren sind alle ursprünglich vorhandenen Klone ausgestorben; sie wurden ersetzt durch

---

29 Siehe Sober (1993), S. 69-73 für eine Einführung.

30 Lloyd (1988), S. 17

Mutanten und durch eingewanderte Klone. Wir wollen nun aufgrund der Daten, die die Entwicklung jedes Klons über die Jahre zeigt, jedem Klon einen Fitnesswert zuschreiben. Dieser Wert soll ausdrücken, wie gut sich ein bestimmter Klon in dieser heterogenen Umwelt gehalten hat, d.h. wie erfolgreich seine Nachkommen in den folgenden Generationen vertreten sind oder, mit anderen Worten: ob ein Klon durch die natürliche Selektion begünstigt wurde oder nicht. Fitness soll die Fähigkeit eines Klons angeben, durch natürliche Selektion bevorzugt zu werden. Aber was heißt das? Welcher Klon ist »erfolgreicher«: derjenige, der sich viele Jahre gehalten hat, aber zahlenmäßig die Population nie dominiert hat, oder derjenige, der nach kurzer Zeit ausgestorben ist, während dieser Zeit aber die Mehrheit der Population bildete?[31] Mit anderen Worten: soll Fitness die Fähigkeit zur *kurzfristigen numerischen Dominanz* messen oder die *Zeit bis zum Aussterben*? In der Regel haben sich Evolutionsbiologen für das Erstere entschieden. Es gibt allerdings Fälle, in denen bestimmte Genotypen einen hohen Fitnesswert besitzen, die sich durch eine unerwartet hohe Persistenz in einer Population auszeichnen, numerisch aber nur einen Bruchteil dieser Population ausmachen[32].

Das hypothetische Beispiel zeigt eine erste Dimension des Fitnessbegriffs auf: »Fitness« kann bedeuten: (1) die Fähigkeit, eine Population numerisch zu dominieren oder (2) die Fähigkeit, in einer Population lange zu überleben.

Im Sinne von (2) hat z.B. W. S. Cooper vorgeschlagen, Fitness als »expected time to extinction (ETE)« zu definieren, als den Erwartungswert für den Zeitpunkt des Aussterbens eines Typs von Organismen[33]. Dieser Vorschlag hat sich jedoch kaum durchgesetzt. Die Selektionstheorie ist im allgemeinen am *kurzfristigen* evolutionären Erfolg von Merkmalen interessiert, z.B. an der Aufrechterhaltung von Adaptationen durch natürliche Selektion[34]. Das heißt, das bezüglich dieser Dimension Fitnessbegriffe mit Bedeutung (1) vorherrschen.

b) Diskrete vs. überlappende Generationen

Am einfachsten ist Fitness zu definieren für Populationen mit diskreten Generationen (siehe die oben angegebene Definition Maynard Smiths), also Organismen wie die bekannte Eintagsfliege oder einjährige Pflanzen, die gleich

31 Stearns (1992), S. 14

32 Dies kann der Fall sein bei einem sogenannten *stabilen Polymorphismus*, z.B. durch Heterozygoten-Überlegenheit (Murray 1990, S. 198).

33 Cooper (1984); siehe auch Beatty und Finsen (1989); Weber (1996)

34 vgl. Williams (1966), S. 54. Eine Ausnahme von dieser Regel bilden neuere paläontologische Theorie der »Artenselektion« (Stanley 1981).

nach erfolgter Fortpflanzung sterben. Die Fitness λ eines Typs von Organismen kann dann als die Wahrscheinlichkeit definiert werden, daß die Individuen dieses Typs bis zur Fortpflanzung überleben, multipliziert mit der durchschnittlichen Anzahl Nachkommen pro Generation (Fekundität). Dieser einfache Fitnessbegriff, der lediglich die Fähigkeit eines Typs erfaßt, in der *nächsten* Generation zahlenmäßig gut vertreten zu sein, erlaubt aber keine Vorhersagen bei altersstrukturierten Populationen. Warum dies so ist, werden wir gleich sehen (siehe unten). λ ist trotz erheblicher Mängel ein in empirischen Untersuchungen häufig verwendetes Maß für Fitness[35]. Die Populationsentwicklung eines Typs von Organismen mit Fitness λ wird am einfachsten durch eine Rekursionsgleichung für die Anzahl Organismen N_g nach g Generationen wiedergegeben:

$$N_1 = \lambda N_0$$
$$N_g = \lambda^g N_0$$

Dieses einfache Modell einer Populationsentwicklung kann in verschiedene Richtungen erweitert werden. Wird eine dichteabhängige Wachstumsrate eingeführt, ergibt sich eine sogenannte logistische Gleichung (siehe unten). Frequenzabhängigkeit führt zur evolutionären Spieltheorie und zum Begriff der evolutionsstabilen Strategie ESS (siehe 6.4). Einführung von überlappenden Generationen führt zur Demographie und zur Euler-Lotka Gleichung, die gleich vorgestellt wird. Man betrachte nun folgendes Beispiel: Individuen des Typs *A* vermehren sich, indem sie innerhalb eines Jahres einen Nachkommen produzieren und dann sofort sterben. Der Nachkomme tut genau dasselbe - Typ *A* wird also in Form einer stabilen Subpopulation existieren, bei der die Sterbe- und die Todesrate sich zu Null kompensieren. Typ *B* lebe zwei Jahre, bevor er einen Nachkommen produziert und gleich anschließend stirbt, d.h. die Population enthält sowohl ein- wie auch zweijährige Individuen des Typs *B*; sie hat eine *Altersstruktur*. Auch Typ *B* wird in einer stabilen Anzahl in der Population vorkommen und seine Fitness unterscheidet sich nicht von der von *A*, obwohl er etwas länger braucht um sich fortzupflanzen. Nun betrachten wir eine altersstrukturierte Population, die *wächst*. Typ *A* produziere einen Nachkommen nach einem Jahr und einen weiteren nach einem weiteren Jahr, um dann zu sterben. Die Population von *A* wächst exponentiell. Typ *B* produziere im ersten Jahr keine Nachkommen, im zweiten Jahr dafür deren zwei, und stirbt dann. Auch *B* wächst exponentiell; und man könnte meinen etwa gleich schnell. Man

---

[35] Stearns (1992), S. 33

zähle aber nach: Nach vier Jahren hat Typ *A* bereits 10 Nachkommen während Typ *B* erst deren 6 hat! Typ *A* ist also bereits nach kurzer Zeit numerisch dominant - seine Fitness muß größer sein, obwohl jedes Individuum insgesamt gleich viele Nachkommen produziert wie die Individuen von *B*! Dieses Beispiel zeigt, daß Fitness in einer wachsenden altersstrukturierten Population nicht nur von der Anzahl Nachkommen abhängt, sondern auch davon, ***wann*** diese Nachkommen produziert werden. Frühere Fortpflanzung bedeutet höhere Fitness auch bei gleichbleibender Anzahl Nachkommen. Mit einer analogen Überlegung kann gezeigt werden, daß in einer schrumpfenden Population diejenigen Typen eine höhere Fitness aufweisen, die sich spät fortpflanzen.

Ein auch für solche Fälle anwendbarer Fitnessbegriff muß diesem Umstand Rechnung tragen. Dies kann durch Verwendung der *Euler-Lotka Gleichung* getan werden[36]:

$$\sum_{x=0}^{\infty} e^{-rx} l_x m_x = 1$$

wobei l_x die Wahrscheinlichkeit, daß ein Individuum bis zum Alter x überlebt und m_x die erwartete Anzahl Nachkommen der Individuen mit Alter x angibt. Die Konstante r in dieser Gleichung wurde von R. A. Fisher *Malthusischer Parameter* getauft (siehe unten). Wie man an der Euler-Lotka Gleichung sehen kann, ist r genau dann bestimmt, wenn l_x und m_x gegeben sind. Diese können z.B. aus einer demographischen Tabelle errechnet werden. Die Euler-Lotka Gleichung läßt sich in den meisten Fällen nur numerisch durch Ausprobieren von Werten für r lösen. Sie beschreibt das exponentielle Wachstum einer Population, die überlappende Generationen und eine Altersstruktur aufweist, die durch feste Werte für l_x und m_x zustandekommt (es wird angenommen, daß diese von der Populationsdichte unabhängig sind). Wie Lotka zeigen konnte, wächst eine solche Population exponentiell, wobei die Altersstruktur sich nach einer kurzen Anlaufphase nicht mehr verändert, d.h. jede Altersgruppe wächst exponentiell mit Exponent r und das Verhältnis der Altersgruppen zueinander verändert sich nicht. In meinem hypothetischen Beispiel von vorhin ist übrigens $r_A = 0.48$ und $r_B = 0.35$; die durch Nachzählen festgestellte Überlegenheit von *A* gegenüber *B* wird also durch r erfaßt.

R. A. Fisher schlug vor, den »Malthusischen Parameter« r zum Maß für Fitness zu erklären (er wählte das Symbol m): »m measures fitness to survive by the

---

[36] Maynard Smith (1992), S. 35f.; Stearns (1992), S. 23f.

objective fact of representation in future generations«[37], wobei Fisher Fitness auf Gensubstitutionen bezog (siehe unten). Die Euler-Lotka Gleichung trägt auch dem intuitiven Verständnis des Fitnessbegriffs Rechnung, daß Fitness aus zwei Komponenten zusammengesetzt ist: der Viabilität oder Überlebenswahrscheinlichkeit - repräsentiert durch l_x - und der Fertilität - repräsentiert durch m_x. Der wesentliche Unterschied zu λ als Maß für Fitness besteht darin, daß durch die Euler-Lotka Gleichung die Nachkommen aufgrund des Alters x ihrer Eltern um den mit x exponentiell abfallenden Faktor e^{-rx} *gewichtet* werden. In einer wachsenden Population »zählen« spät produzierte Nachkommen weniger als früh produzierte; in einer schrumpfenden Population ist es umgekehrt.

Wie bei vielen Modellen enthalten auch diese eine Idealisierung darin: l_x und m_x werden als dichteunabhängig betrachtet. Fitness durch r bestimmt ist eine intrinsische Wachstumsrate. Im Gegensatz zu r kann λ nur dann als Maß für den evolutionären Erfolg eines Typs betrachtet werden, wenn die Population stabil ist, also wenn $r \approx 0$ oder wenn die Generationen diskret sind und die Generationszeit festgelegt ist. Wir können nun die zweite Dimension formulieren, in der sich operationale Fitnessdefinitionen unterscheiden können:

Fitness kann also die Repräsentation von Typen in den Folgegenerationen angeben, wo die Generationen diskret sind, oder die Repräsentation von Typen in altersstrukturierten Populationen, wo die Generationen sich überlappen.

λ eignet sich als Fitnessmaß in einer stationären oder annähernd stationären Population oder zur Charakterisierung der Fitness von Gensubstitutionen in einer nicht-stationären Population, wenn nur kurzfristige Vorhersagen gefragt sind[38]. r und die Euler-Lotka Gleichung leisten gute Dienste für die zur Berechnung von optimalen Lebenszyklen, z.B. das optimale Alter oder Gewicht für das Einsetzen der Reproduktion (siehe 6.4). Die intrinsische Wachstumsrate r kann auch als Maß für die Verbreitung eines seltenen nicht-rezessiven Gens in einer Population mit Altersstruktur verwendet werden. Daran wird erkennbar, daß Fitnessmaße immer sowohl auf einzelne Gensubstitutionen oder auf phänotypische Merkmale wie Alter bei Einsetzen der Reproduktion bezogen werden können (siehe unten). r ist kein geeignetes Fitnessmaß für Gene in Populationen, bei denen ein stabiler Polymorphismus vorliegt[39].

---

37 Fisher (1930), S.34
38 Stearns (1992), S. 31
39 Charlesworth (1980), S. 196-197

c) Dichte-unabhängiges vs. dichte-abhängiges Wachstum

Wir betrachten nun den Fall in dem eine Dichteabhängigkeit der phänomenalen Wachstumsrate besteht. Die Grundidee ist intuitiv verständlich: Populationen wachsen nicht ins Unendliche. Die Knappheit von Ressourcen wie Nahrung, Nährstoffen oder Raum führt dazu, daß die Wachstumskurve einer anfänglich exponentiell wachsenden Population irgendwann abflacht und asymptotisch gegen einen Grenzwert läuft; vielleicht auch wieder abfällt oder oszilliert (bei Rückkoppelung). Befindet sich eine Population durch irgendwelche Umstände oberhalb dieses Grenzwerts, so wird sie bis zum Grenzwert schrumpfen. Mathematisch wird dieser Sachverhalt meist durch eine *logistische Gleichung* ausgedrückt[40]:

$$\frac{dx}{dt} = rx\left(1 - \frac{x}{K}\right)$$

wobei K *Tragfähigkeit* heißt und (ebenso wie r) eine Eigenschaft von Organismen in einer bestimmten Umwelt ist. Der wesentliche Punkt hier ist, daß K völlig unabhängig von r ist. Es kann nun folgende heuristische Überlegung angestellt werden: Wie zahlreich ein Organismus in einer Population vertreten ist, hängt je nach Umständen nicht nur von r sondern auch von K ab; insbesondere dann, wenn die Population sich in der Nähe ihrer Tragfähigkeit befindet. Ein Typ, der Ressourcen effizienter nutzt, wird bei gleichbleibendem r vielleicht ein höheres K erreichen und andere Typen dominieren. Dies ist ein Argument dafür, nicht nur r sondern auch K als Maß für Fitness anzusehen[41]. MacArthur und Wilson haben diesen Gedanken zur berühmten Theorie von der K- versus r-Selektion verarbeitet (siehe 6.4); ansonsten werden logistische Gleichungen erstaunlicherweise in der Selektionstheorie kaum verwendet. Wir können also folgende weitere Dimension des Fitnessbegriffs festhalten: Fitness kann eine intrinsische Wachstumsrate bedeuten, bei der von wachstumslimitierenden Faktoren abstrahiert und Dichte-Unabhängigkeit angenommen wird, oder eine Kombination aus einer intrinsischen Rate und einem dichteabhängigen Faktor, der unter limitierenden Bedingungen wirksam wird.

---

40 Maynard Smith (1992), S. 15

41 Tatsächlich hat sich Darwin den Selektionsprozeß so vorgestellt: als Konkurrenz um begrenzte Ressourcen von Organismen, die über die intrinsische Fähigkeit zur geometrischen Vermehrung verfügen. Darwin kleidete diese Vorstellung in seine berühmte Metapher »the struggle for existence« (siehe 6.1).

d) Fitness von Phänotypen vs. Fitness von Genen

Fishers »Malthusischer Parameter« errechnet sich, wie bereits erwähnt, aus einer demographischen Tabelle, d.h. einer Tabelle, die die Verteilung der Altersgruppen und Anzahl Nachkommen angibt. Eine demographische Tabelle enthält Angaben wie »N % der weiblichen Individuen der Population sind zwischen x und $x + 1$ Jahre alt« oder »N % der weiblichen Individuen in der Altersklasse X haben n Nachkommen« usw. Die demographische Tabelle (»life table« und »table of reproduction«) war der Ausgangspunkt für Fishers mathematisch-statistische Formulierung von natürlicher Selektion[42]. Der Malthusische Parameter ist eine statistische Eigenschaft einer Population. Dies ist aus der Euler-Lotka Gleichung ersichtlich, welche den Wert für r anhand der l_x und m_x, bestimmt, die beides Durchschnittswerte der Population sind. Diese - und damit der Malthusische Parameter - lassen sich entweder für eine ganze Population angeben oder für einzelne Gruppen - z.B. Phänotypen oder Genotypen - innerhalb dieser Population. Welche Einteilung man vornimmt, hängt davon ab, welche Frage man beantworten will. Was Fisher betrifft, so interessierte er sich primär für Veränderungen der genetischen Variabilität von Populationen. Da diese sich durch Mutation und Segregation von *Genen* verändert, bedeutet dies für ihn, den Blick auf das Gen zu richten. Dies geschieht folgendermaßen: Fisher denkt sich die Population aufgeteilt in zwei Portionen. Eine Portion enthält alle Individuen, die an einem bestimmten Locus homozygot für ein Allel sind plus die Hälfte der Heterozygoten, die andere Portion enthält diejenigen Individuen, die homozygot für das alternative Allel an diesem Locus sind, plus die andere Hälfte der Heterozygoten. Fisher definiert nun als *average excess a* der Gensubstitution die Differenz zwischen den durchschnittlichen Fitnesswerten zwischen den beiden Portionen. Analog definiert er als *average effect a* der Population den Durchschnitt der durch alle möglichen Gensubstitutionen hervorgerufenen Fitnesseffekte in der Population. Was Fisher mit diesen Größen zunächst anstellt, ist hier nicht entscheidend[43]; man beachte aber den Abstraktionsschritt, den Fisher vornimmt: er mittelt den Effekt einer einzelnen Gensubstitution über alle möglichen genetischen Hintergründe. Fitness wird dann diesem abstrakten Gebilde zugeschrieben[44].

---

42 Fisher (1930), S. 22ff.

43 Fisher leitet mit Hilfe dieser beiden Grössen sein »fundamentales Theorem der Natürlichen Selektion« ab (vgl. 6.3), welches besagt, daß der Fitnesszuwachs pro Zeiteinheit einer Population jederzeit der additiven genetischen Varianz (= $\Sigma pqaa$, wobei p, q = Genfrequenzen) derselben entspricht.

44 vgl. Stearns (1992, S. 44)

Fisher betrachtet also streng genommen nicht zwei bestimmte Genotypen, die sich nur an einem einzigen Locus unterscheiden, und schreibt diesen einen Fitnesswert zu, sondern er betrachtet zwei idealisierte, durch Mittelung gebildete Genotypen[45]. Diese Betrachtungsweise ist fundamental für Fishers Behandlung der natürlichen Selektion in sexuellen Populationen, in denen Phänotypen und Genotypen dauernd durch Tod bzw. Segregation und Rekombination zerstört werden. In Fishers eigenen Worten:

> [T]he heritable variance displayed by any interbreeding group of organisms has no inherent tendency to diminish by interbreeding, provided that the variance is due to differences between *particulate genes, which segregate intact from all the genetic combinations into which they may enter.* In such a system any changes in variability which may be in progress must be ascribed to changes in frequency, including origination [durch Mutation, M.W.] and extinction, of the different kinds of genes.[46]

Es ist wichtig, den besonderen Sinn zu verstehen, in dem man von der »Fitness von Genen« reden kann, bzw. wie der Fitnessbegriff rekonzeptionalisiert wird. Fitness ist nach wie vor eine Fortpflanzungsrate. Aber sie entsteht durch eine bestimmte Art von statistischer Mittelbildung. Gemittelt wird über *Gruppen von Individuen mit alternativen Genen an einem Locus*, die, wie Fisher ausführt, notwendigerweise entweder gleiche oder unterschiedliche Wachstumsraten haben müssen[47]. Bei der Mittelbildung wird von allen genetischen Unterschieden außer dem in Frage stehenden dimorphen Faktor abstrahiert. Wir halten also die folgende, weitere Dimension des Fitnessbegriffs fest: Fitness kann sich auf Gruppen von Individuen mit gemeinsamen genetischen Eigenschaften oder in dem oben ausgeführten, abstrakten Sinn auf Gensubstitutionen beziehen.

e) Relative Fitness und Selektionskoeffizienten

Dobzhansky definiert nach Wright einen relativen Fitnessbegriff den er »Darwinian fitness« nennt (ein etwas unpassender Name, da Darwin den Fitnessbegriff in dieser Form nicht kannte) und synonym auch mit den Wörtern

---

45 Dieses Vorgehen hat G. C. Williams am eindrücklichsten beschrieben: »No matter how functionally dependent a gene may be, and no matter how complicated its interactions with other genes and environmental factors, it must always be true that a given gene substitution will have an arithmetic mean effect on fitness in any population« (Williams 1966, S. 56). Diese Behauptung führt unmittelbar ins Zentrum der »units of selection«-Kontroverse.

46 Fisher (1930), S. 70

47 *ibid.*, S. 34

»adaptive value« und »selective value« kennzeichnet[48]. Der Zweck dieser Größe besteht darin, durch Selektion bedingte Verschiebungen von Allelfrequenzen im Hardy-Weinberg Gleichgewicht quantitativ erfassen zu können. Wenn z.B. Individuen der Genotypen *AA* und *Aa* im Durchschnitt 100 Gameten, und Individuen des Genotyps *aa* im Durchschnitt 90 Gameten zum Genpool der nächsten Generation beitragen, dann ist ist die Fitness der ersteren $W_1 = 1$, die des letzteren $W_2 = 0.9$ (*A* ist in diesem Beispiel dominant). Der fittere Genotyp erhält per Definition den Fitnesswert 1. Dann wird der ***Selektionskoeffizient*** s wie folgt eingeführt:

$$W_2 = 1 - s$$

Mit Hilfe des Hardy-Weinberg Gesetzes läßt sich z.B. das Inkrement der Genfrequenzen pro Generation berechnen[49]. Gegeben seien zwei Allele *A* und *a* und die drei dazugehörigen Genotypen *AA*, *Aa* und *aa*. Die Fitness von *aa* relativ zu *AA* und *Aa* sei $1 - s$, wobei dieser Fitnessunterschied darauf beruhe, daß die *aa* um einen Faktor $1 - s$ weniger häufig bis zur Fortpflanzung überleben[50]. Es werden folgende idealisierende Annahmen getroffen: normale Meiose, keine Migration, keine genetische Drift, Mutationsrate gegenüber s vernachlässigbar, Zufallspaarung, diskrete Generationen, *A* vollständig dominant gegenüber *a*. Die drei Genotypen sind dann in einer Population gemäß der Hardy-Weinberg Gleichung verteilt:

Genotyp	*AA*	*Aa*	*aa*
Frequenz vor Selektion	p^2	$2pq$	q^2
Relative Fitness	W_{AA} 1	W_{Aa} 1	W_{aa} $1 - s$
Anteil Adulte nach Selektion	p^2W_{AA} p^2	$2pqW_{Aa}$ $2pq$	q^2W_{aa} $q^2(1 - s)$

48 Dobzhansky (1970), S. 110ff.

49 Wright (1931), S. 101

50 Das Resultat bleibt das gleiche wenn man einen Fertilitäts- anstelle eines Überlebensvorteils annimmt; auf diese Weise wird aber die folgende Überlegung etwas einfacher (Maynard Smith 1992, S. 37).

Die Frequenz des Allels *A* in der nächsten Generation (p') entspricht nun (bei gleicher Fertilität) seiner Häufigkeit unter den Adulten nach Selektion. Die in der letzten Reihe der Tabelle gegebenen Anteile müssen durch die Summe der drei Anteile dividiert werden, um Genotypfrequenzen zu erhalten (die Frequenzen müssen sich zu 1 addieren). Diese Normierungssumme beträgt $S = p^2 + 2pq + q^2(1 - s)$ und vereinfacht sich mittels der Hardy-Weinberg Gleichung zu $S = 1 - sq^2$. Die Allelfrequenz von *A* in der nächsten Generation entspricht dann: [(2 x Anteil von adulten *AA*) + (Anteil von adulten *Aa*)]/(2 x Normierungssumme). Der Faktor 2 im Divisor muß noch hinein weil die Gesamtzahl der Allele stets doppelt so groß ist wie die Gesamtzahl der Individuen. Wir setzen ein:

$$p' = (2p^2 + 2pq)/2S = (p^2 + pq)/S$$

Durch Einsetzen für *S* erhält man:

$$p' = \frac{p^2+pq}{1-sq^2}$$

Nun läßt sich das Inkrement pro Generation $\Delta p = p' - p$ angeben:

$$\Delta p = \frac{p^2+pq}{1-sq^2} - p$$

Dieser Ausdruck läßt sich mittels der Bedingung $p + q = 1$ vereinfachen:

$$\Delta p = \frac{spq^2}{1 - sq^2}$$

Mit dieser Formel läßt sich die Zunahme eines vorteilhaften dominanten Allels unter Selektion berechnen. Hier geht es vor allem darum, wie der Fitnessbegriff in der Populationsgenetik funktioniert, zum Beispiel in diesem einfachen Ein-Locus Modell: Er gibt den relativen Beitrag von Individuen eines bestimmten Genotyps zur Nachkommenschaft der nächsten Generation an und taucht, in

Form des Selektionskoeffizienten, in Gleichungen für die Veränderung von Genfrequenzen unter Selektion auf. Mittels des Selektionskoeffizienten lassen sich außerdem Kriterien dafür angeben, unter welchen Bedingungen Selektion an einem Locus effektiv sein wird und unter welchen Bedingungen sich z.B. Selektion gegen ein nachteilhaftes Allel und Neuntstehung des Allels durch Mutation die Waage halten. Selektion ist effektiv, wenn $s > 1/(2N)$ wobei N die effektive Populationsgröße darstellt, also die Zahl der Individuen, die sich untereinander zufällig paaren[51]. Selektion gegen ein rezessives nachteilhaftes Allel und ständige Neuentstehung des Allels durch Mutation können sich ausgleichen, wobei die Frequenz des Allels dann einen Wert von $1 - (u/s)$ annimmt, wobei u die Mutationsrate darstellt[52]. Dies gilt natürlich alles nur unter den zahlreichen idealisierenden Annahmen, die durch das einfache Ein-Locus Model getroffen werden (siehe oben).

Für viele Modelle der Populationsgenetik sind relative Fitnesswerte ausreichend, so daß absolute Fitnesswerte gar nicht bestimmt werden müssen[53]. Es muß aber beachtet werden, daß die beiden nicht ohne Weiteres miteinander in Beziehung gebracht werden können, da relative Fitnesswerte, wie oben definiert, auf den Genotyp der *Eltern* bezogen werden, und nicht den der Nachkommen (»individuelle Fitness«; siehe unten), während z.B. der weiter oben besprochene Malthusische Parameter (ein absolutes Fitnessmaß) die Wachstumsrate von Nachkommen *mit* einem bestimmten Genotyp unabhängig vom Genotyp der Eltern angibt. Der Malthusische Parameter ist also, auch wenn er auf einzelne Gensubsitutionen bezogen wird (siehe oben), nicht direkt mit den hier besprochenen relativen Fitnessmaßen verwandt; letztere geben im Allgemeinen nicht die Verhältnisse zwischen den entsprechenden Malthusischen Parametern wieder. Relative Fitnesswerte und Selektionskoeffizienten repräsentieren den Beitrag von Genotypen zur nächsten Generation nur wenn die Generationen *diskret*, d.h. nicht überlappend sind. Bei überlappenden Generationen ergeben sich erhebliche Komplikationen für die Berechnung von Genfrequenzen[54].

Relative Fitnesswerte können anstatt für Genotypen auch für einzelne Allele angegeben werden, wobei sich dabei ebenfalls Komplikationen ergeben können. Die relative Fitness der Allele W_A und W_a verhält sich z.B. für den Fall der Heterosis (Überlegenheit der Heterozygoten an einem Locus, siehe auch 12.1) zur relativen Fitness der Genotypen AA, Aa und aa wie folgt:

51 Wright (1931), S. 134
52 *ibid.*, S. 155
53 Dobzhansky (1970), S. 142
54 Charlesworth (1980), S. 145ff.

$$W_A = pW_{AA} + qW_{Aa}$$

$$W_a = qW_{aa} + pW_{Aa}$$

wobei p resp. q die Frequenzen von A resp. a sind; allelische relative Fitnesswerte sind also in gewissen Fällen *frequenzabhängig*[55].

Wir sehen also, daß es der Kenntnis einer ganzen Reihe empirischer Bedingungen bedarf, um die absolute Fitness (z.B. Malthusischer Parameter), relative Fitness bzw. Selektionskoeffizienten von Genotypen und relative Fitness bzw. Selektionskoeffizienten von einzelnen Allelen miteinander in Beziehung zu setzen. Daraus folgern wir: Der Begriff der relativen Fitness ist anders definiert als die meisten absoluten Fitnessbegriffe. Er wird in der Regel eingeführt, um die Veränderung pro Generation von Genfrequenzen nach erfolgter Selektion direkt berechnen zu können (unter Annahme diskreter Generationen).

f) Individuelle Fitness vs. Wachstumsraten von Genotypen

Mehrere Autoren haben einen eigentümlichen möglichen Doppelsinn des Fitnessbegriffs festgestellt[56]. Es wird darauf hingewiesen, daß mit »genotypischer Fitness« zweierlei gemeint sein kann: (1) der statistisch zu erwartende Beitrag eines Individuums mit einem bestimmten Genotyp zur (zu den) nächsten Generation(en) und (2) die intrinsische Wachstumsrate der Individuen eines bestimmten Genotyps. Denniston unterscheidet zwischen den Wachstumsraten mit denen Individuen eines bestimmten Genotyps (1) selbst gebären (»birth rate«) und (2) mit denen sie geboren *werden* (»born rate«)[57]. Fitness in Bedeutung (1) wird manchmal auch *individuelle* Fitness genannt[58]. Der Grund für diese Doppeldeutigkeit liegt in der sexuellen Fortpflanzung, die dazu führt, daß Eltern und Nachkommen in der Regel unterschiedliche Genotypen aufweisen. Von den bisher besprochenen Fitnessbegriffen sind λ und r von der zweiten, relative Fitness und Selektionskoeffizienten von der ersten Art.

Ein Beispiel aus der Literatur möge die Doppeldeutigkeit exemplifizieren. Sober behauptet, der »Darwinsche Fitnessbegriff« (?) müsse für bestimmte evolutionsgenetische Modelle modifiziert werden[59]. Er zitiert Fishers Theorie

---

55 Sober und Lewontin leiten aus der Frequenzabhängigkeit allelischer Fitnesswerte ein Argument gegen den Genselektionismus ab (Sober und Lewontin 1982).

56 Fox Keller (1992); Murray (1990); Denniston (1978)

57 Denniston (1978), S. 77

58 Murray (1990), S. 197; vgl. Dawkins (1982), S. 183

59 Sober (1984), S. 58

der Evolution der Geschlechterallokation. Diese Theorie macht nach Sober von einem Fitnessbegriff Gebrauch, der die Nachkommen eines Individuums in der dritten Generation (die »Enkel«) berücksichtigen muß. Dies entspricht einem Fitnessbegriff mit Bedeutung (1): betrachtet wird der zu erwartende Beitrag eines Individuums zu den nächsten Generationen. Fishermacht aber bei seiner Theorie der Evolution des Geschlechterverhältnisses vor allem vom Begriff des reproduktiven Wertes Gebrauch. Dieser gibt den Beitrag einer Altersklasse eines bestimmten Genotyps zur Gesamtfitness dieses Genotyps an[60]. Der reproduktive Wert bezieht sich nicht auf Individuen, sondern auf Altersklassen oder auf Stadien im Lebenszyklus. Fisher redet also immer von Fitness in der Bedeutung (2): Zunahme (oder Abnahme) eines Genotyps in einer Population; die »born rate« nach Denniston. Sober interpretiert Fishers Theorie also um, indem er Fitness in Bedeutung (1), als »individuelle Fitness« verwendet. Ob Fishers ursprüngliche oder Sobers uminterpretierte Version der Theorie adäquater ist und ob es sich überhaupt um zwei verschiedene Formulierungen derselben Theorie handelt, entzieht sich meiner Kenntnis.

»Genotypische Fitness« kann also bedeuten: (1) den zu erwartenden Fortpflanzungserfolg der Individuen eines bestimmten Genotyps, wobei alle Nachkommen ungeachtet ihres Genotyps mitgerechnet werden, oder (2) die Vermehrungsrate von Individuen eines bestimmten Genotyps in der Population ungeachtet ihrer Abstammung. Denniston hat beobachtet, daß viele Populationsgenetiker den Fitnessbegriff zunächst mit Bedeutung (2) definieren, dann aber in Bedeutung (1) verwenden[61]. Dies scheint aber mehr das Ergebnis einer Unaufmerksamkeit der betreffenden Autoren zu sein als ein fundamentales Problem des Fitnessbegriffs.

---

60 Fisher (1930), S. 141-143. Der reproduktive Wert der Altersklasse x errechnet sich nach der Formel:

$$v_x = \frac{e^{rx}}{l_x}\int_x^{\infty} e^{-rt} l_t m_t \, dt$$

aus der auch das Verhältnis des reproduktiven Wertes zum Malthusischen Parameter ersichtlich ist. $v_x = 1$ für $x = 0$ d.h. für das Zygotenstadium.

61 Denniston (1978), S. 77f.; vgl. Endler (1986), S. 41

g) Inklusive Fitness

W. D. Hamilton geht bei der Entwicklung seiner berühmten Theorie für die Evolution von »Altruismus« von einem Populationsmodell mit nicht-überlappenden Generationen und einer stationären Populationsgröße aus. Hamilton definiert zunächst den Begriff der individuellen Fitness (siehe oben) wie folgt[62]:

$$a = 1 + \delta a$$

wobei die Differenz δa das durch den individuellen Genotypen verursachte Inkrement bzw. Dekrement zu einer genormten Grundeinheit des reproduktiven Erfolgs angibt. Diese Grundeinheit wird so angenommen, daß der Besitz dieser Grundeinheit durch alle Individuen eine Population stationär und evolutionsstabil machen würde. Aus Normalisierungsgründen setzt Hamilton die Fitnessgrundeinheit = 1, woraus ersichtlich ist, daß es sich bei dem nun einzuführenden Begriff der inklusiven Fitness um einen relativen Fitnessbegriff handelt. Schließlich wird die ***inklusive Fitness*** ebenfalls mit Hilfe eines additiven Inkrements zu einer Grundeinheit definiert:

$$R_{ij}^{*} = 1 + \delta R_{ij}^{*}$$

Das Inkrement errechnet sich durch Addition aller Effekte $(\delta \alpha_{rel})_A$ die ein Individuum A auf die Reproduktion der Gene seiner Verwandten hat. Diese Summe wird dann aufgebrochen in einen Effekt auf die Gene, die identisch durch Abstammung sind und einen Effekt auf alle anderen Gene, wobei der Verwandtschaftskoeffizient r den zu erwartenden Bruchteil der Gene angibt, die zwischen zwei Individuen identisch durch Abstammung sind:

$$\sum_{rel} (\delta\alpha_{rel})_A = \sum_{rel} r(\delta\alpha_{rel})_A + \sum_{rel} (1-r)(\delta\alpha_{rel})_A$$

$$\delta T_A^{*} = \delta R_A^{*} + \delta S_A$$

δR_A^{*} bezeichnet die Summe der Effekte, die ein Individuum A auf die Propagation aller Gene in der Population ausübt, die mit seinen Genen identisch durch

62 Hamilton (1964), S. 2f.

Abstammung sind. Um die Ausbreitung eines kooperativen Allels in einer Population durch Verwandtenselektion beschreiben zu können, wird das Inkrement noch durch Mittelung über alle möglichen genetischen Kontexte auf einen Genotyp G_iG_j an einem Locus mit den alternativen Allelen G_1, G_2, G_3... bezogen und ergibt δR_{ij}^*. Die so definierte inklusive Fitness geht direkt ein in die Transformationsgleichungen für die Verschiebung von einer Generation in die nächste der Frequenz eines kooperativen Allels durch »Verwandtenselektion« (kin selection). Aufgrund seiner Funktion in populationsgenetischen Modellen ist inklusive Fitness also mit der relativen Fitness bzw. dem Selektionskoeffizienten verwandt, die ebenfalls eingeführt wurden, um die Verschiebung von Genfrequenzen durch Selektion direkt quantifizieren zu können. Maynard Smith gibt folgende explizite Definition der inklusiven Fitness:

> Inklusive Fitness von Genotyp *AA* = (Anzahl Nachkommen von *AA*) - (Anzahl Nachkommen von *AA*, die nur mit Hilfe der Verwandten produziert wurden) + (Anzahl Nachkommen der Verwandten von *AA*, die durch Unterstützung von *AA* produziert wurden, gewichtet mit dem Verwandtschaftskoeffizienten *r*)[63]

Die Anzahl der Nachkommen, die nur aufgrund des kooperativen Verhaltens der Verwandten produziert wurden, müssen subtrahiert werden, weil das Modell die Selektionsrichtung für ein kooperatives Allel (d.h. ein Allel das kooperatives Verhalten gegenüber Verwandten bewirkt) angeben will, wenn dieses durch ein alternatives nicht-kooperatives Allel konkurrenziert wird. Auch dieses »egoistische« Allel gewinnt ja einen Selektionsvorteil durch die Nähe zu kooperativen Verwandten, aber nur das kooperative Allel gewinnt einen zusätzlichen Selektionsvorteil, indem es einen positiven Effekt auf die Reproduktion von Trägern desselben Allels ausübt. Dieser zusätzliche Selektionsvorteil wird durch die inklusive Fitness erfaßt. Die Gleichsetzung von Fitness mit der zu erwartenden Anzahl Nachkommen ist möglich aufgrund der getroffenen Annahmen (nicht-überlappende Generationen). Ich kontrastiere die inklusive Fitness wie bisher mit anderen Fitnessbegriffen in einer eigenen Dimension:

Es gibt also Fitnessdefinitionen, die zur Berechnung des Selektionsvorteils gewisser Allele lediglich die unmittelbaren Nachkommen eines Individuums berücksichtigen, und solche, die alle genetischen Verwandten eines Individuums herbeiziehen, auf dessen Reproduktion das Individuum einen günstigen Einfluß ausübt.

Damit schließe ich diese Übersicht der gebräuchlichsten Fitnessmaße ab und gehe zur Besprechung der wissenschaftstheoretischen Konsequenzen der Nichtexistenz einer allgemeinen Fitnessdefinition über.

---

63 Maynard Smith (1992), S. 160

8.3 Implikationen der Undefinierbarkeit von Fitness

Wie ich darzulegen versucht habe, existiert in der Selektionstheorie bisher keine einzelne, allgemein anwendbare quantitative Definition des Fitnessbegriffs. Fitnessdefinitionen stehen immer im Kontext eines demographischen, populationsgenetischen oder ökologischen Modells, in denen bestimmte idealisierende Annahmen getroffen werden. Beispiele solcher Idealisierungen sind die Annahme diskreter Generationen in Modellen für die Veränderung von Allelfrequenzen oder die Annahme der Dichteunabhängigkeit der Geburts- und Sterberaten in demographischen Modellen. Je nach Zweck und Anspruch eines Modells müssen unterschiedliche Annahmen getroffen werden, und dies führt dazu, daß Fitness so definiert wird, wie es eine bestimmte Problemsituation gerade erfordert. S. C. Stearns schreibt:

> Some disagreement over fitness measures can be avoided by asking 'What questions do you want to answer and with which assumptions are you satisfied?' All fitness definitions are tools invented by scientists to analyse natural selection. They should be jugded by how well they do a particular job and replaced if necessary.[64]

Fitnesswerte, die aufgrund unterschiedlicher Definitionen bestimmt wurden, können nicht ohne Weiteres verglichen werden. Fitnesswerte sind stets modell- oder systemrelativ. Mit »System« ist nicht unbedingt eine biologische Art gemeint, da sich innerhalb derselben Art je nach selektiertem Merkmal unterschiedliche Selektionsprozesse abspielen können. Jedes demographische, ökologische oder populationsgenetische Modell bezieht sich auf eine Klasse von Selektionsprozessen, nämlich diejenigen, für die die im Modell getroffenen Annahmen bis zu einem gewissen Grad erfüllt sind.

Es ist möglich, daß zwei Genotypen nach einer bestimmten Fitnessdefinition denselben Fitnesswert haben, anhand einer anderen Definition aber unterschiedliche. Ein Beispiel dafür ergibt sich aus der Theorie der Evolution des Geschlechterverhältnisses[65]. Man betrachte eine Population, in der ein zahlenmäßiges Übergewicht von männlichen Individuen besteht. Genotyp A produziere im Durchschnitt 2 männliche und 2 weibliche Nachkommen, Genotyp B im Durchschnitt 3 weibliche und einen männlichen. Wird nun Fitness einfach als Zahl der zu erwartenden erwachsenen Nachkommen bestimmt, so besitzen beide Genotypen dieselbe Fitness. Wird aber mit Fisher der höhere reproduktive Wert weiblicher Nachkommen in einer Population mit

---

64 Stearns (1992), S. 33

65 Sober (1984), S. 51ff.

mehr Männchen berücksichtigt, so besitzt Genotyp *B* einen reproduktiven Vorteil und damit - in einem anderen Sinn von »Fitness« - eine höhere Fitness. Ein zweites Beispiel: die Genfrequenzen an einem polymorphen Locus in einer Population mit überlappenden Generationen im Selektionsgleichgewicht können in Bewegung geraten, wenn sich die Altersstruktur der Population ändert (z.B. das Alter bei Einsetzen der Fortpflanzung); und dies, ohne daß sich an der relativen Fitness der Genotypen auf der Ebene der Überlebenswahrscheinlichkeiten oder Fekunditäten etwas ändert[66]. Dabei handelt es sich um einen Selektionsvorgang, der letztlich auf Fitnessunterschieden beruhen muß - wieder sind zwei Genotypen nach einem Fitnessbegriff gleich, nach einem anderen Fitnessbegriff unterschiedlich »fit«.

In der biologischen Literatur ist oft von Fitness*komponenten* die Rede, die die Basis von Selektionsprozessen unterschiedlicher Art bilden[67]. Genießt ein Genotyp z.B. einen Selektionsvorteil, weil er bessere Überlebenschancen besitzt, spricht man von »Viabilitätsselektion«. Ist der Selektionsvorteil hingegen auf eine gesteigerte *Fertilität* zurückzuführen, nennt man das »Fertilitätsselektion«. Viabilität und Fertilität werden als »Komponenten« der Gesamtfitness betrachtet. Darüber hinaus sind aber zahlreiche andere Fitnesskomponenten bekannt: Generationszeit, Reifealter, Form der Wahrscheinlichkeitsverteilung für die Anzahl Nachkommen[68], Grad von Altruismus gegenüber Verwandten, Geschlechterallokation, Energieeffizienz (siehe 11.5) möglicherweise sogar Mutationsraten und Plastizität des Genoms[69] sind alles Faktoren, die den evolutionären Erfolg eines Genotyps bestimmen können.

Stearns und Schmid-Hempel verwenden den Ausdruck »fitness tokens« für die in spezifischen evolutionären Modellen verwendete Fitnessmaße[70]. Schmid-Hempel spricht auch von »lokalen Implementationen«:

> Das Maß für Fitness ist folglich kein universell festgelegter und auch kein allgemein verbindlicher Begriff, obwohl die im Sinne der Darwinschen Erkenntnis definierte Fitness sehr wohl eindeutig ist. Verschiedene [...] Teilgebiete der Biologie bedienen sich dabei unterschiedlicher lokaler Implementation der Fitness.[71]

Manche Theoretiker haben versucht, die verschiedenen Fitnesskomponenten in eine Definition der »Fundamentalfitness«[72] einfließen zu lassen, die unter allen

---

66 Charlesworth (1980), S. 142ff.
67 z.B. Prout (1971)
68 Beatty und Finsen (1989)
69 Weber (1996)
70 Stearns und Schmid-Hempel (1987)
71 Schmid-Hempel (1992), S. 77
72 z.B. Cooper (1984)

möglichen Bedingungen den zu erwartenden Selektionserfolg eines Genotyps angibt, wobei sich dann unmittelbar die Frage stellt, wie »evolutionärer Erfolg« oder »Selektionserfolg« definiert werden soll. Dies ist ein bisher ungelöstes Problem.

W. S. Cooper hat sich einer Analogie bedient, um das Verhältnis zwischen den konventionellen Fitnessdefinitionen und der von ihm postulierten Fundamentalfitness zu verdeutlichen. Die Analogie betrachtet den physikalischen Begriff der elektrischen Leistung, die sich bekanntlich als Produkt von Stromstärke und Spannung berechnen läßt. Cooper stellt sich einen Ingenieur vor, der die Leistung von Generatoren testet, indem er das Quadrat ihrer Ausgangsspannung mißt. Der Ingenieur rechtfertigt diese Vorgehensweise damit, daß er (a) weiß, daß alle Generatoren dieselbe Stromstärke abgeben und (b) daß er sich nicht dafür interessiert, um welchen genauen Betrag die Leistung eines Generators von der Norm abweicht, sondern lediglich dafür, ob ein Gerät stark von der Norm abweicht. In solchen Fällen, argumentiert Cooper ist der Gebrauch abgeleiteter Größen anstelle von Fundamentalgrößen zulässig. Voraussetzung ist natürlich, daß entsprechende *ceteris paribus* Bedingungen erfüllt sind. Beim Vergleich der Fitness zweier Genotypen werden in der Regel viele *ceteris paribus* Annahmen getroffen. Vergleicht man z.B. die Malthusischen Parameter zweier Genotypen als Maß für deren Fitnessdifferenz, so wird angenommen, daß die beiden sich in allen Fitnesskomponenten nicht unterscheiden, die durch den Malthusischen Parameter nicht erfaßt wird, z.B. die Tragfähigkeit des Habitats für die betrachteten Organismen. Cooper schließt, daß das Verhältnis der konventionellen Fitnessmaße zur fundamentalen Fitness ein analoges ist wie das zwischen dem Leistungsmaß des fiktiven Ingenieurs und der fundamentalen Größe der Leistung.

Coopers Analogie wirft die Frage auf, ob nicht zwischen dem Begriff der Fitness als solchem und den operationalen Definitionen, wie sie in spezifischen Selektionsmodellen verwendet werden, zu unterscheiden ist. Das Wort Fitness*maß*, mit dem üblicherweise Größen wie der Malthusische Parameter bezeichnet werden, deutet dies möglicherweise bereits an. Nach dieser Interpretation wäre »Fitness«, so wie dieser Ausdruck in der technischen Literatur verwendet wird, lediglich ein Maß für eine theoretische Größe, die sich bisher nicht allgemein definieren läßt (Coopers eigene Definition der Fundamentalfitness gilt als unbrauchbar).

A. Rosenberg und M. B. Williams haben eine ähnliche Interpretation vorgeschlagen, indem sie Fitness als »primitive or undefined term« bezeichnen[73];

---

[73] Rosenberg und Williams (1986)

allerdings nicht aus den hier diskutierten Gründen sondern aus wissenschaftstheoretischen Erwägungen. Rosenberg und Williams wollen Fitness als theoretische Größe betrachten, die nicht direkt ermittelt werden kann, sondern allein durch ihren *Effekt* auf die Evolution von Populationen. Als Analogie erwähnt Rosenberg die Temperatur, die sich seiner Meinung nach auch nur durch ihre Wirkung auf gewisse Systeme, wie z.B. ein Alkoholtermometer, bestimmen läßt. Temperatur wie Fitness sind nach Rosenberg komplexe theoretische Begriffe, deren Bedeutung nicht durch Angabe einer Meß- oder Beobachtungsprozedur angegeben werden kann. Daraus schließt Rosenberg, daß Fitness innerhalb der Selektionstheorie überhaupt nicht definiert werden kann, sondern als »primitive with respect to theory« genommen werden muß. Mit »theory« ist die Selektionstheorie gemeint, und dies scheint zu implizieren, daß Fitness möglicherweise durch Rekurs auf eine andere Theorie definiert werden kann, z.B. die Physiologie. Dies ist aber nach Rosenberg auch nicht der Fall, da Fitness im Bezug auf physiologische und molekulare Eigenschaften *supervenient* ist. Dieser Aspekt des Fitnessbegriffs wird in Kap. 10 ausführlich behandelt. Hier sei nur soviel zu Rosenbergs Argument gesagt: Ob sich Fitness anders als durch den Fortpflanzungserfolg *ermitteln* läßt, und ob Fitness explizit *definiert* werden kann, scheinen mir zwei verschiedene Fragen zu sein, die man für sich betrachten muß. Rosenberg und Williams geben kein Argument, warum Fitness nicht allgemein definierbar ist.

Ein anderer Aspekt der Pluralität operationaler Fitnessdefinitionen ist, daß es sich in den Fällen, in denen verschiedenen Fitnessmaße zur Anwendung gelangen, um unterschiedliche Selektionsprozesse handelt. Dies bedeutet, daß »Selektion« eine Vielzahl von *kausal distinkten Prozessen* bezeichnet. J.A. Endler spricht auch von verschiedenen »Subprozessen« der natürlichen Selektion (sexual selection, non-sexual selection, mortality selection, fertility selection etc.), die innerhalb des Begriffs der natürlichen Selektion eine Begriffshierarchie bilden[74]. Allen diesen Prozessen ist aber etwas gemeinsam, und dies wird durch den theoretischen Begriff der Fitness zum Ausdruck gebracht. Das Vorliegen von Fitnessunterschieden in einer genügend großen Population (in Verbindung mit Erblichkeit) ist eine notwendige und hinreichende Bedingung dafür, daß ein Selektionsprozeß stattfinden wird, es ist damit aber noch nicht bestimmt, von welcher Art dieser Prozeß sein wird, d.h. um welchen der Subprozesse es sich handelt.

Die drastischste Konsequenz aus der Mehrdeutigkeit des Fitnessbegriffs zieht R. Dawkins: »fitness is a very difficult concept, and [...] there might be

---

74 Endler (1986), S. 9

something to be said for doing without it whenever we can«[75]. Der Vorschlag, auf den Fitnessbegriff in der Biologie völlig zu verzichten, mag erstaunen. Die Tatsache, daß ein professioneller Biologe dies für denkbar hält, legt den Verdacht nahe, daß die Evolutionstheorie heute über feinere Instrumente verfügt als einen allgemeinen Begriff der Fitness. Man könnte »Fitness« durchaus als eine lose Bezeichnung für eine Familie von verschiedenen theoretischen Größen betrachten, die die Stärke eines Selektionsprozesses in einer Population angeben, wobei sich Wahl eines geeigneten Mitglieds dieser Familie nach dem betrachteten System und der Fragestellung richtet. Dies würde erklären, weshalb es kein allgemein anerkanntes fundamentales Prinzip der Selektion gibt, zumindest nicht eines, das sich durch einen formalen Kalkül quantitativ darstellen ließe.

Mein Vorschlag ist nun der folgende: Man könnte den Fitnessbegriff als variablen Bestandteil einer Familie von Modellen im Sinne der Modelltheorie auffassen, der in verschiedenen Modellkontexten eine etwas andere Gestalt annimmt. Wie in 8.1 kurz dargelegt wurde, besteht die Theorie der natürlichen Selektion aus modelltheoretischer Sicht (»semantic view«) aus den verschiedenen Modellen für Selektionsprozesse, über die hier in 6.3-6.4 und in 8.2 ein grober Überblick gegeben wurde. Manche dieser Modelle sind stärker miteinander verwandt, z.B. kann man aus dem Modell für Selektion eines dominanten Allels an einem Locus relativ leicht und unter Verwendung derselben Größen (Selektionskoeffizienten und Genfrequenzen) das Modell für Heterosis an einem Locus erhalten (siehe 12.1). Manche Modelle verwenden aber verschiedene Fitnessmaße, wie oben dargestellt wurde, und sind daher weniger nahe miteinander verwandt.

Nach R. Gieres modelltheoretischer Interpretation von Theorien ist jedes Modell einer Theorie selbst eine Definition eines komplexen Prädikats, und die Bedeutung der darin vorkommenden Ausdrücke wird durch das gesamte Modell festgelegt. Die Modelle sind durch Ähnlichkeitsrelationen untereinander sowie mit den vorgesehenen Anwendungen verbunden[76]. Die Modelle werden in der

---

75 Dawkins (1982), S. 181. Auch R. Dawkins weist darauf hin, daß der Fitnessbegriff mehrdeutig ist. Er unterscheidet fünf Bedeutungen: (1) eine technisch unpräzise, unscharfe Bezeichnung für reproduktiven Erfolg *sensu* Darwin, Wallace und Spencer; (2) relative Fitness/Selektionskoeffizient in Ein- und Zwei-Locus Modellen der Populationsgenetik; (3) Fähigkeit eines Individuums, seine Gene in nachfolgende Generationen weiterzugeben (Fitness(2) ist dann laut Dawkins der Mittelwert von Fitness(3) gemittelt über alle Genotypen an den anderen Loci); (4) inklusive Fitness *sensu* Hamilton; und (5) »personale Fitness« *sensu* Orlove (wird hier nicht besprochen).

76 Giere (1988), bes. S. 82-86. R. Giere schreibt z.B.: »The links between models are not logical connections, but relations of similarity. In some cases the difference between two

Praxis anhand von Beispielen eingeübt. Die Einübung der Modelle anhand exemplarischer Problemlösungen schafft im Subjekt die kognitiven Grundlagen (d.h. Ähnlichkeitsrelationen) für die Übertragung der Modelle auf neue Problemsituationen. Axiomatische Darstellungen der Populationsgenetik oder der gesamten Selektionstheorie spielen keine Rolle in der wissenschaftlichen Praxis. Wie wir außerdem gesehen haben, sind allgemeine Formulierungen der Selektionstheorie in dem Sinne abstrakt, daß der Fitnessbegriff als quantitative Größe darin undefiniert bleiben muß; er erhält seine volle Bedeutung erst als »fitness token« im Kontext eines spezifischen Modells für einen bestimmten Selektionsprozeß. Diese »tokens« haben verschiedene Bedeutungen. Dies macht es auch schwierig, den Fitnessbegriff in Rosenbergs und Williams' Sinn als »theoretical primitive« anzusehen, dessen Bedeutung zwar nicht definitorisch wiedergegeben werden kann, der aber doch im Kontext einer Interpretation der Theorie (in Nagels Sinn, siehe 8.1) eine spezifische Bedeutung besitzt.

Die operationale Vieldeutigkeit des Fitnessbegriffs wird aber verständlich, wenn man die »fitness tokens« als integrale Bestandteile verschiedener Modelle der Selektion betrachtet, die zusammen die Theorie der natürlichen Selektion konstituieren. Die Relation dieser Modelle und ihren »fitness tokens« untereinander könnte durch *Familienähnlichkeit* beschrieben werden. Dies bedeutet, daß es keinen Satz von definierenden Merkmalen für die Modelle der Selektionstheorie gibt, die allen Modellen gemeinsam ist, aber es gibt ein Netz von Ähnlichkeitsrelationen zwischen den Modellen[77]. Modell 1 hat z.B. mit Modell 2 etwas gemeinsam, indem sie dasselbe Fitnessmaß verwenden, Modell 2 gleicht Modell 3 indem sie diskrete Generationen annehmen, Modell 4 gleicht Modell 1 und 2 indem sie dichte-unabhängiges Wachstum annehmen usw.

Die explizite Definierbarkeit empirischer Begriffe wurde auch im Zusammenhang mit physikalischen bzw. wissenschaftlichen Theorien im Allgemeinen

---

models is that one is an approximation of the other - again not a logical relationship. The links between models and the real world ... are nothing like correspondence rules linking terms with things or terms with other terms. Rather, they are again relationships of similarity between a whole model and some real system. A real system is *identified* as being similar to one of the models. The *interpretation* of terms used to define the models does not appear in the picture; neither do the defining linguistic entities, such as equations« (*op. cit.*, S. 86, Hervorh. im Original). Die Ähnlichkeit von Gieres Modelltheorie zu gewissen Aspekten der Kuhnschen Wissenschaftsphilosophie ist nicht zufällig; Giere nennt Kuhn als wichtige Quelle seiner Wissenschaftstheorie (1988, Vorwort). Giere schreibt z.B. auch: »The conclusion that many of these core examples [harmonischer Oszillator etc., M.W.] are the historical descendants of Kuhnian exemplars is irresistible« (*op. cit.*, S. 66).

77 Zum Begriff der Familienähnlichkeit siehe z.B. Hoyningen-Huene (1989a, S. 78ff.); Suppe (1974, S. 73ff.); Putnam (1962); Achinstein (1968), Kap. 1 und 2

bezweifelt[78]. Meines Wissens bedeuten aber z.B. physikalische Begriffe wie Kraft oder Masse in allen Verwendungskontexten dasselbe. Gerade dies ist beim Fitnessbegriff nicht der Fall. Es scheint also, daß die modelltheoretische Sicht mit der Struktur der Selektionstheorie besser fertig wird als die klassische logisch-empiristische Theorieauffassung. Der Grund ist, daß die operationale Vieldeutigkeit des Fitnessbegriffs die *quantitative* Formulierung eines allgemeinen Prinzips der natürlichen Selektion - das nach der klassischen Theorieauffassung erforderlich wäre - zu verhindern scheint, zumindest bis heute[79].

---

78 Solche Zweifel hegt z.B. T. S. Kuhn (Hoyningen-Huene 1989a, S. 110-113).

79 Bei M. B. Williams' axiomatischer Behandlung der Selektionstheorie bleibt die Verbindung des darin verwendeten abstrakten Fitnessbegriffs zu den konkreten Modellen der Selektion unklar. Williams gibt folgende operationale Definition für die Fitness φ (b) einer biologischen Entität b,

$$\varphi(b) = \sum_{k=1}^{n} (0.5)^k \nu_3(b,k)$$

wobei $\nu_3(b, k) = \nu_1(b, k)/\nu_2(b, k)$. $\nu_1(b, k)$ bezeichnet die Summe aller Nachkommen der Vorfahren der Entität b, $\nu_2(b, k)$ die Zahl dieser Vorfahren. k ist so etwas wie die Zahl der Generationen. Der Faktor 0.5 ist eine Schätzung von Williams bezüglich des erblichen Beitrags jedes Vorfahren zur Fitness bei sexuellen Organismen; der Faktor könnte nach Williams auch einen anderen Wert annehmen (Williams 1970, S. 359). Die Entitäten b könnten theoretisch Gene, Individuen, Klone, Gruppen oder Arten sein. Mir sind keine selektionstheoretischen Arbeiten bekannt, die Williams' Theoreme tatsächlich zur Ableitung konkreter Modelle der Selektion verwendet haben; das heißt natürlich nicht, daß dies nicht möglich ist. Williams' Axiome, falls sie korrekt sind, könnten allerdings den von z.B. Nagel für wissenschaftliche Theorien geforderten Kalkül für eine formale Rekonstruktion der Selektionstheorie liefern. Manche Anhänger der »semantic view« halten diese allerdings auch bei axiomatisierbaren Theorien für überlegen; dies behaupte ich nicht.

9 Reduktion

9.1 Theorie der Reduktion

Die am besten ausgearbeitete Theorie der Reduktion stammt von Ernst Nagel; ich werde die Diskussion der Theorie der Reduktion deshalb dort beginnen. Nagel versteht unter Reduktion die »Erklärung einer Theorie oder von experimentellen Gesetzen aus einem bestimmten Forschungsbereich durch eine Theorie, die in einem anderen Forschungsbereich formuliert wurde«[1]. Unter einer *Erklärung* verstehen logische Empiristen wie Nagel eine bestimmte Art von logischer Deduktion, nämlich die Deduktion empirischer Aussagen (Explanandum) aus allgemeinen Gesetzen oder Theorien mit Hilfe entsprechender Anfangs- und Randbedingungen (Explanans). Dies ist das *deduktiv-nomologische* Modell der Erklärung[2]. Dieser Erklärungsbegriff liegt auch Nagels Theorie der Reduktion zugrunde. Als Charakteristikum einer Reduktion wird in der obenstehenden Definition angegeben, daß die explanatorische Deduktion über eine zwischen zwei Forschungsbereichen bestehende Grenze hinwegschreitet.

Nagel führt folgende Terminologie ein: die als Erklärung einer Theorie oder von empirischen Gesetzen auftretende Theorie heißt *Primärwissenschaft*, die zu reduzierenden Theorien oder Gesetze heißen *Sekundärwissenschaft*. Es sind zwei Arten von Reduktion zu unterscheiden: Erstens, bei einer *homogenen* Reduktion werden qualitativ ähnliche Phänomene in eine bestehende Klasse von theoretisch behandelbaren Gesetzen inkorporiert. Als Beispiel für diesen Fall gibt Nagel die Reduktion der Galileischen Fallgesetze auf die Newtonsche Mechanik an. Homogene Reduktionen sind dadurch charakterisiert, daß die deskriptiven Begriffe der beiden Wissenschaften problemlos austauschbar sind: Bewegungen werden in beiden Wissenschaften mit denselben Begriffen beschrieben.

Die freie Austauschbarkeit deskriptiver Begriffe ist nicht gegeben beim zweiten Fall, der *heterogenen* Reduktion. Hier behandeln die Primär- und Sekundärwissenschaften qualitativ verschiedene Phänomene. Dadurch sind auch die deskriptiven Begriffe der beiden Wissenschaften verschieden. Typischerweise enthält in solchen Fällen die Sekundärwissenschaft deskriptive Terme, die in der

---

1 Nagel (1961), S. 338

2 Hempel und Oppenheim (1948)

anderen Wissenschaft keine offensichtliche Entsprechung haben. Dies ist zum Beispiel dann der Fall, wenn die Sekundärwissenschaft makroskopische, die Primärwissenschaft aber mikroskopische Erscheinungen beschreibt.

Nagel greift folgendes Beispiel zur Exemplifizierung seines Reduktionsbegriffs heraus: die »Inkorporation« der Thermodynamik in die statistische Mechanik und die kinetische Gastheorie durch J. C. Maxwell und L. Boltzmann. Er betrachtet diese Entwicklung als Paradigma einer erfolgreichen Theoriereduktion, und zwar für den heterogenen Fall. Die Heterogenität ergibt sich aus der Tatsache, daß es zwar eine Reihe deskriptiver Terme gibt, die in beiden Wissenschaften vorkommen, z.B. Volumen, Gewicht und Druck, daß aber typisch thermodynamische Begriffe wie Temperatur, Wärmemenge oder Entropie in der statistischen Mechanik und der kinetischen Theorie zunächst einmal keine Entsprechung haben. »Temperatur« ist eine Qualität, die ein Ensemble von Teilchen, wie es durch die kinetische Gastheorie gedacht wird, nicht hat; die Teilchen besitzen lediglich Masse und Position, wobei letztere eine Funktion der Zeit ist (die Teilchen eines idealen Gases haben nicht einmal eine Ausdehnung). Ein gasgefüllter Behälter besitzt aber eine Temperatur, und diese hängt quantitativ mit dem im Behälter herrschenden Druck zusammen.

Die klassische Thermodynamik kann gewisse Phänomene, z. B. die reversible Expansion eines Gases unter Zufuhr von Wärme und Leistung von Arbeit, im makroskopischen Bereich theoretisch behandeln, ohne dabei irgendeine Theorie über den mikroskopischen Aufbau der betrachteten Materialen vorauszusetzen; d.h. die Thermodynamik ist eine weitgehend *autonome* Wissenschaft. Nun ist es aber unter anderem möglich, mit einer kinetischen Theorie für das ideale Gas sowie unter Zurückgreifen auf allgemeine Prinzipien der klassischen und der statistischen Mechanik die Beziehung zwischen Druck und Temperatur, das sogenannte Boyle-Charles Gesetz, abzuleiten. Die thermodynamische Größe der Temperatur wird dabei mit gewissen Eigenschaften eines Ensembles von bewegten Teilchen in Verbindung gebracht. Auch die Entropie, die in der klassischen Thermodynamik lediglich zur Vorhersage der Richtung von spontanen Zustandsänderungen makroskopischer Systeme dient, läßt sich als statistisch-mechanische Größe interpretieren, nämlich als Maß für die Wahrscheinlichkeit mikroskopischer Zustände. Die Frage ist nun, wie es möglich ist, Aussagen, die Ausdrücke wie »Temperatur«, »Wärmemenge« und »Entropie« enthalten, von theoretischen Annahmen abzuleiten, in denen diese Ausdrücke nicht vorkommen. Die Ableitung des Boyleschen Gesetzes ist ein solcher Fall: es enthält einen thermodynamischen Begriff (Temperatur), der in der kinetischen Theorie nicht vorkommt. Varianten dieser Ableitung gibt es in allen Schwierigkeitsgraden. Die verschiedenen Ableitungen unterscheiden sich vor allem in der Art der vereinfachenden Annahmen, die bei der Ableitung getroffen werden. Das Resultat scheint erstaunlicherweise dasselbe zu sein, unabhängig davon, ob man einen komplizierten Weg mit vorsichtigen Annahmen oder einen einfachen Weg mit nahezu unhaltbaren Vereinfachungen wählt: die mittlere kinetische Energie E der Gasteilchen verhält sich zum Druck p und zum Volumen V wie $pV = 2E/3$. Aus diesem Ergebnis folgt direkt das Boylesche Gesetz (pV ist proportional zur Temperatur T), wenn folgende Beziehung gilt:

$$E = \frac{3}{2} kT \qquad (*)$$

Auf eine Wiedergabe einer der gängigen Ableitungen wird hier verzichtet; solche finden sich in jedem Lehrbuch der physikalischen Chemie. Der springende Punkt ist der: Unter der Voraussetzung der kinetischen Theorie eines idealen Gases in Verbindung mit einer Zusatzannahme über die statistische Verteilung der kinetischen Energie auf die Freiheitsgrade der Gasteilchen (Äquipartitionsprinzip), sowie unter der Bedingung, daß (*) gilt, ist das Boylesche Gesetz laut Nagel eine *logische Konsequenz* mechanischer Prinzipien. Ein empirisches Gesetz der Sekundärwissenschaft wurde also von ersten Prinzipien der Primärwissenschaft *deduziert*.

Die heterogene Reduktion hat eine grundsätzliche Schwierigkeit zu überwinden: sie muß eine logische Folgerung vollziehen, wobei die Konklusion Ausdrücke enthält, die in den Prämissen nicht vorkommen. Hierzu müssen irgendwelche Zusatzannahmen getroffen werden, die eine Beziehung herstellen zwischen den in der Konklusion auftretenden Ausdrücken und den Ausdrücken der Prämissen. Da die Deduktion von Aussagen der Primär- zu solchen der Sekundärwissenschaft verläuft, heißt das, es müssen Terme der Sekundärwissenschaft, die in der Primärwissenschaft nicht vorkommen (wie Temperatur), mit den in der Primärwissenschaft auftretenden Termen ausgedrückt werden können. Diese Bedingung nennt Nagel die Bedingung der *Verbindbarkeit* (»condition of connectability«)[3]. Wenn diese Bedingung erfüllt ist, muß die Deduktion schließlich auch noch gelingen, das heißt alle Gesetze der Sekundärwissenschaft müssen von den theoretischen Prämissen der Primärwissenschaft abgeleitet werden. Diese Bedingung heißt *Ableitbarkeitsbedingung* (»condition of derivability«). Die Zusatzannahmen heissen auch »Brückengesetze«,

[3] Nagel (1961), S. 354

»Reduktionsfunktionen« oder »Brückenprinzipien«. In Nagels Beispiel ist (*) ein solches Brückengesetz. Ich werde noch ausführlich auf Brückengesetze zu sprechen kommen.

Eine wichtige Frage ist nun, wie sich die Begriffe der reduzierten Theorie zu denen der reduzierenden Theorie verhalten. Nagel sieht vor, daß die theoretischen Ausdrücke beider Wissenschaften zunächst unabhängig voneinander festgelegt sind:

> It is, however, of utmost importance to note that expressions belonging to a science possess meanings that are fixed by its *own* procedures of explication. In particular, expressions distinctive of a given science (such as the word 'temperature' as employed in the science of heat) are intelligible in terms of of the rules or habits of usage of that branch of inquiry.[4]

Nagel verlangt nicht, daß die theoretischen Ausdrücke *explizit* definierbar sein müssen; sie müssen lediglich durch die Kontexte, in denen sie verwendet werden, eine eindeutig bestimmte Bedeutung besitzen. In manchen Fällen wird es möglich sein, so Nagel, die Bedeutung eines Begriffes durch Begriffe einer anderen Wissenschaft zu definieren. Der Begriff des Drucks, so wie er in der Thermodynamik verwendet wird, kann z.B. durch die mechanischen Begriffe der Kraft und der Fläche explizit ausgedrückt werden; ob diese ihrerseits explizit definierbar sind ist eine andere (und keineswegs triviale) Frage. Die uns hier am meisten interessierende Frage ist die, welchen Status die bei der Ableitung des Boyleschen Gesetzes benutzte Verknüpfung zwischen Temperatur und mittlerer kinetischer Energie hat. Nachfolger Nagels in der Reduktionsdebatte haben solche Brückenprinzipien als *extensional äquivalente Redefinitionen* charakterisiert[5]. Was heißt das?

Nach der scholastischen Definitionslehre ist eine (Wesens-) Definition eines Begriffs die Beschreibung der *Essenz* der durch diesen Begriff zusammengefaßten Gegenstände[6]. Die Essenz ist eine Menge von Eigenschaften, deren Besitz für die Begriffszugehörigkeit eines Gegenstandes notwendig und hinreichend ist. Ein Satz, der von einem Referenten eines Begriffs den Besitz einer für die Zugehörigkeit zu diesem Begriff essentielle Eigenschaft aussagt, ist *analytisch.* Wenn z.B. die Essenz des Begriffs »Junggeselle« (eine bei Sprachphilosophen beliebte Spezies) darin besteht, eine nicht verheiratete, erwachsene, nicht verwitwete, männliche Person zu sein, so sind die Aussagen »dieser Junggeselle ist nicht verheiratet«, »dieser Junggeselle ist männlich«, »dieser Junggeselle ist nicht

---

4 *ibid.,* S. 352
5 Hempel (1966), S. 103
6 Schwartz (1977)

verwitwet« und »dieser Junggeselle ist erwachsen« allesamt analytisch. Der Satz hingegen »dieser Junggeselle ist jung« ist synthetisch, da Jungsein nicht zu den essentiellen Eigenschaften eines Junggesellen gehört (es gibt auch alte Junggesellen). Man sagt auch, daß die obengenannten Definienda zusammen eine analytische Definition[7] des Begriffs »Junggeselle« bilden.

Eine *extensionale* Definition ist hingegen etwas anderes. Bei einer solchen haben Definiens und Definiendum dieselbe *Extension*, aber unterschiedliche *Bedeutungen*. Ein Beispiel: »Zeus' Donnerkeile sind Entladungen atmosphärischer Elektrizität«. Die Begriffe »Zeus' Donnerkeile« und »Entladungen atmosphärischer Elektrizität« sind nicht nicht gleichbedeutend. Es ist gewiß eine essentielle Eigenschaft von Zeus' Donnerkeilen, daß diese von Zeus' göttlicher Faust abgefeuert wurden. Außerdem ist es eine essentielle Eigenschaft von Entladungen atmosphärischer Elektrizität, daß diese durch zwischen verschiedenen Luftmassen und der Erdoberfläche bestehende Spannungsunterschiede zustandekommen. Die Essenzen der beiden Begriffe sind also verschieden. Trotzdem kann man sie miteinander identifizieren, indem man sagt, daß die beiden Begriffe zwar unterschiedliche Bedeutungen haben, aber dieselbe Klasse von Dingen bezeichnen. Letzteres kann man auch ausdrücken, indem man sagt, die beiden Begriffe haben dieselbe *Extension*. Extensional äquivalente Definitionen eines Begriffs sind also »Definitionen« höchstens in einem schwachen Sinn; sie legen die *Extension* (Referenz) eines Begriffs mit Hilfe eines anderen Begriffs fest, nicht aber dessen *Bedeutung*. Die Angabe einer Essenz ist hingegen eine Definition im starken (und eigentlichen) Sinn. Ist eine solche Definition verfügbar, so kann im Prinzip der definierte Begriff an jeder Stelle, an der er auftaucht, durch den oder die definierenden Begriff(e) ersetzt werden.

Dieser Punkt ist wichtig, denn Nagel behauptet *nicht*, daß bei einer Reduktion eine Redefinition der Begriffe der reduzierten Theorie im starken Sinne (d.h. durch Beschreibung einer Essenz) erfolgt. Dies wird durch folgende Stelle belegt:

> It is certainly possible to redefine the word 'temperature' so that it becomes synonymous with 'mean kinetic energy of molecules.' But it is equally certain that on this redefined usage the word has a different meaning from the one associated with it in the classical science of heat, and therefore a meaning different from the one associated with the word in the statement of the Boyle-Charles law.[8]

Nagel sagt also klar, daß die durch die Reduktion geschaffene Verbindung der beiden Begriffe »Temperatur« und »mittlere kinetische Energie« *nicht* darin

---

7 Im Gegensatz zu einer *synthetischen* Definition, bei der nicht ein bereits bestehender Begriff definiert, sondern ein neuer geschaffen wird.

8 Nagel (1961), S. 357

besteht, daß letzerer durch den Ersteren bedeutungsäquivalent definiert wird. Diesen Punkt hat P. Feyerabend noch schärfer ausgeführt:

> [T]he concept of temperature as "fixed by the established usages" of thermodynamics is such that its application to concrete situations entails the strict (i.e., nonstatistical) second law. Now whatever procedure is adopted, the kinetic theory does not give us such a concept.[9]

Feyerabends Argument ist, daß der Temperaturbegriff der klassischen Thermodynamik so beschaffen ist, daß er in Verbindung mit dem Zweiten Hauptsatz der Thermodynamik *deterministische* Aussagen ermöglicht, z.B. die Aussage, daß Wärme niemals spontan von einem wärmeren in einen kälteren Körper fließt. Der statistisch-mechanische Temperaturbegriff ermöglicht hingegen lediglich *probabilistische* Aussagen. Dies zeigt laut Feyerabend die Verschiedenheit der Bedeutungen der thermodynamischen und statistischen Temperaturbegriffe. Feyerabend behauptet darüberhinaus, die beiden Begriffe seien *inkommensurabel.* Inkommensurabilität ist ein höchst komplexes wissenschaftstheoretisches Problem, auf das ich hier nicht eingehen kann[10]. Für unsere Zwecke genügt es festzustellen, daß Nagel und Feyerabend darin übereinstimmen, daß Begriffsverknüpfungen bei Theoriereduktionen keine *Synonymität* zwischen den beiden Begriffen schaffen. Der Unterschied zwischen den beiden Autoren liegt lediglich darin, daß Feyerabend die ungleiche Bedeutung des Temperaturbegriffs zwischen der klassischen und der statistischen Thermodynamik als methodisches Desiderat betrachtet (dies hat mit Feyerabends Methodologie des theoretischen Pluralismus zu tun), während das Problem für Nagel eher aporetischen Charakter hat[11].

Eine logische Deduktion kann nur dann gültig sein, wenn die in der Konklusion auftretenden Begriffe bereits in den Prämissen vorhanden sind, und zwar mit exakt denselben Extensionen. Wenn nun der Temperaturbegriff, der im Boyleschen Gesetz steht, und der Temperaturbegriff, der bei der Ableitung dieses Gesetzes aus der statistischen Mechanik eingesetzt wurde unterschiedliche *Bedeutungen* haben, dann ist dies möglicherweise ein Problem für Nagels Modell (wir werden aber in 9.3 sehen, daß es für die Ableitbarkeit von Gesetzen kein Problem ist). Nagel versucht das Problem auf folgende Weise zu lösen:

> Unless the hypothesis [that the state of bodies described by 'temperature' in the classical thermodynamical sense is also characterized by 'temperature' in the redefined sense of the term] is adopted, it is not the Boyle-Charles' law which can

---

9 Feyerabend (1962), S. 77f.

10 Zu Inkommensurabilität siehe z.B. Hoyningen-Huene (1990); Sankey (1994).

11 Feyerabend (1962), S. 79/80

be derived from the assumptions of the kinetic theory of gases. What is derivable without the hypothesis is a sentence similar in syntactical structure to the standard formulation of that law, but possessing a sense that is unmistakably different from what the law asserts.[12]

Mit anderen Worten: Wenn der Temperaturbegriff einfach mit dem der mittleren kinetischen Energie der Moleküle *identifiziert* wird, reicht dies für die Erklärung des idealen Gasgesetzes durch erste Prinzipien der statistischen Mechanik nicht aus. Was man zusätzlich braucht, ist die *empirische Hypothese*, daß zumindest in einem idealen Gas die durch den Temperaturbegriff bezeichnete Eigenschaft (»state of bodies«) auch durch den Begriff der mittleren kinetischen Energie mittels der oben angegebenen Beziehung adäquat beschreiben läßt. Diese Hypothese ist aber für andere Systeme (z.B. ein mehratomiges Gas, ein Festkörper oder ein System, das sich nicht im thermischen Gleichgewicht befindet) falsch, woraus sich wiederum ergibt, daß die beiden Begriffe im allgemeinen nicht dieselbe Bedeutung haben können. Die Tatsache, daß die Äquivalenz von Temperatur und mittlerer kinetischer Energie durch eine empirische Hypothese - die für gewisse Systeme wahr ist und für andere nicht - gestützt werden muß, zeigt auch den empirischen Status des Brückengesetzes.

Unter der Annahme, daß das von Nagel gewählte Beispiel ein paradigmatisches ist, d.h. die wichtigsten Merkmale des zu explizierenden Begriffs der Reduktion enthält, komme ich zum Schluß, daß eine Theoriereduktion nach Nagel im Allgemeinen *keine Definitionen* (im oben ausgeführten, starken Sinn) der Begriffe der reduzierten Theorie durch Begriffe der reduzierenden Theorie liefert. Die Frage drängt sich also auf, mit welchen anderen Mitteln eine Verbindung der Begriffe geschaffen wird. Eine Möglichkeit ist die bereits erwähnte schwächere Form der Definition, die lediglich *extensionale Äquivalenz* von Definiens und Definiendum verlangt. Eine kurze Überlegung zeigt aber, daß auch dies nicht der Fall sein kann, zumindest nicht bei Nagels paradigmatischem Beispiel. Es gibt nämlich Systeme, bei denen die Temperatur *nicht* auf die angegebene Weise mit der mittleren kinetischen Energie der Teilchen verknüpft ist. Zu diesen Systemen zählen z.B. Festkörper[13]. Insbesondere thermische

---

[12] Nagel (1961), S. 358

[13] Die Beziehung zwischen Temperatur und mittlerer Energie eines Systems im thermischen Gleichgewicht nimmt für Festkörper eine andere Form an. A. Einstein hat z.B. um 1906 versucht, die Temperaturabhängigkeit der Wärmekapazitäten von Festkörpern zu erlären (Pais 1982, S. 394-399). Er nahm an, daß ein Festkörper aus Teilchen besteht, die in den drei Raumrichtungen vibrieren können. Für diese Vibrationsbewegungen nahm er erstens an, daß sich diese wie harmonische Oszillatoren verhalten und zweitens, daß ihre Schwingungsenergie gequantelt ist (diese Quantelung der Energie war natürlich, worum es Einstein eigentlich bei diesem Modell ging). Einstein erhielt folgenden Ausdruck für die

Bewegung, die aus Vibrationen von Atomen in Molekülen und Kristallgittern entlang der Achse der chemischen Bindungen besteht, trägt auf wesentlich komplexere Weise zur Temperatur des Systems bei[14]. Das Brückengesetz sagt also zumindest in diesem Fall auch keine *extensionale* Äquivalenz der Relata aus; es gilt so nur unter bestimmten empirischen Bedingungen. Mit anderen Worten: das Brückengesetz ist *nicht allgemeingültig* (vgl. 10.3). Ob dies trotzdem die Ableitung von Theorien einer Sekundärwissenschaft aus denen einer Primärwissenschaft erlaubt, wird in 9.3 besprochen.

9.2 Definitorische vs. explanatorische Reduktion

Um das verwirrende Problem der Brückengesetze in den Griff zu bekommen, werde ich nun innerhalb des Nagelschen Modells eine Unterscheidung vorschlagen, die mir für die Reduktionismusdebatte von zentraler Wichtigkeit scheint. Unterscheidungen bezüglich der Bedeutung des Reduktionsbegriff sind absolut unerläßlich, um die Debatte über die Möglichkeit von Reduktion führen zu können[15]. Eine wichtige Unterscheidung, die von Ayala eingeführt wurde, ist die zwischen *ontologischem, methodischem* und *epistemologischem* Reduktionismus[16]. Ersterer ist eine metaphysische Behauptung, nämlich daß es in belebter Materie keine Substanzen oder Wechselwirkungen gibt, die nicht auch in unbelebter

---

mittlere Schwingungsenergie der Teilchen eines Festkörpers (h = Plancksche Konstante, ν = Vibrationsfrequenz):

$$\overline{E} = \frac{3h\nu}{e^{h\nu/kT} - 1}$$

Diese Beziehung zwischen der mittleren Energie der Teilchen eines Ensembles und seiner Temperatur sieht beträchtlich anders aus als das Nagelsche Brückengesetz, das offenbar nicht für alle Körper gültig ist. Ein fundamentaler Unterschied zum Nagelschen Brückengesetz ist der, das in dieser Beziehung eine Größe auftaucht, die von der *Struktur* des Körpers abhängig ist, nämlich die Vibrationsfrequenz *n*. Die mittlere Energie des Systems ist hier im Gegensatz zum idealen Gas also eine Funktion nicht allein der Temperatur, sondern auch eine Funktion von strukturabhängigen Parametern. Es scheint mir, daß dieser Umstand es völlig verunmöglicht, zu sagen mittlere kinetische Energie und Temperatur seien *dieselbe Eigenschaft*. Trotzdem könnte man wohl auch die Einsteinsche Beziehung als Brückengesetz bezeichnen. Auch sie erlaubt die Ableitung eines phänomenologischen Gesetzes - nämlich der Temperaturabhängigkeit der Wärmekapazität eines Festkörpers - von statistisch-mechanischen Prinzipien mittels der Boltzmann-Verteilung.

14 Atkins (1983), S. 14f. und S. 706ff.

15 Hoyningen-Huene (1992)

16 Ayala (1974)

Materie vorkommen. In der traditionellen Philosophie nennt man diese These eher Materialismus oder materialistischer Monismus. Als Gegenpositionen dazu gibt es verschiedene Formen des Dualismus, z.B. den kartesischen Leib/Seele-Dualismus in der Psychologie sowie den Vitalismus in der Biologie. Solche Positionen werden heute kaum mehr ernsthaft vertreten, zumindest nicht innerhalb der Wissenschaftsphilosophie. *Methodischer* Reduktionismus ist die Behauptung, daß lediglich die Phänomene der tiefsten Ebene erklärungsrelevant sind, z.B., daß durch das ausschließliche Studium von Nukleinsäuren und Proteinen letztlich alle Aspekte eines lebenden Organismus verstanden werden können. Diese Position gilt gemeinhin als trivialerweise falsch und deshalb erkenntnistheoretisch uninteressant[17]. Der hauptsächliche Zankapfel um den es auch hier geht, ist der *epistemologische* Reduktionismus, die Behauptung, daß die Gesetze bestimmter Wissenschaften oder ganze Wissenschaften auf fundamentalere Gesetze oder Wissenschaften zurückgeführt werden können, etwa im oben ausgeführten Nagelschen Sinn. Innerhalb dieses Problems müssen weitere Unterscheidungen getroffen werden. Eine wichtige ist die zwischen *sukzessiver* und *Interlevel*-Reduktion. Erstere bezieht sich auf das Verhältnis zwischen Theorien mit ihren historischen Vorgängern, die denselben Gegenstandsbereich haben, z.B. die relativistische und die klassische Mechanik[18]. Letztere bezieht sich auf das Verhältnis zwischen Theorien, deren Gegenstandsbereiche auf verschiedenen Organisationsebenen der Materie liegen[19]. Außerdem muß angegeben werden, ob unter Reduktion eine streng deduktive Relation zwischen Reduktanstheorie und Reduktandumtheorie verstanden wird, oder eine schwächere *Analogierelation* zwischen Reduktandumtheorie und einer formal aus einer Reduktanstheorie deduzierbaren Theorie (üblicherweise mit T^* bezeichnet)[20].

Ich führe nun folgende weitere benötigte Unterscheidung ein: *definitorische* vs. *explanatorische* Reduktion. Definitorische Reduktion verlangt nebst der Ableitbarkeit der Gesetze der Sekundärwissenschaft, daß das Vokabular einer zu reduzierenden Wissenschaft *explizit* unter ausschließlicher Verwendung des Vokabulars der reduzierenden Wissenschaft *redefiniert* wird. Mit Hilfe solcher Redefinitionen sollte sich im Prinzip jeder mit den Begriffen der zu reduzierenden Wissenschaft formulierte Satz in einen sinngleichen Satz *übersetzen* lassen, der ausschließlich Begriffe der reduzierenden Wissenschaft enthält. Das Vokabular

---

17 Methodischer Reduktionismus ist aber möglicherweise wissenschaftssoziologisch sowie forschungspolitisch interessant.

18 Nickles (1973)

19 Wimsatt (1976)

20 Schaffner (1967)

der reduzierten Wissenschaft kann dann im Prinzip *eliminiert* werden. Übersetzbarkeit ist automatisch gegeben, wenn man »Definition« im strengen Sinn auffaßt, d.h. als Beschreibung der Essenz der durch den Begriff zusammengefaßten Individuen mit Hilfe von Begriffen, die bestimmte der für diesen Begriff als essentiell betrachteten Eigenschaften beschreiben. Werden Brückengesetze auf diese Weise aufgefaßt, erhält man die stärkste Interpretation von Nagels Bedingung der Verbindbarkeit der Begriffe bei heterogenen Reduktionen. Allerdings faßt niemand Brückengesetze so auf, auch Nagel nicht (siehe 9.1). Faßt man nämlich Brückengesetze so auf, werden sie *analytisch*, da wir (versuchshalber) den Begriff der analytischen Definition zugrundegelegt haben. Es besteht jedoch heute ein allgemeiner Konsens darüber, daß Brückengesetze *empirischen* Status haben, da sie durch empirische Forschung entdeckt werden, nicht durch semantische Analyse. Damit fällt die Möglichkeit weg, daß Brückengesetze analytische Definitionen im strengen Sinn sind. Es ist allerdings denkbar, daß Brückengesetze *synthetisch* (empirisch) sind und trotzdem die Ersetzbarkeit der Begriffe der Sekundärwissenschaft ermöglichen - d.h. daß sie das gleiche zu leisten vermögen wie analytische Definitionen - nämlich dann wenn sie *Identitätsaussagen* sind. Diese Möglichkeit wird in 9.4 besprochen.

Eine Alternative ist die von Hempel gewählte und bereits erwähnte: Brückengesetze als *extensional äquivalente Definitionen*. Dies bedeutet, daß die durch ein Brückengesetz verknüpften Begriffe dieselbe *Extension* haben, aber unterschiedliche *Intension* (Bedeutung). Wird nun extensionale Äquivalenz als Grundlage für die Begriffsverbindung bei heterogenen Relationen herbeigezogen, hat dies die Konsequenz, daß sich Aussagen der Sekundärwissenschaft automatisch unter Erhaltung des Aussagensinns in das Vokabular der Primärwissenschaft übersetzen lassen? Im Allgemeinen ist diese Frage klar zu verneinen. Denn selbst wenn zwei nicht bedeutungsgleiche Begriffe extensional äquivalent sind, kann sich der Sinn einer Aussage verändern oder sogar vollständig zerstört werden, wenn in der betreffenden Aussage der eine Begriff für den anderen substituiert wird[21]. Dies wiederum bedeutet, daß mit solchen Brückengesetzen

---

[21] vgl. Feyerabend (1962), S. 77f. über den Temperaturbegriff in der klassischen und der statistischen Thermodynamik. Ein weiteres Gegenbeispiel findet sich in der Genetik: Man nehme an, daß der klassisch-genetische Begriff »Gen« extensional äquivalent sei mit dem Begriff »protein- oder RNA-codierende DNA-Sequenz einschließlich regulatorische Sequenzen« (siehe Waters 1994). Wird nun in dem Satz: »dieses Gen ist dominant« der Begriff »Gen« durch den genannten extensional äquivalenten Begriff substituiert, erhält man keinen sinnvollen Satz! Selbst wenn diese beiden Begriffe extensional äquivalent sind, haben sie offenbar unterschiedliche semantische Eigenschaften. Der Grund dafür liegt darin, daß Dominanz eine *funktionale* Eigenschaft ist, während DNA-Sequenzen *Strukturen* darstellen.

die Übersetzbarkeit von Aussagen, die mit Begriffen der Sekundärwissenschaft formuliert wurden in das Vokabular der Primärwissenschaft *nicht* garantiert ist[22]. Dies bedeutet u.U., daß die Begriffe der Sekundärwissenschaft doch nicht eliminiert werden können. Man sieht also, daß der definitorische Reduktionismus vor einigen schwierigen Problemen steht, die er zwar dadurch vermeiden kann, indem er die Redefinition nur in einem extensionalen Sinn verlangt, wodurch er aber seinen Zweck - die Eliminierbarkeit des Vokabulars der Sekundärwissenschaft - zu verfehlen scheint.

Der definitorische Reduktionismus hat zur Folge, daß viele Theorien insbesondere der Biologie irreduzibel erscheinen, weil viele biologische Begriffe sich nicht extensional äquivalent (und schon gar nicht bedeutungsäquivalent) mittels Begriffen einer Primärwissenschaft (z.B. Biochemie) definieren lassen. Der Grund hierfür ist, daß viele biologische Begriffe wie »Dominanz« oder »Fitness« einen funktionalen oder supervenienten Charakter (siehe 10.1) haben. Dies heißt, daß diese Begriffe Eigenschaften bezeichnen, die nicht aufgrund ihrer materiellen Struktur bestimmt sind, sondern durch die *kausale Rolle*, die diese Eigenschaft im organismischen oder im Populationskontext spielt. Funktionale Begriffe sind also durch die Prozeduren der Wissenschaft, in der sie vorkommen, bestimmt, lassen sich aber nicht durch die Begriffe einer Wissenschaft redefinieren, die die strukturelle Basis der Lebensprozesse zum Gegenstand hat (z.B. die Biochemie oder Molekularbiologie). Daß sich funktionale Eigenschaften nicht mittels struktureller Eigenschaften *definieren* lassen, heißt aber nicht, daß diese Eigenschaften oder die auf ihnen beruhenden Gesetze sich nicht durch strukturelle Eigenschaften von Organismen oder Bestandteilen von Organismen *erklären* lassen.

(2) Auch *explanatorische* Reduktion verlangt, daß irgendeine Verbindung zwischen den Begriffen einer Sekundärwissenschaft und denjenigen der Primärwissenschaft geschaffen wird (ansonsten ist eine Ableitung der Gesetze der Sekundärwissenschaft nicht möglich, da alle in der Konklusion einer Erklärung vorkommenden Begriffe schon in den Prämissen vorkommen müssen), aber diese Verbindungen oder Brückengesetze müssen nicht die Form einer allgemeinen Definition haben, da es in manchen Fällen gar nicht notwendig ist, über solche Definitionen zu verfügen, um ein Gesetz einer Sekundärwissenschaft durch Gesetze einer Primärwissenschaft zu erklären (siehe 9.3). In vielen Fällen reicht es aus, wenn man z.B. über Brückengesetze verfügt, die die Form *kausaler* oder *empirischer Aussagen* haben, in denen sowohl Begriffe der Sekundär-

22 Sie ist allerdings auch nicht ausgeschlossen. Die Übersetzbarkeit muß vermutlich von Fall zu Fall geprüft werden.

als auch Begriffe der Primärwissenschaft vorkommen. In anderen Fällen wird es ausreichen, wenn man zeigen kann, daß bestimmte Realisierungen (»tokens«) eines Begriffs der Sekundärwissenschaft kraft von durch Begriffe der Primärwissenschaft zu beschreibenden Eigenschaften eine durch den Sekundärbegriff bezeichnete Eigenschaft haben (»token/token«-Reduktion, siehe 9.7). In wieder anderen Fällen wird es darum gehen zu erklären, weshalb ein System eine in einem Gesetz der Sekundärwissenschaft auftretende Eigenschaft realisiert (Mikroreduktion, siehe 9.6).

9.3 Das Hempel-Sklar Argument

Bezüglich der logischen Form eines Brückengesetzes ließ Nagel sowohl Bikonditionale als auch einfache Konditionale gelten; er glaubte aber, daß Bikonditionale die Reduktion vereinfachen[23]. Auch C. G. Hempel hielt Bikonditionale zunächst nicht für Reduktion erforderlich. Er erwog z.B. die Möglichkeit von biologisch-physikochemischen Brückengesetzen, die entweder lediglich notwendige oder lediglich hinreichende Bedingungen für die Realisierung einer biologischen Eigenschaft durch physikochemische Eigenschaften angeben[24]. Auch Brückengesetze von einer völlig anderen logischen Form als der ein- oder zweiseitigen materialen Implikation hielt Hempel zunächst für denkbar. In einer späteren Arbeit hat Hempel diese liberale Haltung betreffend Brückengesetzen allerdings revidiert[25]. Er zeigte zunächst an einem formalen Schema, daß gewisse Gesetze einer Sekundärwissenschaft auch mit Hilfe von einfachen Konditionalen als Brückengesetzen ableitbar sind. Sei:

$$\text{(i)} \qquad \forall x(P_1x \rightarrow P_2x)$$

ein physikalisch-chemisches Gesetz mit den physikalisch-chemischen Ausdrücken P_1 und P_2. Außerdem seien folgende Brückengesetze bekannt:

$$\text{(ii)} \qquad \forall x(B_1x \rightarrow P_1x)$$

$$\text{(iii)} \qquad \forall x(P_2x \rightarrow B_2x)$$

wobei B_1 und B_2 biologische Prädikate seien. Man beachte, daß diese Brückengesetze sowohl biologische wie auch physikalisch-chemische Ausdrücke enthalten,

---

23 Nagel (1961), S. 355, Fußn. 5

24 Hempel (1966), S. 105

25 Hempel (1969)

also eine Art von Brückengesetz darstellen, die auch Nagel explizit als Möglichkeit erwogen hatte[26]. Aus (i), (ii), und (iii) folgt:

$$\text{(iv)} \quad \forall x(B_1 x \rightarrow B_2 x)$$

also ein Gesetz, das lediglich biologische Ausdrücke enthält. Hempel skizzierte folgendes (triviales) Beispiel zur Illustration: B_1 sei ein biologischer Ausdruck für eine bestimmte Art von Pflanzenzellen, P_1 ein chemischer Ausdruck für einen Chlorophyll enthaltenden Enzymkomplex, P_2 ein Ausdruck für gewisse photochemische Prozesse an solchen Enzymkomplexen und B_2 bezeichne Photosyntheseaktivität. Das biologische Gesetz (iv) besagt also, daß alle Zellen eines bestimmten Typs photosynthetisch aktiv sind. Das chemische Gesetz (i) besagt, daß an dem durch P_1 bezeichneten Enzymkomplex gewisse chemische photochemische Prozesse ablaufen. Das Brückengesetz (ii) sagt schließlich aus, daß alle Zellen des fraglichen Typs solche Chlorophyll enthaltende Enzymkomplexe enthalten, und das Brückengesetz (iii), daß die durch P_2 bezeichneten chemischen Prozesse unter den gegeben Umständen hinreichend für Photoyntheseaktivität sind. (iii) kann in diesem Fall als *kausales Gesetz* betrachtet werden, während (ii) eine Spezifikation von *Randbedingungen* darstellt. Damit wurde das biologische Gesetz, daß eine bestimmte Art von Zellen photosynthetische aktiv ist, auf ein chemisches Gesetz reduziert, wobei die Brückengesetze jeweils nur *hinreichende*, aber keine *notwendigen* Bedingungen für die Realisierung einer biologischen durch eine chemische Eigenschaft, bzw. für das Vorkommen eines chemischen Prozesses in bestimmten Zellen angeben. Diese Ableitung wird durch die Tatsachen (1), daß auch Zellen eines anderen Typs als B_1 diese Enzymkomplexe enthalten sowie (2), daß Photosynthese biochemisch durch andere Prozesse als P_2 realisierbar ist, nicht beeinträchtigt. Wären Tatsachen (1) und (2) nicht gegeben, könnten in den Brückengesetzen (ii) und (iii) anstelle der Konditionale Bikonditionale eingesetzt werden. Dies scheint jedoch für die Reduktion von (iv) auf (i) nicht erforderlich zu sein. Hempel spricht in diesem Zusammenhang von *Reduktion theoretischer Prinzipien* und hält zu diesem Zweck Brückengesetze von der Form von (ii) und (iii) für ausreichend.

Doch nun gibt Hempel ein Argument, weshalb seine »Reduktion theoretischer Prinzipien« keine *vollständige* Reduktion ist. Ein ähnliches Argument wurde scheinbar unabhängig von L. Sklar vorgebracht[27]; Causey spricht deswegen auch vom »Hempel-Sklar Argument«[28]. Hempel stellt fest, daß die

---

26 Nagel (1961), S. 433
27 Sklar (1967)
28 Causey (1977), S. 75

Brückengesetze (ii) und (iii) lediglich »Erweiterungen« der biologischen Gesetze darstellen. (iv) wurde also strenggenommen nicht auf (i) reduziert, sondern auf (i) $\wedge$ (ii) $\wedge$ (iii). Da die biologischen Terme B_1 und B_2 in dieser Vereinigungsmenge noch vorkommen, ist die Reduktion aber nicht vollständig. Vollständig wird sie erst durch *Begriffsreduktion* d.h., wenn *notwendige* und *hinreichende* Bedingungen für die Realisierung einer biologischen Eigenschaft durch physikochemische Eigenschaften - also bikonditionale Verknüpfungen zwischen den biologischen und den physiko-chemischen Termen - bekannt sind:

> Full reduction of concepts in this strict sense would require, for every term of B, a connective law of biconditional form, speciyfing a necessary and sufficient condition for its applicability in terms of concepts of P [a physicochemical theory, M.W.] alone. Such a law could then be used to "define" the biological term and thus, theoretically, to avoid it.[29]

Mit anderen Worten: Das Ziel der Begriffsreduktion ist nach Hempel offenbar, das Vokabular der Sekundärwissenschaft - d.h. die Terme, die in der Primärwissenschaft nicht vorkommen - zu *ersetzen* bzw. zumindest im Prinzip ersetzbar zu machen, so daß alle Verallgemeinerungen der Sekundärwissenschaft mit Ausdrücken der Primärwissenschaft formuliert werden könnten. Solange lediglich einseitige Brückengesetze von der Form (ii) und (iii) vorliegen, ist dies aber nicht möglich; das obenstehende biologische Gesetz kann nicht allein mit den physikalisch-chemischen Ausdrücken P_1 und P_2 ausgedrückt werden. Zusätzliche physikalisch-chemisch Ausdrücke müßten zu diesem Zweck beigezogen werden, d.h. es wären vermutlich höchst komplexe molekulare Umschreibungen der durch B_1 bezeichneten Pflanzenzellen sowie des durch B_2 bezeichneten Photosyntheseprozesses erforderlich, um das Gesetz (iv) zu formulieren, ohne die biologischen Ausdrücke B_1 und B_2 oder ander biologische Ausdrücke zu verwenden.

Die Frage, ob solche typische biochemische Erklärungen nun Reduktionen sind, weist auf die in 9.2 getroffenen Unterscheidung zwischen *explanatorischer* und *definitorischer* Reduktion zurück. Die oben zitierte Stelle belegt, daß Hempel als Ideal die Eliminierbarkeit der deskriptiven Terme der Sekundärwissenschaft im Auge hat, wenn er die Reduktion theoretischer Prinzipien für unvollständig hält. Diese Forderung hatte ich in als definitorischen Reduktionismus klassifiziert. Wie wir dort auch gesehen haben, steht der definitorische Reduktionismus vor einigen schwierigen bedeutungstheoretischen Problemen, die seine Durchführbarkeit (d.h. die Eliminierbarkeit der Begriffe einer Sekundärwissenschaft) in nicht-trivialen Fällen in Frage stellen.

---

[29] Hempel (1969), S. 189

Grundsätzlich handelt es sich beim Hempel-Sklar Argument, das bikonditionale Brückengesetze bzw. extensionale Äquivalenz der Relata verlangt, um eine rein formale Forderung, da als einer der Zwecke der Reduktion die Eliminierbarkeit des Vokabulars auftaucht. Der andere Zweck von Reduktion, die Erklärung theoretischer Prinzipien (= explanatorische Reduktion gemäß der Unterscheidung in 9.2) wird bereits durch monokonditionale Brückengesetze wie (ii) und (iii) ermöglicht. Man kann sich nun fragen, wieviel Gewicht man dieser formalen Forderung geben will. Mir scheint sie nur dort sinnvoll zu sein, wo sich durch die Reduktion tatsächlich eine formale Vereinfachung durch Elimination von Begriffen erzielen läßt. Dies wird aber im Allgemeinen nicht der Fall sein. Wie wir in 9.1 gesehen haben, vermag nicht einmal Nagels klassisches Beispiel der Reduktion der Thermodynamik auf die statistische Mechanik dieser formalen Forderung zu genügen, weil im Allgemeinen der Begriff der Temperatur nicht durch den Begriff der mittleren kinetischen Energie ersetzt werden kann. Wie aber das Hempel-Sklar Argument zeigt, ist eine extensional äquivalente (d.h. mittels Bikonditionalen) Redefinition der Begriffe für die Erklärung der Gesetze einer Sekundärwissenschaft nicht erforderlich. Mir scheint dies der primäre Zweck dessen zu sein, was ich als explanatorische Reduktion bezeichnet habe. Diese ist also mit dem Hempel-Sklar Argument verträglich.

9.4 Synthetische Identität

Ein etwas weitergehendes Argument, weshalb Brückengesetze mindestens Bikonditionale oder sogar eine noch stärkere Verknüpfung zu sein haben, hat R. Causey gegeben[30]: die Forderung nach *Attribut-Identität*. Causey's Argument verläuft in mehreren Schritten. Zunächst unterscheidet Causey zwischen Dingprädikaten und Attributprädikaten. Erstere sind Prädikate von der Art »*x* ist ein Atom« oder »*x* ist eine Zelle« etc.: sie verweisen auf ***ontologische Entitäten.*** Attributprädikate beziehen sich hingegen auf *Eigenschaften*; z.B. »*x* wiegt 1 kg« oder »*x* absorbiert am roten Ende des Spektrums«. Auch mehrstellige und quantitative Prädikate fallen unter diese zweite Kategorie.

Causey betrachtet nun eine zu reduzierende Wissenschaft T_2 und eine reduzierende Wissenschaft T_1. L_1 und L_2 sind die Mengen der Prädikate, die in den Vokabularien dieser Wissenschaften auftreten; wobei insbesondere L_2 Elemente enthält, die nicht in L_1 vorkommen (heterogene Reduktion). Sowohl L_1 wie auch L_2 enthalten Dingprädikate, die sich auf Untermengen der

30 Causey (1972)

Gegenstandsbereiche Dom_1 und Dom_2 dieser Wissenschaften bezieht. Ein typisches Dingprädikat ist z.B. »x ist ein Elektron« oder »x ist ein Proton«. Diese beiden Dingprädikate beziehen sich auf Elemente desselben Gegenstandsbereichs, desjenigen der Elementarteilchenphysik. Das Dingprädikat »x ist eine Zellorganelle« bezieht sich hingegen auf einen anderen Gegenstandsbereich als die beiden eben genannten Prädikate. Causey behauptet nun, ein Teil der Mikroreduktion einer Wissenschaft T_2 auf eine Wissenschaft T_1 bestehe darin, sogenannte *Dingidentitäten* (»Thing Identity Connecting Sentences« oder TICS) zwischen L_2 und L_1 aufzufinden. Solche Identitäten haben folgende Form[31]:

$$\forall x[Wx \leftrightarrow \exists y(\alpha y \wedge y = x)]$$

wobei Wx ein Dingprädikat aus L_2 und αx ein Dingprädikat aus L_1 darstellt. Beispiele für solche Dingidentitäten sind etwa die Sätze »Lichtstrahlen sind elektromagnetische Wellen im Frequenzbereich xy« oder »Gene sind protein- oder RNA-codierende DNA-Sequenzen«. Typischerweise ist bei solchen Beziehungen Dom_2 eine Teilmenge von Dom_1 ($Dom_2 \subseteq Dom_1$); z.B.: elektromagnetische Wellen des Frequenzbereichs xy bilden eine Teilmenge aller elektromagnetischer Wellen; protein- oder RNA-codierende DNA-Sequenzen bilden eine Teilmenge aller Nukleotidsequenzen etc. Mit anderen Worten: Einige, aber nicht alle Elemente aus Dom_1, die durch Dingprädikate aus L_1 bezeichnet werden, werden durch die Brückengesetze als identisch gesetzt mit Dingen aus Dom_2, die durch Dingprädikate aus L_2 bezeichnet werden. Es wäre daher unbefriedigend, nicht zu wissen *welche* Dinge aus Dom_1 mit einem gegebenen Ding aus Dom_2 identisch sind. Wenn wir z.B. wüßten, daß Gene DNA-Sequenzen sind, aber nicht, *welche* DNA-Sequenzen (nämlich protein- oder RNA-codierende Abschnitte mit den entsprechenden Kontrollelementen für Genexpression), könnte man wohl kaum behaupten, man hätte die Genetik auf die Chemie von Nukleinsäuren reduziert. Dies heißt aber nichts anderes, als daß man bei der Reduktion *notwendige und hinreichende Bedingungen* für die Referenten von Dingprädikaten aus L_2 wünscht, unter denen diese unter ein Dingprädikat aus L_1 fallen. Dieses Argument Causeys für die Notwendigkeit von bikonditionalen Brückengesetzen in der Reduktion erscheint mir wesentlich stärker als das Hempel-Sklar Argument. Allerdings ist es in dieser Form lediglich auf *Dingprädikate* anwendbar.

---

[31] Die Identitätsrelation $x = y$ wird meist anhand des sogenannten »Leibnizschen Gesetzes« definiert: $x = y$ gdw: $\forall F(Fx \leftrightarrow Fy)$ wobei F eine beliebige Eigenschaft ist (Kripke 1971, S. 135).

Eine interessante Eigenschaft von Identitätsaussagen von der eben besprochenen Art ist, daß sie der *empirischen Rechtfertigung*, nicht aber der *Erklärung* bedürfen. Wenn ich durch irgendwelche Experimente nachgewiesen habe, daß Gene tatsächlich nichts anderes als protein- oder RNA-codierende DNA-Abschnitte sind, dann scheint die Frage: »aber *warum* sind Gene protein- oder RNA-codierende DNA Abschnitte?« irgendwie keinen Sinn zu haben; der Befragte kann kaum etwas anderes als »es ist einfach so!« darauf antworten[32]. Der Grund hierfür scheint der zu sein, daß es keinen Sinn ergibt, zu behaupten, DNA-Sequenzen seien die »Ursachen« von Genen, oder elektromagnetische Wellen die »Ursachen« von Lichtstrahlen. Lichtstrahlen *sind* elektromagnetische Wellen. Die Brückengesetze für Dingprädikate geben also keine *Kausalrelation* an. Deswegen hat es auch keinen Sinn, nach einer Erklärung, d.h. nach einer Ursache für diese Relation zu fragen.

Wie steht es aber nun mit Attributprädikaten? Casey betrachtet folgende Eigenschaften als Beispiele[33]: optische Aktivität (d.h. die Fähigkeit von Lösungen oder Festkörpern, die Schwingungsebene polarisiereten Lichtes zu drehen) und Chiralität (d.h. die symmetriegruppenbedingte Unmöglichkeit, eine molekulare Struktur durch Rotation mit ihrem Spiegelbild zur Deckung zu bringen). Es ist eine empirische Tatsache, daß alle optisch aktiven Stoffe eine chirale molekulare Struktur aufweisen, und daß alle Stoffe mit einer chiralen molekularen Struktur eine (mehr oder weniger stark ausgeprägte) optische Aktivität besitzen. D.h., es besteht die folgende *Attribut-Koextensionalität*:

$$\forall x(Ox \leftrightarrow Cx) \qquad (*)$$

wobei O die Eigenschaft der optischen Aktivität und C die Eigenschaft der Chiralität bezeichnen. Es leuchtet unmittelbar ein, daß diese Ko-extensionalität von einer anderen Art ist als die vorhin betrachteten Dingidentitäten. Erstens bezeichnen O und C entschieden nicht dieselbe Eigenschaft. Das sieht man am einfachsten daran, daß optische Aktivität eine *dispositionale Eigenschaft* ist: wenn man von einer Substanz aussagt, sie sei optisch aktiv, dann heißt das nicht, das sie zu einem bestimmten Zeitpunkt die Schwingungsebene polarisierten Lichtes

---

32 Man könnte in diesem Fall höchstens die Frage noch anders verstehen, z.B. »warum sind Gene protein- oder RNA-codierende *DNA*-Abschnitte und nicht, z.B., *RNA*-Abschnitte?«. Auf diese Frage scheint es eine Antwort zu geben, z.B. »weil DNA chemisch stabiler ist als RNA, und Lebewesen mit RNA als Erbgut daher einen evolutionären Nachteil hätten«. Interessanterweise ist dies aber nur bei diesem Beispiel möglich, und nicht für die Identitätsaussage »Lichtstrahlen sind elektromagnetische Wellen...«. Manche Identitätsaussagen scheinen also nach *ultimaten* Erklärungen zu verlangen.

33 Causey (1977), S. 84f.

tatsächlich dreht. Man kann von einer Substanz sagen, sie sei optisch aktiv, selbst wenn sie niemals mit polarisiertem Licht in Berührung kommt. Die Zuschreibung einer Disposition hat eine spezielle Bedeutung: sie bedeutet, daß die Substanz die Lichtebene dreht, *wenn* sie von polarisiertem Licht angestrahlt wird. Optische Aktivität ist also eine Disposition. Im Gegensatz dazu ist Chiralität aber keine Disposition; sie bezieht sich auf die Geometrie molekularer Strukturen. Es handelt sich also um zwei verschiedene Eigenschaften, die zwar koextensional, aber nicht identisch sind. Zweitens erfordert die Korrelation zwischen Chiralität und optischer Aktivität eine *physikalische Erklärung*, die alles andere als trivial ist. Auch dies unterscheidet die Beziehung (*) von den Dingidentitäten. Es handelt sich um eine kausale Relation, nicht um eine Identitätsrelation. Für Causey ist die letztere Eigenschaft solcher Attribut-Korrelationen ein Grund, Beziehungen von der Art $A_1 \leftrightarrow A_2$ dann nicht als Brückengesetze zuzulassen, wenn sie kausale Relationen angeben. Wenn Attribut-Korrelationen $A_1 \leftrightarrow A_2$ einer *Kausalerklärung* bedürfen, so argumentiert Causey, sind sie nicht geeignet, die Reduktion einer Theorie T_2 auf eine Theorie T_1 zu stiften. Dies hat folgenden Grund: Wenn wir zusätzlich zu T_1 ein Kausalgesetz B benötigen, um T_2 zu erklären, dann wird dadurch nicht T_2 auf T_1 reduziert, sondern auf $T_1 \cup B$:

> ACCS's [Attribute Correlation Connecting Sentences, M.W.], which are mere attribute-correlation law-sentences, are not acceptable as connecting sentences in B [the set of connecting statements or bridge laws, M.W.]. ACCS's are mysterious, causal law-sentences that are themselves in need of explanation. If they are used as connecting sentences in B, then we do not explain T_2 in terms of the laws of T_1, but rather in terms of T_1 plus these mysterious correlation laws. Fortunately, actual, successful reductions do not suffer this defect. Such reductions use attribute-identities instead of ACCS's.[34]

Der Grund, warum Causey erklärungsbedürftige Brückengesetze nicht für die Reduktion zulassen will, ist der Folgende: Das Ziel der Reduktion ist nach Causey die Erklärung der Gesetze einer Theorie T_2 durch die Gesetze einer fundamentale Theorie T_1. Die Reduktion soll höchstens diese fundamentalen Gesetze unerklärt lassen. Wird aber T_2 auf $T_1 \cup B$ reduziert und B ist ebenfalls erklärungsbedürftig, ist diese Bedingung nicht erfüllt. Dabei spielt es offenbar für Causey keine Rolle, ob die Brückengesetze tatsächlich erklärbar *sind*, oder ob es sich um einen völlig mysteriösen Zusammenhang handelt. Ich halte dieses Ergebnis für kontraintuitiv: Wenn wir eine Theorie T_2 mit Hilfe von fundamentalen Gesetzen einer Theorie T_1 *plus* kausalen Brückengesetzen wie (*) erklären können, scheint mir T_2 keine irreduzible Theorie zu sein. Zumindest ist

---

[34] *ibid.*, S. 86

die Theorie dann nicht im gleichen Sinn irreduzibel wie in Fällen, in denen *keine* Erklärungen für makroskopische Eigenschaften vorliegen.

Causey behauptet oben außerdem, daß es erfolgreiche Reduktionen gibt, bei denen die Begriffsverbindung nicht mittels kausaler Gesetze wie (*), sondern mittels Attribut-Identitäten hergestellt wird. Als Beispiel nennt Causey den klassischen Fall der kinetischen Gastheorie. In dieser Theorie, behauptet Causey, wird z.B. der makroskopische Druck als durchschnittliche Impulsänderung der Gasteilchen pro Fläche und pro Zeit mikroskopisch reinterpretiert. Diese Reinterpretation erfolgt angeblich mittels einer Attributidentität. Als kontroverseres Beispiel nennt Causey die Reinterpretation der Temperatur als mittlere kinetische Energie, behauptet von dieser aber auch, daß sie eine Attributidentität darstelle. Das Haben einer bestimmten Temperatur durch ein ideales Gas wird also nach Causey nicht durch die mittlere kinetische Energie der Gasteilchen erklärt, sondern die Attribut-Prädikate »x hat Temperatur T« und »x hat mittlere kinetische Energie E« bezeichnen *dieselbe Eigenschaft*[35].

Causeys Annahme, daß die Temperatur und die mittlere kinetische Energie dieselbe Eigenschaft bezeichnen, ist problematisch[36]. Wie wir bereits in 9.1 gesehen haben, kann diese Identität höchstens lokal, d.h. für bestimmte Systeme wie ideale Gase angenommen werden. Damit fragt sich, auf welche Wissenschaften Causeys Reduktionstheorie überhaupt angewendet werden kann. Letztlich scheint sein Argument für die Notwendigkeit von Attributidentitäten in Reduktionen wie das Hempel-Sklar Argument (siehe 9.3) auch auf der Eliminierbarkeit der theoretischen Begriffe der Sekundärwissenschaft zu beruhen. Wie wir in 9.2 gesehen haben, ist dieses Argument nur unter den normativen Voraussetzungen des definitorischen Reduktionismus relevant.

9.5 Analogie statt Identität

Die von Causey verteidigte semantische Interpretation von Brückengesetzen als synthetischen Identitäten ist für viele interessante Fälle von Reduktion vermutlich zu stark. Causeys Argument bezüglich Eigenschaftsbegriffen betrifft die explantorische Reduktion nicht. Ich schlage deshalb vor, Brückengesetze statt als Identitätsrelationen als Analogrelationen zu interpretieren. Zwei durch ein Brückengesetz verknüpfte Begriffe bezeichnen nicht *identische* sondern *analoge* Eigenschaften. Analogrelationen erfordern ein sogenanntes *tertium comparationis*:

---

35 *ibid.*, S. 88

36 Sklar (1976); Sklar (1993), S. 351-354

eine Eigenschaft die von den Relata geteilt wird. In diesem Fall kann man die *kausale Rolle* der fraglichen Eigenschaften als *tertium comparationis* betrachten. Diese Bedingung scheint für Temperatur und mittlere kinetische Energie z.B. für ein ideales Gas erfüllt zu sein: die Temperatur eines Gases bestimmt dessen thermisches Verhalten z.B. gegenüber einem anderen Gasbehälter; dasselbe kann von der mittleren kinetischen Energie der Teilchen ausgesagt werden. Mit anderen Worten: die Eigenschaft »Temperatur« erklärt alle thermischen Eigenschaften des Gases, die die Eigenschaft »mittlere kinetische Energie« erklärt, und umgekehrt. Wird der Temperaturbegriff zur Erklärung des Verhaltens des Gases benutzt, wird die Erklärung durch die Gesetze der Thermodynamik geleistet, z.B. durch den zweiten Hauptsatz. Wird dagegen die mittlere kinetische Energie benutzt, so ruht die Erklärung auf den Prinzipien der statistischen Mechanik. Da die Mechanik eine umfassendere Theorie ist als die Thermodynamik (zumindest nach heutiger Auffassung), kann man sagen, daß durch die Identifikation der Temperatur mit der mittleren kinetischen Energie gewisse thermodynamische Gesetze durch eine fundamentalere Theorie erklärt werden; dies war nach Nagel ja auch der Zweck der Reduktion.

Der Vorschlag behebt zumindest das Problem der Koextensionalität: Analogie impliziert im Gegensatz zur Identität nicht, daß die analogen Begriffe koextensional sind. Der Vorschlag ist insbesondere auch für die Reduktion von Theorien mit *funktionalen Eigenschaften* zugeschnitten. In der Leib/Seele-Diskussion werden solche meist als Eigenschaften charakterisiert, die aufgrund ihrer *kausalen Rolle* im Verhalten eines Systems bestimmt sind; z.B. »Schmerz«[37]. Auch die uns hier interessierenden Eigenschaften können auf diese Weise charakterisiert werden: Fitness kann aufgrund der Rolle, die diese Größe in Selektionsprozessen spielt, charakterisiert werden. Wie wir in Kap. 10 sehen werden, können funktionale Begriffe eine große Zahl von strukturell heterogenen Systemen erfassen; dies ist die multiple Realisierbarkeit funktionaler Eigenschaften. Eine Art, dieses Phänomen zu betrachten ist nun die, daß funktionale Begriffe in vielen verschiedenen Systemen eine *analoge Eigenschaft* herausgreifen, die durch das *kausale Verhalten* dieses Systems bestimmt ist. Wenn nun das Verhalten eines bestimmten Systems, das durch eine zu reduzierende Theorie beschrieben wird, durch eine reduzierende Theorie erklärt wird, so muß für jede Eigenschaft, die durch Begriffe der zu reduzierenden Theorie beschrieben wird, eine Eigenschaft gefunden werden, die durch einen Begriff der

---

[37] Lewis (1966); Block (1980)

reduzierenden Theorie beschrieben werden kann und die kausale Rolle der Eigenschaft spielen kann[38].

9.6 Mikroreduktion

A. Beckermann hat R. Cummins' Theorie der Erklärung von Eigenschaften aufgegriffen um den Begriff der Mikroreduktion zu explizieren[39]. Bei solchen Mikroreduktionen geht es um die Erklärung der Eigenschaften von komplexen Systemen:

> Many scientific theories are not designed to explain changes but are rather designed to explain properties. The point of what I call a property theory is to explain the properties of a system not in the sense in which this means 'Why did *S* acquire *P*?' or 'What caused *S* to acquire *P*?' but rather, 'What is it for *S* to instantiate *P*?', or, 'In virtue of what does *S* have *P*?'[40]

Cummins hatte vorgeschlagen, daß die Erklärung von ***dispositionalen Eigenschaften*** nach dem folgenden Schema, das mit dem Hempel-Oppenheim Schema für wissenschaftliche Erklärungen homolog ist, rekonstruiert werden kann:

$$\forall x[(C_1, \ldots, C_n; R)x \rightarrow Fx] \quad \text{(i)}$$
$$(C_1, \ldots, C_n; R)S \quad \text{(ii)}$$
$$FS \quad \text{(iii)}$$

Dabei bezeichnet F die zu erklärende Eigenschaft eines Systems, $C_1, \ldots, C_n$ bezeichnen die Komponenten, aus denen das System besteht und R die Wechselwirkungen zwischen den Komponenten dieses Systems, d.h. das *Kompositionsgesetz*. Das Prädikat $(C_1, \ldots, C_n; R)x$ als Ganzes genommen bezeichnet die *Mikrostruktur* des Systems x. S ist eine deskriptive Konstante, steht also für ein individuelles System oder für einen Typ von Systemen. Der angegebene Formalismus kann also als eine ***Deduktion*** der Tatsache, daß System S die Eigenschaft F besitzt, aus einem Gesetz (i) - von Cummins *Instantiationsgesetz* genannt - mit Hilfe von Randbedingungen (ii) über die Eigenschaften eines Systems mit einer definierten Mikrostruktur interpretiert werden.

Für eine vollständige Erklärung, warum das System S die Eigenschaft F besitzt, muß das Instantiationsgesetz aus den Eigenschaften der Konstituenten $C_1, \ldots, C_n$ des Systems und dem Kompositionsgesetz R abgeleitet werden

---

38 Für einen ähnlichen Vorschlag siehe Kim (1997).

39 Beckermann (1992)

40 Cummins (1983), S. 14f.

können. Beckermann stellt fest, daß wenn diese Bedingung nicht erfüllt ist, die Eigenschaft F trotz ihrer Voraussagbarkeit durch das Instantiationsgesetz als *emergent* im Sinne C. D. Broads betrachtet werden kann, da dann das Instantiationsgesetz *isoliert* ist[41].

Beckermann schlägt vor, daß eine vollständig Erklärung einer Makroeigenschaft eines Systems wie folgt verläuft: (1) Gegeben sei eine Theorie T_C über die Eigenschaften der Konstituenten eines Systems. (2) Zeige mit Hilfe von T_C, daß alle Systeme mit der Mikrostruktur ($C_1, \ldots, C_n$; R) alle Eigenschaften haben, die für F charakteristisch sind. Mit anderen Worten: Leite von T_C ein Analogon L_F* des Gesetzes oder der Gesetze L_F ab, das die Eigenschaft F beschreibt. Ich werde unten versuchen, Beckermanns Vorschlag an einem Beispiel deutlich zu machen. Doch zunächst betrachte ich einen für meine weiteren Untersuchungen in den folgenden Kapiteln wichtigen Punkt Beckermanns:

> [I]n general macroproperties can be realized by a whole range of different microstructures. If property F is realized in System S_1 by the microstructure [$C_1, \ldots, C_n$; R], it may be realized in system S_2 by the microstructure [$C_1', \ldots, C_m'$; R], and in system S_3 by still another microstructure. What all these systems with all these different microstructures have in common is that they all behave in the way that is characteristic of property F. Microreduction thus in most cases is *system-relative*. In general we, therefore, cannot expect that it will be possible to deduce images of all elements of L_F from T_C. But that is not necessary either. For if we only want to show that system S_1 "is bound" to have property F if it has microstructure [$C_1, \ldots, C_n$; R], that is, if we want to show that in system S_1 property F is realized by this microstructure, it suffices to deduce from T_C for each law of the form "For all x: ... x has F -" of L_F the corresponding lawlike sentence "...S_1 has microstructure [$C_1, \ldots, C_n$; R]".[42]

Mit anderen Worten: Die *multiple Realisierbarkeit* der Eigenschaft F durch verschiedene Mikrostrukturen in verschiedenen Systemen - ein häufig verwendetes Argument gegen Reduzierbarkeit (siehe Kap. 10) - verhindert nicht, daß der Besitz dieser Eigenschaft durch ein gegebenes System S_i aus einer Theorie T_C über die Komponenten dieses Systems abgeleitet werden kann. Diese Ableitung konstituiert eine Erklärung, warum das System die Eigenschaft hat. Die Erklärung wird nicht berührt durch den Umstand, daß eine extensional äquivalente Redefinition von F in Begriffen aus T_C wegen der multiplen Realisierbarkeit von F nicht gegeben werden kann. Wesentlich ist, daß die Ableitung eines systemrelativen Gesetzes L_F mit Hilfe einer fundamentalen Theorie T_C *unter Berücksichtigung der Mikrostruktur* im Prinzip für jedes System

---

41 vgl. Broad (1925), S. 61
42 Beckermann (1992), S.114

gegeben werden kann, das die Eigenschaft *F* realisiert. Bikonditionale von der Form $F \leftrightarrow P$, wobei *P* eine Eigenschaftenverknüpfung aus Begriffen der reduzierenden Theorie darstellt, sind also *nicht* erforderlich für Mikroreduktion im Sinne Beckermanns. Mikroreduzierbarkeit wird schließlich wie folgt definiert[43]:

> Die Eigenschaft *F* ist im System *S* auf die Mikrostruktur $[C_1, \ldots, C_n; R]$ reduzierbar gdw: Es gibt eine allgemeine Theorie T_C, aus der ein system-relatives Analogon für die Gesetze, die *F* beschreiben, abgeleitet werden kann.

Die Eigenschaften einer Mikroreduktion *sensu* Beckermann sowie die genaue Bedeutung des Wortes »systemrelatives Analogon« in der obenstehenden Definition werden unten anhand eines Beispiels ausgeführt. Vorderhand halten wir fest, daß wir hier eine Theorie der Reduktion vorliegen haben, bei der das traditionelle Kriterium der extensional äquivalenten Redefinition der Begriffe der zu reduzierenden durch die reduzierende Theorie wegfällt. Es liegt auf der Hand, diese Theorie zur Erklärung von klassischen supervenienten Eigenschaften wie Fitness herbeizuziehen. Doch zunächst betrachten wir ein Beispiel aus der Chemie, das von Beckermann selbst angeführt wird.

Eine Lösung des Säure-Base Indikators Kristallviolett ist blau-violett im deprotonierten Zustand, grün im einfach protonierten und farblos im dreifach protonierten Zustand. Das deprotonierte Molekül erscheint farbig, weil bestimmte delokalisierte Elektronen durch Absorption von Photonen mit einer Wellenlänge im blau-violetten Bereich in einen angeregten Zustand gehoben werden könne. Dieser angeregte Zustand ist dadurch charakterisiert, daß positive Ladung auf drei Stickstoff-Atome im Molekül verschoben wird. Ist nun eines dieser Stickstoffatome protoniert, so leistet es dieser Ladungsverschiebung Widerstand, wodurch sich die zur Anregung eines Elektrons erforderliche Energie verschiebt. Der Absorptionsbereich verschiebt sich zu Grün. Sind alle drei Stickstoffatome protoniert, findet keine Absorption im sichtbaren Bereich statt; die Substanz wird farblos. Versuchen wir, den Mikroreduktions-Schematismus auf dieses Beispiel anzuwenden.Die zu erklärende Eigenschaft *F* ist die Farbe, in der die Substanz dem Betrachter erscheint. Das zu erklärende Gesetz L_F hat also in diesem Fall die Form:

> L_F: Für alle Lösungen der Substanz [Strukturformel für Kristallviolett] gilt: die Lösung erscheint blau-violett bei hohem pH, grün bei mittlerem pH und farblos bei niederem pH.

---

43 *ibid.*

Es gilt nun, dieses Gesetz oder ein Analogon davon, aus einer Theorie T_C über die Konstituenten des Systems »Kristallviolett« abzuleiten. An dieser Stelle wird ersichtlich, weshalb ein Analogon von L_F für die Mikroreduktion genügen muß. Dies hat folgenden Grund: Zur Erklärung des Gesetzes L_F - d.h. als Theorie T_C - kommt am ehesten die Quantenchemie in Frage, die eine Theorie über elektronische Zustände in Molekülen gibt. Die Mikrostruktur $[C_1, \ldots, C_n; R]$ ist durch die Molekülstruktur gegeben, wobei man die C_i als Atome, das Kompositionsgesetz R als die molekulare Konfiguration interpretieren kann. Der Quantenchemiker geht bei der Erklärung so vor, daß er durch approximative Lösung der Schrödingergleichung für ein System mit der gegeben Molekülstruktur (z.B. mit Hilfe von mathematischen Hilfskonstruktionen wie »Molekülorbitalen«) die Energiezustände der anregbaren Elektronen im Molekül ausrechnet. Mit entsprechenden Näherungsverfahren lassen sich Absorptionsspektren auch komplexerer Moleküle mit verblüffender Genauigkeit berechnen. Das Ergebnis wird in etwa die Form haben (die Zahlenwerte sind fiktiv):

> L_F*: Das Kristallviolett-Molekül hat in alkalischer Lösung einen angeregten elektronischen Zustand E bei $\lambda = 350$ nm, in neutraler Lösung einen bei $\lambda = 450$ nm, und in saurer Lösung bei $\lambda < 200$ nm (d.h. im UV-Bereich).

Dieses Gesetz L_F* kann höchstens als Analogon zum zu erklärenden Gesetz L_F gelten: Erstens wurden Energieniveaus abgeleitet, nicht »Farben«. Zweitens, wenn die vom Quantenchemiker erhaltenen Energiewerte mittels der de Broglie Beziehung ($E = h\nu$) in Wellenlängen umgerechnet werden, so kommen wegen dem approximativen Charakter der Rechnung Werte heraus, die um einen mehr oder weniger großen Betrag neben den wahrgenommenen Farben liegen. Aus diesen beiden Gründen kann das abgeleitete Gesetz L_F* bestenfalls als ein Analogon zum zu erklärenden Gesetz L_F betrachtet werden. Diese Analogrelation zwischen L_F und L_F* scheint hier die Rolle der Brückengesetze zu spielen (vgl. 9.5).

Trotz dieser Schwierigkeiten gibt es einen starken Sinn, in dem man behaupten kann, daß die Farbeigenschaften des Kristallvioletts durch eine fundamentale Theorie T_C über die Konstituenten des Moleküls - die Quantenchemie - unter Berücksichtigung der spezifischen Mikrostruktur $[C_1, \ldots, C_n; R]$ *erklärt* wird. Das Beispiel stellt einen Fall von Mikroreduktion in dem von Beckermann ausgeführten Sinn dar. Es demonstriert einen für unsere spätere Diskussion über Fitness und Supervenienz (Kap. 10) wichtigen Punkt: die Tatsache, daß die in dem Beispiel erklärte Makroeigenschaft - die Farbe eines Säure-Base Indikators - auf beliebig vielen Wegen *realisiert* werden kann, beeinträchtigt die Mikroreduktion nicht im Geringsten. Dies bestätigt die These, daß die extensional äquivalente Redefinition der die Makroeigenschaften komplexer Systeme erfassenden Begriffe durch die Begriffe der diese Eigenschaften erklärenden Theorie nicht notwendig ist. Die Reduktion beschränkt sich eben auf das besprochene System und trägt damit außerdem dem zu erwartenden Umstand Rechnung, daß chemische Gesetze einen geringeren Universalitätsgrad besitzen als z.B. die Gesetz der Quantenmechanik.

9.7 Token/token-Reduktion

C. A. Hooker hat einen seiner Ansicht nach häufigen Fall von Reduktion besprochen, bei dem das Problem vorliegt, daß bestimmte funktionale Zustände eines komplexen Systems (z.B. des Gehirns) durch eine sehr große Zahl von physikalischen Zuständen realisiert werden kann. Folgendes Problem taucht dann auf:

> [T]he concepts at one level *cross-classify* those at the other level, so that there is no way to identity properties at one level with those at the other. There is evidence to suggest that there will be no unique mental state/neural state association that can be set up, because, e.g., many different parts of the nervous system are all capable of taking over 'control' of one mental function. And it is alleged that infinitely many, worse: *indefinitely* many, different bio-chemical-physical states could correspond to [...] the property 'has just won a game of tennis'.[44]

Bestimmte funktionale Eigenschaften[45] können durch viele verschiedenen strukturelle Eigenschaften realisiert werden können. Für die Theorie der Reduktion ergibt sich daraus das Problem, wie funktionale und strukturelle Begriffe verbunden werden können. Hooker unterscheidet zwei Fälle von solchen »Kreuzklassifikationen«.

---

44 Hooker (1981), S. 496

45 »Funktion« ist hier nicht in einem teleologischen Sinne zu verstehen, sondern als im Sinne von Begriffen, die entweder auf eine äußerlich beobachtbare Eigenschaft oder auf die Rolle eines Teils in einem Ganzen hinweisen (vgl. Dupré 1993, S. 125), also z.B. »ist dominant« (in der Genetik) oder »ist ein Digitalrechner«. Manche Autoren ziehen eine kategoriale Unterscheidung zwischen Funktion im eben beschriebenen Sinn und Struktur: In vielen Fällen seien Theorien, die eine Funktion beschreiben, nicht auf Theorien reduzierbar, die eine Struktur beschreiben (z.B. Rosenberg 1985, S. 113f.); mit dem üblichen Argument, daß manche Funktionen durch viele verschiedene Strukturen realisierbar sind und deshalb keine extensional äquivalente Redefinition von Funktions- durch Strukturprädikate möglich ist. Hooker argumentiert gegen diese Position, indem er die grundsätzliche Möglichkeit von »token-token« Reduktion zeigt: »What I claim is that if the cross-classifications can be explained at the basic level then the reduction is warranted« (Hooker 1981, S. 503).

Als erstes Beispiel betrachtet Hooker die Eigenschaft »kochen« (im Sinne von »Wasser kocht bei Normaldruck bei 373 K«). Diese im oben ausgeführten Sinn funktionale Eigenschaft wird gemäß Schulbuch-Physik so erklärt, daß eine Flüssigkeit kocht, sobald die Moleküle genügend kinetische Energie haben, um in der Gasphase einen dem Außendruck entsprechenden Dampfdruck zu erzeugen. Selbstverständlich sind unendlich viele mikrophysikalische Zustandsbeschreibungen denkbar, die dem Makrozustand des Kochens entsprechen. Hooker behandelt das Problem wie folgt: Er stellt fest, daß auf der mikrophysikalischen Seite eine Hierarchie von Prädikaten denkbar ist, angefangen bei »x hat Gesamtenergie E«, »x hat Verteilung V im Impulsraum« bis hin zu feineren Charakterisierungen wie »x hat N_1 Teilchen in Phasenraumzelle C_1, N_2 in $C_2 \ldots$«. Die feinstmögliche mikrophysikalische Charakterisierung eines Ensembles ist die genaue Angabe von Ort und Impuls *jedes* Teilchens des Ensembles. Diese Hierarchie hat folgende Eigenschaft: Jeder durch ein in der Hierarchie weiter unten befindliches Prädikat charakterisierte Mikrozustand ist eine *Realisierung* eines durch einen weiter oben in der Hierarchie charakterisierten Zustands. Ein durch das Prädikat »x hat 1000 Teilchen in Phasenraumzelle 1 und 500 Teilchen in Phasenraumzelle 2« ist eine von vielen möglichen Realisierungen des durch »x hat Gesamtenergie E« charakterisierten Zustands. Deswegen gilt jedes *Gesetz*, das für einen durch ein in der Hierarchie weiter oben befindliches Prädikat charakterisierten Zustand gilt, auch für alle »feineren« Zustände« die ja Realisierungen der »makroskopischeren« Zustände sind.

Auf der makrophysikalischen Seite ist hingegen keine solche Prädikatenhierarchie gegeben. Dies hat pragmatische Gründe: Für das Prädikat »x kocht« würde eine weitergehende Unterteilung einfach nutzlos sein (vielleicht höchstens »kocht heftig« vs. »auf kleiner Flamme«). Hooker stellt sich nun vor, daß die natürliche Sprache durch eine große Zahl von künstlichen Prädikaten bereichert wird, so daß man, anstatt bloß »x kocht« sagen zu können, auch sagen kann »x kocht auf die Weise ϕ«. ϕ sei dabei eine Variable, deren Werte Namen für je einen durch eine vollständige mikrophysikalische Beschreibung charakterisierten Zustand seien. In diesem hypothetischen Fall gäbe es eine 1:1-Abbildung zwischen den mikrophysikalischen Prädikaten und jedem dieser Kunstprädikate. Diese Abbildung kann dann als synthetische Attributidentität interpretiert werden, und die Abbildungsfunktionen als Brückengesetze. Da eine solche Kunstsprache über das Kochen aus pragmatischen Gründen nicht sinnvoll wäre, existiert sie nicht. Wir ziehen es vor, alle diese unendlich vielen verschiedenen Eigenschaften, die durch »x kocht auf Weise ϕ« charakterisiert sind und die wir im Alltag nicht unterscheiden können, mit dem einen Prädikat »x kocht« zu bezeichnen. Der Grund, warum uns die Eigenschaft des Kochens als multipel realisierbar erscheint, liegt darin, daß wir aus pragmatischen Gründen viele mikroskopisch verschiedene *Zustände* durch ein einziges *Prädikat* bezeichnen. Hooker hält solche Fälle im Hinblick auf Reduktion für völlig unproblematisch:

> The fact that there are many different ways for water to boil as described molecularly is only a confusingly indirect way of saying that some molecular descriptions of water boiling are relatively more determinate than some macroscopic descriptions - it does *not* show that the macro properties cannot be reductively identified with micro properties.[46]

Das Charakteristikum dieser unproblematischen Art von multipel realisierbarer Eigenschaft ist die Möglichkeit einer Hierarchie von Prädikaten, von denen die Extension jedes einen feineren Zustand beschreibenden Prädikats eine *Untermenge* der Extension eines einen »makroskopischeren« Zustand beschreibenden ist. Diese Art von Verhältnis zwischen den Extensionen der Prädikate kann graphisch wie unten gezeigt dargestellt werden.

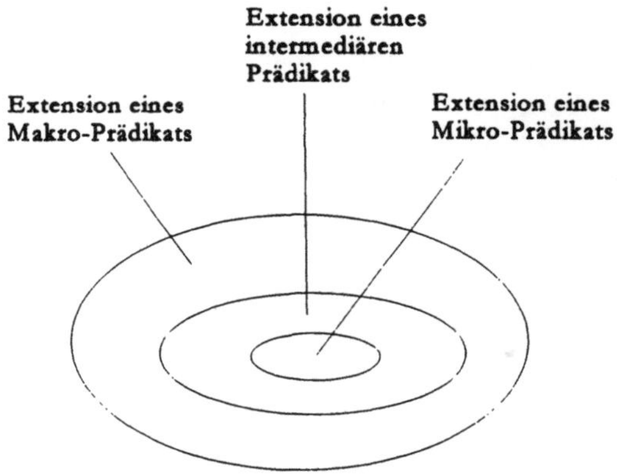

Fälle dieser Art bezeichnet Hooker als »interne Kreuzklassifikation«. Für Grundsätzlich problematischer hält er aber Fälle, in denen eine sogenannten externe Kreuzklassifikation zwischen Makro- und Mikroprädikaten bzw. Funktions- und Strukturprädikaten auftritt. Schematisch lassen sich solche Fälle wie folgt darstellen.

---

46 *ibid.*, S. 499

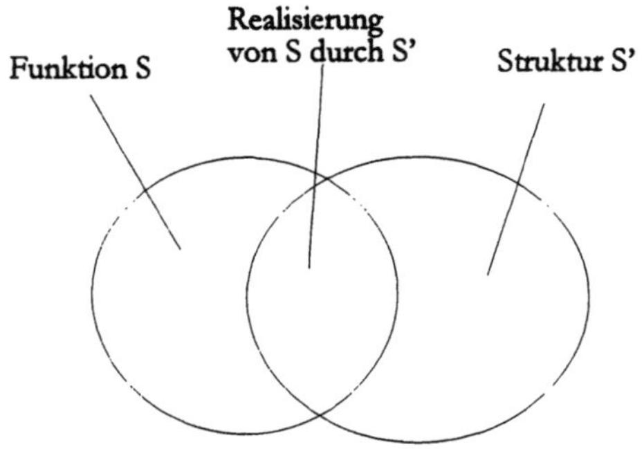

Die Aussage des obenstehenden Diagramms sei zunächst an folgendem Beispiel verdeutlicht: *S'* sei ein Prädikat für Systeme, die aus Silikon-basierten Halbleitern bestehen. *S* sei die funktionale Eigenschaft »ist ein Digitalrechner«. Nun nehmen wir an, daß es Digitalrechner gibt, die nicht aus Silikon-basierten Halbleitern bestehen, sondern z.B. aus Biochips. Auf der anderen Seite sind nicht alle Systeme, die aus Silikon-basierten Halbleitern bestehen, Digitalrechner. Aus Silikon lassen sich gewiß auch Analogrechner konstruieren. Das heißt, die Extensionen der beiden Prädikate *S* und *S'* sind verschieden. Die beiden Mengen, die diese Extensionen bezeichnen, besitzen aber eine Schnittmenge, die alle Digitalrechner enthält, die aus Silikon bestehen. Diese ***realisieren*** den funktionalen Typ der Digitalrechner auf eine bestimmte Weise und sind daher Referenten oder »tokens« desselben. Solche Fälle bezeichnet Hooker als *externe Kreuzklassifikationen*; sie sind der Gegenstand des nun zu behandelnden Begriffs der »token-token« Reduktion. Dieser wird von Hooker wie folgt definiert:

> Systems of type *S* of class *T* are contingently token/token identical with systems of type *S'* in class $T^* =_{df}$ every instance (token) of a type *S* system externally classified as in class *T* is contingently identical with an instance (token) of a type *S'* system externally classified as in in class *T**.[47]

S bezeichnet einen Typ von System, das eine bestimmte Makroeigenschaft oder eine funktionale Eigenschaft zeigt (die durch eine zu reduzierende Theorie beschrieben wird). *T* bezeichnet eine Klasse von Systemen, die diese Eigenschaft realisieren, bzw. eine zu reduzierende Theorie erfüllen48; dieselbe Eigenschaft

47 *ibid.*, S. 504

48 Man beachte, daß Hooker offensichtlich von einer modelltheoretischen Auffassung von Theorien ausgeht (siehe 8.1); die Redeweise, daß wirkliche Systeme eine Theorie »erfüllen« ist typisch für die »semantic view«.

bzw. Theorie könnte auch durch ein System einer anderen Klasse als *T* realisiert werden. *T** bezeichnet eine Art von System, das eine bestimmte strukturelle Beschreibung hat und einen Satz von Anfangs- und Randbedingungen erfüllt (im obigen Diagramm entsprechen *T* und *T** der Schnittmenge der beiden Extensionen). *S'* schließlich ist der Typ von Systemen, die aus Elementen aufgebaut sind, für deren Eigenschaften bestimmte Mikrotheorien gelten. Die Reduktion wird dadurch vollzogen, indem *T* mit *T* identifiziert* wird, *aber nicht S mit S'*. Durch die multiple Realisierbarkeit kann es eintreten, daß Systeme unter *S* fallen, aber nicht unter *S'* (z.B. weil sie aus völlig anderen Materialien bestehen und deshalb unter andere Mikrotheorien fallen).

Die Reduktion einer multipel realisierbaren (funktionalen) Eigenschaft eines komplexen Systems besteht also darin, zu zeigen, daß eine bestimmte Art von *funktional* charakterisiertem System, die dieses Verhalten realisiert (=token_1), *identisch* ist mit einer *strukturell* charakterisierten Art von System (=token_2), das unter den durch die Struktur gegebenen Anfangs- und Randbedingungen und den für solche Strukturen geltenden Gesetzen diese Funktion realisieren *muß*. Dieses »muß« ist ein kausales, d.h. die Anfangs- und Randbedingungen und die für solche Strukturen geltenden mikrophysikalischen Gesetze sind zusammen nomologisch *hinreichend* für die Realisierung des zu erklärenden Verhaltens. Bei token/token Reduktion spielen also *Erklärungen* eine Rolle bei der Begriffsverbindung:

> The basic idea for handling function-to-structure + dynamics reductions is simple enough: one wants to define predicates designating functions at the structure ... level and then reductively identify each functional property ... with the designatum of one of these predicates. The structure-level predicates will in general be construed as dynamical sequences of structural states conditioned on initial or boundary conditions.[49]

Auf diese Weise wird das Verhalten eines bestimmten Systems unter Berücksichtigung der geltenden Anfangs- und Randbedingungen durch allgemeine Prinzipien einer reduzierenden Theorie erklärt. Die Pointe ist die, daß die Referenten oder »tokens« z.B. eines funktionalen Prädikats extern, d.h. von der Strukturseite oder Mikroebene her als solche erkannt werden können.

Hookers Charakterisierung der token/token Reduktion ist äußerst abstrakt, und das von ihm gegebene Beispiel ist schwer nachvollziehbar. Ich skizziere deswegen kurz ein eigenes Beispiel: Im Grunde genommen ist token/token Reduktion *sensu* Hooker nichts weiter als das, was z.B. ein Biochemiker oder Zellbiologe »den molekularen Mechanismus von *X* aufklären« nennt, wobei für

---

[49] *ibid.*, S. 503

X irgendein zunächst funktional charakterisierter Prozeß wie z.B. Nervenreizleitung eingesetzt werden kann. Ein solcher Prozeß wird nicht etwa dadurch erklärt, indem man versucht, eine Substanz »Nervenreizleitin« ausfindig zu machen um dadurch eine »type/type« Reduktion[50] eines funktional-neurophysiologischen Begriffes durch einen strukturell-molekularen Begriff zu erhalten. Vielmehr wird der Biochemiker demonstrieren, daß die Fälle von Nervenreizleitung, die man von den höheren Tieren kennt (=$token_1$) eine Art von biochemischem Prozeß sind, nämlich Ionentransport durch neuronale Zellmembranen. Nervenreizleitung *ist* Ionentransport, aber nicht irgendein Ionentransport, sondern eine bestimme *Art* (=$token_2$) von Ionentransport. Der Biochemiker muß auf der strukturell-molekularen Ebene beschreiben, was diese Art auszeichnet (Aktionspotentiale, Na^+/K^+-Ionenkanäle etc.), und er muß mit Hilfe von physikalisch-chemischen Theorien über Transportphänomene an semi-permeablen Membranen unter Berücksichtigung der durch die Struktur vorgegebenen Randbedingungen zeigen, *warum* diese Art von Ionentransport das Phänomen der Nervenreizleitung hervorbringt. Gelingt dieser Nachweis, findet eine Identifikation von $token_1$ und $token_2$ statt. Die token/token Identitäten sind es, die in Hookers Theorie die Rolle der Brückengesetze übernehmen.

Hooker weist darauf, hin daß token/token Reduktion selbst für solch prosaische Gebiete wie die Elektronik notwendig ist, weil dort viele »funktionale« Eigenschaften aufreten, wie z.B. elektrischer Widerstand. Trotz dieser multiplen Realisierbarkeit des Widerstandes besitzt das Ohmsche Gesetz - wie der Name besagt - Gesetzescharakter, d.h. es besitzt eine wenn auch beschränkte Allgemeinheit. Jeder elektrische Stromkreis, bei dem keine Supraleitung od. dergl. auftritt, kann in Hookers Sinn als »token« des Ohmschen Gesetzes verstanden werden.

A. Beckermanns Theorie (9.6) ist derjenigen Hookers ähnlicher, als es zunächst scheinen mag. Systeme, die Beckermanns L_F-Gesetze empirisch erfüllen (d.h. realisieren), entsprechen Hookers »$tokens_1$« (*T*). Die aus der fundamentalen Theorie T_C mit Hilfe der Mikrostruktur abgeleiteten systemrelativen Analoga L_F* entsprechen Hookers »$tokens_2$« (*T**).[51]

Zusammenfassend sei festgehalten, daß die Vorstellung, die Begriffsverbindung zwischen Prädikaten einer zu reduzierenden und einer reduzierenden Theorie können durch so etwas wie universell quantifizierte materiale Bikonditionale repräsentiert werden, viel zu grob zu ist. Die »Brückengesetze« oder

---

50 Fodor (1974)

51 Siehe Hookers Bemerkung »The basic strategy ... is to ape ... function with ... mechanism and then contingently identify« (S. 505).

»Reduktionsfunktionen« sind in sämtlichen interessanten Fällen von Reduktion eher so etwas wie Hookers token/token-Identitäten, oder Beckermanns Analogrelation zwischen einem experimentellen Gesetz (L_F) und einem aus einer Fundamentaltheorie unter Berücksichtigung der Mikrostruktur abgeleiteten, systemrelativen Gesetz (L_F*).

10 Supervenienz und Fitness

10.1 Rosenbergs Supervenienztheorie der Fitness

A. Rosenberg hat festgestellt, daß sich zwei Organismen mit demselben Fitnesswert erstens bezüglich ihres tatsächlichen reproduktiven Erfolgs und zweitens bezüglich ihrer anatomischen, physiologischen, verhaltensbiologischen, ökologischen usw. Eigenschaften unterscheiden können. Das Erste ergibt sich aus dem statistischen Charakter der Selektionstheorie, d.h. aus der Tatsache, daß Fitness lediglich einen statistischen Erwartungswert für den reproduktiven Erfolg angibt. Der zweite Punkt ist, worum es im Folgenden geht. Rosenberg führt ihn folgendermaßen aus:

> What is more, two organisms can have quite different physical properties and yet share exactly the same level of fitness in respect of a given environment. For example, a bird and a squirrel can occupy roughly the same environment, have exactly the same prospective and retrospective reproduction rates, and yet differ greatly in their anatomical, physiological, behavioral and environmentally related properties. By now it should be clear, that this sort of case, like the previous one, is possible, because 'fitness' is a functionally characterized concept; that is, levels of fitness are the causal consequences and causal antecedents of heterogeneous classes of natural phenomena. Thus, for example, two organisms can have the level of fitness because one avoids its predators by camouflage, and the other by flight, or one endures severe weather by virtue of its thick coat of fur, and the other by migration, etc. In other words, fitness among animals is interconnected to a vast number of different physical properties and environmental conditions, so vast a number of functional concommitants does fitness have, that it would be quite impossible to specify even a small proportion of the nomological connections between a given level of fitness and all of the different properties and relations of organisms that could give rise to it, and to which it can give rise. The relations between these items and any given level of fitness are "many-one," and "one-many." These facts explain [...] the difficulty of providing a systematic reduction of the theory of natural selection to any other theory.[1]

Mit anderen Worten: Die Relation zwischen den biophysikalischen Eigenschaften eines Organismus und seinem Fitnesswert ist komplex. Vertreter zweier verschiedener Arten können sich stark bezüglich ihrer biophysikalischen

---

1 Rosenberg (1978), S. 370f.

Eigenschaften unterscheiden und trotzdem denselben Fitnesswert aufweisen[2]. Dasselbe gilt aber auch für zwei genetisch verschiedene Vertreter derselben Art. Jedem Fitnesswert ist eine große Zahl von biophysikalischen Eigenschaften zugeordnet, die diesen Fitnesswert realisieren können. Eine systematische Relation zwischen Fitnesswerten und biophysikalischen Eigenschaften ist unmöglich zu formulieren. Deswegen ist eine Reduktion der Selektionstheorie auf irgendeine Kombination anderer Theorien unmöglich. Auf der anderen Seite muß es nach Rosenberg stets der Fall sein, daß zwei Organismen mit den exakt gleichen Eigenschaften, die in der gleichen Umwelt haben, den gleichen Fitnesswert aufweisen[3]. Zweifellos sind Fitnesswerte von den biophysikalischen Eigenschaften der Organismen sowie ihrer Umwelt *abhängig*.

Aufgrund dieser beiden Charakteristika der biologischen Fitness - Nichtreduzierbarkeit und Abhängigkeit - schlägt Rosenberg vor, das Verhältnis zwischen Fitness und den physiologischen Eigenschaften mit dem Begriff der *Supervenienz* zu beschreiben. Zwei Mengen von Eigenschaften sind supervenient genau dann, wenn zwei Individuen, die sich bezüglich der einen Menge von Eigenschaften (z.B. physikalische) nicht unterscheiden, auch bezüglich der anderen Menge von Eigenschaften (z.B. biologische) nicht unterscheiden (»no difference without a physical difference«). Den Supervenienzbegriff entnimmt Rosenberg aus der Philosophie des Geistes, die ihn ihrerseits aus der Ethik übernommen hat[4].

Betrachten wir Rosenbergs Argument im Detail. Rosenberg nimmt an, daß Fitness normierbar ist und als natürliche Zahl zwischen 0 und 1 angegeben werden kann; d.h. er betrachtet *relative* Fitness. Dann läßt sich der Fitnessbegriff als eine unendliche Menge F von Prädikaten auffassen, wobei jeder mögliche Fitnesswert ϕ_i ein Prädikat aus F darstellt. P sei die Menge aller biophysikalischen, physiologischen etc. Eigenschaften, die ein Organismus haben kann, also z.B. Oberflächenstruktur, Farbe, Größe, Form, Anatomie, Gewicht, Verhaltensweisen etc. P^* sei die Menge aller Eigenschaften, die durch Konjunktion und Disjunktion aus P gebildet werden können. P^* enthält eine Menge P_e von Eigenschaften so, daß jeder existierende Organismus o genau eine Eigenschaft $P_{e,o}$ aus P_e hat (P_e ist die Menge der »P-maximalen« Eigenschaften).

---

2 Angesichts der in Kap. 8 diskutierten Eigenschaften des Fitnessbegriffs muß diese Behauptung Rosenbergs etwas qualifiziert werden. Wie wir dort gesehen haben, lassen sich Fitnesswerte nur unter bestimmten Modellannahmen angeben. Interspezifische Vergleiche von Fitnesswerten sind also nur möglich, wenn bei den auf diese Weise verglichenen Arten dieselben Selektionsmodelle angewendet werden können.

3 Rosenberg (1978), S. 370

4 Für eine Einführung und Literaturangaben zu Supervenienz siehe den Eintrag »Supervenienz« in Mittelstraß (1995).

Die Relation zwischen dem Fitnesswert ϕ_i eines Organismus *o* und der maximalen Verknüpfung seiner biophysikalischen Eigenschaften $P_{e,o}$ kann nun mittels Supervenienz beschrieben werden. Rosenberg verwendet eine von J. Kim gegebene spezielle Formulierung von Supervenienz, die im nächsten Abschnitt noch genauer erläutert wird. Diese lautet:

> Die Menge der Fitnesswerte ϕ_i ist supervenient auf die Menge der biophysikalischen Eigenschaften $P_{e,o}$ des Organismus *o* genau dann, wenn:
>
> Für alle *x* und für alle ϕ_i: wenn $\phi_i x$, dann existiert eine Eigenschaft $P_{e,o}$ so, daß $P_{e,o}x$ und für alle *y*: wenn $P_{e,o}y$ dann $\phi_i y$.

Nach Rosenberg hat die Supervenienz der Fitness folgenden Konsequenzen für die Evolutionstheorie: (1) *Physikalismus* (Materialismus). Fitness als biologische Eigenschaft von Organismen ist vollständig durch die physikalischen Eigenschaften dieser Organismen determiniert. (2) *Existenz eines biophysikalischen Korrelats.* Es gibt zu jedem möglichen Fitnesswert ϕ_i ein koextensionales Korrelat $P_{e,i}$ in *P*, d.h. $P_{e,i}$ ist für ϕ_i notwendig und hinreichend. $P_{e,i}$ ist die Disjunktion der *P*-maximalen biophysikalischen Eigenschaften $P_{e,o}$ aller möglichen Organismen mit Fitnesswert ϕ_i. (3) *Keine Reduktion.* Trotz der Existenz eines biophysikalischen Korrelats kann Fitness aus praktischen und möglicherweise auch aus formalen Gründen (Definition mittels unendlicher Disjunktion) nicht extensional äquivalent in biophysikalischen Begriffen redefiniert werden, weil die Disjunktion der $P_{e,o}$ zu komplex ist. Mit anderen Worten: das Korrelat kann wegen der begrenzten kognitiven Fähigkeiten der Wissenschaftler nicht erkannt werden. Fitness bleibt begrifflich unabhängig (»conceptually independent«) von biophysikalischen Theorien. Rosenberg schreibt:

> Although fitness is thus determined by features unmentioned in the theory of natural selection, it cannot yet be said to be reduced or reducible to these features. The members of *P* realized by *o* in a given environment are only jointly sufficient; but it is biconditionals, stating necessary and sufficient conditions, that are required for reduction. However, such statements of equivalence will be at least in principle constructible from members of *P**, the set of exhaustive and exclusive properties constructed from *P*, if the members of *P* are finite in number [...]. Of course, if the number of members of *P* is very large or infinite, then such statements of equivalence will be either practically or logically impossible to construct.[5]

Rosenberg scheint also eine Reduktion der Fitness auf biophysikalische Eigenschaften zumindest im Prinzip für möglich zu halten, glaubt aber, daß eine

5 Rosenberg (1985), S. 165

solche wegen der Komplexität der Relation zwischen Fitnesswerten und biophysikalischen Eigenschaften scheitern muß. Er nennt dies »surrendering the letter, though not the spirit, of the traditional picture of reduction«[6].

Ein interessanter Aspekt von Rosenbergs Position verbleibt noch zu besprechen: eine in seinem neustem Buch gegebene *biologische* Begründung der Irreduzibilität der Selektionstheorie. Diese verläuft wie folgt:

> Biological systems are the result of natural selection over blind variation. The fact that they are the result of adaptational evolution is the causal fact that explains the impossibility of reduction. In retrospect the explanation should not be surprising, since evolutionary adaptation is what is distinctive about these systems, by contrast to purely physical ones.[7]

Es gibt also nach Rosenberg ontologische Gründe, warum eine Reduktion der Selektionstheorie nicht möglich ist; Gründe die in der Natur biologischer Systeme liegen. Dem nun zu besprechenden Argument von Rosenberg liegt eine kategoriale Unterscheidung zugrunde, die zwischen *Funktion* und *Struktur* (vgl. 9.7). Mit »Struktur« sind hier im wesentlichen die physikalischen Eigenschaften von Organismen gemeint, und zwar vom mikroskopischen (z.B. molekulare Konfigurationen) bis zum makroskopischen Bereich (z.B. Fellfarbe). Was »Funktion« hier bedeutet wird von Rosenberg nicht genau erläutert, aber es geht teilweise aus dem Argument hervor, mit dem gezeigt werden soll, daß Selektion das Phänomen der *funktionalen Äquivalenz* hervorbringt. Jedenfalls ist hier nicht »Funktion« im teleologischen Sinn gemeint[8].

Als Beispiel funktionaler Äquivalenz führt Rosenberg das Phänomen der Redundanz des genetischen Codes an. Dies ist die Tatsache, daß der genetische Code 64 Positionen für nur 20 Aminosäuren bereithält. Man könnte dies zwar als eine durch die Art der Codierung gegebene Notwendigkeit ansehen (Dupletts aus 4 Basenpaaren erlauben nur 16 Kombinationen; Tripletts erlauben bereits 64 Kombinationen), aber dies erklärt nicht, warum die überzähligen Codons von den genetischen Systemen auch benützt werden. Nach Rosenberg ist die Erklärung darin zu suchen, daß die tRNA-Moleküle, d.h. die Moleküle die bei der Proteinsynthese die Codons »lesen«, funktional äquivalent sind. Das heißt, daß es für die Proteinsythese keine Rolle spielt, ob z.B. die Aminosäure Valin mit Hilfe einer tRNA eingebaut wird, die spezifisch für das Codon GUG ist, oder mit Hilfe von einer, die das Codon GUA erkennt. Mit anderen Worten: Der Ersatz einer tRNA durch eine andere hat keinen *phänotypischen Effekt*.

---

[6] Rosenberg (1978), S. 385
[7] Rosenberg (1994), S. 26
[8] Wright (1973)

Genetische Unterschiede, die keinen phänotypischen Effekt haben, können nicht durch Selektion bevorzugt werden. Das heißt, daß Selektion nicht eine tRNA gegenüber der anderen bevorzugen kann, zumindest nicht, was die Wirkung der tRNA auf die Proteinsynthese betrifft. Deswegen haben alle diese tRNAs dieselbe Funktion; sie sind funktional äquivalent[9].

Worum es Rosenberg hier geht, ist, daß bestimmte funktionale Merkmale sich in der Regel durch mehr als eine Struktur realisieren lassen. Der Selektionsprozeß beruht auf der Wirkung erblicher Merkmale auf den Gesamtorganismus. Es kann sich also ein bestimmtes Merkmal bezüglich seiner strukturellen Eigenschaften verändern, ohne dadurch seinen adaptiven Wert bezüglich des Gesamtorganismus zu verändern (»Selection for Function is Blind to Structure«). Auf diese Weise kann es in der Evolution zu struktureller *Divergenz* kommen. Diese Möglichkeit der Divergenz ist für Rosenberg die Erklärung der Supervenienz und multiplen Realisierbarkeit von Fitness durch strukturelle Eigenschaften, und damit in seiner Auffassung der biologische Grund für die Irreduzibilität der Selektionstheorie.

Zur Beurteilung von Rosenbergs Supervenienztheorie der Fitness sind einige Erörterungen zum Supervenienzbegriff sowie der Konsequenzen von Supervenienz für den Reduktionismus erforderlich.

10.2 Starke, schwache und globale Supervenienz

J. Kim hat folgende Unterscheidung bezüglich der genauen Bedeutung von Supervenienz eingeführt[10]: *Starke* Supervenienz einer Menge von Eigenschaften *B* auf eine Menge von Eigenschaften *P* liegt vor, wenn die Supervenienz der *B*-Eigenschaften auf die *P*-Eigenschaften *in allen möglichen Welten* besteht, d.h. alle Welten, deren Beschreibung nicht logisch widersprüchlich ist. Bei *schwacher* Supervenienz ist die Supervenienzrelation hingegen lediglich *kontingent*, d.h. sie besteht in der uns vorliegenden Welt.

9 Das Beispiel ist problematisch. Es gibt Hinweise darauf, daß verschiedene tRNAs, obwohl sie dieselbe Aminosäue transportieren, trotzdem nicht funktional äquivalent sind, weil sie in der Zelle in unterschiedlichen Konzentrationen auftreten und dadurch die Geschwindigkeit der Proteinsynthese beeinflussen können (»codon usage«). Das ist hier aber nicht von Belang, denn das Beispiel soll lediglich den Begriff der funktionalen Äquivalenz erläutern.

10 Kim (1984)

Schwache Supervenienz wird im Allgemeinen als nicht hinreichend erachtet, den Determinationszusammenhang zwischen zwei Ebenen zu erfassen, auf den der Supervenienzbegriff abzielt: Bei der Ununterscheidbarkeit hinsichtlich der supervenienten Eigenschaft kann es sich nämlich um einen kontigenten Sachverhalt handeln, dem keine naturgesetzliche Notwendigkeit zukommt. Kims Gegenbeispiel zur schwachen Supervenienz ist das eines physiologischen Zustands *P*, der mit einem Schmerz so korreliert ist, daß jeder der im Zustand *P* ist, den Schmerz verspürt. Dies braucht aber keine direkte ursächliche Verknüpfung zu sein: *P* und Schmerz könnten beide eine *gemeinsame Ursache* haben. In einer anderen möglichen Welt ist diese gemeinsame Ursache vielleicht nicht vorhanden, so daß es dort überhaupt keinen Zusammenhang zwischen den in dieser Welt durch eine schwache Supervenienzrelation verbundenden Eigenschaften gibt.

Der starke Supervenienzbegriff zielt auf ein Notwendigkeitsverhältnis in der Supervenienzrelation ab. Er kann wie folgt definiert werden:

> *B* superveniert *stark* auf *P* genau dann, wenn:
>
> Für alle *x* und jede Eigenschaft *F* in *B*: *Fx* → es gibt notwendigerweise eine Eigenschaft *G* in *P* so, daß *Gx*, und für alle *y*: *notwendigerweise Gy* → *Fy*[11]

Diese Definition gibt notwendige und hinreichende Bedingungen für das Vorliegen von starker Supervenienz an. Sie bildet damit eine *formale Explikation*

---

11 Die ursprüngliche Supervenienzdefinition lautete etwas anders: Die Menge *B* von Eigenschaften superveniert auf die Menge von Eigenschaften *P* genau dann, wenn jedes Individuum, das bezüglich seiner *P*-Eigenschaften ununterscheidbar ist, auch hinsichtlich seiner *B*-Eigenschaften ununterscheidbar ist. Die Äquivalenz dieser Definition mit der oben angegebenen kann wie folgt eingesehen werden (Kim 1984, S. 63f.): Man betrachte ein *x*, das die Eigenschaft *F* aus *B* hat. Sei P_e die *P*-maximale Eigenschaft von *x*. »*P*-maximal« bedeutet, daß P_e seine Besitzer bezüglich aller möglichen Eigenschaften aus der Menge *P* festlegt, d.h. es handelt sich um eine Konjunktion von *P*-Eigenschaften. Man betrachte nun ein beliebiges *y*, das auch P_e besitzt. Da $P_e y$ bezüglich aller *P*-Eigenschaften festlegt, ist es bezüglich derselben von *x* ununterscheidbar. Dann, wegen Supervenienz nach der alten Definition, muß es auch bezüglich der *B*-Eigenschaften ununterscheidbar sein. Weil *Fx*, muß *y* also auch *F* haben. Damit ist gezeigt, daß alle *y* mit P_e auch *F* haben, wenn *Fx* und $P_e x$ - dies entspricht der Aussage auf der rechten Seite der neuen Definition. Nun ist noch zu zeigen, daß diese rechte Seite Supervenienz in der alten Definition impliziert. Seien *x* und *y* bezüglich ihrer *P*-Eigenschaften ununterscheidbar, unterscheiden sich aber bezüglich einiger *B*-Eigenschaften - entgegen der alten Definition der Supervenienz. Das heißt, es gibt ein *F* aus *B*, das *x* hat und *y* nicht hat. Wenn *B* nun nach der neuen Definition supervenient auf *P* ist, dann gibt es für *F* ein P_e so, daß wenn *Fx* dann $P_e x$. Weil *x* und *y* als ununterscheidbar bezüglich ihrer *P*-Eigenschaften angenommen wurden ist $P_e y$. Nach der neuen Definition impliziert dies aber *Fy*, wodurch sich ein Widerspruch zu den getroffenen Annahmen ergibt. Das heißt, daß bezüglich der neuen Definition superveniente Eigenschaften auch in der alten Definition supervenient sein müssen; die Äquivalenz der beiden Definitionen ist damit gezeigt. Der Vorteil der neuen Definition ist, daß der Unterschied zwischen schwacher und starker Supervenienz einfacher wiederzugeben ist: bei schwacher Supervenienz fällt einfach das oben kursiv gedruckte »notwendigerweise« weg.

des Supervenienzbegriffs. Diese Explikation muß nun strikte von der ursprünglichen Intuition hinter dem Supervenienzbegriff unterschieden werden. Dieser wurde eingeführt, um ein Verhältnis zwischen zwei Mengen von Eigenschaften ausdrücken zu können, das durch (1) Nichtreduzierbarkeit, (2) Abhängigkeit der supervenienten Eigenschaften von Basiseigenschaften und (3) Kovariation gekennzeichnet ist[12]. Wie wir in 10.1 gesehen haben, waren es auch diese Charakteristika des Verhältnisses zwischen Fitness und biophysikalischen Eigenschaften, die Rosenberg zur Herbeiziehung des Supervenienzbegriffs in der Biologie bewogen haben (die Unterscheidung zwischen schwacher und starker Superveneinz wird von Rosenberg nicht vorgenommen). Die Frage ist nun, ob die formale Explikation von Supervenienz die ursprüngliche Intuition hinter dem Begriff angemessen wiedergibt.

Logisch gesehen ist die angegebene Definition für Supervenienz höchst komplex. Erstens erfordert sie Prädikatenlogik zweiter Ordnung, da eine Aussage über Eigenschaften gemacht wird. Zweitens erfordert sie im Fall der starken Supervenienz sogenannte Modaloperatoren[13], um die Notwendigkeit ausrücken zu können. Die Modalität, die die Wahrheit der Supervenienzrelation in allen möglichen Welten garantieren soll, ist aber immer noch interpretationsbedürftig und kann z.B. entweder als *logische* oder als *nomologische* Notwendigkeit (Naturgesetzlichkeit) interpretiert werden. Eine Relation der kausalen Abhängigkeit der supervenienten von den Basiseigenschaften - falls eine solche intendiert ist - muß stets noch *zusätzlich* zur Supervenienzrelation behauptet werden. Eine kausale Abhängigkeit, in der bestimmte Basiseigenschaften für eine superveniente Eigenschaft kausal hinreichend (aber nicht unbedingt auch notwendig) sind, kann die Erklärung für das Bestehen einer starken Supervenienzrelation sein; eine solche Relation könnte aber auch auf andere Weise bedingt sein. Wenn aber die formale Explikation des Supervenienzbegriffs selbst keine kausale Abhängigkeit ausdrückt, bleibt von den drei ursprünglich intendierten Aspekten des Supervenienzbegriffs zunächst nur die Nichtreduzierbarkeit und die Kovariation übrig.

Es ist nun denkbar, daß bloße Kovariation gerade diejenigen Aspekte des Verhältnisses z.B. zwischen Fitness und den physikalischen Eigenschaften eines Organismus verfehlt, die für die Frage der *Erklärbarkeit* und damit der Reduzierbarkeit entscheidend sind. Damit ist es immer noch möglich, daß z.B. starke Supervenienz mit irgendeiner Form von Reduktion verträglich ist (siehe 10.3). Damit ist die formal explizierte Supervenienzrelation *nur* ein Ausdruck für

---

12 Kim (1990), S. 5ff.

13 Tugendhat und Wolf (1983), Kap. 14

die Kovariation von Eigenschaften[14]. Indem er eine solche formale Explikation auf Fitness anwendet und nicht einmal die Modalität der Relation (stark/schwach) spezifiziert, sagt Rosenberg also lediglich, daß sich irgend etwas in den biophysikalischen Eigenschaften eines Organismus ändert, wenn dieser sich bezüglich seiner Fitness verändert. Mehr ist in der formal explizierten Supervenienzrelation nicht enthalten. Ob dies Irreduzibilität impliziert ist fraglich.

Die einzige Supervenienzrelation, die notwendigerweise Irreduzibilität impliziert, ist nach Kim die *globale* Supervenienz[15]. Diese ist wie folgt definiert (GS):

> *B* superveniert *global* auf *P* genau dann, wenn:
>
> Zwei mögliche Welten, die hinsichtlich ihrer *P*-Eigenschaften ununterscheidbar sind, sind auch hinsichtlich ihrer *B*-Eigenschaften ununterscheidbar.

GS scheint auf den ersten Blick besonders interessant für die biologische Fitness, da diese bekanntlich eine Eigenschaft von Organismen *und ihrer Umwelt* ist. Die Eigenschaften eines Organismus und die Eigenschaften der Umwelt determinieren die Fitness jedes Organismus kausal. Die Umwelt ist im Prinzip die ganze Welt. Doch eine einfache Überlegung zeigt, daß globale Supervenienz keinen angemessenen Abhängigkeitszusammenhang zwischen der subvenienten Ebene und der supervenienten Ebene zum Ausdruck bringt. Man stelle sich eine mögliche Welt vor, in der eine exakte Replika des gesamten Sonnensystems existiert, einschließlich der Erde und sämtlicher ihrer Bewohner (d.h. Individuen) aus den fünf Reichen des Lebendigen. Diese mögliche Welt unterscheide sich lediglich in der Position eines einzigen H-Atoms auf Beteigeuze. Es wäre vor diesem Szenario völlig absurd anzunehmen, daß in dieser Parallelwelt die Fitnesswerte irgendeines Organismus auf Terra anders verteilt wären; dennoch wäre dies konsistent mit der Relation der globalen Supervenienz[16]. Fitness hängt zweifellos *stärker* von den physikalischen Eigenschaften eines Organismus und seiner Umgebung ab, als dies durch globale Supervenienz erfaßt wird. Globale Supervenienz ist also zu schwach als Ausdruck eines kausalen Abhängigkeitszusammenhangs, der letztlich durch den Supervenienzbegriff bezweckt wird. Allerdings impliziert globale Supervenienz tatsächlich die Nichtreduzierbarkeit makroskopischer Eigenschaften. Die Möglichkeit der Unterdeterminiertheit von Makroeigenschaften von *Individuen* durch deren Mikroeigenschaften (einzig die

---

14 Kim (1990); Grimes (1988); Grimes (1991)

15 Kim (1984) hielt starke und globale Supervenienz zunächst für äquivalent. In Kim (1987) widerruft er dieses Ergebnis.

16 Das Gedankenexperiment ist eine für unsere Zwecke abgeänderte Variante eines Gegenbeispiels aus Kim (1989).

Makroeigenschaften einer ganzen Welt sind bei globaler Supervenenienz durch die Mikroeigenschaften determiniert) ist es, die bei globaler Supervenienz die Reduktion der Makroeigenschaften von Individuen auf deren Mikroeigenschaften verhindert. Dieser nichtreduktive Charakter der globalen Supervenienz wird aber erkauft mit dem Verlust des intendierten Abhängigkeitsverhältnisses zwischen der supervenienten und der subvenienten Ebene.

Kim kommt zum folgenden Schluß betreffend der bisher vorgeschlagenen Supervenienzrelationen:

> [I]f a [supervenience] relation is weak enough to be nonreductive, it tends to be too weak to serve as a dependence relation; conversely, when a relation is strong enough to give us dependence, it tends to be too strong-strong enough to imply reducibility.[17]

Damit verfehlt der Supervenienzbegriff - der eingeführt wurde, um eine These des Materialismus ohne Reduktionismus zu formulieren - seinen Zweck. Je nachdem, wie stark der Begriff gemacht wird, impliziert er nach Kim entweder keinen kausalen Determinationszusammenhang, oder er ist kompatibel mit Reduktion.

10.3 Multiple Realisierbarkeit und Kims »lokale« Reduktion

»Supervenient« wird heute von manchen Autoren gleichbedeutend mit »multipel realisierbar« verwendet (vgl. 12.2). Dies stellt eine zusätzliche Aufladung des Supervenienzbegriffs dar, der, wie wir gesehen haben, in seiner formal explizierten Form eigentlich nur eine Kovariation von Eigenschaften besagt. Es ist zu beachten, daß auch Eigenschaften, die nicht multipel realisierbar sind, die durch die formale Supervenienzdefinition geforderte Kovariationsrelation erfüllen. Da die multiple Realisierbarkeit von Fitness zentral für Rosenbergs Supervenienztheorie der Fitness ist, müssen aber die möglichen Konsequenzen multipler Realisierbarkeit für den Reduktionismus besprochen werden. Ich habe in Kap. 9 bereits darauf hingewiesen, daß insbesondere Mikroreduktion nach Beckermann (9.6) und token/token-Reduktion nach Hooker (9.7) mit multipler Realisierbarkeit verträglich sind. Ich werde hier aber noch ein Argument J. Kims für die Verträglichkeit von multipler Realisierbarkeit mit einer leicht modifizierten Version der ursprünglichen Reduktionstheorie Nagels vorstellen, da es zu einem interessanten Problem in Rosenbergs Argument hinführt.

---

17 Kim (1989), S. 40

Multiple Realisierbarkeit ist von vielen Autoren als Problem für den Reduktionismus betrachtet worden. H. Putnam hat z.B. die multiple Realisierbarkeit von mentalen durch physikalische Zustände angeführt, um deren gegenseitige Nicht-Identifizierbarkeit trotz physikalischer Determination zu behaupten[18]. Putnams multiple Realisierbarkeit liegt vor, weil ein mentaler Zustand *M* (z.B. ein Schmerz) theoretisch entweder durch verschiedene physikalische Strukturtypen oder durch verschiedene biologische Arten unterschiedlich realisiert werden könnte. *M* gehöre einer Menge von Eigenschaften an, die bezüglich einer Menge von physikalischen Zuständen P_i supervenient ist. Ob dies eine vernünftige psychologische Annahme ist, interessiert hier nicht; wichtig ist die Form von Putnams Argument sowie Kims Einwand dagegen. Kim nimmt Putnam beim Wort und zeigt, daß gerade die Annahme der multiplen Realisierbarkeit durch verschiedene physikalische Strukturtypen die lokale Reduzierbarkeit mentaler auf physikalische Zustände garantiert:

> Putnam appears to be assuming this: *a physical state that realizes a mental event is at least nomologically sufficient for it.* [...] This generates laws of the form "$P_i \rightarrow M$", where *M* is a mental state and P_i is a physical state that realizes it. Thus, where there is multiple realization, there must be psychophyiscal laws, each specifying a physical state as nomologically sufficient for the given mental state. Putnam's [...] talk of "species specificity" and "species independence" suggests that he is thinking of laws of a somewhat stronger form, "$S_i \rightarrow (M \leftrightarrow P_i)$", which, *relative to species or structure* S_i, specifies a physical state, P_i, as *both necessary and sufficient* for the occurrence of mental state *M*. A law of this form states that any organism or system, belonging to a certain species, is such that it has a given mental property at a time if and only if it is in a certain specified physical state at that time. We may call laws of this form "species-specific biconditional laws".[19]

Mit anderen Worten: Die Rede von der »Realisierung« eines mentalen Zustands *M* durch einen physikalischen Zustand P_i kann nur bedeuten, daß P_i für *M* nomologisch *hinreichend* ist, d.h. daß die Naturgesetze den Zustand *M* immer verlangen, wenn der Zustand P_i gegeben ist.

Wenn nun jemand multiple Realisierbarkeit in dem Sinne behauptet, daß z.B. verschiedene biologische Arten oder Strukturtypen eine Makroeigenschaft *M* unterschiedlich realisieren können, so ist dies völlig kompatibel mit der Möglichkeit, daß *innerhalb* einer Art bzw. eines Strukturtyps S_i ein bestimmtes P_i für *M* notwendig *und* hinreichend ist. Das heißt, es existieren möglicherweise Brückengesetze von der Form:

---

18 Putnam (1967)

19 Kim (1989), S. 38, Hervorh. im Original

$$\forall x(M \leftrightarrow P_i) \text{ Bereich: } S_i$$

wobei S_i eine biologische Art oder einen Strukturtyp bezeichnet. Solche Bikonditionale ermöglichen *lokale Reduktion*. Ein bestimmtes P_i ist stets für M hinreichend, aber nur dann notwendig und hinreichend wenn gilt: $S_i x$.

Kim hält lokale Reduktionen für Reduktionen im eigentlichen Sinn, und er erwartet, daß solche Reduktionen in den Naturwissenschaften häufiger anzutreffen als Fälle von Reduktion in einem stärkeren Sinn:

> This is reduction in the full blown sense, except that it is limited to individuals sharing a certain physical-biological structure. In believe that "local reductions" of this sort are the rule rather than the exception in all of science, not just in psychology.[20]

Der entscheidende Schritt zur lokalen Reduktion *sensu* Kim ist die Entdeckung eines notwendigen und hinreichenden nomologischen Zusammenhangs, der innerhalb eines eingeschränkten Geltungsbereichs gilt, während die Supervenienzrelation - die nur hinreichende, aber keine notwendigen Bedingungen für die Realisierung von z.B. mentalen durch physikalischen Zustände verlangt - auch außerhalb dieses Bereichs gilt. Wie wir in Kap. 9 gesehen haben, sind allgemeingültige Brückengesetze lediglich für definitorische Reduktion notwendig, nicht aber für explanatorische Reduktion. Kims lokale Reduktion ist also eine Form der explanatorischen Reduktion. Kims Argument zeigt, daß zumindest lokale Reduktion mit Supervenienz und multipler Realisierbarkeit verträglich ist. Ich werde im nächsten Abschnitt versuchen, lokale Reduktion auf die Selektionstheorie anzuwenden. Dabei wird sich zeigen, daß Kims Ansatz von vornherein nicht geeignet ist um das Verhältnis der Selektionstheorie zu physiologischen Theorien bzw. Theorien, die zur Erklärung von Fitnessunterschieden benötigt werden, zu charakterisieren[21]. Ich werde diesen Umstand dazu verwenden, um die Irrelevanz von Rosenbergs Argument für das Problem der Reduktion in der Evolutionsbiologie aufzuzeigen.

10.4 Probleme der Supervenienztheorie der Fitness

Das Hauptproblem der Supervenienztheorie der Fitness ergibt sich aus dem Unterschied zwischen einer *Kovariation* von Fitnesswerten mit bio-physikalischen

---

20 Kim (1989), S. 39

21 Kim hat sich bezüglich des Leib/Seele-Problems kürzlich selbst von einem solchen Ansatz distanziert und eine neue Theorie der Reduktion skizziert, die ebenfalls mit multipler Realiserbarkeit verträglich ist (Kim 1997).

Parametern und einer ***kausalen Determination*** von Fitnesswerten durch die Eigenschaften eines Organismus in seiner Umwelt. Man stelle sich vor, das Verhältnis zwischen Fitness und biophysikalischen Eigenschaften wäre durch starke Supervenienz erschöpfend beschrieben. Dann sind zwei Organismen, die sich hinsichtlich ihrer biophysikalischen Eigenschaften nicht unterscheiden, auch hinsichtlich ihres Fitnesswertes ununterscheidbar; aber zwei Organismen, die sich hinsichtlich ihrer Fitnesswerte nicht unterscheiden, können sich beliebig in ihren bio-physikalischen Eigenschaften unterscheiden. Ist dieses Verhältnis aber durch starke Supervenienz hinreichend bestimmt, so impliziert dies nichts über die Natur dieses Kovariationsverhältnisses. Man nehme z.B. an, Fitness wäre nicht durch die biophysikalischen Eigenschaften eines Organismus determiniert, sondern durch eine nicht-materielle Entität, z.B. eine Entelechie. Weiter nehme man an, daß aus irgendwelchen notwendigen Gründen alle Organismen mit denselben bio-physikalischen Eigenschaften dieselbe Entelechie haben, dann ist Fitness stark supervenient auf die bio-physikalischen Eigenschaften. Wie wir gesehen haben sagt auch starke Supervenienz nichts über die Art der Notwendigkeit in der Kovariation der supervenienten mit den Basiseigenschaften aus. Um also den Fitnesswert eines gegebenen Organismus vorauszusagen, müßte man über eine Liste verfügen, auf der alle bio-physikalischen Strukturtypen mit den dazugehörigen Fitnesswerten aufgeführt sind. Ist ein bio-physikalischer Strukturtyp auf dieser Liste nicht aufgeführt, so können wir seinen Fitnesswert nicht vorhersagen, denn die Entelechie - die den Fitnesswert bestimmt - ist unsichtbar, unhörbar, untastbar und unmeßbar (so sind Entelechien nun einmal). Eine solche Liste ist es, die laut Rosenberg nicht zur Verfügung steht, und die die extensional äquivalente Verbindbarkeit des Fitnessbegriffs in bio-physikalischen Begriffen verhindert.

Nehmen wir nun aber an, Fitness sei von gewissen bio-physikalischen Eigenschaften ***kausal*** abhängig. Sie ist dann ebenfalls stark supervenient auf diese, aber wir behaupten zusätzlich zur Gültigkeit der starken Supervenienz noch ein kausales Abhängigkeitsverhältnis. Dann brauchen wir die Liste nicht. Wenn die Fitnesswerte bio-physikalisch determiniert sind, können wir bio-physikalische (d.h. physiologische, biochemische, ökophysiologische etc.) Theorien anwenden, um Fitnesswerte vorherzusagen. Wir können z.B. Kausalerklärungen dafür finden, weshalb Genotyp *A* relativ zu Genotyp *B* einen größeren bzw. kleineren Fitnesswert aufweist. Dort liegt das eigentliche Problem. Ich werde nun zu zeigen versuchen, daß Rosenbergs Argument gerade diesen Aspekt verfehlt. Betrachten wir nochmals die Supervenienzrelation für Fitness und die biophysikalischen Eigenschaften *P* eines Organismus:

Die Menge der Fitnesswerte ϕ_i ist supervenient auf die Menge der biophysikalischen Eigenschaften $P_{e,o}$ des Organismus o genau dann, wenn:

Für alle x und für alle ϕ_i: wenn $\phi_i x$ dann existiert eine Eigenschaft $P_{e,o}$ so, daß $P_{e,o}x$, und für alle y: wenn $P_{e,o}y$ dann $\phi_i y$.

Der letzte Konditional besagt, daß $P_{e,o}$ *hinreichend* ist für den Fitnesswert ϕ_i. Für eine extensional äquivalente Redefinition von Fitness muß eine Eigenschaft gefunden werden, die für einen bestimmten Fitnesswert notwendig *und* hinreichend ist. Dies kann erreicht werden, indem alle in Bezug auf Fitness äquivalenten Realisationen $P_{e,o}$ dieser biologischen Eigenschaft aufgelistet werden. Eine solche Auflistung der Eigenschaftenverknüpfung $P_{e,o}$ für alle Organismen o_1, o_2, o_3, ... o_n mit Fitnesswert ϕ_i ergibt das koextensionale biophysikalische Korrelat zur biologischen Eigenschaft »hat Fitnesswert ϕ_i«, d.h. notwendige und hinreichende Bedingungen für die Realisierung des Fitnesswerts ϕ_i (Allquantor wurde weggelassen):

$$\phi_i \leftrightarrow P_{e,i} \leftrightarrow P_{e,o1} \vee P_{e,o2} \vee P_{e,o3} \vee \ldots \vee P_{e,on} \qquad (*)$$

Diese Beziehung gilt für alle Organismen, sofern die Liste vollständig ist. Rosenberg stellt richtig fest, daß eine solche Liste zwar denkbar, aber für menschliche Subjekte nicht überblickbar ist. Die Bikonditionale sind nur dann *universell* gültig, wenn die Liste alle vergangenen und zukünftigen Organismen mit Fitnesswert ϕ_i einschließt, die je auf der Erde oder anderswo im Universum (falls diesen überhaupt Fitness zukommt) existieren, existiert haben oder existieren werden. Dies ist absurd. Man kann also fragen, ob es realistisch ist, zu fordern, daß die angegebenen Bikonditionale *für alle Organismen* gelten. Realistischer wäre es vielleicht, den entsprechenden Quantor an einen *Bereich* von Organismen zu binden:

$$\forall x(\phi_i x \leftrightarrow P_{e,i}x) \text{ Bereich: } S_i$$

Damit wird die Disjunktion auf der rechten Seite von (*) um diejenigen Glieder gekürzt, die nicht im Bereich S_i liegen. Möglicherweise rückt mit diesem Zug zumindest die *lokale* Reduktion im Sinne Kims (siehe 10.3) von Fitness auf biophysikalische Eigenschaften in den Bereich des kognitiv Möglichen. Um dies festzustellen, ist zu prüfen, ob Eigenschaftenverknüpfungen $P_{e,i}$ bekannt sind, die innerhalb eines Bereichs S_i für die Realisierung eines Fitnesswerts ϕ_i notwendig und hinreichend sind.

Es besteht nun folgendes Problem: Wie muß ein Bereich von Organismen aussehen, damit innerhalb dieses Bereichs vom Fitnesswert eines Organismus auf seine biophysikalischen Eigenschaften geschlossen werden kann? Betrachten wir ein klassisches Beispiel aus der Evolutionsbiologie: Industriemelanismus in Lepidopteren[22]. Der Einfachheit halber nehmen wir an, daß es in einer hypothetischen Falterart »*B. hypotheticus*« ein dominantes Gen für weiße Färbung und ein rezessives Gen für schwarze Färbung gibt, d.h. alle Individuen mit dem Genotyp *SS* sind schwarz und diejenigen mit dem Genotyp *SW* oder *WW* sind weiß. Wir betrachten den durchschnittlichen Fitnesswert der schwarzen und denjenigen der weißen Falter in zwei Umgebungen mit rußgeschwärzten und mit normalen Birkenstämmen. In einer Umgebung *E* mit rußgeschwärzten Birken sei der relative Fitnesswert der weißen Falter $w_W = 1$ und derjenige der schwarzen $w_S = 1.2$ (die schwarzen Individuen haben einen Selektionsvorteil, weil sie auf den rußgeschwärzten Birkenstämmen besser getarnt sind und weniger häufig einem gefiederten Räuber zum Opfer fallen). Die beiden Fitnesswerte definieren eine Menge von Eigenschaften $F = \{\phi_1, \phi_2\}$ wobei $\phi_1 x$ die Eigenschaft »*x* hat Fitnesswert w_W « und $\phi_2 x$ die Eigenschaft »*x* hat Fitnesswert w_S« seien. Ich behaupte nun, daß folgende Bikonditionale wahr sind:

$$\forall x(\phi_1 x \leftrightarrow x \text{ ist schwarz}) \text{ Bereich: } S_1 \quad (1)$$

$$\forall x(\phi_2 x \leftrightarrow x \text{ ist weiß}) \text{ Bereich: } S_2 \quad (2)$$

Die Frage ist natürlich, wie die beiden Bereiche aussehen müssen, damit diese Bikonditionale wahr sind. Um dies zu sehen, überlegen wir uns, welche Umstände es unmöglich machen, z.B. vom Fitnesswert ϕ_1 auf den schwarzen Phänotyp zu schließen. Folgende Umstände kommen in den Sinn: (i) *x* gehört nicht zur Art *B. hypotheticus*. (ii) *x* hat an einem anderen Locus ein Allel, das den Fitnesswert verändert. (iii) *x* lebt in einer anderen Umgebung als *E*. Alle diese Umstände werden durch folgenden minimalen Bereich ausgeschlossen:

> S_1: Individuen der Art *B. hypotheticus* mit Genotyp *WW* , *SW* oder *SS*, die an allen anderen Loci identisch sind und die in Umwelt *E* leben.

Derselbe Bereich macht den Bikonditional (2) von oben wahr, d.h. $S_1 = S_2$. Dieser Bereich bezeichnet nichts anderes als einen Strukturtyp innerhalb einer Art. Das Fitnessprädikat $\phi_1 x$ wurde also im Sinne Kims *lokal* auf das biophysikalische Prädikat »*x* ist schwarz« reduziert.

22 siehe Kettlewell (1955)

Ein möglicher Einwand gegen eine solche lokale Reduktion ist der folgende: Der Bereich S_1 ist viel zu klein, um als extensional äquivalente Redefinition gelten zu können, wie sie in der klassischen Reduktionstheorie verlangt wird. Die angegebenen Bikonditionale gelten für einen extrem schmalen Bereich von Organismen. Dies ist präzis der Grund, warum es keine systematischen Beziehungen zwischen Fitness und biophysikalischen Eigenschaften gibt. Diese Beziehung muß von Fall zu Fall ermittelt werden. Die lokale Reduktion ist defekt wegen fehlendem Allgemeinheitsgrad. Ich akzeptiere diesen Einwand. Das Problem ist, daß ich um des Argumentes willen mit S_1 einen *minimalen* Bereich gewählt habe, der die beiden Bikonditionale wahr macht. Es wäre zu zeigen, daß dieser Bereich im Allgemeinen größer ist, als ich hier angenommen habe.

Eine genauere Betrachtung zeigt jedoch, daß die angegebene »Reduktion« noch aus wesentlich schwerwiegenderen Gründen defekt ist, bzw. nicht als solche qualifiziert: Die oben angegebene lokale Reduktion läßt als formale Repräsentation der tatsächlichen evolutionären Erklärung stark zu wünschen übrig; sie ist durch eine eigentümliche Leere gekennzeichnet. Es geht aus ihr nämlich nicht hervor, *warum* die schwarzen Falter eine höhere Fitness haben; sie gibt lediglich eine *Kovariation* zwischen dem Haben/Nichthaben des höheren Fitnesswertes und dem schwarzen Phänotyp. Weiterhin gibt uns die lokale Reduktion keine Möglichkeit, den Fitnesswert physikalisch zu berechnen. Die vielgesuchten Bikonditionale - die in den Diskussionen um Reduktion in der Biologie sowie der Psychologie eine prominente Stellung einnehmen[23] - scheinen hier völlig irrelevant zu sein, und dies aus Gründen, die nichts mit ihrem beschränkten Geltungsbereich zu tun haben. Ich habe gezeigt, daß Bikonditionale zumindest lokal - d.h. für Strukturtypen - angegeben werden können. Dabei habe ich festgestellt, daß solche Bikonditionale offensichtlich nicht ausreichen, um eine biophysikalische Erklärung für einen einfachen Selektionsprozeß wie Industriemelanismus in Lepidopteren zu wiederzugeben. Ich sehe keinen Grund, warum dies grundsätzlich anders wäre, wenn eine Art »Rosenbergscher Dämon« über eine vollständige Liste *aller* möglichen Verknüpfungen physikalischer Eigenschaften, die einen bestimmten Fitnesswert realisieren können, verfügen würde. Rosenbergs Dämon wüßte zwar genau, welche physikalischen Eigenschaften mit bestimmten Fitnesswerten assoziiert sind, aber er wüßte nicht *weshalb*. Mit anderen Worten: Der Dämon ist sich lediglich der *Kovariation* von Fitnesswerten und physikalischen Eigenschaften bewußt, nicht der Art und Weise, wie die Letzteren die Ersteren *kausal* determinieren. Hierin

---

23 siehe z.B. Hull (1974); Kitcher (1984); Fodor (1974); Dupré (1993)

besteht möglicherweise die Verwirrung, die durch den Supervenienzbegriff gestiftet wird, der, wie wir gesehen haben, lediglich Kovariation ausdrückt.

Man kann sich in Gedanken in die Lage von Rosenbergs Dämon versetzen, indem man sich vorstellt, es existierten nur sehr wenige Organismen, sowohl in Bezug auf die Anzahl von Arten wie auch die Anzahl von Individuen und Genotypen. Es dürfte dann nicht schwierig sein, einen notwendigen und hinreichenden nomologischen Zusammenhang zwischen den auftretenden Fitnesswerten und biophysikalischen Eigenschaften der wenigen Organismen zu finden. Dies würde aber nicht erklären, *warum* gewisse Typen mit bestimmten biophysikalischen Eigenschaften einen bestimmten Fitnesswert haben. Die Evolutionsbiologin aber hat eine *kausale Erklärung* dafür, weshalb bestimmte Genotypen in einer bestimmten Umgebung besser adaptiert sind als andere. In gewissen Fällen verfügt die Evolutionsbiologin sogar über quantitative Modelle für den Zusammenhang zwischen Fitness und gewissen biophysikalischen Parametern. Die Evolutionsbiologin hat dem Rosenbergschen Dämon einiges voraus.

Ich vermute deswegen mit A. Beckermann, daß sich die ganze Diskussion um Supervenienz und Reduktion auch oder besonders im Fall der biologischen Fitness zu stark auf das Problem der *koextensionalen Verbindbarkeit der Begriffe* konzentriert hat[24]. Wie wir in Kap. 9 gesehen haben, ist diese im Allgemeinen nicht hinreichend für definitorische Reduktion, und weder notwendig noch hinreichend für explanatorische Reduktion. Was letztlich epistemisch relevant ist, ist die Ableitbarkeit der empirischen Verallgemeinerungen der zu reduzierenden Wissenschaft aus allgemeinen Gesetzen der reduzierenden Wissenschaft, sowie die Erklärbarkeit der Eigenschaften komplexer Systeme aufgrund fundamentaler Theorien und den in diesen Systemen herrschenden Anfangs- und Randbedingungen.

---

24 Beckermann (1992), S. 108

11 Mikroreduktive adaptive Erklärungen

11.1 Ursachen von Fitnessunterschieden

Obwohl gewisse Modelle der Selektionstheorie keine Annahmen darüber machen, wie die einen Selektionsprozeß verursachenden Fitnessunterschiede physiologisch realisiert werden, ist allgemein anerkannt, daß Fitnessunterschiede im Rahmen einer möglichst vollständigen evolutionären Erklärung auf irgendwelche Eigenschaften der betrachteten Organismen zurückgeführt werden müssen. G. C. Williams schreibt über Fitness: »it focuses attention upon the rather trivial problem of the degree to which an organism actually achieves reproductive survival. The central biological problem is not survival as such, but design for survival«[1]. In diesem Sinn bemerkt auch S. J. Gould: »traits confer fitness by an engineer's criterion of good design, not by the empirical fact of their survival and spread«[2]. Die Aussage, daß sich zwei Typen von Organismen in ihrer Fitness unterscheiden, besagt demnach mehr, als daß die beiden Typen unterschiedliche Vermehrungs- oder Überlebensraten aufweisen. Es besagt auch, daß die beiden Typen sich bezüglich irgendwelcher Eigenschaften (»design«) unterscheiden, und diese Unterschiede sind die *Ursache* für die Unterschiede in der Vermehrungs- oder Überlebensrate[3].

Goulds Vergleich mit dem Ingenieur ist aufschlußreich: Ein Ingenieur konstruiert Maschinen im Hinblick auf eine *Funktion*, die diese erfüllen sollen, z.B. Umwandlung von Wasserkraft in elektrische Energie. Die Maschine soll dies *gut* tun, d.h. der Ingenieur wird versuchen, die Maschine zu *optimieren*. Im Fall eines Kraftwerks wird ein wichtiges Optimierungskriterium der Wirkungsgrad der Maschine sein, obwohl der Ingenieur zweifellos auch Faktoren wie Betriebssicherheit, Umweltverträglichkeit und Kosten berücksichtigen muß; d.h. es gibt »trade-offs«. Das Ergebnis wird ein Kompromiß zwischen Wirkungsgrad, Betriebssicherheit und Kosten etc. sein.

In der Biologie gibt es ähnliche Vorgehensweisen. Der Unterschied besteht darin, daß die Biologin nicht eine Maschine konstruiert, sondern eine vorgefundene Maschine analysiert. In den meisten Fällen wird die Biologin annehmen, daß irgendein Optimierungsprozeß durch natürliche Selektion

---

1 Williams (1966), S. 26

2 Gould (1976), S. 26

3 vgl. Burian (1983); Mills und Beatty (1979)

stattgefunden hat; diese Annahme ist nicht immer unproblematisch[4]. Aber eine Optimierungsüberlegung kann im Prinzip auch dazu verwendet werden, um zu zeigen, daß eine Optimierung durch natürliche Selektion eben *nicht* stattgefunden hat[5].

Das Vorhandensein eines Fitnessunterschieds kann stets eine große Zahl von möglichen Ursachen haben (vgl. 10.1). Ich schlage vor, daß diese Ursachen grob in zwei Klassen aufgeteilt werden können: (1) *innere* Ursachen und (2) Ursachen, die auf *biotischen Interaktionen* beruhen. Mit (1) meine ich alle diejenigen Ursachen von Fitnessunterschieden, die nicht von der Wechselwirkung der Individuen eines Geno- oder Phänotyps mit anderen Individuen der gleichen oder einer anderen Art abhängen. Mit »innere« soll nicht gemeint sein, daß die Fitness eines Typs nicht von Faktoren seiner *abiotischen* Umwelt abhängen kann, z.B. der Verfügbarkeit von Nährstoffen oder der Feuchtigkeit der Umgebung. Um genauer anzugeben, was gemeint ist, benutze ich eine Unterscheidung von R. N. Brandon: die Unterscheidung zwischen der externen, der ökologischen und der selektiven Umwelt eines Organismus[6]. Die *externe* Umwelt sind alle Eigenschaften der Umwelt unabhängig von deren Effekt auf die Vermehrungs- oder Überlebensrate des Organismus. Die *ökologische* Umwelt sind alle jene Faktoren, die die Vermehrungs- oder Überlebensraten des Organismus beeinflussen. Die *selektive* Umwelt bilden schließlich jene Faktoren, die auf verschiedene Genotypen eines Organismus *unterschiedliche* Effekte haben. Ich meine nun mit »innere« Ursachen diejenigen Ursachen von Fitnessunterschieden, die *ausschließlich* von den *abiotischen* Komponenten der selektiven Umwelt abhängen. Die zweite Art von Ursachen von Fitnessunterschieden (2) hängt *auch* von den *biotischen* Komponenten der selektiven Umwelt ab.

Zwei Beispiele sollen diese Unterscheidung verdeutlichen: Eine dunklere und eine hellere Form eines Falters zeigen verschiedene Fitnesswerte in einer normalen und in einer rußgeschwärzten Umgebung (Industriemelanismus[7]). In der normalen Umgebung sind die helleren Falter überlegen, in der rußgeschwärzten die dunkleren. Der Grund ist, daß gewisse Räuber die helleren Falter in der normalen, und die dunkleren Falter in der rußgeschwärzten Umgebung schlechter sehen können; diese sind jeweils besser getarnt und werden weniger häufig gefressen. Das Resultat ist ein Unterschied in der Überlebensrate der Tiere. Diese Ursache eines Fitnessunterschieds gehört nach meiner Einteilung in Klasse (2): Die Fitnessunterschiede hängen von einem

---

[4] Gould und Lewontin (1979)
[5] Parker und Maynard Smith (1990)
[6] Brandon (1990), Kap. 2; Brandon (1992)
[7] Kettlewell (1955)

abiotischen Faktor (dem Rußgehalt der Umwelt), aber *auch* von einem biotischen Faktor (dem Räuber) ab. Ist letzterer nicht vorhanden, gibt es diesen Fitnessunterschied nicht. Ein zweites Beispiel: Die Translokation einer geographischen Rasse eines Falters, der in südlichen Gegenden vorkommt, in eine nördliche Gegend zeigt, daß diese Rasse der dort ansässigen unterlegen ist (vgl. 4.2). Der Grund ist, daß die südliche Rasse ein längeres Larvenstadium hat, was im Norden mit seinem kurzen Sommer eine verminderte Fortpflanzungsrate bedeutet (ich nehme an, daß dieser Fitnessunterschied nicht von Räuberdruck und Beuteangebot abhängt, sondern allein vom Lebenszyklus). Dieser Fitnessunterschied hängt auch von der Umwelt ab, nämlich dem breitengradspezifischen jahreszeitlichen Rhythmus, aber dieser ist ein abiotischer Faktor. Solche Beispiele klassifiziere ich als *innere* Ursache eines Fitnessunterschieds (in Ermangelung eines besseren Wortes; mir ist keine geeignete Fachterminologie bekannt, mit der dieser Unterschied ausgedrückt werden könnte). Aus bestimmten Gründen, auf die ich noch zurückkommen werde (11.5), befasse ich mich zunächst mit inneren Ursachen von Fitnessunterschieden. Ich diskutiere zwei Beispiele in etwas größerem Detail und versuche zu zeigen, daß solche Erklärungen von Fitnessunterschieden unter ein Mikroreduktionsschema gebracht werden können.

11.2 Grundzüge einer mikroreduktiven Erklärung von Fitnessunterschieden am Beispiel der Insektizidresistenz

In seltenen Fällen können Fitnessunterschiede direkt durch biochemische Eigenschaften erklärt werden. Betrachten wir Selektion für DDT-Resistenz in *Drosophila*-Populationen[8]. Es konnte gezeigt werden, daß die Insektizidresistenz auf der Überexpression des Enzyms Dehydrochlorinase (DHC) beruht, das in allen Fliegen vorhanden ist. DHC baut DDT ab. Die Überexpression kann offenbar durch Mutation an einem einzelnen Locus bewirkt werden, und die Fliegen, die dieses Allel tragen, haben einen meßbaren Selektionsvorteil in einer DDT-verseuchten Umgebung. Nennen wir dieses Allel R (für Resistenzfaktor), und bezeichnen wir mit R^+ Genotypen, der diesen Faktor besitzt und mit R^- Genotypen, die keine solche Mutation haben, so können wir den obengenannten empirischen Befund als *Gesetz* formulieren (zu den Geltungsbedingungen dieses Gesetzes muß unten noch mehr gesagt werden):

$$x \text{ ist } R^+ \text{ und } y \text{ ist } R^- \rightarrow \text{Fitness}(x) > \text{Fitness}(y) \qquad (*)$$

---

[8] Dobzhansky (1970), S. 214f.

Wie Fitness gemessen wird ist hier nicht entscheidend; wir können z.B. annehmen, daß die Selektionskoeffizienten (siehe 8.2) der beiden Genotypen empirisch bestimmt wurden. Wie kann dieses Gesetz *erklärt* werden? Ich mache folgenden Vorschlag, unter Verwendung des Cummins/Beckermann Mikroreduktionsmodells (siehe 9.6):

> *x* hat eine regulatorische Mutation (Überexpression) im DHC-Gen → *x* hat eine gegenüber dem Wildtyp höhere Fitness in einer DDT-verseuchten Umgebung
>
> Genotyp R^+ hat eine regulatorische Mutation (Überexpression) im DHC-Gen
>
> ---
>
> Genotyp R^+ hat eine gegenüber dem Wildtyp höhere Fitness in einer DDT-verseuchten Umgebung[9]

Damit ist (*) erklärt, wenn auch der Fitnessunterschied schwierig quantitativ vorherzusagen ist. Der Obersatz dieser Erklärung - das »Instantiationsgesetz« in Cummins' Terminologie - ist biochemisch erklärbar: Die Überexpression des DHC-Gens führt zu einer größeren Menge des Enzyms in den Zellen. Dadurch wird DDT in den Zellen schneller abgebaut, wodurch sich die lethale Dosis für den Gesamtorganismus erhöht. Die Beschreibung der regulatorischen Mutation kann in Cummins' und Beckermanns Sinn als Spezifikation einer *Mikrostruktur* verstanden werden. Die reduzierende Theorie T_C, die das Instantiationsgesetz erklärt, wird in diesem Fall durch die Biochemie geliefert.

Es ist offensichtlich, daß das Instantiationsgesetz nicht unter allen Umständen gilt; es unterliegt gewissen Bedingungen. Eine erste solche Bedingung ist, daß die Fliegen in Abwesenheit einer entsprechenden regulatorischen Mutation sensitiv auf DDT reagieren, sonst haben die Träger einer solchen Mutation keine erhöhte Fitness in der Gegenwart von DDT. Weiter bedarf es einer Reihe von Bedingungen, die sicherstellen, daß die regulatorische Mutation tatsächlich zu einer erhöhten DHC-Aktivität in den Zellen führt. Es ist z.B. denkbar, daß die Fliege zwar mehr von dem Enzym produziert, aber diese zusätzlichen Enzymmoleküle aus irgendwelchen Gründen nicht aktiv werden, z.B. weil ein Inhibitor zugegen ist. Es könnte auch eine zweite Mutation vorhanden sein, die den Resistenzfaktor unterdrückt. Das Problem bei dieser Bedingung ist, daß sie das Gesetz nicht seines empirischen Gehalts berauben

---

9 Der Begriff des »Wildtyps« ist etwas problematisch in der Evolutionsbiologie (Lewontin 1981, S. 93). Er steht hier bloß stellvertretend für alle R^- Genotypen und dient zur Vermeidung des in (*) auftretenden zweistelligen Prädikats »...hat höhere Fitness als...«.

darf. Wenn man einfach global alle Faktoren ausschließt, die die phänotypische Expression der Mutation verhindern, z.B. indem man sagt »das Instantiationsgesetz gilt nur in der Abwesenheit aller Faktoren, die verhindern, daß die Mutanten DDT-resistent werden«, dann hat man eigentlich nicht mehr gesagt als »das Gesetz gilt, wenn es gilt«; diese Aussage ist offensichtlich tautologisch. Dies könnte dadurch verhindert werden, indem man alle Faktoren, die mit der DDT-Resistenz in DHC-Überexpressionsmutanten interferieren könnten, einzeln auflistet. Dies ist offensichtlich unmöglich.

Das Problem, auf das wir hier gestoßen sind, ist ein in der Wissenschaftstheorie altbekanntes Problem mit sogenannten *ceteris paribus*-Gesetzen. Eine mögliche Lösung des Problems besteht darin, daß man sagt, das Gesetz gilt unter der Bedingung, daß alle möglichen Gegeninstanzen erklärbar sein müssen. Wenn wir ein solches Gesetz als Grundlage einer wissenschaftlichen Erklärung akzeptieren (und das wird in den Wissenschaften ständig getan), so tun wir dies stets unter dem Vorbehalt, daß wir für jeden Fall, bei dem das Gesetz versagt, eine von dem Gesetz selbst unabhängige Erklärung für sein Versagen geben müssen[10]. Diese Lösung bezieht sich allerdings nur auf den erkenntnistheoretischen Aspekt von *ceteris paribus*-Gesetzen. Ein anderes Problem ist ihr ontologischer Aspekt, auf den unten noch eingegangen wird.

Eine weitere Bedingung, die wir zur Stützung des Instantiationsgesetzes angeben müssen, ist die Abwesenheit von anderen Mutationen, die die Fitness der Organismen beeinflussen. Wenn z.B. die DDT-resistente Mutante einen schweren Defekt in einem Gen aufweist, das für die Fortpflanzung erforderlich ist, so wird die Mutante auch in Gegenwart von DDT keine höhere Fitness haben als eine nicht-DDT-resistente Fliege, ob diese nun diese andere Mutation trägt oder nicht; d.h. unser Instantiationsgesetz versagt auch in diesem Fall. Dies kann ausgeschlossen werden, indem die Bedingung eingeführt wird, daß das Gesetz streng nur für Genotypen gilt, die sich an allen anderen genetischen Loci nicht unterscheiden. Dadurch wird der Geltungsbereich des Gesetzes aber zu stark eingeschränkt. Vermutlich kann das Gesetz auch Fitnessunterschiede zwischen Genotypen erklären, die nicht an allen Loci außer dem Resistenzlocus identisch sind. In einem konkreten Fall bleibt sowieso nichts anderes übrig, als experimentell zu testen, ob wirklich der Resistenzfaktor die Ursache für den beobachteten Fitnessunterschied ist, und nicht eine oder mehrere Mutationen an anderen Genen. Dies kann z.B. mittels Kreuzungsexperimenten mit

---

10 Pietroski und Rey (1995)

verschiedenen Stämmen bewerkstelligt werden, die einen jeweils etwas anderen genetischen Hintergrund liefern[11].

Man sieht, daß die Angabe eines Instantiationsgesetzes, das als Prämisse für die Erklärung von konkreten Fällen von Fitnessunterschieden dienen soll, eine höchst komplexe Angelegenheit ist. Der ontologische Gehalt eines solchen Gesetzes ist die Angabe einer *kausalen Regularität*. In unserem Beispiel wird die Überexpression des DHC-Gens als *Ursache* der DDT-Resistenz verstanden, in dem Sinn, daß unter gewissen Bedingungen (siehe oben) immer dann, wenn eine solche Mutation zugegen ist, Resistenz eintritt, und daß diese Korrelation auf einer kausalen Verknüpfung beruht. Eine solche Aussage ist äußerst komplex. Philosophische Analysen des Kausalbegriffs haben gezeigt, daß die Angabe einer Ursache für ein Ereignis oder einen Zustand nicht einfach in der Angabe notwendiger und hinreichender Bedingungen für das Eintreten der Wirkung besteht. Einer bekannten Analyse zufolge sind Ursachen sogenannte »*inus*-Bedingungen«; das heißt nicht-hinreichende, nicht-redundante Teile einer nicht-notwendigen aber hinreichenden Bedingung[12]. Das heißt, daß die Ursache *allein* nicht in der Lage ist, die Wirkung herbeizuführen; sie kann dies nur in Verbindung mit gewissen Vorbedingungen (z.B. das Betätigen des Lichtschalters kann die Ursache einer Explosion in einem Haus sein, aber nur in Verbindung mit einem Gasleck). Die Vorbedingungen können auch in der *Abwesenheit* gewisser Umstände bestehen (z.B. eine Pockeninfektion ist nur hinreichend für den Tod eines Menschen in Abwesenheit eines Immunschutzes). Die Nicht-redundanz muß gegeben sein, weil man nicht von einer Ursache reden kann, wenn die Wirkung auch ohne die Ursache eingetreten wäre. Der ganze Komplex, in Bezug auf den eine Ursache einen nicht-hinreichenden, nicht-redundanten Teil darstellt, muß natürlich hinreichend für das Eintreten der Wirkung sein (zumindest bei deterministischer Kausalität). Dieser Komplex muß aber nicht notwendig sein, da die Wirkung vielleicht auch auf einem ganz anderen Weg hätte herbeigeführt werden können, ohne daß dies den Status der betrachteten Ursache in Frage stellt (die Ursache der Explosion war das Betätigen des Lichtschalters im gegebenen kausalen Feld; obwohl sie auch durch das Anzünden einer Zigarette hätte verursacht werden können). Es können Kausalaussagen gemacht werden, ohne daß *alle* Vorbedingungen, deren

---

11 vgl. Timoffeéff-Ressovskys Experimente zum phänotypischen Effekt verschiedener Mutationen in *Drosophila* (4.3).

12 Mackie (1980), S. 62. Die Abkürzung »inus« steht für »insufficient but non-redundant part of an unnecessary but sufficient condition«.

Anwesenheit oder Abwesenheit für das Eintreten der Wirkung erforderlich sind, bekannt sein müssen[13].

Ich schlage vor, daß ein Instantiationsgesetz zur Erklärung von Fitnessunterschieden stets nur eine *inus*-Bedingung angibt. Die regulatorische Mutation in unserem Beispiel ist die Ursache der höheren Fitness, aber sie ist nur ein Teil eines Komplexes von Bedingungen, die erfüllt sein müssen damit der Fitnessunterschied realisiert wird. Dieser Komplex umfaßt das Operieren der Genexpressionsmechanismen, die Abwesenheit von Enzyminhibitoren, Supressormutationen usw. Das Gesetz und damit die Erklärung wird nicht dadurch beeinträchtigt, daß der gleiche Fitnessunterschied auch auf einem anderen Weg hätte verursacht werden können, z.B. durch eine Mutation in einem anderen Gen. Die spezifizierte Ursache ist nur ein Teil eines kausalen Feldes[14], das die gesamte Physiologie der Fliege sowie die Anwesenheit von DDT in der Umwelt sowie weitere Umweltbedingungen umfaßt.

Man sieht also, daß die Erklärung von Fitnessunterschieden eine komplexe Aussage ist. Dies ändert aber nichts daran, daß eine solche Erklärung eine Struktur hat, die durch ein Schema wie das von Cummins und Beckermann wiedergegeben werden kann. Solche Erklärungen sind *Dispositionserklärungen* komplexer Systeme; sie erklären das Vorhandensein einer dispositionalen Eigenschaft (d.h. eine Eigenschaft die sich nur unter bestimmten Bedingungen äußert, wie Löslichkeit oder Absorptionsspektren chemischer Substanzen) in solchen Systemen *im Rekurs auf deren Mikrostruktur*. Aus diesem Grund glaube ich, daß auch die Evolutionsbiologie in ein reduktionistisches Bild der Einheit der Wissenschaft hineinpaßt. Um dies weiter zu erhärten, betrachte ich noch ein etwas komplexeres Beispiel.

11.3 Ein Forschungsbeispiel aus der evolutionären Ökologie

P. Schmid-Hempel und Mitarbeiter haben das Sammelverhalten von Honigbienen studiert[15]. Eine Arbeiterin besucht auf einem Ausflug in eine Blumenwiese mehrere Blüten, bevor sie mit dem gesammelten Nektar in den Stock zurückkehrt. Man würde erwarten, daß die Arbeiterin den Nektarertrag zu maximieren versucht, indem sie ihren Nektarbeutel vollständig auffüllt, bevor sie heimkehrt. Dies ist aber nicht so: die Arbeiterinnen kehren meist mit nur

---

13 *ibid.*, S. 66
14 *ibid.*, S. 35
15 Schmid-Hempel, et al. (1985)

partiell gefülltem Beutel zurück. Der Grund für das scheinbar merkwürdige Verhalten der Bienenarbeiterinnen liegt daran, daß sie den Nektar nicht nur sammeln, sondern auch zurück zum Stock transportieren müssen. Dies ist mit einem Aufwand an metabolischer Energie verbunden; eine mit Nektar vollbeladene Biene verbraucht im Flug fast doppelt so viel »Treibstoff«. Die Biene steht also vor einem Optimierungsproblem: wieviel Nektar soll sie sich aufladen, um den gesamten Energiegewinn zu maximieren? Kehrt sie mit zuwenig Nektar zurück, kostet sie der Rückflug wenig Energie, aber die Ausbeute ist gering; der Flug hat sich nicht gelohnt. Überlädt sie sich, braucht sie zuviel Energie für den Rückflug, so daß sich der Ausflug auch nicht gelohnt hat. Außerdem hat der Nektartransport vielleicht noch andere Kosten, die auch berücksichtigt werden müssen, etwa ein größerer Verschleiß an Arbeiterinnen, denen eine zu große Last zugemutet wird.

Das Problem ist ein Fall eines Optimierungsproblems, wie ich sie bereits in 6.4 kurz besprochen habe. Wir haben dort gesehen, daß ein solches Problem im Prinzip zwei Variablen aufweist: eine Entscheidungsvariable und eine Optimierungsvariable. Gesucht ist derjenige Wert für die Entscheidungsvariable, für den die Optimierungsvariable eine lokales Extremum annimmt.

Schmid-Hempel und Mitarbeiter wählten die Anzahl der besuchten Blüten als Entscheidungsvariable. Außerdem haben sie zwei verschiedene Größen betrachtet, die als Optimierungsvariable in Frage kommen: (1) Nettoenergiegewinn pro Zeiteinheit ($(G - C)/T$, wobei G = Energiegewinn, C = Energieverbrauch, T = totale Flugzeit) und (2) Energiegewinn pro aufgewendete Energieeinheit ($(G - C)/C$). Die Forscher ermittelten den Gesamtenergiegewinn, den Energieaufwand und die Gesamtflugzeit als Funktion der Anzahl der Blütenbesuche, wobei sie gewisse Annahmen und empirische Daten über die Flugphysiologie von Bienen verwendeten. Dann berechneten die Biologen die optimale Anzahl der Blütenbesuche N^*, einmal unter der Verwendung der Optimierungsvariable (1) und einmal unter Verwendung der Variable (2). Es stellte sich heraus, daß N^* eine Funktion der Flugdistanz zwischen zwei Blütenbesuchen ist, d.h. das Ergebnis waren zwei Kurven mit der optimalen Anzahl der zu besuchenden Blüten als Funktion der Flugdistanz zwischen zwei Blüten. Die beiden Kurven wurden mit den tatsächlichen Flugplänen von arbeitenden Bienen verglichen, und es ergab sich, daß die aufgrund der Variable (2) ermittelte optimale Strategie das beobachtete Verhalten der Bienen hervorragend vorhersagt. Dies bedeutet, daß das Verhalten der Bienen durch Selektion offenbar darauf optimiert wurde, pro aufgewendete *Energie*einheit und nicht pro *Zeit*einheit eine maximale Menge von Energie in Form von Nektar in den Stock zu bringen.

Schmid-Hempel und Mitarbeiter haben folgende Hypothese aufgestellt, um dieses Phänomen zu erklären: Es gibt Hinweise darauf, daß bei Insekten die durchschnittliche Lebensdauer sinkt, wenn das Insekt in seinem Leben mehr metabolische Energie umsetzt. Die Insekten »brennen« sozusagen aus. Der reproduktive Erfolg einer Bienenkolonie hängt davon ab, wie viele Arbeiterinnen die Königin zur Verfügung hat, um Ihre Nachkommen zu pflegen und zu ernähren. Wenn sich die Arbeiterinnen nun »überarbeiten«, indem sie zu große Nektarmengen transportieren, sterben sie im Durchschnitt schneller. Das heißt, daß die Kolonie dann im Schnitt mehr Arbeiterinnen ersetzen muß. Auch dies kostet die Kolonie Ressourcen. Die Bienen sollten also einen Kompromiß zwischen dem optimalen Energieertrag pro Flug und dem Verschleiß von Arbeiterinnen suchen. Da die Überlebensrate vom Energieverbrauch der Sammlerinnen abhängt, könnte dies die Erklärung sein, weshalb die Bienen den Energieertrag pro aufgewendete Energieeinheit maximieren. Um diese Hypothese zu testen, beluden Schmid-Hempel und Mitarbeiter die Bienen mit künstlichen Gewichten und maßen ihre Überlebensrate. Sie konnten zeigen, daß die Lebensspanne der Arbeiterinnen tatsächlich vom Fluggewicht abhängt, und daß dieser Effekt höchstwahrscheinlich durch den Energieverbrauch der Arbeiterinnen vermittelt wird[16]. Ich schlage folgende Rekonstruktion der Erklärung vor:

> x hat Physiologie $[C_1, \ldots, C_n; R]$ → die Strategie mit maximaler Energieeffizienz für x ist S
>
> Organismus O hat Physiologie $[C_1, \ldots, C_n; R]$
>
> ---
>
> Die Strategie mit maximaler Energieeffizienz für O ist S

Die Spezifikation der Physiologie $[C_1, \ldots, C_n; R]$ sieht wie folgt aus: Die C_i bezeichnen die verschiedenen Phasen des Bienenflugs, die durch Dauer und Nektarfracht bestimmt sind. R gibt den Zusammenhang zwischen den Flugparametern und dem Energiegewinn und Energieverbrauch an. R enthält außerdem die sogenannten »constraints« des Systems, die als nicht variabel betrachtet werden und die Rolle von Randbedingungen spielen. Dazu gehört z.B. der Energieverbrauch pro transportierte Menge Nektar. Die Strategie S ist

---

[16] Wolf und Schmid-Hempel (1989). Es wäre auch denkbar, daß z.B. die schwerer beladenen Bienen häufiger von Räubern gefressen werden, so daß die reduzierte Lebensspanne nicht eine Wirkung der höheren Stoffwechselrate ist. Diese Möglichkeit wird von Schmid-Hempel und Mitarbeitern aus bestimmten Gründen als unplausibel erachtet.

im obigen Beispiel die optimale Anzahl besuchter Blüten als Funktion des Abstandes zwischen den Blüten. Das Explanans ist also ein Gesetz, das direkt aus der Physiologie und Bioenergetik der betrachteten Organismen abgeleitet wird. Ich betrachte diese Bereiche hier als Teil einer reduzierenden Wissenschaft, die ich als fundamental annehme, d.h. das Gesetz ist kein isoliertes, sondern es folgt aus allgemeinen Prinzipien der Physiologie und Biophysik (vgl. 9.6). Das Explanandum ist eine Aussage über die optimale Strategie S, im Beispiel ist es die Anzahl Blütenbesuche N^*, für die der Energiegewinn pro Einheit aufgewendeter Energie maximal ist. Damit wird nicht behauptet, daß irgendein Organismus S hat, sondern, daß *wenn* ein Organismus mit Physiologie $[C_1, \ldots, C_n; R]$ die Strategie S hat, *dann* ist seine Energieeffizienz maximal, d.h. höher als für alle anderen Strategien im untersuchten Bereich (»strategy set«). Das Optimierungsmodell allein sagt also nicht voraus, daß die optimale Strategie in einer Population auch *vorherrschen* wird, jedoch können solche Vorhersagen mit Hilfe populationsgenetischer Modelle aufgestellt werden (siehe 12.5).

Was Optimimierungsmodelle etwas tückisch macht, ist, daß beim Testen des Modells oft angenommen wird, daß die Organismen bereits die optimale Strategie verfolgen, d.h. es wird angenommen, daß der Selektionsprozeß, den das Modell in Verbindung mit der Populationsgenetik voraussagt, bereits *erfolgt* ist[17]. Beim besprochenen Beispiel verwendeten Schmid-Hempel und Mitarbeiter das *tatsächliche* Verhalten von Bienen, um zwischen den beiden möglichen Optimierungsvariablen zu entscheiden. Dies hat zunächst etwas zirkuläres an sich; das Modell hat in diesem Stadium höchstens einen heuristischen Wert. In diesem Beispiel wurde aber später noch unabhängige Evidenz vorgebracht, die die gewählte Optimierungsvariable als die richtige auszeichnen: Wenn die Lebensdauer der Arbeiterinnen tatsächlich, wie beim zweiten Experiment beobachtet, stark vom Energieaufwand während des Sammelfluges abhängt, dann ist theoretisch zu erwarten, daß der Energieertrag gegen diese Kosten maximiert wird. Durch diese unabhängige Voraussage wird die Zirkularität des Modells in diesem Fall gebrochen; es gilt deswegen auch als Musterbeispiel[18].

Inwiefern liefern Optimierungsmodelle Erklärungen für Fitnessunterschiede? Ich schlage zwei Interpretationen vor: (1) Das Optimierungsmodell liefert eine *direkte Erklärung* des Beitrags gewisser Eigenschaften zur Fitness des Organismus. Dies ist dann der Fall, wenn die verwendete Optimierungsvariable Fitness *selbst* ist (siehe unten). (2) Das Optimierungsmodell liefert ein *systemrelatives Analogon* zur Fitnessfunktion im Sinne Beckermanns (siehe 9.6). Es ist systemrelativ, weil die Beziehung zwischen Fitness und Energieeffizienz nicht

---

17 Siehe Orzack und Sober (1994) für Bestätigungsprobleme bei Optimierungsmodellen.

18 Parker und Maynard Smith (1990)

bei allen Organismen gegeben sein muß[19]. Es ist anolog, weil nicht Fitnessunterschiede *selbst* abgeleitet werden. Der Zusammenhang zwischen Optimierungsvariablen und Fitness ist subtil, wie im nächsten Abschnitt gezeigt wird.

11.4 Optimierungsvariablen und Fitness

Es gibt Optimierungsmodelle, in denen Fitness selbst, bzw. ein Fitnessmaß (siehe 8.2) die Optimierungsvariable ist. Dies ist z.B. der Fall in Modellen für optimales Reifungsalter sowie Reifungsgröße in der Biologie der Lebenszyklen (»life histories«, siehe 6.4), bei denen meist der Malthusische Parameter die Optimierungsvariable ist, während es bei Verhaltensoptimierungsmodellen oft »indirekte Fitnessfunktionen«[20] sind. Schmid-Hempel scheint indirekten Fitnessfunktionen wie Energieeffizienz und anderen Fitnessmaßen wie Malthusischen Parametern denselben Status zuzuschreiben, er bezeichnet sie als »fitness tokens« (vgl. 8.3). Er schreibt über Energieeffizienz als Optimierungskriterium:

> This measure is indeed further removed from Darwinian fitness than the number of eggs laid or the reproductive value so that it may seem unimportant to organisms. However, egg number or other measures such as the Malthusian parameter *r*, are often simply fitness tokens that may or may not reflect the forces of natural selection.[21]

Stearns und Schmid-Hempel schreiben auch:

> In population genetics, the meaning of fitness (usually *W*) is "the parameter best representing differential reproductive success in such a way that one can predict changes in gene frequencies." [...] In life-history evolution, the meaning of fitness (usually *r*) is "that parameter which incorporates age-specific effects on differential reproductive success and trade-offs in such a way that the optimal integration of the life-history traits can be predicted." In most models of foraging behaviour, a short-term measure of reward, such as maximization of the net rate of energy gain, is used. As in life-history theory, a fitness definition is a deeper axiom, and the immediate problem is, given the definition, to predict the optimal adjustment of the

---

19 vgl. Brandon (1978)

20 Parker und Maynard Smith (1990); siehe auch Schmid-Hempel (1990), S. 342f. für eine Aufstellung verschiedener Optimierungsprobleme mit den verwendeten Optimierungsvariablen

21 Schmid-Hempel (1990), S. 335

> foraging parameters. [...] In all three situations, the fitness measures are local tokens for the general notion of fitness.[22]

Man beachte die von diesen Autoren gezogene Analogie zwischen den beiden herkömmlichen Fitnessmaßen *r* und *W* und Energieeffizienz. Wie ich in 8.2. dargelegt habe, hat »Fitness« je nach Anwendungskontext eine andere Bedeutung. Nach Stearns und Schmid-Hempel müssten wir offenbar Energieeffizienz als Fitnessmaß in unsere Liste von Kap. 8 aufnehmen! Wir hatten dort gesehen, daß es keine einzelne präzis definierte Größe gibt, etwa so etwas im Sinne von Coopers »Fundamentalfitness« (siehe 8.3), die den evolutionären Erfolg eines Typs von Organismen unter allen Umständen angibt. Erstens gibt es verschiedenen Formen von evolutionärem Erfolg, und zweitens müssen immer irgendwelche Annahmen über die betrachteten Populationen getroffen werden. Natürlich kann nicht *irgendeine* Größe als »Fitnessmaß« herbeigezogen werden; sie muß schon etwas mit der Überlebens- oder der Fortpflanzungsrate zu tun haben, und dieser Zusammenhang muß empirisch nachgewiesen werden. Bei unserem Beispiel besorgte dies der Versuch mit den künstlichen Gewichten.

Betrachten wir noch einmal die Rekonstruktion unseres Optimierungsmodells mittels eines Cummins/Beckermann-Schemas:

> *x* hat Physiologie $[C_1, \ldots, C_n; R]$ → die Strategie mit maximaler Energieeffizienz für *x* ist *S*
>
> Organismus *O* hat Physiologie $[C_1, \ldots, C_n; R]$
>
> ---
>
> Die Strategie mit maximaler Energieeffizienz für *O* ist *S*

Das Explanans ist eine gesetzesesähnliche Aussage über den Zusammenhang zwischen dem indirekten Fitnessmaß und physiologischen Eigenschaften. Ich schlage vor, es als ein *systemrelatives* Analogon L_F* (im Sinne Beckermanns, siehe 9.6) eines durch Mikroreduktion zu erklärenden Gesetzes zu betrachten, nämlich:

> L_F: Organismen des Typs *O* und Strategie *S* haben eine höhere Fitness als Organismen desselben Typs mit einer alternativen Strategie

Dieses Gesetz ist eine Aussage über die relative Fitness eines Typs von Organismen als Funktion von physiologischen Eigenschaften (hier als »Strategie« bezeichnet) unter der Bedingung, daß alle anderen Merkmale konstant gehalten

---

[22] Stearns und Schmid-Hempel (1987), S. 118f.

werden. Es ist ein befriedigendes Analogon zu dem durch das Optimierungsmodell abgeleitete Gesetz unter der Bedingung, daß es einen Zusammenhang zwischen der Energieeffizienz der betrachteten Verhaltensweisen oder Strukturen und der tatsächlichen Fitness gibt. Dies darf dann als gegeben betrachtet werden, wenn es unabhängige Evidenz für einen solchen Zusammenhang gibt.

Zusammenfassend ist festzuhalten, daß Optimierungsmodelle keine quantitative theoretische Berechnung absoluter Fitnesswerte erlauben. Eine solche Berechnung erscheint beim derzeitigen Wissensstand in der Tat nicht möglich. Was Optimimierungsmodelle aber leisten, ist die theoretische Erklärung - d.h. die Erklärung mittels allgemeiner Prinzipien der Physiologie - von Fitnessunterschieden zwischen phänotypischen Varianten in gewissen Merkmalen. Auch diese Erklärungen bilden Dispositionserklärungen der Eigenschaften komplexer Systeme. Auch für sie gelten natürlich *ceteris paribus*-Bedingungen, wie sie in 11.2 erörtert wurden. Außerdem haben auch diese Erklärungen einen mikroreduktiven Charakter, sofern man bereit ist, die in das Modell eingehenden physiologischen Annahmen als eine Beschreibung der Mikrostruktur des Organismus zu betrachten. Sie sind es mindestens in diesem Sinn, daß bei der Konstruktion des Optimierungsmodells von *physikalischen* Größen (metabolische Energie) und Gesetzen (z.B. Energieerhaltung) sowie von *physiologischen* Eigenschaften des Tieres (Energieverbrauch während des Fluges etc.) ausgegangen wird, um dessen *biologische* Eigenschaften (Verhalten) zu erklären, und zwar *ultimat* zu erklären. Die Bioenergetik tritt hier als reduzierende Theorie für die Evolutionsbiologie auf, allerdings stiftet sie nur explanatorische, keine definitorische Reduktion (siehe 9.2). Wie ich aber in Kap. 10 gezeigt habe, wäre eine definitorische Reduktion der Selektionstheorie zumindest in der Form wie Rosenberg sie seinem Argument zugrundelegt, epistemisch irrelevant.

Diese Art von Erklärung ist aber von größerer Allgemeinheit als es zunächst scheinen könnte. Es zeigt sich nämlich für viele Verhaltenseigenschaften und physiologische Merkmale, daß Fitness eine Funktion der Energieeffizienz ist[23]. Sie sind von größerer Allgemeinheit als man aufgrund von Sobers oder Rosenbergs Aussage, Fitness müsse *von Fall zu Fall* erklärt werden, vermuten würde[24]. Der Zusammenhang zwischen Energieeffizienz und Fitness ist aber trotzdem nur beschränkt gültig. In anderen Fällen wird Fitness von anderen Parametern abhängen.

---

23 siehe die Tabelle in Schmid-Hempel (1990), S. 342

24 Rosenberg (1983); Sober (1984), S. 48

11.5 Die Umweltabhängigkeit von Fitness und ökologische Wechselwirkungen

Ich habe zwei Beispiele von Erklärungen von Fitnessunterschieden betrachtet, die beide, wie ich dies genannt habe, auf innere Ursachen zurückzuführen sind. Meine Rede von »inneren« Ursachen wird nun vielleicht im Nachhinein verständlich; bei beiden Fällen lag der Grund für das Vorliegen eines Fitnessunterschieds im Inneren der betrachteten Tiere, einmal in der Menge von gewissen Enzymmolekülen, einmal in der Flugphysiologie eines Insekts. Ich hatte diese Klasse von Fitnessunterschieden so charakterisiert, daß sie zwar von Umweltbedingungen abhängen können, daß aber die Faktoren der selektiven Umwelt, die die Unterschiede verstärken oder abschwächen können (z.B. die DDT-Konzentration im ersten Beispiel; beim zweiten Beispiel gibt es keinen offensichtlichen abiotischen oder biotischen Faktor, der zur *selektiven* Umwelt der Tiere gehört) *abiotischer* Natur sind. Die Frage ist nun, ob wir an unserer reduktionistischen Betrachtungsweise irgendetwas ändern müssen, wenn wir Fitnessunterschiede betrachten, die von *biotischen* Faktoren der selektiven Umwelt abhängen. Als Beispiel betrachte ich wieder das Beispiel des Industriemelanismus.

Die Fitness des Birkenspanners *Biston betularia* hängt z.B. von dessen Flügelfarbe sowie von der Farbe gewisser Oberflächen im Lebensraum des Falters ab; offenbar zwei physikalische Eigenschaften (statt den subjektiven Farben kann man auch das Absorptionsspektrum nehmen, um die Eigenschaften objektiv zu machen). Die Erklärung für die Fitnessunterschiede zwischen den dunklen und hellen Genotypen liegt aber letztlich in der Räuber/Beute-Beziehung, in der der Birkenspanner mit manchen Vogelarten steht. Die Vögel können dunkle Falter auf einer dunklen Oberfläche bzw. helle Falter auf einer hellen Oberfläche optisch schlechter erkennen; deshalb haben in der hellen Umwelt die weissen Birkenspanner eine höhere Fitness, und in der der verschmutzten Umwelt die dunklen. Sowohl die Räuber als auch der Rußgehalt der Umgebung sind Teil der selektiven Umwelt des Birkenspanners, d.h. es gibt in dieser Art genetische Variation in Fitness, die von einer Kombination dieser beiden Faktoren abhängt. Die Räuber sind zweifellos biotischer Natur, so daß die Fitnessunterschiede im Fall des Birkenspanners nicht wie in den beiden oben gegebenen Beispiel gezeigt auf biochemische oder physiologische Eigenschaften zurückgeführt wird, sondern lediglich auf eine *andere organismisch-biologische* Eigenschaft.

Abiotische Faktoren sind z.B. die Umgebungstemperatur, die Niederschlagsmenge, der pH-Wert des Bodens, die Verfügbarkeit von Mineralstoffen etc. Bei niedrigen Temperaturen kann z.B. mehr Körpergröße für ein warmblütiges Tier vorteilhaft sein, weil es dadurch ein kleineres Verhältnis Körperoberfläche/Körpervolumen erzielt und damit weniger Wärme an die Umgebung verliert. Bei höheren Temperaturen könnte dieser Umstand für die Fitness eines Tieres irrelevant sein; dies würde dann ein Beispiel der Umweltabhängigkeit eines Fitnessunterschieds darstellen. *Biotische* Faktoren, die die Fitness eines Organismus beeinflussen können, sind hingegen z.B. trophische Interaktionen (eine trophische Interaktion zwischen *A* und *B* besteht wenn *A B* frißt oder umgekehrt) oder andere ökologische Interaktionen, z.B. Konkurrenz um Licht in Pflanzengemeinschaften oder Parasit-Wirt Interaktionen. Das oben erwähnte Beispiel der Abhängigkeit der Fitness des Birkenspanners von gewissen Vogelarten ist ein Beispiel einer trophischen Interaktion. Ebenfalls auf biotische Interaktionen zurückzuführen sind Fälle von frequenzabhängiger Selektion (siehe 6.4), bei der die Fitness eines Genotyps von seiner eigenen sowie der Häufigkeit anderer Genotypen in der Population abhängt. Diese Art von biotischen Interaktionen sind intraspezifisch.

Es gibt nun zwei grundsätzlich verschiedene Weisen, die Umweltabhängigkeit von Fitness zu betrachten: Erstens kann man z.B. in einem Optimierungsmodell annehmen, daß die Umwelt in Bezug auf alle oder in Bezug auf die meisten Variablen *konstant* gehalten wird. In unserem Beispiel aus 10.3 ist dies der Fall: Das Optimierungsmodell wird auf eine bestimmte Umwelt bezogen, die als konstant betrachtet wird. Eine einzige Umweltvariable wird nicht als konstant vorausgesetzt: die durchschnittliche Flugdistanz zwischen zwei Blüten. Es wird aber in dem Modell gezeigt, daß die Bienen sich danach richten: bei größerer Distanz zwischen den Blüten sind sowohl die theoretisch als optimal vorhergesagte als auch die tatsächlich beobachtete Anzahl besuchter Blüten kleiner[25]. Etwas technischer gesagt: die Bienen verfügen über eine genetisch programmierte *Reaktionsnorm* für die Heterogenität der Nektarpflanzen-Population. Dies bedeutet nichts anderes, als daß in dem Modell eine bezüglich einer Variable - nämlich Flugdistanz zwischen zwei Blüten - *heterogene* Umwelt[26] angenommen wird, die aber *als solche* konstant gehalten wird. Die Fitness der Bienen wird in Relation zu dieser heterogenen Umwelt betrachtet.

Das Konstanthalten einer homogenen oder heterogenen Umwelt kann als weitere *ceteris paribus*-Bedingung in die bereits bestehende lange Liste solcher Bedingungen (siehe 11.2) aufgenommen werden. Es wird dann ganz einfach nicht danach gefragt, wie die Fitness von gewissen Umweltparametern abhängt, ebensowenig wie es *für die Zwecke eines Optimierungsmodells* nicht erforderlich ist, eine Erklärung für irgendwelche anderen Eigenschaften des betrachteten Organismus zu haben.

---

25 Siehe Schmid-Hempel *et al.* (1985), S. 64, Fig. 3

26 Siehe Brandon (1992) zum Begriff der Umweltheterogeneität.

Die zweite Möglichkeit besteht darin, daß nach der Abhängigkeit der Fitness eines Typs von Organismen von Umweltfaktoren spezifisch gefragt wird. Dies ist bei unserem zweiten Beispiel nicht der Fall, es wird lediglich nach der Abhängigkeit der Fitness vom Verhalten der Bienen in einer gegebenen, heterogenen Umwelt gefragt. In anderen Fällen ist es aber gerade die Frage nach der Abhängigkeit von Fitness von einem oder mehreren Umweltfaktoren, die den Biologen interessiert. Tatsächlich ist dies beim Beispiel des Industriemelanismus der Fall, wie auch im Fall der Insektizidresistenz. In ersterem Beispiel wird eine Erklärung dafür gegeben, weshalb in einer rußgeschwärzten Umgebung Falter auftreten, deren Flügel dunkler gefärbt sind als die ihrer Artgenossen in einer unverschmutzten Umgebung. Wie bereits oben erwähnt wurde, liegt der Schlüssel zur Erklärung in diesem Fall in der Fähigkeit von gewissen Räubern, die getarnten Falter auf einer hellen bzw. rußgeschwärzten Oberfläche (z.B. ein Birkenstämme oder Mauern) zu erkennen. Um dieses Phänomen vollständig zu erklären, muß also auch diese Räuber-Beute Beziehung erklärt werden. Eine vollständige Erklärung existiert meines Wissens gegenwärtig nicht. Es konnte zwar gezeigt werden, daß die besser getarnten Falter tatsächlich weniger oft Räubern zum Opfer fallen. Dies scheint zwar einleuchtend; die Erklärung bedient sich aber lediglich der banalen Tatsache, daß auch *wir* die besser getarnten Falter schlechter sehen können. Es ist anzunehmen, daß es den Vögeln, die ein ähnliches visuelles System wie der Mensch besitzen, ähnlich ergeht. Dies ist aber kaum mehr als eine Plausibilitätsbetrachtung; eine vollständige wissenschaftliche Erklärung müßte den visuellen Wahrnehmungs- und Informationsverarbeitungsapparat der involvierten Vögel studieren und zeigen, wie die Erkennung eines Beutetiers von dessen Farbe sowie der Farbe der Umgebung abhängt. Das visuelle System von Tieren ist zwar heute Gegenstand intensiver neurobiologischer Forschung, es werden dort aber meist einfachere Wahrnehmungsprozesse betrachtet als die Erkennung von Beutetieren durch Räuber. Trotzdem sind aus der neurobiologischen Forschung Prinzipien bekannt, die dieses Phänomen wenigstens ansatzweise erklären. Es ist z.B. bekannt, daß bestimmte Neuronen spezifisch auf Helligkeitskontraste im Perzeptionsfeld eines Tieres reagieren[27]. Dies könnte teilweise erklären, weshalb der Räuber die besser getarnten Falter, die einen weniger großen Helligkeitskontrast zu ihrer Sitzfläche bilden, schlechter erkennt. Zweifellos wird es Fälle geben, in denen eine proximate Erklärung des Verhaltens eines ökologischen Interaktionspartners äußerst komplex wird, insbesondere wenn - etwa bei Säugetieren - höhere kognitive Leistungen auftreten. Ich sehe aber keinen

[27] Kuffler, et al. (1984), S. 67ff.

prinzipiellen Grund, weshalb sich solche Erklärungen in irgendeinem Fall nicht finden lassen sollen.

Ich habe damit gezeigt, wie sich die Abhängigkeit der Fitness eines Organismus von biotischen Umweltfaktoren - insofern eine solche Erklärung überhaupt verlangt ist - ökologisch erklären läßt. Die Frage ist nun, ob sich eine solche ökologische Erklärung auch in ein reduktionistisches Schema einfügen läßt. Ein antireduktionistisches Argument für die Ökologie wurde von J. Dupré gegeben. Ähnlich wie Rosenberg im Fall der Selektionstheorie argumentiert Dupré von der multiplen Realisierbarkeit ökologischer Eigenschaften wie z.B. »...ist ein Räuber«[28]. Die Zuschreibung der Eigenschaft, ein Räuber zu sein, beeinhaltet zunächst die Beschreibung der kausalen Rolle eines Trägers dieser Eigenschaft in einem ökologischen System. Wie diese kausale Rolle von einem bestimmten Organismus ausgeübt wird, ist in der ökologischen Theorie nicht enthalten. Während Dupré daraus einfach Irreduzibilität wegen Nichtdefinierbarkeit ökologischer Begriffe in physiologischen Begriffen schließt, ziehe ich es vor eine solche Eigenschaft als Kandidaten für Hookers »token-token Reduktion« zu betrachten (siehe 9.7). Wie wir gesehen haben, geht es bei solchen Reduktionen darum, einzelne Realisierungen (tokens) z.B. des Typs »Räuber« mit den Referenten eines Prädikats zu identifizieren, das eine oder mehrere physiologische Eigenschaften beschreibt, die zu dem räuberischen Verhalten führen. Dies dürfte zwar bei den höheren Tieren sehr schwierig sein, da das Orten, Einfangen und Verzehren eines Beutetiers eine höchst komplexe physiologische Leistung ist (mit der möglichen Ausnahme von einigen niederen Tieren mit sehr einfachen Nervensystemen). Aber dies sind keine Gründe prinzipieller Natur.

Zusammenfassend stelle ich fest, daß wir bei der Betrachtung biotischer Interaktionen als Ursachen von Fitnessunterschieden zu Formulierungen greifen mußten wie »im Prinzip ist ... durch ... erklärbar«. Dies ist natürlich unbefriedigend und der Antireduktionist muß dies nicht akzeptieren. Es scheint mir jedoch, daß unsere Verlegenheit in solchen Fällen primär am gegenwärtigen Stand der Forschung liegt und nicht an grundsätzlichen erkenntnistheoretischen Hindernissen. Trotzdem sind bezüglich der Ökologie zweifellos noch viele wissenschaftstheoretische Fragen ungeklärt.

---

[28] Dupré (1993), S. 111

12 Adaptive Erklärungen und die Populationsgenetik

12.1 Das Beispiel der Heterosis

Um das Verhältnis zwischen populationsgenetischen Modellen und Erklärungen von Fitnessunterschieden zu untersuchen, bediene ich mich des gut untersuchten Falls des balancierten Polymorphismus mit Heterosis an einem Locus[1]. Gegeben seien zwei Allele *A* und *a* und die drei dazugehörigen Genotypen *AA*, *Aa* und *aa*. Die Selektionskoeffizienten von *AA* und *aa* relativ zu *Aa* seien *s* und *t*. Die drei Genotypen seien in einer Population wie folgt verteilt (Annahmen: normale Meiose, keine Migration, keine genetische Drift, Zufallspaarung, diskrete Generationen):

Genotyp	*AA*	*Aa*	*aa*
Frequenz vor Selektion	p^2	$2pq$	q^2
Relative Fitness	w_1 $1 - s$	w_2 1	w_3 $1 - t$
Frequenz nach Selektion	$p^2 w_1/S$	$2pq w_2/S$	$q^2 w_3/S$

wobei $S = p^2 w_1 + 2pq w_2 + q^2 w_3 = p^2(1 - s) + 2pq + q^2(1 - t)$. Aus dieser Tabelle kann z.B. die Veränderung Δq der Frequenz von *a* pro Generation berechnet werden:

$$\Delta q = \frac{pq + (1-t)q^2}{p^2(1-s) + 2pq + q^2(1-t)} - q$$

Durch Umformen erhält man:

[1] Wright (1931), S. 102; siehe auch Sober und Lewontin (1982)

$$\Delta q = \frac{pq(sp-tq)}{1-sp^2-tq^2}$$

Im Gleichgewichtszustand ist $\Delta q = 0$. Indem der obenstehende Ausdruck = 0 gesetzt und $p = 1 - q$ eingesetzt wird, erhält man die Frequenz von a im Gleichgewicht:

$$q_{eq} = \frac{t}{s+t}$$

Bei Heterosis, d.h. $s, t > 0$ ist $0 < q_{eq} < 1$, d.h. die beiden Allele A und a koexistieren in der Population in einem stabilen Gleichgewicht, und dies, obwohl sie beide im homozygoten Zustand nachteilhaft sind. Aufgrund dieser theoretischen Überlegung haben viele Populationsgenetiker die Heterosis als wichtige Ursache für die Erhaltung genetischer Variation in Populationen trotz Selektion gegen nachteilhafte Allele betrachtet[2]. Die relative Häufigkeit von Heterozygoten-Überlegenheit in natürlichen Populationen (und damit die Bedeutung des Heterosis-Gesetzes als Mechanismus der Aufrechterhaltung genetischer Variation) war in den Fünfzigerjahren Gegenstand einer Kontroverse zwischen H. J. Muller und T. Dobzhansky, bekannt als die »classical/balance-Kontroverse«[3]. Es liegen allerdings nur wenige wirklich gut dokumentierte Fälle von Heterosis vor[4]. Das bekannteste Anwendungsbeispiel des Heterosis-Gesetzes ist der Fall der menschlichen Sichelzell-Anämie in den Malariagebieten Afrikas (siehe 12.4).

Offensichtlich ist das Heterosis-Gesetz aus ersten Prinzipien der Populationsgenetik ableitbar, ich habe dies eben mit Hilfe der obigen Tabelle vorgeführt. In die Ableitung ging das Hardy-Weinberg Gesetz ein. Nur durch dieses Gesetz konnten wir wissen, daß die Allelfrequenzen p und q mit den Genotypfrequenzen AA, Aa, und aa vor der Selektion durch die Gleichungen $AA = p^2$, $Aa = 2pq$, $aa = q^2$ verbunden sind. Unter den getroffenen idealisierenden Annahmen und der Annahme eines Fitnessunterschieds zwischen den Genotypen, wobei die Heterozygoten fitter als die beiden Homozygoten sind, folgt das Gesetz für Heterosis deduktiv aus dem Hardy-Weinberg Gesetz und damit aus den Mendelschen Gesetzen.

---

2 Maynard Smith (1992), S. 59f.; Dobzhansky (1970), S. 127f.

3 Beatty (1987c)

4 Futuyma (1990), S. 183ff.

In diese Ableitung mußten wir aber überhaupt kein Wissen über irgendwelche physiologischen oder andere Details des Organismus hineinstecken, außer der relativen Fitness der drei Genotypen. Das Gesetz wurde allein mit Hilfe des Hardy-Weinberg Gesetzes aufgestellt. Es wird für alle Fälle gelten, in denen ein dimorpher Locus vorliegt, der heterozygote Genotyp eine höhere Fitness aufweist als die beiden Homozygoten und das System nicht zu stark von den getroffenen Annahmen abweicht. Das Gesetz abstrahiert von sämtlichen physiologischen, morphologischen, ökologischen etc. Eigenschaften von Organismen, trifft verschiedene idealisierende Annahmen (siehe oben) und gewinnt dadurch einen erheblichen Allgemeinheitsgrad. Das Gesetz ist vielleicht in einem ähnlichen Sinn abstrakt wie das »Gesetz« $1 + 1 = 2$. Dieses »Gesetz« läßt sich auf viele verschiedene konkrete oder abstrakte Dinge oder Ereignisse anwenden, z.B. Äpfel, Primzahlen, Götter, Schnapssorten, Tugenden, EU-Mitgliedstaaten, Herzanfälle, Ehen, Doktortitel etc. Auch kann die Addition der beiden Zahlen physikalisch auf beliebig vielen Wegen realisiert werden, z.B. durch eine mechanische Rechenmaschine, einen elektronischen Digitalrechner oder einen ebensolchen Analogrechner; durch ein neuronales Netzwerk aus Silikon oder eines aus Wasser, Salzen, Lipiden und Protein. Dies alles scheint trivial. Das Verhältnis zwischen allgemeinen evolutionären Prinzipien wie dem Gesetz der Heterosis und den höchst variablen biologischen Systemen, die dieses Gesetz »realisieren« können, erscheint weit weniger trivial und soll deswegen hier untersucht werden. Als erstes betrachte ich einen Vorschlag von E. Sober.

12.2 Sobers Unterscheidung zwischen physikalischen und supervenienten Quellengesetzen

E. Sober macht eine kategoriale Unterscheidung zwischen supervenienten und physikalischen Eigenschaften:

> On the other hand, by rejecting vitalism, we are not forced to think that the properties studied in evolutionary biology are, at bottom, physical properties. Although one physicalist explanation may account for fitness differences among zebras, and a second such story may explain fitness differences among cockroaches,

> no physicalistic account can be offered of *what fitness is*. The reason is simply that fitness is not a physical property.[5]

Ich werde im Folgenden zeigen, daß eine solche Unterscheidung inadäquat ist, da die meisten makroskopischen Eigenschaften supervenient und multipel realisierbar sind. Als erstes ist darauf hinzuweisen, daß alle mikrodeterminierten nicht-fundamentalen physikalischen Eigenschaften die Supervenienzrelation in Bezug auf fundamentale physikalische Eigenschaften erfüllen. Man betrachte als Beispiel die Eigenschaft des Gewichts. Das Gewicht eines Körpers ist so durch seine Masse bestimmt, daß zwei Körper mit derselben Masse dasselbe Gewicht haben (gleiche Gravitationsfeldstärke vorausgesetzt). Mit anderen Worten: Ununterscheidbarkeit bezüglich Masse impliziert Ununterscheidbarkeit bezüglich Gewicht. Damit ist die Supervenienzdefinition (vgl. 10.2) bereits erfüllt, d.h. die Relation zwischen Gewicht und Masse fällt unter den Supervenienzbegriff (und zwar den starken, wenn man diesen als eine kausale Notwendigkeitsrelation versteht). Es mag sein, daß das Verhältnis zwischen Masse und Gewicht noch zusätzlich eine stärkere Relation erfüllt: Bei gleichem Gravitationsfeld (und nur dann) kann vom Gewicht des Körpers auf seine Masse geschlossen werden, d.h. von der supervenienten auf die subveniente Eigenschaft. Dies ist zweifellos nicht bei allen supervenienten Eigenschaften möglich: vom Fitnesswert eines Organismus kann im Allgemeinen nicht auf seinen Genotyp geschlossen werden. Ich halte dies allerdings für trivial. Dieser Umstand ist auf eine ähnliche Weise trivial, wie man nicht vom Gewicht auf die Masse eines Körpers schließen kann, wenn man die Stärke des Gravitationsfeldes *nicht* kennt. Die Relation »gleiches Gewicht - gleiche Masse« gilt lediglich unter einer *ceteris paribus* Bedingung, die besagt, daß die Gravitationsfeldstärke beim Gewichtsvergleich konstant gehalten werden muß. Auf eine ähnliche Weise kann unter bestimmten - wenn auch vermutlich sehr ausführlichen - *ceteris paribus*-Klauseln vom Fitnesswert eines Organismus auf dessen biophysikalische Eigenschaften geschlossen werden (vgl. 10.3). Der wesentliche Punkt scheint mir aber der zu sein, daß man das Gewicht eines Körpers mit Hilfe des Gravitationsgesetzes und *bekannten Randbedingungen* (insbesondere Masse und Abstand von der Gravitationsquelle) voraussagen bzw. das Gewicht eines Körpers *erklären* kann. Ebenso können in manchen Fällen Fitnessunterschiede approximativ vorausgesagt bzw. erklärt werden, wie wir in Kap. 11 gesehen haben.

An dieser Stelle würde nun Sober einwenden, daß es zwischen diesen beiden Fällen einen Unterschied gibt, nämlich den, daß es für Gravitation ein *allgemeines*

---

5 Sober (1984), S. 50

Quellengesetz gibt, während für Fitness lediglich sogenannte *superveniente Quellengesetze* existieren. Es gibt *ein* Gravitationsgesetz, aber *viele* »Gesetze« für Fitness. Ich werde nun zeigen, daß auch dieser Punkt trivial ist bzw. unmittelbar aus ontologischen Voraussetzungen folgt, die auch Sober teilt. Zunächst zu Sobers Begriff eines Quellengesetzes. Solche beschreiben die Umstände, die Kräfte erzeugen, also z.B. Newtons Gravitationsgesetz oder Coulombs Gesetz. Den Kontrast bilden *Folgegesetze*, welche beschreiben, wie die Kräfte Veränderungen auf ein System bewirken, z.B. die Newtonsche Beziehung zwischen Kraft und Beschleunigung bei konstanter Masse $F = ma$. Bezüglich Quellengesetzen besteht nun laut Sober der folgende Unterschied zwischen der Physik und Evolutionsbiologie:

> We can say with complete generality what physical conditions are necessary and sufficient for the existence of a gravitational force. But the physical basis of fitness varies from case to case, and so a specification of source laws in terms of physical properties of the environment must be more piecemeal.[6]

Sober argumentiert, daß es in der Physik allgemeine Quellengesetze gibt, die notwendige und hinreichende Bedingungen für die Realisierung z.B. einer Gravitationskraft oder einer elektrostatischen Kraft liefern. Im Gegensatz dazu existieren solche Gesetze in der Biologie nicht, weil die Bedingungen, die z.B. einen bestimmten Fitnessunterschied erzeugen, höchstens hinreichend, aber nicht notwendig sind, weil der gleiche Fitnessunterschied auf auf anderem Weg hätte realisiert werden können (vgl. 10.1).

Zur Kritik dieses Arguments: Zunächst muß Sobers Behauptung bezüglich physikalischer Quellengesetze präzisiert werden. Das Newtonsche Gravitationsgesetz, z.B., gibt *allein* überhaupt keine Bedingungen für die Realisierung einer bestimmten Kraft an. Es tut dies nur unter den folgenden Prämissen: (1) Der Abstand der beiden interagierenden Massen und die Massen beider Körper müssen bekannt sein. (2) Es dürfen keine weiteren Kräfte auf die beiden Körper wirken[7]. Mit anderen Worten: die Anfangs- und Randbedingungen des Systems müssen bekannt sein. Auf ähnliche Weise bestimmen Unterschiede in gewissen bio-physikalischen Merkmalen von Organismen Unterschiede bezüglich Fitness: Es müssen die Randbedingungen des Systems berücksichtigt werden und es muß angenommen werden, daß alle anderen Bedingungen konstant gehalten werden (vgl. 11.2). Diesbezüglich gibt es also keinen grundsätzlichen Unterschied zwischen physikalischen und Sobers »supervenienten« Quellengesetzen.

---

6 *ibid.*, S. 51

7 Zur Bedeutung solcher *ceteris paribus*-Klauseln in der Physik siehe Cartwright (1983), Kap. 1-3.

Einen wichtigen Unterschied gibt es allerdings schon, und vermutlich ist es der, den Sober im Auge hat: Die Gesetze der Gravitation und der elektrostatischen Wechselwirkung sind *fundamentale* Gesetze der *elementaren* Wechselwirkungen, während sämtliche Gesetze der Biologie *aggregierte* Wechselwirkungen beschreiben. Die Behauptung, daß es in der Biologie elementare Wechselwirkungen gibt, würde einer *vitalistischen* Position entsprechen[8]. Aus fundamentalen Gesetzen, die elementare Wechselwirkungen beschreiben, lassen sich für gewisse Systeme, d.h. Aggregate von Teilchen zwischen denen elementare Wechselwirkungen bestehen, Gesetze ableiten, die gewisse Eigenschaften des Systems erklären - aber nur unter Berücksichtigung der relevanten Anfangs- und Randbedingungen. Mit anderen Worten, elementare Wechselwirkungen werden durch *fundamentale* Gesetze beschrieben, während aggregierte Wechselwirkungen durch *abgeleitete* Gesetze beschrieben werden. Auch ein lebender Organismus ist nichts anderes als ein System von Kräften und Teilchen, die allerdings in einem höchst komplexen Netz von Wechselwirkungen stehen. Daß man detaillierte Kenntnisse über die Randbedingungen dieses Systems braucht, um irgendwelche Eigenschaften des Organismus oder seiner Teile vorherzusagen, ist trivial. Auf jeden Fall gehören irgendwelche Gesetze über biologische Systeme in die Kategorie der abgeleiteten Gesetze. Folgende Bemerkung Sobers ist nun verräterisch:

> The source laws of physical theory have the austere beauty of a desert landscape. Just four types of forces are recognized, and some scientists hope to make this list even shorter. By contrast, the theory of natural selection exhibits the lush foliage of a tropical rain forest. The physical circumstances that can generate fitness differences are many. Perhaps someday these will be reduced in number. But at present evolutionary theory offers a multiplicity of models suggesting a thousand avenues whereby the morphology, physiology and behavior of organisms can be related to the environment in such a way that a selection process is set in motion.[9]

Sober vergleicht direkt die Gesetze der elementaren Wechselwirkungen mit allfälligen Gesetzen über Fitnessunterschiede. Es handelt sich hier um eine Kategorienverwechslung. Sober erwartet, daß Fitnessgesetze derselben Kategorie angehören wie die *fundamentalen* Gesetze über elementare Wechselwirkungen. Von einer nicht-vitalistischen Warte aus gesehen (die auch Sobers ist), kann dies nicht sein; denn nur ein Vitalist darf annehmen, daß es in der Biologie autonome, elementare Wechselwirkungen gibt. Gesetze über Fitness und andere biologische Eigenschaften gehören in einen anderen Bereich, den der *abgeleiteten* Gesetze. Sobald man dies einsieht, verliert die multiple Realisier-

---

8 Weber (1997)

9 Sober (1984), S. 50f.

barkeit der in solchen Gesetzen auftretenden Eigenschaften ihren mysteriösen Charakter.

Solche Eigenschaften hängen in der Regel von vielen Faktoren ab, weil sie durch die aggregierte Wirkung von Kräften in komplexen Systemen mit vielen Kraftzentren entstehen[10]. Als Beispiel betrachte man das Ohmsche Gesetz. Dieses Gesetz zeigt sich in Festkörpern und Flüssigkeiten, in denen Elektronen in einem elektrischen Feld wandern und auf ihrer Wanderung ständig mit den Atomen und freien Elektronen, die den betreffenden Körper konstituieren, zusammenstoßen. Dadurch entsteht Wärme, und diese Wärme ist der energetische Grund, warum die wandernden Elektronen nicht beschleunigen können, d.h. warum der Festkörper der Ladungsbewegung Widerstand leistet. Widerstand ist supervenient und multipel realisierbar, wie man sich durch eine einfache Überlegung vergegenwärtigen kann: es gibt unendlich viele Arten, einen Widerstand mit 1Ω zu bauen, aber zwei physikalisch ununterscheidbare Widerstände müssen dieselbe Ohmzahl haben. Der Grund dafür ist der, daß es eine große Zahl von Faktoren gibt, die den elektrischen Widerstand eines Leiters beeinflussen (z.B. die Temperatur, die molekulare Struktur des Leiters, die Dichte der freien Elektronen oder anderer Ladungsträger usw.). Eine Veränderung in einem solchen Faktor kann durch eine entsprechende Veränderung in einem anderen Faktor kompensiert werden. Dies ist der Grund für die multiple Realisierbarkeit.

Sind die Randbedingen für ein bestimmtes System ausreichend bekannt, und stellt das Aufstellen und Lösen der erforderlichen Gleichungen den Physiker nicht vor unlösbare Schwierigkeiten, dann läßt sich ein Phänomen wie das Ohmsche Gesetz prinzipiell für dieses System, d.h. für diese Realisierung (»token«, vgl. 9.7) des Gesetzes ableiten. Bei dieser Ableitung wird vermutlich sogar ersichtlich, daß auch andere Systeme, die sich bezüglich ihrer Randbedingungen in einer Weise unterscheiden, die für untersuchten Effekt nicht relevant ist, diesem Gesetz gehorchen werden. Falls man z.B. den Fall eines geladenen Teilchens behandelt hat, das sich in einer viskösen Flüssigkeit bewegt und dafür das Ohmsche Gesetz erhält, wird man anhand dieser Erklärung feststellen können, daß das Gesetz für jeden Leiter gelten muß, in dem es eine analoge Beziehung zwischen der Wanderungsgeschwindigkeit der Teilchen und der durch Stöße mit den Atomen des Leiters verursachten Reibungskraft gibt. Auch warum das Ohmsche Gesetz z.B. für Supraleiter *nicht* gilt, kann physikalisch erklärt werden.

---

[10] vgl. Melnyks (1995, S. 374) Begriff der »aggregate laws«.

Nach Sober können in der Evolutionsbiologie »superveniente Quellengesetze« angegeben werden, d.h. Gesetze, die Ausagen über multiple realisierbare Eigenschaften machen:

> Nevertheless, there is scope for considerable generality in the source laws of natural selection. Although supervenience excludes evolutionary theory from the paradise of a *universal* (physical) source law for natural selection, it does not condemn the theory to a piecemeal and ad hoc treatment of each evolving population as unique. ... Evolutionary theory provides general theories about fitness by connecting fitness with other supervenient properties.[11]

In gewissen evolutionären Verallgemeinerungen wird also nach Sober Fitness mit *anderen* supervenienten (d.h. multipel realisierbaren Eigenschaften verbunden. Als Beispiel führt Sober Fishers Theorie der Geschlechterallokation an, die eine Erklärung dafür liefert, daß bei den meisten sexuellen Organismen die beiden Geschlechter in einem 1:1 Verhältnis vorliegen. In Fishers Gleichung für das stabile Geschlechterverhältnis steht die Größe »parental investment« (d.h. der Ressourcenaufwand für die Geburt und Aufzucht eines Sohnes bzw. einer Tochter). Diese ist nach Sober wiederum eine superveniente und multipel realisierbare Eigenschaft. Als ähnliches Beispiel ließe sich die Beziehung zwischen Fitness und Energieeffizienz anführen (siehe 11.4). Manche »Quellengesetze« gibt es also in der Selektionstheorie, aber diese machen wiederum von Größen Gebrauch, für die kein allgemeines Quellengesetz angegeben werden kann. Mit unserer Überlegung von vorhin ist dieses Phänomen leicht zu erklären: es tritt immer dann auf, wenn viele verschiedene Randbedingungen möglich sind, die makroskopisch zum gleichen Phänomen führen. Unser Lieblingsbeispiel, das Ohmsche Gesetz, kann auch als supervenientes Quellengesetz in Sobers Sinn verstanden werden, und es enthält, wie bereits erwähnt, die superveniente und multipel realisierbare Größe des elektrischen Widerstands. Man wird das Ohmsche Gesetz aber kaum für »irreduzibel« halten wollen.

An den eben besprochenen Dingen ist überhaupt nichts spezifisch Biologisches; es scheint sich hier um typische Eigenschaften der Physik der kondensierten Materie zu handeln. Organismen sind auch kondensierte Materie, zumindest für den Nicht-Vitalisten. Aufgrund dieser Überlegungen komme ich zum Schluß, daß eine kategoriale Unterscheidung zwischen »supervenienten« und »physikalischen« Eigenschaften oder Quellengesetzen nicht rechtfertigbar ist. Damit soll nicht behauptet werden, daß *alle* Eigenschaften physikalisch sind; dies wäre offensichtlich absurd. Z.B. ist Primalität bei natürlichen Zahlen eine nicht-physikalische Eigenschaft, oder die ethische Eigenschaft des Gutseins (für

---

[11] Sober (1984), S. 51

die letztere Eigenschaft wurde der Supervenienzbegriff ursprünglich eingeführt). Mein Kritikpunkt ist lediglich der, daß die Unterscheidung zwischen »physikalischen« und »supervenienten« Eigenschaften oder Gesetzen in diesem naturwissenschaftlichen Zusammenhang inadäquat ist. Die adäquate Unterscheidung ist die zwischen *fundamentalen* physikalischen Eigenschaften wie Masse oder Ladung und *Aggregatseigenschaften* wie elektrischer Widerstand, Aggregatszustand oder Löslichkeit. Aggregatseigenschaften sind in der Regel supervenient und multipel realisierbar. Zwischen physikalischen Aggregatseigenschaften und biologischen Eigenschaften wie Fitness besteht kein grundsätzlicher Unterschied.

12.3 Das Verhältnis zwischen der Selektionstheorie und der Physiologie

Ich verstehe im folgenden der Einfachheit halber unter »Physiologie« alle Wissenschaften, die zur Erklärung von Fitnessunterschieden benötigt werden. Dazu gehören u.a. die Biochemie (siehe 11.2), die Physiologie im eigentlichen Sinne (siehe 11.3), und die Öko-Physiologie (siehe 11.5) und möglicherweise noch weitere Theoriebereiche. Diese Wissenschaften können im Prinzip jeden Fall von Fitnessunterschieden zwischen zwei Phänotypen oder Genotypen einer Art erklären.

Als Erstes muß ein wichtiger Punkt festgehalten werden: Die Erklärung eines Fitnessunterschieds zwischen zwei Phänotypen wird außerordentlich schwierig, wenn sich diese bezüglich *mehrerer Merkmale* unterscheiden. Phänotyp *A* hat vielleicht einen effizienteren Zuckerstoffwechsel und gewinnt dadurch eine höhere Überlebenschance, während Phänotyp *B* besser getarnt ist (vgl. 10.1). Um sagen zu können, daß alle Fitnessunterschiede im Prinzip erklärbar sind, muß ein Abstraktionsschritt vorgenommen werden: Fitnessunterschiede sind in der Praxis oft nur dann erklärbar, wenn man zwei Phänotpyen betrachtet, die sich lediglich hinsichtlich *eines* Merkmals unterscheiden. Dies ist eine *ceteris paribus*-Klausel, die z.B. in Optimierungsmodellen (meist implizit) vorausgesetzt wird (vgl. 11.2). Ich nenne dies einen Abstraktionsschritt, weil diese Situation in einer natürlichen Population in der Regel nicht gegeben sein wird. In gewissen Fällen wird es möglich sein, die Beiträge zweier Merkmale zum Gesamtfitnessunterschied zwischen zwei Phänotypen zu addieren, allerdings nur dann, wenn es zwischen diesen beiden Merkmalen keine epistatischen Interaktionen gibt (vgl. 4.3). Dadurch, daß die erwähnte *ceteris paribus*- Klausel angenommen wird, betrachtet man also im Grunde genommen zwei idealisierte Typen, die sich lediglich hinsichtlich des gerade untersuchten Merkmals unterscheiden. Trotz dieses Abstraktionsschritts haben Optimierungsüberlegungen erklärende Kraft.

Ähnliche Abstraktions- bzw. Idealisierungsschritte müssen in vielen Fällen in der Physik durchgeführt werden[12]. Ein solcher Abstraktionsschritt wird auch in populationsgenetischen Modellen durchgeführt, wenn einzelnen Genen ein Fitnesswert zugeschrieben wird (vgl. 8.2). Starke epistatische Interaktionen (»Trittbrettfahren«[13]) können allerdings die Anwendbarkeit von Ein-Locus Modellen in konkreten Fällen verhindern und die Verwendung komplizierter Mehr-Locus Modellen erzwingen. In solchen Fällen hängt die Erklärbarkeit von Fitnessunterschieden davon ob, ob die epistatischen Interaktionen selbst erklärt werden können.

Es scheint in Selektionsprozessen Regularitäten zu geben, für die es keine Rolle spielt, wie Fitnessunterschiede physikalisch realisiert sind. Das in 12.1 diskutierte Gesetz der Heterosis ist ein solcher Fall. Die Bedingung für die Anwendbarkeit dieses Gesetz ist das Vorliegen eines Fitnessunterschieds zwischen den Heterozygoten bezüglich eines Allels und und den beiden Homozygoten. Ein solcher Fitnessunterschied kann auf vielen Wegen realisiert werden; dieses Phänomen hat Rosenberg zu seiner Struktur/Funktion-Unterscheidung (siehe 10.1) und Sober zu seiner Unterscheidung zwischen physikalischen und supervenienten »Quellengesetzen« (siehe 12.2) veranlasst. Wie ich zu zeigen versucht habe, ist Rosenbergs und Sobers Beobachtung zwar grundsätzlich richtig aber erweist sich bei näherer Betrachtung als trivial. Das Beispiel des Ohmschen Gesetzes hat uns gezeigt, daß es auch in der Physik viele Fälle gibt, in denen gesetzesähnliche Aussagen über multipel realisierbare oder »funktionale« Eigenschaften gemacht werden können[14]. Als Grund hierfür hatten wir erkannt, daß in komplexen Systemen offenbar der Fall eintreten kann, daß viele mögliche Kombinationen von Faktoren ähnliche makroskopische Konsequenzen haben.

Diese Erwägungen legen es nahe, das Verhältnis zwischen der Populationsgenetik und der Physiologie mittels dem Begriff der token/token-Reduktion zu charakterisieren. Ich betrachte zwei Beispiele, eines mit dem in 12.1 eingeführten Gesetz der Heterosis, das sich auf ein monogenes Merkmal bezieht, und eines bei dem ein polygenes Merkmal vorliegt.

---

12 Cartwright (1983)

13 Futuyma (1990), S. 213f.

14 vgl. Carrier (1995)

12.4 Monogene Merkmale am Beispiel der Heterosis

Wir betrachten das in 12.1 eingeführte populationsgenetische Modell für balancierten Polymorphismus durch Heterozygoten-Überlegenheit an einem Locus. Ich schlage vor, alle Systeme, bei denen das Heterosis-Gesetz gilt, als Realisierungen (»tokens«) dieses Gesetzes im Sinne Hookers (9.7) zu betrachten. Das Gesetz definiert sozusagen einen bestimmten Typ von Selektion, der - meist unter Vernachlässigung von Störfaktoren - auf viele verschiedene Organismen und Allelpaare angewandt werden kann (vgl. die modelltheoretische Auffassung von Theorien, 8.1). Man könnte die Klasse aller Fälle, auf die das Heterosisgesetz anwendbar ist, mit C. A. Hooker einen funktional charakterisierten Typ *S'* von Systemen unter natürlicher Selektion nennen. Als Realisierung des Gesetzes nehmen wir den bekannten Fall der Sichelzell-Anämie. Dieses Fall ist für uns besonders interessant, weil er auf der molekularen Ebene erklärt werden kann[15]. Sei *S* eine Klasse von molekularen Eigenschaften; z.B. alle Aminosäuresubstitutionen. Diese Klasse verhält sich zur Klasse *S'* der heterosierenden Allelpaare wie unten gezeigt vor (vgl. 9.7).

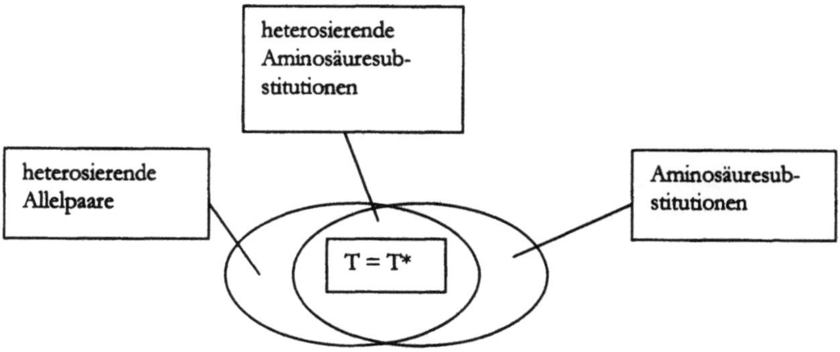

Wie in den in 9.7 besprochenen Beispielen bedeutet *S'* hier eine Klasse von Systemen, die eine *funktionale* (multipel realisierbare) Eigenschaft realisieren. Hier ist es die Eigenschaft, dem Gesetz für Heterosis an einem Locus zu gehorchen, d.h. das Heterosismodell zu erfüllen. *S* ist hier eine *strukturelle* Eigenschaft auf der Ebene der Genprodukte, nämlich eine Aminosäuresubstitution. Die häufigste Form der Sichelzell-Anämie beruht auf einer einzigen ausgetauschten Aminosäure in der β-Kette des Hämoglobins. Der Glutaminsäurerest in Position

[15] siehe auch Schaffner (1993), S. 339-351

6 (d.h. die 6. Aminosäure vom N-Terminus der Polypeptidkette) ist durch Valin ausgetauscht[16]. Nicht alle Aminosäuresubstitutionen führen zu Heterosis, tatsächlich ist dies sogar eine seltene Ausnahme. In der Regel sind solche Substitutionen rezessiv und ohne Vorteile für die Heterozygoten. Deswegen fallen die Extensionen von *S* und *S'* in der obigen Darstellung nicht zusammen. Außerdem gibt es vermutlich Fälle von Heterozygoten-Überlegenheit, die nicht durch einfache Aminosäure-Substitutionen verursacht sind, sondern z.B. durch Mutationen in Gen-Kontrollsequenzen. Aber der Fall der Sichelzell-Anämie fällt in beide Extensionen von *S* und *S'*. Diese Schnittmenge bildet die Menge aller »tokens« *T* von heterosierenden Allelpaaren, die zugleich »tokens« *T** des Typs der Aminosäuresubstitutionen sind. Außerdem existiert eine molekularphysiologische Erklärung, ***warum*** das Sichelzellen-Allel diese Tendenz zur Heterosis hat: Erstens, die Substitution von Glutaminsäure durch Valin auf Position 6 schafft eine hydrophobe Stelle auf der Oberfläche des Hämoglobinmoleküls, wodurch dieses unter bestimmten Bedingungen zu langen Fasern aggregiert. Die roten Blutkörperchen werden durch diese Fasern in ihre charakteristische Sichelform gezwungen, die der Krankheit den Namen gibt. Die Transportfunktion des Bluts wird dadurch stark beeinträchtigt, deswegen sind homozygote Patienten zum Tode verurteilt. Zweitens, die Zellen heterozygoter Patienten »sicheln« auch, aber weniger stark, weil das abnorme Hämoglobin nur die Hälfte der vorhandenen Hämoglobinmoleküle ausmacht. Diese Patienten können problemlos mit dem Defekt leben. Nicht aber der Malariaerreger *Plasmodium:* er kann sich in den leicht deformierten Blutkörperchen nicht vermehren. Das Ergebnis: Heterozygote sind malariaresistent. Dies ist in manchen Gebieten Afrikas ein derartiger Vorteil, daß Träger des Sichelzellen-Allels eine höherere Fitness als sowohl Nichtträger des Alles als auch Homozygote haben. Dies ist die Bedingung für Heterosis. Diese molekular-physiologischen Fakten erklären also, warum die der Sichelzell-Anämie zugrundeliegende Aminosäuresubstitution zusammen mit dem normalen Allel des β-Hämoglobins einen balancierten Polymorphismus durch Heterosis bildet. Das Verhältnis zwischen dem Gesetz der Heterosis und der molekular-physiologischen Erklärung der Sichelzellenanämie und der Malariaresistenz kann auf diese Weise durch eine token/token Reduktion im Sinne Hookers charakterisiert werden. Die molekular-physiologische Erklärung des Fitnessunterschieds zwischen den drei Genotypen kann auf die in Kap. 11 gezeigte Weise als ***Mikroreduktion*** beschrieben werden.

---

[16] Stryer (1981), S. 92. Sichelzell-Hämoglobin war übrigens eines der ersten Proteinmoleküle, das direkte Evidenz dafür lieferte, daß die Primärstruktur von Proteinen durch mendelsche Gene spezifiziert wird (Judson 1979, S. 300ff.).

Ein interessanter Aspekt bei diesem Beispiel ist die bei der Anwendung des einfachen Heterosis-Modells auf den konkreten Fall vorzunehmende Idealisierung. Wie in 12.1 erwähnt wurde, werden bei der Ableitung des Heterosis-Gesetzes verschiedene Modellannahmen getroffen. Diese sind: (1) keine genetische Drift; d.h. es wird angenommen, daß die Population groß genug ist, um Zufallsschwankungen in einem vernachlässigbaren Rahmen zu halten. (2) Keine Migration; d.h. es findet kein Zu- oder Abfluß von Allelen am Hämoglobin-Locus durch Wanderung von Individuen zwischen der betrachteten Population und einer Population mit einer anderen genetischen Zusammensetzung statt. (3) Zufallspaarung; d.h. die Wahrscheinlicheit, daß zwei Paarungspartner beide homozygot oder beide heterozygot oder ein Partner homozygot und der andere heterozygot sind hängt ausschließlich von der relativen Häufigkeit dieser Genotypen in der Population ab (und nicht auch z.B. davon, daß Heterozygote sich am liebsten mit Heterozygoten paaren). (4) Keine Neumutationen; d.h. die Frequenzen der Allele verändern sich in substantiellem Ausmaß ausschließlich durch differentielle Reproduktion der verschiedenen Genotypen (und nicht auch durch Mutation von Hb^A, dem normalen Allel zu Hb^S, dem Sichelzell-Allel, oder umgekehrt). (5) Diskrete Generationen.

Unter diesen Annahmen wurden aufgrund der tatsächlichen Verteilung der Sichelzellen-Krankheit in Gebieten Afrikas mittels des Heterosis-Gesetzes folgende relative Fitnesswerte ermittelt[17]: $Hb^AHb^A = .75$, $Hb^AHb^S =_{def} 1.00$, $Hb^S/Hb^S = 0$, wobei Hb^S das Sichelzellen-Hämoglobinallel, Hb^A das entsprechende normale Allel darstellt. Es ist nun klar, daß es sich dabei um Scheinwerte handelt, weil sie über das *Ergebnis* eines ständig wirksamen Selektionsprozesses ermittelt wurden, der aber nicht exakt den durch das Heterosis-Gesetz gegebenen Gesetzen gehorcht, da es vermutlich zu stark vereinfacht ist. Die Bedingungen (1), (2) und (4) sind zwar in dem Sinne erfüllt, daß die durch sie ausgeschlossenen »Störfaktoren« vernachlässigbar sind. Bedingung (5) ist hier klar nicht erfüllt. Nicht vernachlässigbar ist auf jeden Fall der in Bedingung (3) auftretende Faktor: Migration. Es findet vermutlich in Wirklichkeit eine stetige Wanderung von Personen zwischen den Malariagebieten und den Nicht-Malariagebieten statt, so daß das Gleichgewicht ständig gestört wird und die Allelfrequenzen nicht exakt den aufgrund des Heterosis-Gesetzes zu erwartenden Werten entsprechen. Trotz dieses Mangels kann kaum bestritten werden, daß das Heterosis-Modell eine Erklärung dafür leistet, weshalb das Hb^S-Allel in Malariagebieten derart häufig ist (ca. 40% der Erwachsenen sind für diesen Locus heterozygot). Diese Erklärung gelingt, weil

[17] Li (1961), S. 161ff.

sie sich auf die wichtigsten Faktoren, die die Evolution des Sichelzell-Allels bestimmen, konzentriert und von weniger einflußreichen »Störfaktoren« abstrahiert. Die populationsgenetische Erklärung wird in dem oben ausgeführten Sinn ergänzt durch die molekularphysiologische, mikroreduktive Erklärung der Heterozygoten-Überlegenheit der Kombination des normalen mit dem Sichelzellen-Hämoglobinallel: Es wird erklärt, *weshalb* das Sichelzellen-Allel das Heterosis-Gesetz im »Idealfall« - d.h. im Fall daß Bedingungen (1) - (5) erfüllt sind - realisiert.

Im Prinzip ist es möglich, die »Störfaktoren« in das Modell aufzunehmen. Eine Gleichung für die Veränderung von Allelfrequenzen, die auch Drift, Mutation und Migration berücksichtigt, wurde z.B. von Wright aufgestellt[18]:

$$\Delta p + \delta p = -\mu p + l(1 - p) + p(1 - p)(t + wp) + \delta p$$

wobei δp driftbedingte Zufallschwankungen der Allelfrequenz angibt. μ ist die Mutationsrate, m die Migrationsrate und t und w sind Selektionskoeffizienten, die auch nichtzufällige Paarung berücksichtigen. Diese Gleichung kann z.B. mittels eines Diffusionsansatzes integriert werden[19]. Theoretisch könnte der Fall auch für Heterozygoten-Überlegenheit behandelt werden, was vermutlich äußerst kompliziert wird und kaum zu einer neuen Einsicht führt. Auf jeden Fall müßten in diesem Fall die zusätzlichen Parameter μ, m, t, w in das Modell eingesetzt werden. Allerdings wird auch ein auf diesem Weg erhaltenes theoretisches Modell nur eine Annäherung an die Wirklichkeit sein können. Denn Wrights Gleichung nimmt an, daß die Population sich in diskreten Generationen reproduziert. Beim Menschen ist dies zweifellos nicht der Fall, was die exakte Berechnung von Genfrequenzen zusätzlich kompliziert, weil die Altersstruktur der Population berücksichtigt werden muß.

Populationsgenetische Modelle abstrahieren also nicht nur von den Faktoren, die einen bestimmten Fitnessunterschied realisieren, sondern auch von vielen Populationsparametern und erreichen dadurch ihre Allgemeinheit. Nach der modelltheoretischen Auffassung von Theorien (siehe Kap. 8) definiert die populationsgenetische Theorie idealisierte biologische Systeme, denen eine genau bestimmte Zahl von Zustandsvariablen und Parametern zugeschrieben wird. Bei Ein-Locus Modellen kann der Zustandsraum durch drei Genotypfrequenzen konstruiert werden[20]. Die Parameter s, t, μ und m können dazu benutzt werden, den Geltungsbereich des Ein-Locus Modells für Heterosis

---

18 Wright (1931), S. 155
19 Crow und Kimura (1970)
20 Lloyd (1988), S. 34

festzulegen. Die Gleichgewichtsbedingung für den balancierten Polymorphismus kann, wie in 12.1 gezeigt, mittels der Hardy-Weinberg Gleichung berechnet werden, die ebenfalls eine bestimmte Klasse von idealisierten biologischen Systemen definiert, nämlich Populationen mendelnder sexueller Organismen, die sich zufällig paaren.

Welche Rolle spielt nun die mikroreduktive molekular-physiologische Erklärung der Heterozygoten-Überlegenheit in diesem Bild? Gemäß der Theorie der token/token-Reduktion identifiziert die molekular-physiologische Theorie die Sichelzell-Anämie als Realisierung eines populationsgenetischen Heterosis-Modells. Sie sagt zwar nicht genau, welches Modell; ob ein sehr einfaches wie das angebene oder ein komplexeres, weniger stark idealisiertes. Aber das Allelpaar in seinem Kontext (menschliche Populationen in Malariagebieten) wird von *außerhalb der Selektionstheorie* einer Klasse von Modellen der Selektionstheorie als Anwendung zugewiesen.

An dieser Charakterisierung des Verhältnisses der Selektionstheorie und der Physiologie wird klar, daß hier nur in einem schwachen Sinn von Reduktion geredet werden kann. Die Reduktion ist allenfalls explanatorisch und nicht definitorisch, was allein schon an der Verschiedenheit der Extensionen der verwendeten funktionalen und strukturellen Prädikate erkennbar ist. Die Charakterisierung mittels token/token-Reduktion sagt aber mehr aus als z.B. die Supervenienztheorie der Fitness. Wie in Kap. 10 besprochen wurde, besagt eine solche lediglich die Kovariation von Fitnesswerten und physikalischen Eigenschaften des Organismus. Die Ursache der Kovariation, *warum* ein Fitnessunterschied mit einem bestimmten physikalischen Unterschied korreliert ist, bleibt dabei offen. Mittels der hier angegeben Charakterisierung kann aber das Verhältnis genauer ausgedrückt werden: Der Fall der Sichelzell-Anämie wird von zwei Seiten her beschrieben, von der populationsgenetischen und der molekular-physiologischen. Von der populationsgenetischen Seite her kann festgestellt werden, daß zwischen den beiden Allelen Hb^A und Hb^S ein Fitnessunterschied besteht und daß Hb^AHb^S den beiden homozygoten Genotypen überlegen ist (z.B. durch Bestimmung der Überlebensraten der Genotypen). Das Verhalten der beiden Allele in der Population unter Selektion kann vorausgesagt und die Vorhersage empirisch überprüft werden. Dadurch wird das System einmal als Fall von Heterosis erkannt. Die molekularphysiologische Erklärung sagt voraus, daß Hb^AHb^S-Individuen *ceteris paribus* bessere Überlebenschancen haben als Hb^AHb^A und Hb^SHb^S und erklärt diesen Umstand auch gleich. Dadurch wird das System ein *zweites* Mal als Anwendung für das Heterosis-Modell identifiziert. Wir wissen nun nicht nur, *daß* das System ein Fall von Heterosis ist, wir wissen auch *warum*. Dies ist der explanatorische Aspekt der Reduktion. Außerdem können wir durch die doppelte Identifikation des Systems als Anwendung für das Heterosis-Modell mehr Vertrauen in die gesamte Erklärung haben (das Explanandum ist die enorme Häufigkeit der Krankheit in Malariagebieten; die gegebene Erklärung ist ultimat). Es wäre ja z.B. möglich, daß bei der Bestimmung der Überlebensraten ein statistischer Fehler gemacht wurde und daß überhaupt kein Fitnessunterschied vorliegt. Die Behauptung des Vorliegens eines Fitnessunterschieds aufgrund der Beobachtung von Fortpflanzungs- und Überlebensraten in einer *endlich* großen Population ist stets eine statistische Hypothese, bei der die Möglichkeit eines *statistischen Fehlers* nicht eliminiert werden kann[21]. Die molekular-physiologischen Fakten machen dies aber weniger wahrscheinlich. Sie bestätigen die statistische Hypothese des Vorliegens eines Fitnessunterschieds, indem sie eine physikalische Basis für den Fitnessunterschied ausfindig machen. Dies ist der *bestätigende* Aspekt einer Reduktion[22]. Damit erfüllt auch token/token-Reduktion zwei zentrale Zwecke der Theoriereduktion. Der einzige Aspekt, den sie nicht erfüllt, ist die Definierbarkeit von Begriffen durch Begriffe einer reduzierenden Theorie. Wie wir in Kap. 9 gesehen haben, ist dieser sowieso problematisch.

12.5 Quantitative Merkmale

Der Fall der Sichelzell-Anämie, den ich hier als Beispiel verwendet habe, ist nicht für alle Selektionsprozesse repräsentativ. Neben dem eher seltenen Phänomen der Heterozygoten-Überlegenheit zeichnet er sich außerdem durch eine Eigenschaft aus, die auch nicht bei allen Selektionsprozessen gegeben ist: das Sichelzellenmerkmal ist *monogen* (d.h. durch ein einziges Gen bestimmt) und deswegen *diskret*, d.h. es ist entweder vorhanden oder nicht. Viele Merkmale, die der Selektion unterliegen können, sind im Gegensatz dazu *polygen* und *kontinuierlich;* in der technischen Literatur werden solche meist als »quantitativ« bezeichnet. Quantitative Merkmale können kontinuierlich über einen Bereich variieren; das Paradigma eines solchen Merkmals ist die Körpergröße. Auch bei dem in 11.3 vorgestellten Beispiel handelt es sich im Prinzip um ein quantitatives Merkmal. Es ist anzunehmen, daß dieses Merkmal durch viele Gene bestimmt wird, und nicht - wie bei der Sichelzellen Anämie - durch zwei Varianten eines einzigen Gens. Auch für quantitative Merkmale gibt es Modelle, die die Selektion eines solchen Merkmals in Populationen beschreiben[23]; diese haben

---

21 Beatty (1987a)
22 vgl. Nagel (1961), S. 361
23 Maynard Smith (1992), Kap. 6; Stearns (1992), Kap. 3

eine andere Form als typische Modelle für diskrete Merkmale wie der in 12.1 besprochene Fall von Selektion an einem Genort. Als Variablen treten in diesen Modellen nicht Genfrequenzen auf, sondern Größen wie die additive genetische Varianz oder die Heritabilität eines Merkmals in einer Population, sowie das sog. Selektionsdifferential (Unterschied zwischen dem Mittelwert der selektierten Eltern und der gesamten Population). Die quantitative Genetik - so heißt das Teilgebiet, das die Evolution quantitativer Merkmale untersucht - kennt gesetzesmäßige Beziehungen zwischen diesen Größen, z.B. zwischen der Heritabilität (h^2) eines Merkmals und der evolutionären Antwort auf phänotypische Selektion[24]:

$$Selektionsantwort = h^2 \times Selektionsstärke$$

h^2 (Heritabilität) ist ein Maß dafür, welcher Anteil der Variation eines quantitativen Merkmals in einer Population auf genetische (im Gegensatz zu umweltbedingter) Variation zurückzuführen ist. Die Selektionsstärke ist durch die Stärke der Fitnessunterschiede verschiedener Phänotypen bedingt, und die Selektionsantwort gibt an, wie sich der Mittelwert eines quantitativen, variablen Merkmals von Generation zu Generation durch Selektion verändert.

In der quantitativen Genetik unterscheidet man meist zwischen *stabilisierender*, *gerichteter* und *disruptiver* Selektion[25]. Bei Ersterer ist Fitness eine Funktion des quantitativen Merkmals, die mindestens ein lokales Maximum aufweist (die oben angegebene Beziehung zwischen Heritabilität, Selektionsstärke und Selektionsantwort gilt nur für gerichtete Selektion). Dieser »optimale« Phänotyp wird, wenn er sich in der Population einmal durchgesetzt hat, stabil bleiben. Bei gerichteter Selektion hat die Fitnessfunktion in Abhängigkeit des quantitativen Merkmals innerhalb des Variationsbereichs kein Maximum, sondern nimmt stetig zu. In diesem Fall wird sich die Population durch Selektion ständig in Richtung der zunehmenden Fitness bewegen und das quantitative Merkmal wird immer größer bzw. kleiner, bis irgendwelche »constraints« erreicht werden, über die hinaus das Merkmal aus physiologischen Gründen nicht evoluieren kann. Sind keine solchen »constraints« vorhanden, entsteht ein »Darwinscher Dämon«, d.h. ein Organismus mit unendlicher Fitness. Die Absurdität eines solchen Dämons läßt den Schluß zu, daß es *immer* constraints gibt. Beim dritten Typ von Selektion schließlich hat die Fitnessfunktion ein lokales Minimum. Dies kann dazu führen, daß sich die Population in zwei Portionen aufspaltet (deswegen

24 Roughgarden (1979), S. 142
25 Futuyma (1990), S. 175

»disruptive« Selektion), wobei die Häufigkeitsverteilung für das Merkmal zwei Maxima annimmt, von denen eines über, das andere unter dem Wert mit minimaler Fitness liegen. Es existieren für diese Arten von Selektion bestimmte *Gesetze*, wie z.B. das oben angegebene für Heritabilität und Selektionsantwort bei gerichteter Selektion.

Das Beispiel aus 11.3 sagt stabilisierende Selektion für den Fall hervor, daß sich das untersuchte Merkmal bei Einsetzen des Selektionsprozesses symmetrisch um das Optimum herum verteilt, und gerichtete Selektion, falls der Populationsdurchschnitt vor Einsetzen der Selektion neben dem Optimum liegt. Wiederum stellt sich die Frage, wie sich nun ein bestimmtes System, das den Gestzen der stabilisierenden oder gerichteten Selektion unterliegt, als eine Realisierung dieser Gesetze zur mikroreduktiven Erklärung der Abhängigkeit der Fitness von dem quantitativen Merkmal verhält. Ich charakterisiere das Verhältnis nun wiederum mit Hilfe des Begriffs der Token-token-reduktion (9.7).

Wir nehmen an, daß stabilisierende Selektion vorliege. Der Fall von Sammelverhalten bei Honigbienen wird also zunächst *extern* (im Bezug auf physiologische Eigenschaften) als Fall von stabilisierender Selektion (Prädikat *S'*) klassifiziert[26]. Physiologisch wird der Fall mittels eines Prädikats *S* klassifiziert, welches von seinen Referenten genetische Unterschiede in der Energieeffizienz von Verhaltensweisen aussagt. Dann wird in nunmehr vertrauter Manier das Sammelverhalten bei Honigbienen als Referent (=token_1) von *S'* und gleichzeitig als Referent (=token_2) von *S* identifiziert (siehe untenstehendes Mengendiagramm).

[26] Ob es sich wirklich um stabilisierende Selektion gehandelt hat, läßt sich nach Erreichen des Gleichgewichtszustandes nicht festellen; dazu müßte der Selektionsprozeß in Aktion beobachtet werden, oder zumindest Angaben über die Verteilung des Merkmals vor der Selektion vorliegen. An meinem begrifflichen Punkt ändert sich dadurch aber nichts.

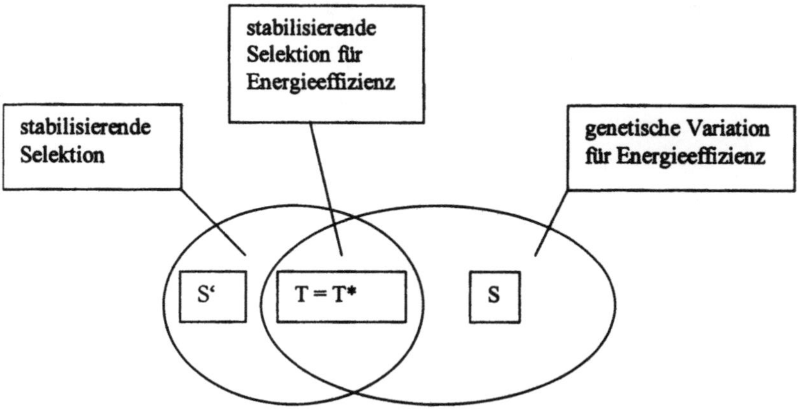

Auch diese Mikroreduktion besitzt erwartungsgemäss eine explanatorische Asymmetrie: es wird von der Strukturseite (d.h. der Physiologie) her auf die in 11.3 vorgeführte Weise gezeigt, warum der betrachtete Fall unter das Prädikat *S'* fällt, nämlich weil er bestimmte physiologische Eigenschaften aufweist. Das abgeleitete Gesetz L_F*, das die Abhängigkeit der Fitness von gewissen physiologischen Parametern beschreibt, besagt hier nichts anderes, als daß das System die Bedingungen für stabilisierende Selektion erfüllt: es gibt einen hinsichtlich der Fitness des Organismus optimalen Wert für die quantitative Variable, die das Sammelverhalten der Bienen beschreibt. Dadurch identifiziert L_F* dieses System extern als Referenten oder als Realisierung der Gesetze für stabilisierende Selektion; es sagt voraus, daß das System diesen Gesetzen unterliegt, ohne das tatsächliche evolutionäre Verhalten tatsächlich beobachten zu müssen, was ja oft nicht möglich ist, weil Selektionsprozesse ihre Spuren verwischen, indem sie die für sie generative genetische Variation reduzieren.

Eine weitere interessante Frage ist, wie die lokale Verbindung zwischen Fitness und physikalischen Eigenschaften interpretiert werden kann. Die Identitätsrelation kommt hierfür nicht in Frage; bekanntlich sind z.B. Fitness und Energieeffizienz nicht koextensional. Ich hatte in 9.5 vorgeschlagen, lokale Brückengesetze so zu interpretieren, daß sie *analoge* Eigenschaften bezeichnen, wobei als *tertium comparationis* die kausale Rolle der Eigenschaften in Frage kommt. Könnte man nun sagen, daß Fitness und Energieeffizienz in dem oben betrachteten Beispiel analoge Eigenschaften bezeichnen? Fitness wird meist als *kausale Tendenz* eines Organismus interpretiert, durch natürliche Selektion bevorzugt zu werden[27]. Fitnessunterschiede sind in einem gewissen Sinn die »Treibkräfte« von Selektionsprozessen. Dasselbe kann man nun im Fall von Selektion für effizientes Nahrungs-Suchverhalten von der Eigenschaft der Energieeffizienz aussagen. Man kann ebenso gut sagen, die höhere Fitness sei die Ursache des evolutionären Erfolgs gewisser Verhaltensweisen, wie man sagen kann, die bessere Energieeffizienz sei diese Ursache. Bei der ersteren Aussage wird die Erklärung durch das Prinzip der natürlichen Selektion geleistet, bei der letzteren durch physiologische Prinzipien. Was immer die Eigenschaft »Fitness« bezüglich der Evolution dieser Systeme erklärt, wird *in diesem Fall* auch durch die Eigenschaft »Energieeffizienz« erklärt.

Eine weitere Eigenschaft, die den Status der Beziehung zwischen Fitness und Energieeffizienz als Brückengesetz rechtfertigt, ist, daß zumindest lokal die Begriffe füreinander substituiert werden können. Im Rahmen eines Optimierungsmodells wird tatsächlich Energieeffizienz als Optimierungskriterium anstelle von Fitness verwendet, welches gemäß der Selektionstheorie die eigentliche Eigenschaft ist, die durch Selektion maximiert wird. Es muß aber klar darauf hingewiesen werden, daß die Identifikation von Fitness mit Energieeffizienz nur für bestimmte Systeme gilt, d.h. nur für bestimmte Organismen und sogar nur für bestimmte Merkmale innerhalb dieser Organismen. Das Brückengesetz ist also lokal; es unterliegt gewissen *ceteris paribus*-Bedingungen. Trotzdem ist es von einer gewissen Allgemeinheit: es gilt für viele »tokens« der zu verbindenden Begriffe.

Aus dieser Diskussion geht aber auch hervor, daß durch die mikroreduktive adaptive Erklärung eines Fitnessunterschieds die populationsgenetischen oder quantitativ-genetischen Modelle nicht überflüssig werden. Die mikroreduktive Erklärung gibt an, weshalb sich bezüglich eines bestimmten Merkmals variierende Organismen in ihrer Fitness unterscheiden, das populationsgenetische Modell erklärt, weshalb solche Fitnessunterschiede zu bestimmten Veränderungen der Genfrequenzen oder der Merkmalsverteilung in der Population führen. Zusammen bilden sie die adaptive Erklärung.

---

27 Propensitätsinterpretation der Fitness; siehe Mills und Beatty (1979).

Epilog: Reduktionismus und Materialismus in der Biologie

Ich habe in den vorangegangenen Kapiteln eine reduktionistische Interpretation der Synthetischen Evolutionstheorie und ihrer Beziehung zu anderen Wissenschaften zu entwickeln versucht. Einige allgemeine Bemerkungen und Schlußfolgerungen, die sich aus einer solchen Interpretation ergeben, sind nun noch angezeigt.

Das Schlagwort »Reduktionismus« hat in letzter Zeit in verschiedenen Kontexten einen negativen, ideologischen Beiklang erhalten. Soweit ich diese Debatten überblicke, hat dies hauptsächlich zweierlei Gründe. Erstens wurde dieses Wort in neuerer Zeit häufig und besonders im angelsächsischen Raum im Zusammenhang mit den anhaltenden Kontroversen um die Soziobiologie und die eventuellen biologischen Grundlagen menschlichen Handelns gebraucht. Dort bezeichnet »Reduktionismus« die Tendenz, komplexe menschliche Verhaltensweisen mittels einfacher biologischer Mechanismen zu erklären und die soziale, kulturelle und historische Bedingtheit des Menschen außer Acht zu lassen. Dies ist nicht der Sinn, in dem in der vorliegenden Arbeit von »Reduktionismus« die Rede ist. Daß bei wissenschaftlichen Erklärungen nach Möglichkeit immer *alle* Faktoren, die für bestimmte Phänomene relevant sind, berücksichtigt werden müssen, ist ebenso so richtig wie trivial. Mit der hier vertretenen Form von Reduktionismus ist dies völlig verträglich. Was die Synthetische Evolutionstheorie anbelangt, so macht diese von vornherein nur Aussagen über biologische Merkmale, die eine *genetische Basis* haben. Wo dies nicht der Fall ist - also z.B. für kulturell vermittelte Eigenschaften von menschlichen Individuen oder Gesellschaften - müssen andere Theorien herbeigezogen werden, z.B. soziologische. Ob solche Theorien *auch* einer reduktionistischen Interpretation zugänglich sind, ist eine schwierige Frage, die hier nicht erörtert werden kann.

Der zweite Kontext, in dem »Reduktionismus« als ideologisch suspekt angesehen wird, hat einen forschungs- und bildungspolitischen Hintergrund. Seit der raschen Expansion der Molekularbiologie in den Sechziger- und Siebzigerjahren, die vielerorts auf Kosten der organismischen Biologie (d.h. Evolutionsbiologie, Zoologie, Botanik) erfolgte, verbindet man mit »Reduktionismus« häufig die Auffassung, daß Erklärungen biologischer Phänomene *allein* auf der molekularen Ebene zu suchen sind. Auch dies ist ein völlig anderer Sinn von »Reduktionismus«, und auch eine solche Auffassung wird durch die vorliegende Untersuchung nicht gestützt. Im Gegenteil, wie ich besonders im ersten Teil (Kap. 3-5) zu zeigen versucht habe, stützt sich die Neo-Darwinistische Evolutionstheorie auf Untersuchungen sowohl auf der organismischen (Biogeographie, Systematik) als auch auf der Mikroebene (Genetik, Zytologie). M.E. lag die enorme Fruchtbarkeit der Synthetischen Theorie als Forschungsprogramm gerade in der *Verbindung* dieser beiden Ebenen. Eine einseitige Forschungspolitik kann also mit der hier verteidigten Auffassung der Evolutionstheorie und ihrem Verhältnis zu anderen Wissenschaften nicht begründet werden.

Wie wir gesehen haben, erlauben typische reduktive Erklärungen in der Evolutionsbiologie die Elimination von Theorien der organismischen Ebene (z.B. der Selektionstheorie) nicht. Dies wäre nur durch *definitorische* Reduktion (siehe 9.2) möglich, die in der Biologie wegen der multiplen Realisierbarkeit biologischer Eigenschaften meistens versagt (siehe 10.1). Was ich behaupte, ist lediglich die prinzipielle Möglichkeit von *explanatorischer* Reduktion in der Evolutionsbiologie. Wie ich gezeigt habe (Kap. 12), besteht der Zweck solcher Reduktionen nicht in der Elimination einer Makrotheorie, sondern darin, einzelne Anwendungen der Makrotheorie besser zu verstehen, z.B. Selektionsprozesse hinsichtlich der physikalischen Basis der sie verursachenden Fitnessunterschiede bei einem bestimmten Typ von Organismen (siehe 12.4 und 12.5). In diesem Sinne behält die organismische Biologie ihre *Autonomie*, die zu begründen der Hauptzweck vieler antireduktionistischer Argumente in der Biologie ist. Aus meinen Untersuchungen geht aber hervor, daß ein richtig verstandener Reduktionismus die Autonomie der organismischen Biologie nicht beschneidet.

»Reduktionismus« im hier verwendeten Sinn steht für eine Behauptung über die *Struktur* gewisser *wissenschaftlicher Erklärungen* und den *Zusammenhang von Theorien aus verschiedenen Forschungsbereichen*. Die Kernaussage ist die, daß bei Typen von Realisierungen funktionaler Eigenschaften, die in einer Makrotheorie vorkommen - z.B. ein Typ von Organismen mit bestimmten Fitnesswerten - im Rekurs auf Mikrotheorien erklärt werden kann, *warum* bei diesem Typ diese funktionale Eigenschaft instantiiert wird (zum Begriff der funktionalen Eigenschaft siehe 9.2 und 10.1). Diese Aussage ist weder *empirischer* (wie die als »reduktionistisch« geltenden Aussagen mancher Soziobiologen) noch *forschungspolitischer* Natur, sondern es handelt sich um eine *epistemologische* These. Wie oft bei epistemologischen Thesen verbergen sich dahinter aber *metaphysische Annah-*

men. Tatsächlich sind die hauptsächlichen Gründe für mein Interesse am epistemologischen Reduktionismus ontologischer Natur (wie mir erst im Verlauf dieser Untersuchung klar wurde). Ich werde diese Gründe zum Schluß noch kurz darlegen.

Das ontologische Gegenüber des epistemologischen Reduktionismus ist der *Materialismus*, der eine metaphysische Grundannahme der modernen Biologie darstellt. Eine minimale und innerhalb der (analytischen) Philosophie der Biologie zur Zeit unkontroverse Formulierung dieser These lautet wie folgt:

> M_1: Es existieren in belebten Wesen (a) keine Substanzen und (b) keine elementaren Wechselwirkungen, die nicht auch in unbelebter Materie vorhanden sind.

Diese Formulierung richtet sich explizit gegen Formen des *Vitalismus*, in denen die Existenz besonderer Lebenskräfte (z.B. Bergsons »élan vital« oder Drieschs »Entelechie«) behauptet wird. Aufgrund ihres negativen Charakters - sie gibt nur an, was *nicht* ist - ist M_1 aber ergänzungsbedürftig. Wie könnte sie ergänzt werden?

M_{1a} ist die These des *materialistischen Substanzmonismus*. Substanzen sind gemäß der klassischen Metaphysik diejenigen Dinge, die ohne ein Anderes existieren können. Ihnen gegenüber stehen *Eigenschaften*, die nur vermittels von Substanzen existenzfähig sind. Die Frage ist nun, ob M_1 durch eine These ergänzt werden soll, die behauptet, daß es auch nur eine Art von Eigenschaften gibt[1]:

> M_2: Alle Eigenschaften sind materieller (physikalischer) Natur.

Der *materialistische Eigenschaftsmonismus* M_2 ist wesentlich stärker und auch problematischer als der Substanzmonismus. Um die Problematik von M_2 zu sehen, betrachte man eine typische Kompositionshierarchie, wie sie im modernen naturwissenschaftlichen Weltbild enthalten ist: Elementarteilchen bilden Atome, diese bilden Moleküle, diese bilden Aggregate (Festkörper, Membranen, Flüssigkeiten, Gase). Lebende Zellen sind nach der modernen Auffassung Gemische solcher Aggregate. Sie bilden die Gewebe und Organe der Organismen, z.B. das menschliche Gehirn. Das Gehirn bildet Bewußtseinszustände wie Gedanken, Gefühle, Wahrnehmungen usw.

Betrachten wir nun typische Eigenschaften entlang dieser Hierarchie: Elementarteilchen haben Masse und Ladung sowie quantenmechanische Eigenschaften (z.B. Spin); Atome und Moleküle haben dazu noch chemische

---

[1] vgl. Kim (1996), S. 211f.

Bindungseigenschaften. Aggregate haben thermodynamische, elektromagnetische und mechanische Eigenschaften. Zellen, Gewebe und Organe haben metabolische, morphogenetische, endokrinologische, immunologische, neurophysiologische usw. Eigenschaften. Bewußtseinszustände haben subjektive Eigenschaften wie »angenehm«, »nagend«, »dumpf« usw. Es ist offensichtlich, daß irgendwo in der Kompositionshierarchie der Punkt kommt, an dem wir eine auf einer bestimmten Ebene auftretende Eigenschaft nicht mehr ohne Weiteres als »materiell« und schon gar nicht als »physikalisch« bezeichnen würden[2]. Dieser Punkt ist spätestens bei den Bewußtseinszuständen erreicht.

Dadurch stellt sich für den Materialisten die Frage, wie Aggregate physikalischer Entitäten nicht-physikalische Eigenschaften haben können. Manche Autoren postulieren an diesem Punkt *Emergenz*, um das Auftauchen (lat. *emergere*) von neuen Eigenschaften auf höheren Ebenen der Komplexität zu erklären[3]. Die von mir bevorzugte Antwort ist aber die folgende: Manche Eigenschaften werden nicht durch ihre materielle oder physikalische Basis definiert, sondern durch ihre kausale Rolle in einem komplexen Wirkungsgefüge. Solche Eigenschaften nennt man »funktional«, und zu ihnen gehören vermutlich die mentalen Eigenschaften, aber auch biologische Eigenschaften wie Fitness oder Dominanz (in der Genetik). Diese Eigenschaften sind nur in dem Sinn nicht physikalisch, indem ihre Zuschreibung nicht an bestimmte materielle Realisierungen gebunden ist.

Es ist nun m.E. auch für biologische Eigenschaften sinnvoll, daß sie von physikalischen Eigenschaften unterschieden werden (sie als »materiell« zu bezeichnen erscheint mir unproblematisch). Viele funktionale biologische Eigenschaften können nur in einem lebenden Organismus auftreten, in dem sie die sie auszeichnende kausale Rolle übernehmen können. Fitness kommt z.B. nur einem System zu, das zur Fortpflanzung befähigt ist; und es ist allein dieser Umstand, der Fitness zu einer typisch biologischen Eigenschaft macht (sollte es aber eines Tages künstliche Organismen geben, so hätten auch diese Fitness). In 12.2 haben wir einen Versuch betrachtet, eine kategoriale Trennung zwischen biologischen und physikalischen Eigenschaften mit Hilfe des Begriffs der

---

2 Der Einfachheit halber lasse ich *abstrakte* Entitäten und ihre Eigenschaften wie z.B. Zahlen und Primalität weg, da diese zusätzliche metaphysische Rätsel aufgeben, die hier nicht relevant sind.

3 Eine Emergenztheorie wird unter anderem auch von einem der Architekten der Synthetischen Evolutionstheorie vertreten, nämlich von Ernst Mayr (1982, S. 59-64). Auf eine Diskussion von Emergenztheorien wurde hier verzichtet, weil deren Probleme bereits vorzüglich aufgezeigt wurden, z.B. Teller (1992); Hoyningen-Huene (1994); Stephan (1994).

Supervenienz vorzunehmen (E. Sober). Wie ich gezeigt habe, ist damit aber kein wesentlicher Unterschied getroffen, da erstens alle physikalisch determinierten Eigenschaften bezüglich derselben supervenient sind, und zweitens multiple Realisierbarkeit von Aggregatseigenschaften schon in der Physik auftritt. Alles was biologische Eigenschaften von rein physikalischen abhebt, ist demnach ihre kausale Rolle in einem *lebenden Organismus,* dessen sie zu ihrer Realisierung bedürfen. Dies wirft jedoch im Rahmen der Voraussetzungen des Materialismus die Frage auf, wie sich funktional-biologische Eigenschaften zu den physikalischen verhalten. Eine Möglichkeit, dieses Verhältnis zu charakterisieren ist mittels Supervenienz (siehe 10.1).

Die Supervenienztheorie biologischer Eigenschaften ist ein Versuch, Materialismus (die meisten englischsprachigen Autoren verwenden dieses Wort synonym mit »physicalism«) ohne Reduktionismus anzunehmen, also einen *nichtreduktiven* Materialismus bzw. Physikalismus zu formulieren. Wie wir in 10.1 gesehen haben, wollen Supervenienztheoretiker wie Rosenberg drei Dinge behaupten: Erstens, die *Abhängigkeit* biologischer von physikalischen Eigenschaften; zweitens, die Möglichkeit von *multipler Realisierbarkeit* von biologischen durch physikalische Eigenschaften und, drittens, die *Nichtreduzierbarkeit* biologischer auf physikalische Eigenschaften. Letztere ist dabei stets im Sinne von definitorischer Reduktion gemäß 9.2 gemeint; explanatorische Reduktion wird durch multiple Realisierbarkeit nicht ausgeschlossen. Wie wir gesehen haben (10.4), ermöglicht der formal definierte Supervenienzbegriff außerdem lediglich eine Behauptung über die *Kovariation* biologischer mit physikalischen Eigenschaften.

Eine solche Kovariation ist nun auch unter Voraussetzungen denkbar, die der Materialismus (im Sinne von M_1) explizit ausschließt. Man könnte z.B. eine vitalistische Theorie vorschlagen, laut der zwischen den biologischen und den physikalischen Eigenschaften eines Organismus eine *prästabilierte Harmonie* besteht. Wenn alle physikalisch ununterscheidbaren Individuen aufgrund dieser Harmonie biologisch ununterscheidbar sind, so ist die im Supervenienzbegriff enthaltene Kovariationsrelation erfüllt. Damit ist Supervenienz prinzipiell auch mit einem Substanz*dualismus* zu vereinbaren. Der Supervenienztheoretiker muß also, wenn er eine materialistische Ontologie formulieren will (was ein erklärtes Ziel von Supervenienztheorien in diesem Zusammenhang ist), eine stärkere These aufstellen. Ich behaupte, daß diese These nichts Geringeres ist als der *mikrophysikalische Determinismus.* Diese Behauptung wird im Folgenden noch begründet.

Der mikrophysikalische Determinismus enthält zwei Momente, deren Beziehung untereinander nicht ganz klar ist. Eines dieser Momente ist die *kausale Abgeschlossenheit des physikalischen Bereichs*. Damit ist gemeint, daß die physikalischen Gesetze nicht durch nicht-physikalische Einflüsse aufgehoben oder beeinträchtigt werden können. Ein physikalisches Ereignis kann nur durch andere physikalische Ereignisse kausal beeinflußt werden. Demnach bewegt sich auch ein Elektron in Keith Jarretts Hand während einer Klavier-Improvisation allein wegen seiner Wechselwirkungen mit den es unmittelbar umgebenden Elementarteilchen. Diese These hat besonders im Zusammenhang mit mentaler Verursachung und dem Leib/Seele-Problem aporetische Konsequenzen; ich sehe allerdings keine ernsthaften Probleme damit, solange Bewußtsein ausgeklammert wird, also auch in der Biologie (wenn von den intelligentesten Vertretern der Säugetiere abgesehen wird). Es gibt m.E. für den Biologen gegenwärtig keinen Grund, an der universellen Gültigkeit physikalischer Gesetze und damit an der Abgeschlossenheitsthese zu zweifeln; insbesondere seit solche Gesetze in der Biochemie und der Biophysik mit Erfolg auf biologische Systeme angewendet werden.

Das andere Moment des mikrophysikalischen Determinismus hat mit der in Kap. 7 bereits kurz erwähnten Unterscheidung von *Mikro-* und *Makrodetermination* zu tun. Mikrodetermination besagt, daß die Eigenschaften aller Systeme durch die Eigenschaften ihrer Teile sowie durch die Wechselwirkungen dieser Teile determiniert werden. Bei Makrodetermination wäre das Determinationsverhältnis gerade umgekehrt: die Eigenschaften der Teile würden durch die Eigenschaften des Ganzen bestimmt. Die schwierige Frage ist nun, ob die kausale Abgeschlossenheit des physikalischen Bereichs Mikrodetermination impliziert, oder ob sie auch Makrodetermination zuläßt. Manche Proponenten von Makrodeterminationstheorien[4] scheinen die Abgeschlossenheitsthese intakt lassen zu wollen; es fragt sich aber, ob dies nicht zu Widersprüchen führt[5]. Solange die Makrodeterministen nicht aufzeigen, wie Makrodetermination unter Beibehaltung der Abgeschlossenheitsthese konsistent gedacht werden kann, und solange in der Biologie keine guten Gründe vorliegen, die eine Verwerfung der Abgeschlossenheitsthese nahelegen, scheint mir der mikrophysikalische Determinismus innerhalb der Biologie eine vernünftige metaphysische Annahme zu sein (ein bestimmtes Argument gegen den mikrophysikalischen Determinismus wird unten noch kritisiert).

---

[4] z.B. Sperry (1986)

[5] Klee (1984); Hoyningen-Huene (1994)

Auch Supervenienztheoretiker wie A. Rosenberg oder Sober wollen eigentlich eine ontologische These von dieser Sorte behaupten. Der Supervenienz-Slogan »no difference without a physical difference« spricht die physikalistische Intuition an, daß wenn ein Organismus aus seinen Molekülen Stück für Stück zusammengebaut wird - z.B. durch einen Transporterstrahl des Raumschiffs »Enterprise«[6] - auch alle anderen Eigenschaften dieses Organismus festgelegt sind (Scotty im Transporterraum der »Enterprise« braucht keine weiteren Informationen zum Hochbeamen von Mr. Spock als die Struktur und Lage sämtlicher Moleküle des wissenschaftlichen Offiziers). Dies ist nichts Anderes als die These des mikrophysikalischen Determinismus, und dies ist auch der einzige Grund warum die Supervenienztheorie als materialistische oder physikalistische Theorie überhaupt in Frage kommt. Das Problem mit der Theorie ist aber, wie besprochen, daß Supervenienz im formal explizierten Sinn kein kausales Abhängigkeitsverhältnis ausdrückt. Die Theorie muß also - selbst wenn sie *wahr* ist (woran ich in meinen Untersuchungen nicht gezweifelt habe) - dahingehend ergänzt werden, daß das Kovariationsverhältnis zwischen supervenienter und subvenienter Ebene ein *kausales* ist. Damit behauptet man aber nichts Anderes als den mikrophysikalischen Determinismus[7]. M.E. ist dieser Zug für den Supervenienztheoretiker, der eine materialistische Metaphysik haben will, nicht zu vermeiden.

Durch diesen Zug rückt aber der Reduktionismus, den die Supervenienztheorie ja vermeiden wollte, wieder in Reichweite. Wenn die Eigenschaften auch der komplexesten Systeme durch die Eigenschaften ihrer Teile und deren Wechselwirkungen bestimmt werden, dann erhält man daraus ein plausibles Argument für die Reduzierbarkeit komplexer Eigenschaften auf eine Mikrotheorie, d.h. Reduzierbarkeit auf eine Theorie über die Wechselwirkungen der Teile eines Systems: Es ist dann *prima facie* nicht einsehbar, warum die relevanten kausalen Faktoren nicht identifizierbar sein sollen. Aus der Diskussion in Kap. 10 ergibt sich allerdings, daß diese Reduzierbarkeit in der Regel und besonders in der Biologie keine *definitorische* ist, sondern eine *explanatorische* (9.2). Komplexe Eigenschaften können nicht durch Mikroeigenschaften extensional äquivalent definiert werden, aber sie können beispielsweise mit Hilfe des Cummins/Beckermannschen Mikroreduktionsschemas (9.6) *erklärt* werden. Solche Erklärungen führen zu *kausalen Brückengesetzen*, wie wir sie in 11.2 und 11.3

---

[6] Diese für Vertreter der TV-Generation besonders anschauliche Illustration stammt von J. Kim (1996, S. 9).

[7] Dies ist besonders an Kims alternativer Formulierung von Supervenienz ersichtlich (10.2).

betrachtet haben. Solche Brückengesetze sind die epistemologischen Korollare zum mikrophysikalischen Determinismus, denn sie zeigen explizit auf, wie z.B. eine biologische Eigenschaft kausal von physikalischen Eigenschaften abhängt.

Aus diesen Überlegungen lassen sich folgende Schlußfolgerungen ziehen. Unter Voraussetzung des Substanzmonismus (M_1) stellt sich die Frage nach der Natur von Eigenschaften. Der Eigenschaftsmonismus (M_2) ist zu stark, weil es Eigenschaften gibt (z.B. funktionale), die sich nicht sinnvollerweise als »physikalisch« einordnen lassen. Der nichtreduktive Materialismus mittels Supervenienz, der gewisse Eigenschaften trotz Supervenienz als irreduzibel betrachtet, ist instabil; er führt durch eine für den Materialisten nicht zu vermeidende Ergänzung der Supervenienztheorie zu einer stärkeren These, nämlich der des mikrophysikalischen Determinismus:

> M_3: Eigenschaften komplexer Systeme werden durch die Eigenschaften ihrer Teile sowie durch physikalische Wechselwirkungen dieser Teile kausal determiniert,

die aus obengenannten Gründen zu (explanatorischer) Reduktion führt. M_3 ist eine nicht-triviale Ergänzung von M_1 (zum Verhältnis von M_3 und M_1 siehe unten) und ist schwächer als M_2, weil sie nicht-physikalische Eigenschaften zuläßt (z.B. funktionale).

Ich glaube nun, ein bestimmtes, gegen den mikrophysikalischen Determinismus vorgebrachtes Argument mit Hilfe meiner Ergebnisse entkräften zu können. Das Argument ist bezüglich des Verhältnisses des epistemologischen Reduktionismus zum mikrophysikalischen Determinismus durchaus aufschlußreich.

Das Argument hat zwei Prämissen: Die erste Prämisse besagt, daß der mikrophysikalische Determinismus die Reduzierbarkeit biologischer Theorien impliziert. Die zweite Prämisse besagt, daß die Reduktion biologischer Theorien im Allgemeinen nicht möglich ist. Aus diesen beiden Prämissen folgt per *modus tollens*, daß der mikrophysikalische Determinismus falsch ist[8].

Das Problem bei diesem zunächst raffiniert scheinenden Argument liegt in der Vieldeutigkeit des Reduktionsbegriffs. Wie wir gesehen haben, versagt in der Biologie nur eine bestimmte Art von Reduktion, die ich als definitorische Reduktion bezeichnet habe. Es ist aber nicht von vornherein klar, daß es *diese* Art von Reduktion ist, die durch den mikrophysikalischen Determinismus (M_3)

---

[8] Das Argument stammt von J. Dupré (1993), Kap. 4.

impliziert wird. Tatsächlich ist dies höchst unplausibel[9]. Die Definierbarkeit biologischer Begriffe mit Hilfe von physikalischen wird gemäß der Diskussion in Kap. 10 durch die multiple Realisierbarkeit biologischer Eigenschaften verhindert. Multiple Realisierbarkeit ist aber mit M_3 (wie auch mit Supervenienz) verträglich, d.h. wird durch diese These nicht ausgeschlossen. Daraus folgt aber, daß M_3 keinen definitorischen Reduktionismus implizieren kann, denn dann müßte sie alles ausschließen, was mit dem definitorischen Reduktionismus unverträglich ist, also auch multiple Realisierbarkeit.

Wesentlich plausibler ist, daß M_3 lediglich den *explanatorischen* Reduktionismus impliziert. Das Argument hierfür wurde oben bereits erwähnt: Wenn die Eigenschaften komplexer Systeme durch die ihrer Teile sowie deren Wechselwirkungen determiniert sind, so müßten eigentlich erstere durch die letzteren in konkreten Fällen erklärbar sein. »In konkreten Fällen« ist eine wichtige Qualifikation hier; denn, wie wir gesehen haben (9.6 und 9.7), müssen nicht alle Realisierungen einer bestimmten Eigenschaft auf die *gleiche* Weise erklärbar sein. Der explanatorische Reduktionismus besagt nur, daß es für *jede* Realisierung z.B. einer biologischen Eigenschaft eine mikroreduktive Erklärung gibt, warum die Eigenschaft dort realisiert ist.

Damit versagt das Argument gegen M_3 wegen einer Doppeldeutigkeit des Reduktionsbegriffs: Die erste Prämisse gilt nur für den explanatorischen Reduktionismus, die zweite nur für den definitorischen. Das Argument ist ein Fehlschluß der *quaternio terminorum* gemäß der Syllogistik.

Die vielleicht schwierigste und auch interessanteste Frage bleibt, ob eine Ablehnung des mikrophysikalischen Determinismus im Rahmen einer materialistischen Metaphysik überhaupt konsistent gedacht werden kann. Zu prüfen wäre unter anderem, ob sich die Ablehnung des mikrophysikalischen Determinismus mit M_{1b} verträgt, der These von der Nichtexistenz besonderer elementarer Wechselwirkungen in Lebewesen. Läuft die Behauptung, daß physikalische Gesetze manchmal - z.B. durch biologische Umstände - verletzt oder aufgehoben werden, nicht auf die Behauptung hinaus, daß es eben spezifisch *biologische* Kräfte gibt, die den physikalischen entgegentreten können? Und wäre dies nicht genau eine *vitalistische* These, wie sie z.B. H. Driesch vertreten hat?[10]

Meine Begründung des epistemologischen Reduktionismus für die Biologie läßt sich damit folgendermaßen auf den Punkt bringen: Wenn mit dem

---

9 vgl. Fodor (1974)

10 Driesch (1905), S. 237; Weber (1997)

Materialismus ernst gemacht werden soll, so wird der epistemologische Reduktionismus in der einen oder anderen Form über den mikrophysikalischen Determinismus unvermeidlich. Und im Materialismus liegt ein Teil der Größe von »Darwins gefährlicher Idee«[11].

[11] Dennett (1995)

Literaturverzeichnis

Achinstein, P., 1968: Concepts of Science. Baltimore: John Hopkins Press.

Adams, M. B., 1968: The Founding of Population Genetics: Contributions of the Chetverikov School, 1924-1934, Journal of the History of Biology 1: 23-40.

Adams, M. B. (Hg.), 1994: The Evolution of Theodosius Dobzhansky. Princeton: Princeton University Press.

Allen, G. E., 1968: Thomas Hunt Morgan and the Problem of Natural Selection, Journal of the History of Biology 1: 113-139.

Allen, G. E., 1978a: Life Science in the Twentieth Century. Cambridge: Cambridge University Press.

Allen, G. E., 1978b: Thomas Hunt Morgan: The Man and His Science. Princeton: Princeton University Press.

Allen, G. E., 1980: The Evolutionary Synthesis: Morgan and Natural Selection Revisited, in Mayr und Provine (1980), S. 356-382.

Altenburg, E. und H. J. Muller, 1920: The Genetic Basis of Truncate Wing. An Inconstant and Modifiable Character in Drosophila, Genetics 5: 1-59.

Atkins, P. W., 1983: Physical Chemistry. Oxford: Oxford University Press.

Ayala, F. J., 1974: Introduction, in F. J. Ayala und T. Dobzhansky (Hg.), Studies in the Philosophy of Biology. Reduction and Related Problems. Berkeley: University of California Press, S. VII-XVI.

Ayala, F. J., 1985: Reduction in Biology: A Recent Challenge, in Depew und Weber (1985), S. 65-80.

Barlow, N. (Hg.), 1958: The Autobiography of Charles Darwin, 1809-1882. New York/London: Norton.

Bateson, B., 1928: William Bateson, F.R.S., Naturalist. His Essays and Addresses, Together With A Short Account of His Life. Cambridge: Cambridge University Press.

Bateson, W. und R. C. Punnett, 1905-1908: Experimental Studies in the Physiology of Heredity, Reports to the Evolution Committee of the Royal Society, Reports 2, 3 and 4. Teile abgedruckt in Peters (1959), S. 42-60.

Bateson, W., 1886: The Ancestry of the Chordata, Quarterly Journal of Microscopical Science 26. Abgedruckt in Punnett (1928), Bd. I, S. 1-31.

Bateson, W., 1889: On Some Variations of Cardium edule Apparently Correlated to the Conditions of Life, Philosophical Transactions of the Royal Society B, CLXXX. Abgedruckt in Punnett (1928), Bd. I, S. 33-71.

Bateson, W., 1894: Materials for the Study of Variation, Treated with Especial Regard to Discontinuity in the Origin of Species. London: Macmillan.

Bateson, W., 1900: Problems of Heredity as a Subject for Horticultural Investigation, Journal of the Royal Horticultural Society 25: 54-61. Abgedruckt in B. Bateson (1928).

Bateson, W., 1901: Heredity, Differentiation, and Other Conceptions of Biology: A Consideration of Professor Karl Pearson's Paper "On the Principle of Homotyposis", Proceedings of the Royal Society LXIX. Abgedruckt in Punnett (1928), Bd. I, S. 404-418.

Bateson, W., 1902a: The Problems of Heredity and Their Solution (Mendel's Principles of Heredity: A Defence, S. 1-35), in Punnett (1928), Bd. II, S. 4-28.

Bateson, W., 1902b: The Facts of Heredity in the Light of Mendel's Discovery, Reports to the Evolution Committee of the Royal Society I: 125-160. Abgedruckt in Punnett (1928), Bd. II, S. 29-68.

Bateson, W., 1904: Presidential Adress to the Zoological Section, British Association, in B. Bateson (1928), S. 233-259.

Bateson, W., 1913: Problems of Genetics. New Haven: Yale University Press. Neuauflage 1979 mit einer historischen Einführung von G. Evelyn Hutchinson und Stan Rachootin.

Bateson, W., 1914: Mendels Vererbungstheorien (dt. Übers. von 'Mendel's Principles of Heredity', 1909). Leipzig/Berlin: Teuber.

Bateson, W., 1926: Segregation, Journal of Genetics 16: 201-235.

Baur, E., 1924: Untersuchungen über das Wesen, die Entstehung und die Vererbung von Rassenunterschieden bei Antirrhinum majus. Bibliotheca Genetica, Bd. IV. Berlin: Borntraeger.

Baur, E., 1925: Die Bedeutung der Mutationen für das Evolutionsproblem, Zeitschrift für Induktive Abstammungs- und Vererbungslehre 37: 107-115.

Beatty, J. und S. Finsen, 1989: Rethinking the Propensity Interpretation: A Peek Inside Pandora's Box, in M. Ruse (1989), S. 17-30.

Beatty, J., 1980: Optimal-design Models and the Strategy of Model Building in Evolutionary Biology, Philosophy of Science 47: 632-561.

Beatty, J., 1981: What's Wrong With the Received View of Evolutionary Theory, in P. Asquith und R. Giere (Hg.), PSA 1980 (Proceedings of the Biennial Meeting of the Philosophy of Science Association.), Bd. 2. East Lansing: Philosophy of Science Association, S. 397-439.

Beatty, J., 1987a: Natural Selection and the Null Hypothesis, in J. Dupré (Hg.), The Latest on the Best. Essays on Evolution and Optimality. Cambridge Mass.: MIT Press, S. 53-75.

Beatty, J., 1987b: On Behalf of the Semantic View, Biology and Philosophy 2: 17-23.

Beatty, J., 1987c: Weighing the Risks: Stalemate in the Classical/Balance Controversy, Journal of the History of Biology 20: 289-319.

Beatty, J., 1991: Genetics in the Atomic Age: The Atomic Bomb Casualty Commission, 1947-1956, in K. R. Benson, J. Maienschein und R. Rainger (Hg.), The Expansion of American Biology. New Brunswick: Rutgers University Press, S. 284-324.

Beatty, J., 1995: The Evolutionary Contingency Thesis, in Wolters und Lennox (1995), S. 45-81.

Beckermann, A., H. Flohr und J. Kim (Hg.), 1992: Emergence or Reduction? Essays on the Prospects of Nonreductive Physicalism. Berlin: de Gruyter.

Beckermann, A., 1992: Supervenience, Emergence, and Reduction, in Beckermann et al. (1992), S. 94-118.

Beckner, M., 1959: The Biological Way of Thought. New York: Columbia University Press.

Benzer, S., 1955: Fine Structure of a Genetic Region in Bacteriophage, Proceedings of the National Academy of Science USA 41: 344-354. Abgedruckt in Peters (1959), S. 271-282.

Beurton, P. J., W. Lefèvre und H.-J. Rheinberger (Hg.), 1995: Gene Concepts and Evolution, Preprint 18, Max-Planck-Institut für Wissenschaftsgeschichte, Berlin.

Block, N., 1980: Introduction: What is Functionalism?, in N. Block (Hg.), Readings in Philosophy of Psychology. London: Methuen, S. 171-183.

Boveri, T., 1904: Ergebnisse über die Konstitution der chromatischen Substanz des Zellkerns. Jena: G. Fischer.

Bowler, P. J., 1988: The Non-Darwinian Revolution. Reinterpreting a Historical Myth. Baltimore and London: Johns Hopkins University Press.

Bowler, P., 1989: Evolution: The History of an Idea. Revised Edition. Berkeley und Los Angeles: University of California Press.

Bradshaw Jr., H. D., S. M. Wilbert, K. G. Otto und D. W. Schemske, 1995: Genetic Mapping of Floral Traits Associated With Reproductive Isolation in Monkeyflowers (Mimulus), Nature 376: 762-765.

Brandon, R. und R. M. Burian (Hg.), 1984: Genes, Organisms, Populations: Controversies over the Units of Selection. Cambridge Mass.: MIT Press.

Brandon, R. N., 1978: Adaptation and Evolutionary Theory, Studies in the History and Philosophy of Science 9: 181-206.

Brandon, R. N., 1981: A Structural Description of Evolutionary Theory, in P. Asquith und R. Giere (Hg.), PSA 1980 (Proceedings of the Biennial Meeting of the Philosophy of Science Association), Bd. 2. East Lansing, Michigan: Philosophy of Science Association, S. 427-439.

Brandon, R. N., 1990: Adaptation and Environment. Princeton: Princeton University Press.

Brandon, R. N., 1992: Environment, in Keller und Lloyd (1992), S. 81-86.

Bridges, C. B., 1914: Direct Proof Through Non-disjunction that the Sex-linked Genes of Drosophila are Borne by the X-Chromosome, Science 40: 107-109.

Bridges, C. B., 1916: Non-Disjunction as Proof of the Chromosome Theory of Heredity, Genetics 1: 1-52, 107-163.

Bridges, C. B., 1935: Salivary Chromosome Maps, Journal of Heredity 26: 60-64.

Bridges, C. B., 1936: The Bar 'Gene' a Duplication, Science 83: 210-211. Abgedruckt in Peters (1959), S. 163-166.

Broad, C. D., 1925: The Mind and its Place in Nature. London: Routledge & Kegan.

Brown, J. L., 1987: Helping and Communal Breeding in Birds. Princeton NJ: Princeton University Press.

Burian, R. M., 1983: Adaptation, in Grene (1983), S. 187-314.

Burian, R. M., 1985: On Conceptual Change in Biology: The Case of the Gene, in Depew und Weber (1985), S. 21-42.

Cain, J. A., 1993: Common Problems and Cooperative Solutions. Organizational Activity in Evolutionary Studies, 1936-1947, Isis 84: 1-25.

Cain, J., 1994: Ernst Mayr as Community Architect: Launching the Society for the Study of Evolution and the Journal "Evolution", Biology and Philosophy 9: 387-427.

Cairns, J., J. Overbaugh und S. Miller, 1988: The Origin of Mutants, Nature 335: 142-145.

Carlson, E. A., 1959: Allelism, Pseudoallelism, and Complementation at the Dumpy Locus in D. melanogaster, Genetics 44: 347-373.

Carlson, E. A., 1966: The Gene. A Critical History. Philadelphia: Saunders.

Carlson, E. A., 1981: Genes, Radiation, and Society: The Life and Work of H.J. Muller. New York: Cornell University Press.

Carlson, E. A., 1991: Defining the Gene: An Evolving Concept, American Journal of Human Genetics 49: 475-487.

Carnap, R., 1938: Logical Foundations of the Unity of Science, in International Encyclopedia of Unified Science, Bd. 1. Chicago: University of Chicago Press, S. 42-62.

Carnap, R., 1939: Foundations of Logic and Mathematics. Chicago: University of Chicago Press.

Carrier, M., 1995: Evolutionary Change and Lawlikeness. Beatty on Biological Generalizations, in Wolters und Lennox (1995), S. 83-97.

Carroll, S. B., 1995: Homeotic Genes and the Evolution of Arthropods and Chordates, Nature 376: 479-485.

Cartwright, N., 1983: How the Laws of Physics Lie. Oxford: Clarendon.

Castle, W. E. und P. B. Hadley, 1915: The English Rabitt and the Question of Mendelian Unit-Character Constancy, American Naturalist 49: 23-27.

Castle, W. E., 1915a: Some Experiments in Mass Selection, American Naturalist 49: 713-726.

Castle, W. E., 1915b: Mr. Muller on the Constancy of Mendelian Factors, American Naturalist 49: 37-42.

Castle, W. E., 1919: Piebald Rats and the Theory of Genes, Proceedings of the National Academy of Science 5: 126-130.

Castle, W. E., 1920: Model of the Linkage System of Eleven Second Chromosome Genes of Drosophila, Proceedings of the National Academy of Science USA 6: 25-32.

Causey, R. L., 1972: Attribute-Identities in Microreductions, The Journal of Philosophy 69: 407-422.

Causey, R., 1977: Unity of Science. Dordrecht: Reidel.

Charlesworth, B., 1970: Selection in Populations with Overlapping Generations. I. The Use of Malthusian Parameters in Population Genetics, Theoretical Population Biology 1: 352-370.

Charlesworth, B., 1980: Evolution in Age-structured Populations. Cambridge: Cambridge University Press.

Chetverikov, S. S., 1926: On Certain Aspects of the Evolutionary Process From the Standpoint of Genetics (English translation 1961), Proceedings of the American Philosophical Society 105: 167-195.

Cock, A. G., 1983: William Bateson's Rejection and Eventual Acceptance of Chromosome Theory, Annals of Science 40: 19-59.

Cooper, W. S., 1984: Expected Time to Extinction and the Concept of Fundamental Fitness, Journal of Theoretical Biology 107: 603-629.

Correns, C. E., 1900: Mendel's Regel über das Verhalten der Nachkommenschaft der Rassenbastarde, Berichte der Deutschen Botanischen Gesellschaft 20: 158-168.

Crow, J. F. und M. Kimura, 1970: Introduction to Population Genetics Theory. New York: Harper & Row.

Cummins, R., 1983: The Nature of Psychological Explanation. Cambridge Mass.: MIT Press.

Darden, L., 1991: Theory Change in Science: Strategies from Mendelian Genetics. Oxford: Oxford University Press.

Darden, L., 1995: Exemplars, Abstractions and Anomalies: Representations and Theory Change in Mendelian and Molecular Genetics, in Wolters und Lennox (1995), S. 137-158.

Darwin, C., 1859: On the Origin of Species by Means of Natural Selection or the Preservation of Favored Races in the Struggle for Life. London: John Murray.

Darwin, C., 1868: The Variation of Plants and Animals Under Domestication (2 Bde.). London: John Murray.

Darwin, C., 1871: The Descent of Man. London: John Murray.

Dawkins, R., 1982: The Extended Phenotype. The Gene as the Unit of Selection. Oxford/San Francisco: Freeman.

Dawkins, R., 1988: Auf welche Einheiten richtet sich die natürliche Selektion? in H. Meier (Hg.), Die Herausforderung der Evolutionsbiologie. München/Zürich: Piper, S. 53-78.

Dawkins, R., 1989: The Selfish Gene, New Edition. Oxford: Oxford University Press.

De Vries, H., 1889: Intracelluläre Pangenesis. Jena: Gustav Fischer.

De Vries, H., 1900: Sur la loi de disjonction des hybrides, Comptes rendues de l'academie des sciences 130: 845-847.

De Vries, H., 1901: Die Mutationstheorie. Versuche und Beobachtungen über die Entstehung von Arten im Pflanzenreich. Erster Band: Die Entstehung der Arten durch Mutation. Leipzig: Veit.

De Vries, H., 1903: Die Mutationstheorie. Versuche und Beobachtungen über die Entstehung der Arten im Pflanzenreich. Zweiter Band: Elementare Bastardlehre. Leipzig: Veit.

De Vries, H., 1905: Species and Varieties: Their Origin by Mutation. Lectures Delivered at the University of California. Chicago: Open Court.

Demerec, M., 1935: Role of Genes in Evolution, American Naturalist 69: 125-138.

Dennett, D. C., 1995: Darwin's Dangerous Idea: Evolution and the Meaning of Life. New York: Simon and Schuster.

Denniston, C., 1978: An Incorrect Definition of Fitness Revisited, Annals of Human Genetics 42: 77-85.

Depew, D. und B. Weber (Hg.), 1985: Evolution at a Crossroads: The New Biology and the New Philosophy of Science. Cambridge Mass.: MIT Press.

Dietrich, M. R., 1992: Macromutation, in Keller und Lloyd (1992), S. 194-201.

Dietrich, M. R., 1995: Richard Goldschmidt's "Heresies" and the Evolutionary Synthesis, Journal of the History of Biology 28: 431-461.

Dobzhansky, T. und C. C. Tan, 1936: Studies on Hybrid Sterility III. A Comparison of the Gene Arrangement in Two Species, Drosophila pseudoobscura and Drosophila miranda, Zeitschrift für Induktive Abstammungs- und Vererbungslehre 72: 88-114.

Dobzhansky, T., 1929: Genetical and Cytological Proof of Translocations Involving the Third and Fourth Chromosomes of Drosophila melanogaster, Biologisches Zentralblatt 49: 408-419.

Dobzhansky, T., 1933: Geographical Variation in Lady -Beetles, American Naturalist 67: 97-126.

Dobzhansky, T., 1939: Die genetischen Grundlagen der Artbildung (dt. Übers. der 1. Ausgabe von »Genetics and the Origin of Species«). Jena: Fischer.

Dobzhansky, T., 1941: Genetics and the Origin of Species, Revised Edition. New York: Columbia University Press.

Dobzhansky, T., 1970: Genetics of the Evolutionary Process. New York: Columbia Unversity Press.

Driesch, H., 1905: Der Vitalismus als Geschichte und als Lehre. Leipzig: Barth.

Dubinin, N. P., 1932: Stepallelomorphism in Drosophila melanogaster-The Allelomorphs achaete2-scute10, achaete1-scute11, and achaete3-scute13, Journal of Genetics 25: 163-181.

Duerden, J. E., 1920: Inheritance of Callosities in the Ostrich, American Naturalist 54: 289-312.

Dunn, L. C., 1921: Unit Character Variation in Rodents, Journal of Mammalogy 2: 125-140. Abgedruckt in Peters (1959), S. 92-104.

Dunn, L. C., 1965: A Short History of Genetics. The Development of Some of the Main Lines of Thought: 1864-1939. New York: McGraw-Hill. Neuauflage 1991 bei Iowa State University Press (Ames).

Dupré, J., 1993: The Disorder of Things: Metaphysical Foundations of the Disunity of Science. Cambridge Mass.: Harvard University Press.

East, E. M., 1910: A Mendelian Interpretation of Variation that is Apparently Continuous, American Naturalist 44: 65-82.

East, E. M., 1912: The Mendelian Notation as a Description of Physiological Facts, American Naturalist 46: 633-695.

East, E. M., 1915: The Chromosome View of Heredity and Its Meaning to Plant Breeders, American Naturalist 49: 457-494.

Eldredge, N., 1982: Introduction, in E. Mayr: Systematics and the Origin of Species. New York: Columbia University Press.

Eldredge, N., 1985: Unfinished Synthesis. Biological Hierarchies and Modern Evolutionary Theory. Oxford: Oxford University Press.

Emerson, S., 1935: The Genetic Nature of de Vries's Mutations in Oenothera Lamarckiana, American Naturalist 69: 545-559.

Endler, J. A., 1986: Natural Selection in the Wild. Princeton NJ: Princeton University Press.

Ereshefsky, M., 1991: The Semantic Approach to Evolutionary Theory, Biology and Philosophy 6: 59-80.

Ereshefsky, M. (Hg.), 1992: The Units of Evolution: Essays on the Nature of Species. Cambridge Mass.: MIT Press.

Ettinger, L., E. Jablonka und P. McLaughlin, 1990: On the Adaptations of Organisms and the Fitness of Types, Philosophy of Science 57: 499-513.

Farrall, L. A., 1975: Controversy and Conflict in Science: A Case Study - The English Biometric School and Mendel's Laws, Social Studies of Science 5: 269-301.

Feyerabend, P. K., 1962: Explanation, Reduction and Empiricism, in H. Feigl und G. Maxwell (Hg.), Scientific Explanation, Space, and Time. Minnesota Studies in the Philosophy of Science, Bd. III. Minneapolis: University of Minnesota Press, S. 28-97.

Feyerabend, P. K., 1983: Wider den Methodenzwang. Frankfurt am Main: Suhrkamp.

Fisher, R. A., 1918: The Correlations Between Relatives on the Supposition of Mendelian Inheritance, Transactions of the Royal Society of Edinburgh 52: 399-433.

Fisher, R. A., 1922: On the Dominance Ratio, Proceedings of the Royal Society of Edinburgh 52: 321-341.

Fisher, R. A., 1930: The Genetical Theory of Natural Selection. Oxford: Clarendon.

Fodor, J. A., 1974: Special Sciences or the Disunity of Science as a Working Hypothesis, Synthese 28: 97-115.

Ford, E. B., 1964: Ecological Genetics. London: Methuen.

Keller, E.F., 1992: Fitness: Reproductive Ambiguities, in Keller und Lloyd (1992), S. 120-122.

Futuyma, D. J., 1990: Evolutionsbiologie. Basel: Birkhäuser.

Gehring, W. J., 1985: The Molecular Basis of Development, Scientific American 253: 152-162.

Ghiselin, M. T., 1989: Individuality, History and Laws of Nature in Biology, in M. Ruse (1989), S. 53-66.

Giere, R. N., 1988: Explaining Science: A Cognitive Approach. Chicago: University of Chicago Press.

Giere, R. N., 1994: The Cognitive Structure of Scientific Theories, Philosophy of Science 61: 276-296.

Goldschmidt, R., 1918: A Preliminary Report on Some Genetic Experiments Concerning Evolution, American Naturalist 52: 28-50.

Goldschmidt, R., 1932: Untersuchungen zur Genetik der geographischen Variation V, W. Roux' Archiv für Entwicklungsmechanik 126: 674-768.

Goldschmidt, R., 1940: The Material Basis of Evolution. New Haven: Yale University Press. Neuauflage 1982 mit einer Einführung von Stephen Jay Gould.

Goldschmidt, R., 1946: Position Effect and the Theory of the Corpuscular Gene, Experientia 2: 197-232.

Goodenough, U., 1984: Genetics. Philadelphia: Saunders.

Gould, S. J. und E. Vrba, 1982: Exaptation - A Missing Term in the Science of Form, Paleobiology 8: 4-15.

Gould, S. J. und N. Eldredge, 1993: Punctuated Equilibrium Comes of Age, Nature 366: 223-227.

Gould, S. J. und R. C. Lewontin, 1979: The Spandrels of San Marco and the Panglossian Paradigm: A Critique of the Adaptionist Programme, Proceedings of the Royal Society of London B 205: 581-598.

Gould, S. J., 1976: Darwin's Untimely Burial, Natural History 85: 24-32.

Gould, S. J., 1980: G.C. Simpson, Paleontology, and the Modern Synthesis, in Mayr und Provine (1980), S. 153-172.

Gould, S. J., 1983: The Hardening of the Modern Synthesis, in Grene (1983), S. 71-93.

Gould, S. J., 1989: Wonderful Life: The Burgess Shale and the Nature of History. London: Hutchinson Radius.

Gould, S. J., 1994: Common Pathways of Illumination, Natural History 12/1994, S. 10-20.

Grafen, A., 1988: On the Use of Data on Lifetime Reproductive Success, in T. H. Clutton-Brock (Hg.), Reproductive Success. Chicago: University of Chicago Press, S. 454-471.

Grene, M. (Hg.), 1983: Dimensions of Darwinism. Cambridge: Cambridge University Press.

Grimes, T. R., 1988: The Myth of Supervenience, Pacific Philosophical Quarterly 69: 152-160.

Grimes, T. R., 1991: Supervenience, Determination and Dependency, Philosophical Studies 62: 81-92.

Halder, G., P. Callaerts und W. J. Gehring, 1995: Induction of Ectopic Eyes by Targeted Expression of the eyeless Gene in Drosophila, Science 267: 1788-1792.

Hamilton, W. D., 1964: The Genetical Evolution of Social Behaviour I, Journal of Theoretical Biology 7: 1-16.

Hamilton, W. D., 1975: Innate Social Aptitudes of Man: An Approach from Evolutionary Genetics, in R. Fox (Hg.), Biosocial Anthropology. London: Malaby Press, S. 133-155. Abgedruckt in Brandon und Burian (1984), S. 193-202.

Hardy, G. H., 1908: Mendelian Proportions in a Mixed Population, Science 28: 49-50. Abgedruckt in Peters (1959), S. 60-62.

Hempel, C. G. und P. Oppenheim, 1948: The Logic of Explanation, in H. Feigl und G. Maxwell (Hg.), Readings in the Philosophy of Science. New York: Appleton-Century-Crofts 1953, S. 319-352.

Hempel, C. G., 1969: Reduction: Ontological and Linguistic Facets, in S. Morgenbesser, P. Suppes und M. White (Hg.), Philosophy, Science, and Method. New York: St. Martin's Press, S. 179-199.

Hempel, C., 1966: Philosophy of Natural Science. Englewood Cliffs, New Jersey: Prentice-Hall.

Hodge, M. J. S., 1977: The Structure and Strategy of Darwin's "Long Argument", British Journal for the History of Science 10: 237-246.

Hodge, M. J. S., 1987: Natural Selection as a Causal, Empirical and Probabilistic Theory, in L. Krüger, G. Gigerenzer und M. S. Morgan (Hg.), The Probabilistic Revolution II. Ideas in the Sciences. Cambridge Mass.: MIT Press, S. 233-270.

Holling, C. S., 1964: The Analysis of Complex Population Processes, Canadian Entomologist 96:

Hooker, C. A., 1981: Towards a General Theory of Reduction. Part III: Cross-Categorial Reduction, Dialogue 20: 496-592.

Horan, B. L., 1988: Theoretical Models, Biological Complexity and the Semantic View of Theories, in A. Fine und J. Leplin (Hg.), PSA 1988, Volume Two (Proceedings of the 1988 Biennial Meeting of the Philosophy of Science Association). East Lansing: Philosophy of Science Association, S. 265-277.

Horan, B. L., 1994: The Statistical Character of Evolutionary Theory, Philosophy of Science 61: 76-95.
Hoyningen-Huene, P., 1989a: Die Wissenschaftsphilosophie Thomas S. Kuhns. Braunschweig: Vieweg.
Hoyningen-Huene, P., 1989b: Epistemological Reductionism in Biology: Intuitions, Explications and Objections, in P. Hoyningen-Huene und F. M. Wuketits (Hg.), Reductionism and Systems Theory in the Life Sciences. Dordrecht: Kluwer Academic, S. 29-44.
Hoyningen-Huene, P., 1990: Kuhn's Conception of Incommensurability, Studies in History and Philosophy of Science 21: 481-92.
Hoyningen-Huene, P., 1992: On the Way to a Theory of Antireductionist Arguments, in A. Beckermann et al. (1992), S. 289-301.
Hoyningen-Huene, P., 1994: Zu Emergenz, Mikro- und Makrodetermination, in W. Lübbe (Hg.), Kausalität und Zurechnung. Über Verantwortung in komplexen kulturellen Prozessen. Berlin: de Gruyter, S. 165-195.
Hull, D., 1974: Philosophy of Biological Science. Englewood Cliffs: Prentice Hall.
Hull, D., 1978: A Matter of Individuality, Philosophy of Science 45: 335-360.
Huxley, J., 1942: Evolution: The Modern Synthesis. London: George Allen and Unwin. Dritte Auflage 1974.
Johannsen, W., 1903: Über Erblichkeit in Populationen und in reinen Linien. Jena: Gustav Fischer. Teilweise abgedruckt in Peters (1959), S. 20-26.
Johannsen, W., 1909: Elemente der exakten Erblichkeitslehre. Jena:
Judson, H. F., 1979: The Eighth Day of Creation. Makers of the Revolution in Biology. New York: Simon and Schuster.
Keller, E. F. und E. A. Lloyd (Hg.), 1992: Keywords in Evolutionary Biology. Cambridge Mass.: Harvard University Press.
Kettlewell, H. B. D., 1955: Selection Experiments on Industrial Melanism in the Lepidoptera, Heredity 9: 323-342.
Kim, J., 1984: Concepts of Supervenience, Philosophy and Phenomenological Research 45: 153-176.
Kim, J., 1987: 'Strong' and 'Global' Supervenience Revisited, Philosophy and Phenomenological Research 48: 315-326.
Kim, J., 1989: The Myth of Nonreductive Materialism, Proceedings and Addresses of the American Philosophical Association 63: 31-47.
Kim, J., 1990: Supervenience as a Philosophical Concept, Metaphilosophy 21: 1-27.
Kim, J., 1996: Philosophy of Mind. Boulder: Westview.
Kim, J., 1997: Supervenience, Emergence, and Realization in the Philosophy of Mind, in M. Carrier and P. K. Machamer (Hg.), Mindscapes: Philosophy, Science, and the Mind. Konstanz/Pittsburgh: UVK Universitätsverlag Konstanz/University of Pittsburgh Press, pp. 271-293.
Kimura, M., 1983: The Neutral Theory of Molecular Evolution. Cambridge: Cambridge University Press.
Kingsland, S., 1985: Modeling Nature: Episodes in the History of Population Ecology. Chicago: Chicago University Press.
Kitcher, P., 1984: 1953 and All That. A Tale of Two Sciences, Philosophical Review 93: 335-373.

Kripke, S., 1971: Identity and Necessity, in M. K. Munitz (Hg.), Identity and Individuation. New York: New York University Press, S. 135-164. Abgedruckt in Schwartz (1977), S. 66-101.

Kuffler, S. W., J. G. Nicholls und A. R. Martin, 1984: From Neuron to Brain. Sunderland Mass.: Sinauer Asociates.

Kuhn, T. S., 1970: The Structure of Scientific Revolutions, Second Edition. Chicago: Chicago University Press.

Lack, D., 1947a: Darwin's Finches. Cambridge: Cambridge University Press.

Lack, D., 1947b: The Significance of Clutch Size, Ibis 89: 302-52.

Lancefield, D. E., 1929: A Genetic Study of Crosses of Two Races or Physiological Species of Drosophila obscura, Zeitschrift für Induktive Abstammungs- und Vererbungslehre 52: 287-317.

Lang, A., 1914: Die Experimentelle Vererbungslehre in der Zoologie seit 1900. Jena: G. Fischer.

Lange, M., 1995: Are There Natural Laws Covering Particular Biological Species?, Journal of Philosophy XCII: 430-451.

Lennox, J. G. und B. E. Wilson, 1994: Natural Selection and the Struggle for Existence, Studies in History and Philosophy of Science 25: 65-80.

Lewis, D. K., 1966: An Argument for Identity Theory, Journal of Philosophy 63: 17-25.

Lewontin, R. C., 1970: The Units of Selection, Annual Review of Ecology and Systematics 1: 1-18.

Lewontin, R. C., 1981: Introduction: The Scientific Work of Th. Dobzhansky, in R. C. Lewontin et al. (1981), S. 93-115.

Lewontin, R. C., J. A. Moore, W. B. Provine und B. Wallace (Hg.), 1981: Dobzhansky's Genetics of Natural Populations. New York: Columbia University Press.

Li, C. C., 1961: Human Genetics: Principles and Methods. New York: McGraw-Hill.

Lloyd, E. A., 1984: A Semantic Approach to the Structure of Population Genetics, Philosophy of Science 51: 242-264.

Lloyd, E. A., 1987: Confirmation of Ecological and Evolutionary Models, Biology & Philosophy 2: 277-293.

Lloyd, E. A., 1988: The Structure and Confirmation of Evolutionary Theory. Princeton: Princeton University Press.

Lorenz, K., 1966: On Aggression. New York: Harcourt.

Luria, S. und M. Delbrück, 1943: Mutations of Bacteria from Virus Sensitivity to Virus Resistance, Genetics 28: 491-511.

Lyons, S. L., 1995: The Origins of T.H. Huxley's Saltationism: History in Darwin's Shadow, Journal of the History of Biology 28: 463-494.

MacArthur, R. H. und E. O. Wilson, 1967: The Theory of Island Biogeography. Princeton: Princeton University Press.

Mackie, J. L., 1980: The Cement of the Universe. A Study of Causation. Oxford: Oxford University Press.

Maienschein, J., 1990: Cell Theory and Development, in R. C. Olby, G. N. Cantor, J. R. R. Christie und M. J. S. Hodge (Hg.), Companion for the History of Modern Science. London: Routledge, S. 357-373.

Maynard Smith, J. und G. R. Price, 1973: The Logic of Animal Conflict, Nature 246: 15-18.
Maynard Smith, J., 1978: Optimization Theory in Evolution, Annual Review of Ecology and Systematics 9: 31-56.
Maynard Smith, J., 1982: Evolution and the Theory of Games. Cambridge: Cambridge University Press.
Maynard Smith, J., 1992: Evolutionsgenetik. Stuttgart: Thieme.
Maynard Smith, J., 1993: The Theory of Evolution. Cambridge: Cambridge University Press. Canto Edition.
Mayr, E. und W. B. Provine (Hg.), 1980: The Evolutionary Synthesis: Perspectives on the Unification of Biology. Cambridge Mass.: Harvard University Press.
Mayr, E., 1942: Systematics and the Origin of Species. New York: Columbia University Press. Neuauflage 1982 mit einer Einführung von Niles Eldredge.
Mayr, E., 1954: Change of Genetic Environment and Evolution, in J. S. Huxley, A. C. Hardy und E. B. Ford (Hg.), Evolution as a Process. London: Allen & Unwin, S. 157-180.
Mayr, E., 1959: Where are We?, Cold Spring Harbor Symposia on Quantitative Biology 24: 1-14.
Mayr, E., 1961: Cause and Effect in Biology, Science 134: 1501-1506.
Mayr, E., 1975a: Evolution and the Diversity of Life. Cambridge Mass.: Harvard University Press.
Mayr, E., 1975b: The Unity of the Genotype, Biologisches Zentralblatt 94: 377-388. Abgedruckt in Brandon und Burian (1984), S. 69-84.
Mayr, E., 1980a: Prologue: Some Thoughts on the History of the Evolutionary Synthesis, in Mayr und Provine (1980), S. 1-48.
Mayr, E., 1980b: How I Became a Darwinian, in Mayr und Provine (1980), S. 413-423.
Mayr, E., 1982: The Growth of Biological Thought. Cambridge Mass.: Harvard University Press.
Mayr, E., 1988: Toward a New Philosophy of Biology. Cambridge Mass.: Harvard University Press.
Mayr, E., 1991: One Long Argument. Cambridge Mass.: Harvard University Press.
Mayr, E., 1992: Darwin's Principle of Divergence, Journal of the History of Biology 25: 344-
Mayr, E., 1993: What Was the Evolutionary Synthesis?, Trends in Ecology and Evolution 8: 31-34.
Mayr, E., 1994: Reasons for the Failure of Theories, Philosophy of Science 61: 529-533.
Melnyk, A., 1995: Two Cheers for Reductionism: Or, the Dim Prospects for Non-reductive Materialism, Philosophy of Science 62: 370-388.
Mendel, G., 1901: Versuche über Pflanzenhybriden. Zwei Abhandlungen (1865 und 1869). Herausgegeben von Erich Tschermak. Leipzig: Engelmann.
Mills, S. und J. Beatty, 1979: The Propensity Interpretation of Fitness, Philosophy of Science 46: 263-286.
Mittelstraß, J. (Hg.), 1995: Enzyklopädie Philosophie und Wissenschaftstheorie. Stuttgart: Metzler.
Morgan, T. H., 1910a: Chromosomes and Heredity, American Naturalist 44: 449-496.

Morgan, T. H., 1910b: Sex-Limited Inheritance in Drosophila, Science 32: 120-122. Abgedruckt in Peters (1959), S. 63-66.

Morgan, T. H., 1911: Random Segregation versus Coupling in Mendelian Inheritance, Science 34: 384.

Morgan, T. H., 1916: A Critique of the Theory of Evolution. Princeton: Princeton University Press.

Morgan, T. H., 1917: The Theory of the Gene, American Naturalist 51: 513-544.

Morgan, T. H., 1925: Evolution and Genetics. Princeton: Princeton University Press.

Morgan, T. H., 1926a: The Theory of the Gene. New Haven: Yale University Press.

Morgan, T. H., 1926b: Evolution and Genetics, American Journal for Physical Anthropology IX: 105-106.

Morgan, T. H., 1932: The Scientific Basis of Evolution. New York: W. W. Norton.

Muller, H. J., 1914a: The Bearing of the Selection Experiments of Castle and Phillips on the Variability of Genes, American Naturalist 48: 567-576.

Muller, H. J., 1914b: A Gene for the Fourth Chromosome of Drosophila, Journal of Experimental Zoology 17: 325-336.

Muller, H. J., 1917: An Oenothera-like Case in Drosophila, Proceedings of the National Academy of Science 3: 619-626.

Muller, H. J., 1918: Genetic Variability, Twin Hybrids and Constant Hybrids in a Case of Balanced Lethal Factors, Genetics 3: 422-499.

Muller, H. J., 1922: Variation Due to Change in the Individual Gene, American Naturalist 56: 32-50. Abgedruckt in Peters (1959), S. 104-116.

Muller, H. J., 1927: Artificial Transmutation of the Gene, Science 66: 84-87. Abgedruckt in Peters (1959), S. 149-155.

Muller, H. J., 1928: The Production of Mutations by X-Rays, Proceedings of the National Academy of Science 14: 714-726.

Muller, H. J., 1930: Radiation and Genetics, American Naturalist 64: 220-225.

Muller, H. J., 1936: Bar Duplication, Science 83: 528-530.

Murray, B. G. J., 1990: Population Dynamics, Genetic Change, and the Measurement of Fitness, OIKOS 59: 189-199.

Nagel, E., 1961: The Structure of Science. Problems in the Logic of Scientific Explanation. London: Routledge and Kegan Paul.

Neander, K., 1995: Pruning the Tree of Life, British Journal for the Philosophy of Science 46: 59-80.

Nickles, T., 1973: Two Concepts of Intertheoretic Reduction, Journal of Philosophy 70: 181-220.

Olby, R. C., 1966: The Origins of Mendelism. London: Constable.

Olby, R. C., 1979: Mendel no Mendelian?, History of Science 17: 53-72.

Oppenheim, P. und H. Putnam, 1958: The Unity of Science as a Working Hypothesis, in Minnesota Studies in the Philosophy of Science, Bd. II. Minneapolis: University of Minnesota Press, S. 3-36.

Orel, V., 1995: Gregor Mendel: The First Geneticist. Oxford: Oxford University Press.

Orzack, S. und E. Sober, 1994: How (Not) to Test an Optimality Model, Trends in Ecology and Evolution 9: 231-46.

Osborn, H. F., 1927: Speciation and Mutation, American Naturalist 61: 5-42.

Painter, T. S., 1933: A New Method for the Study of Chromosome Arrangements and the Plotting of Chromosome Maps, Science 78: 585-586. Abgedruckt in Peters (1959), S. 161-163.

Pais, A., 1982: 'Subtle is the Lord...' The Science and the Life of Albert Einstein. Oxford: Oxford University Press.

Parker, G. A. und J. Maynard Smith, 1990: Optimality Theory in Evolutionary Biology, Nature 348: 27-33.

Parker, G. A., 1974: The Reproductive Behavior and the Nature of Sexual Selection in Scatophaga stercoraria L. (Diptera: Scatophagidae). IX. Spatial Distribution of Fertilization Rates and Evolution of Male Search Strategy Within the Reproductive Area, Evolution 28: 93-108.

Partridge, L. und N. H. Barton, 1993: Optimality, Mutation and the Evolution of Ageing, Nature 362: 305-311.

Patterson, J. T. und H. J. Muller, 1930: Are 'Progressive' Mutations Produced by X-rays?, Genetics 15: 495-578.

Pearson, K., 1901: On the Principle of Homotyposis and Its Relation to Heredity, to the Variability of the Individual, and to That of the Race. Part 1. Homotyposis in the Vegetable Kingdom, Philosophical Transactions of the Royal Society A 197: 285-379.

Pearson, K., 1906: Walter Frank Raphael Weldon, 1860-1906, Biometrika 5: 1-52.

Peters, J. A. (Hg.), 1959: Classic Papers in Genetics. Englewood Cliffs N.J.: Prentice-Hall.

Pietroski, P. und G. Rey, 1995: When Other Things Aren't Equal: Saving Ceteris Paribus Laws from Vacuity, British Journal for the Philosophy of Science 46: 81-110.

Pollak, E. und O. Kempthorne, 1971: Malthusian Parameters in Genetics: II. Random Mating Populations in Infinite Habitats, Theoretical Population Biology 2: 357-390.

Pontecorvo, G., 1952: Genetic Formulation of Gene Structure and Gene Action, Advances in Enzymology 13: 121-149.

Prout, T., 1971: The Relation Between Fitness Components and Population Prediction in Drosophila, Genetics 68: 127-49, 151-67.

Provine, W. B., 1971: The Origins of Theoretical Population Genetics. Chicago: University of Chicago Press.

Provine, W. B., 1978: The Role of Mathematical Population Genetic in the Evolutionary Synthesis of the 1930s and 1940, Studies in the History of Biology 2: 167-192.

Provine, W. B., 1979: Francis B. Sumner and the Evolutionary Synthesis, Studies in the History of Biology 3: 211-240.

Provine, W. B., 1981: Origins of the Genetics of Natural Populations Series, in R. C. Lewontin et al. (1981), S. 1-76.

Provine, W. B., 1986: Sewall Wright and Evolutionary Biology. Chicago: University of Chicago Press.

Punnett, R. C. (Hg.), 1928: Scientific Papers of William Bateson (2 Bde.). Cambridge: Cambridge University Press.

Punnett, R. C., 1915: Mimicry in Butterflies. Cambridge: Cambridge University Press.

Putnam, H., 1962: The Analytic and the Synthetic, in H. Feigl und G. Maxwell (Hg.), Minnesota Studies in the Philosophy of Science, Bd. III. Minneapolis: University of Minnesota Press, S. 350-397.
Putnam, H., 1967: The Nature of Mental States, in H. Putnam (1975), Mind, Language and Reality. Cambridge: Cambridge University Press, S. 139-152.
Rensch, B., 1929: Das Prinzip geographischer Rassenkreise und das Problem der Artbildung. Berlin: Borntraeger.
Richardson, R. C. und R. M. Burian, 1992: A Defense of Propensity Interpretations of Fitness, in D. Hull, M. Forbes und K. Okruhlik (Hg.), PSA 1992 (Proceedings of the Biennial Meeting of the Philosophy of Science Association) Bd. I. East Lansing Mich.: PSA, S. 349-362.
Rosenberg, A. und M. B. Williams, 1986: Discussion: Fitness as Primitive and Propensity, Philosophy of Science 53: 412-418.
Rosenberg, A., 1978: The Supervenience of Biological Concepts, Philosophy of Science 45: 368-386.
Rosenberg, A., 1985: The Structure of Biological Science. Cambridge: Cambridge University Press.
Rosenberg, A., 1994: Instrumental Biology or the Disunity of Science. Chicago: University of Chicago Press.
Roughgarden, J., 1979: Theory of Population Genetics and Evolutionary Ecology: An Introduction. New York: MacMillan.
Ruse, M., 1973: The Philosophy of Biology. London: Hutchinson.
Ruse, M., 1977: Is Biology Different From Physics?, in R. Colodny (Hg.), Logic, Laws and Life. Pittsburgh: University of Pittsburgh Press, S. 89-127.
Ruse, M., 1979: The Darwinian Revolution. Chicago: Chicago University Press.
Ruse, M., 1981: The Structure of Evolutionary Theory, in M. Ruse (1981), Is Science Sexist? and Other Problems in the Biomedical Sciences. Dordrecht: Reidel, S. 1-27.
Ruse, M. (Hg.), 1989: What the Philosophy of Biology Is. Essays Dedicated to David Hull. Dordrecht: Kluwer.
Salmon, M. H., et al., 1992: Introduction to the Philosophy of Science. Englewood Cliffs NJ: Prentice-Hall.
Sankey, H., 1994: The Incommensurability Thesis. Aldershot: Avebury:
Sarkar, S. (Hg.), 1993: The Founders of Evolutionary Genetics. A Centenary Reappraisal (Boston Studies in the Philosophy of Science, Vol 142). Dordrecht: Kluwer Academic.
Schaffner, K. F., 1967: Approaches to Reduction, Philosophy of Science 34: 137-147.
Schaffner, K. F., 1993: Discovery and Explanation in Biology and Medicine. Chicago: University of Chicago Press.
Schmid, B. und F. A. Bazzaz, 1994: Crown Construction, Leaf Dynamics, and Carbon Gain in two Perennials with Contrasting Architecture, Ecological Monographs 64: 177-203.
Schmid-Hempel, P., 1990: In Search of Optima: Equilibrium Models of Phenotypic Evolution, in K. Wöhrmann und S. K. Jain (Hg.), Population Biology. Berlin: Springer, S. 321-347.
Schmid-Hempel, P., 1992: Lebenslaufstrategien, Fortpflanzungsunterschiede und biologische Optimierung, in E. Voland (Hg.), Fortpflanzung; Natur und Kultur im

Wechselspiel. Versuch eine Dialogs zwischen Biologen und Sozialwissenschaftlern. Frankfurt am Main: Suhrkamp, S. 74-103.

Schmid-Hempel, P., A. Kacelnik und A. I. Houston, 1985: Honeybees Maximise Efficiency by Not Filling Their Crop, Behavioural Ecology and Sociobiology 17: 61-66.

Schwartz, S. P., 1977: Introduction, in S. P. Schwartz (Hg.), Naming, Necessity and Natural Kinds. Ithaca: Cornell University Press, S. 13-41.

Scriven, M., 1959: Explanation and Prediction in Evolutionary Theory, Science 130: 477-482.

Shapiro, J. A., 1995: Adaptive Mutation: Who's Really in the Garden?, Science 268: 373-374.

Shimony, A., 1989: The Non-Existence of a Principle of Natural Selection, Biology and Philosophy 4: 255-273.

Simpson, G. G., 1944: Tempo and Mode in Evolution. New York: Columbia Unversity Press.

Sklar, L., 1967: Types of Inter-Theoretic Reduction, British Journal for the Philosophy of Science 18: 109-124.

Sklar, L., 1976: Thermodynmics, Statistical Mechanics and the Complexity of Reductions, in R. S. Cohen et al. (Hg.), PSA 1974 (Proceedings of the 1974 Biennial Meeting, Philosophy of Science Association). Boston Studies in the Philosophy of Science, Bd. 32. Dordrecht/Boston: Reidel, S. 15-32.

Sklar, L., 1993: Physics and Chance. Philosophical Issues in the Foundations of Statistical Mechanics. Cambridge: Cambridge University Press.

Sloep, P. B. und W. J. Van der Steen, 1987: The Nature of Evolutionary Theory: The Semantic Challenge, Biology & Philosophy 2: 1-15.

Smart, J. J. C., 1963: Philosophy and Scientific Realism. London: Routledge and Kegan Paul.

Smocovitis, V. B., 1992: Unifying Biology: The Evolutionary Synthesis and Evolutionary Biology, Journal of the History of Biology 25: 1-65.

Sober, E. und D. S. Wilson, 1994: A Critical Review of Philosophical Work on the Units of Selection Problem, Philosophy of Science 61: 534-555.

Sober, E. und R. Lewontin, 1982: Artifact, Cause and Genic Selection, Philosophy of Science 49: 157-180.

Sober, E., 1980: Evolution, Population Thinking and Essentialism, Philosophy of Science 47: 350-83.

Sober, E., 1984: The Nature of Selection. Evolutionary Theory in Philosophical Focus. Cambridge Mass.: MIT Press.

Sober, E., 1989: Is the Theory of Natural Selection Unprincipled? A Reply to Shimony, Biology and Philosophy 4: 275-279.

Sober, E., 1993: Philosophy of Biology. Dimensions of Philosophy Series, Oxford: Oxford University Press.

Stanley, S. M., 1979: Macroevolution. San Francisco: Freeman.

Stanley, S. M., 1981: The New Evolutionary Timetable. Fossils, Genes and the Origin of Species. New York: Basic Books.

Stearns, S. C. und J. Koella, 1986: The Evolution of Phenotypic Plasticity Traits: Predictions for Norms of Reaction for Age- and Size-at-maturity, Evolution 40: 893-913.

Stearns, S. C. und P. Schmid-Hempel, 1987: Evolutionary Insights Should Not be Wasted, OIKOS 49: 118-125.

Stearns, S. C., 1992: The Evolution of Life Histories. Oxford: Oxford University Press.

Sterelny, K., 1995: Understanding Life: Recent Work in Philosophy of Biology, British Journal for the Philosophy of Science 46: 155-183.

Stryer, L., 1981: Biochemistry. New York: Freeman.

Sturtevant, A. H. und T. Dobzhansky, 1936: Inversions in the Third Chromosome of Wild Races of Drosophila pseudoobscura, and Their Use in the Study of the History of the Species, Proceedings of the National Academy of Science USA 22: 448-450.

Sturtevant, A. H. und T. H. Morgan, 1923: Reverse Mutation of the Bar Gene Correlated with Crossing Over, Science 57: 746-747.

Sturtevant, A. H., 1913: The Linear Arrangement of Six Sex-Linked Factors in Drosophila, as Shown by Their Mode of Association, Journal of Experimental Zoology 14: 43-59. Abgedruckt in Peters (1959), S. 67-78.

Sturtevant, A. H., 1914: The Reduplication Hypothesis as Applied to Drosophila, American Naturalist 48: 535-549.

Sturtevant, A. H., 1915: The Behavior of the Chromosomes as Studied through Linkage, Zeitschrift für induktive Abstammungs- und Vererbungslehre 13: 234-287.

Sturtevant, A. H., 1925: The Effects of Unequal Crossing Over at the Bar Locus in Drosophila, Genetics 10: 117-147. Abgedruckt in Peters (1959), S. 124-148.

Sumner, F. B., 1915: Genetic Studies of Several Geographic Races of California Deer-mice, American Naturalist 49: 688-701.

Sumner, F. B., 1918: Continuous and Discontionuous Variation and Their Inheritance in Peromyscus, I-III, American Naturalist 52: 177-208, 290-300, 439-454.

Sumner, F. B., 1923: Results of Experiments in Hybridizing Subspecies of Peromyscus, Journal of Experimental Zoology 38: 245-292.

Suppe, F., 1974: The Search for Philosophic Understanding of Scientific Theories, in F. Suppe (Hg.), The Structure of Scientific Theories. Urbana: University of Illinois Press, S. 3-232.

Suppe, F., 1989: The Semantic Conception of Theories and Scientific Realism. Urbana: University of Illinois Press.

Suppes, P., 1957: Introduction to Logic. Princeton: D. Van Nostrand.

Sutton, W. S., 1902: On the Morphology of the Chromosome Group of Brachystola magna, Biological Bulletin 4: 24-39.

Sutton, W. S., 1903: The Chromosomes in Heredity, Biological Bulletin 4: 231-251. Abgedruckt in Peters (1959), S. 27-41.

Tammone, W., 1995: Competition, the Division of Labor, and Darwin's Principle of Divergence, Journal of the History of Biology 28: 109-131.

Tan, C. C., 1935: Salivary Gland Chromosomes in the Two Races of Drosophila pseudoobscura, Genetics 20: 392-402.

Thompson, P., 1983: The Structure of Evolutionary Theory: A Semantic Approach, Studies in History and Philosophy of Science 14: 215-229.

Thompson, P., 1987: A Defence of the Semantic Coneption of Evolutionary Theory, Biology and Philosophy 2: 26-32.
Thompson, P., 1989: The Structure of Biological Theories. Albany: State University of New York Press.
Timoféeff-Ressovsky, H. und N. W. Timoféeff-Ressovsky, 1927: Genetische Analyse einer freilebenden Drosophila melanogaster-Population, W. Roux' Archiv für Entwicklungsmechanik 109: 70-109.
Timoféeff-Ressovsky, N. W., 1930: Das Genovariieren in verschiedenen Richtungen bei Drosophila melanogaster unter dem Einfluß der Röntgenstrahlung, Die Naturwissenschaften 18: 434-437.
Timoféeff-Ressovsky, N. W., 1934a: Auslösung von Vitalitätsmutationen durch Röntgenbestrahlung bei Drosophila melanogaster, Strahlentherapie 51: 658-663.
Timoféeff-Ressovsky, N. W., 1934b: Über die Vitalität einiger Genmutationen und ihrer Kombinationen bei Drosophila funebris und ihre Abhängigkeit vom "genotypischen" und vom äußeren Milieu, Zeitschrift für Induktive Abstammungs- und Vererbungslehre 66: 319-344.
Timoféeff-Ressovsky, N. W., E. G. Zimmer und M. Delbrück, 1935: Über die Natur der Genmutation und der Genstruktur, Nachr. a.d. Biologie d. Ges. d. Wiss. Göttingen 1: 189.
Tschermak, E., 1900: Über künstliche Kreuzung bei Pisum sativum, Berichte der deutschen botanischen Gesellschaft 18: 232-239.
Tugendhat, E. und U. Wolf, 1983: Logisch-semantische Propädeutik. Stuttgart: Reclam.
Tuomi, J., 1981: Structure and Dynamics of Darwinian Evolutionary Theory, Systematic Zoology 30: 22-31.
Van Fraassen, B. C., 1972: A Formal Approach to the Philosophy of Science, in R. Colodny (Hg.), Paradigms and Paradoxes. University of Pittsburgh Series in the Philosophy of Science, Bd. 5. Pittsburgh: University of Pittsburgh Press, S. 303-366.
Van Fraassen, B. C., 1980: The Scientific Image. Oxford: Clarendon.
Vorzimmer, P., 1963: Charles Darwin and Blending Inheritance, Isis 54: 371-390.
Waters, C.K., 1994: Genes Made Molecular, Philosophy of Science 61: 163-185.
Waters, C.K., 1996: Causal Regularities in the Biological World of Contingent Distributions, erscheint in: Biology & Philosophy.
Weber, M., 1996: Evolutionary Plasticity in Prokaryotes: A Panglossian View, Biology and Philosophy 11: 67-88.
Weber, M., 1996: Fitness Made Physical: The Supervenience of Biological Concepts Revisited, Philosophy of Science 63: 411-431.
Weber, M., 1997: Hans Drieschs Argumente für den Vitalismus, unveröffentlichtes Manuskript.
Weinberg, S., 1992: Dreams of a Final Theory. New York: Pantheon.
Weinberg, W., 1908: Über den Nachweis der Vererbung beim Menschen, Jahreshefte des Vereins für Vaterländische Naturkunde in Württemberg 64: 368-82. English translation in: S.H. Boyer (Hg.), 1963: Papers on Human Genetics, Englewood Cliffs: Prentice Hall.
Weinstein, A., 1980: Morgan and the Theory of Natural Selection, in Mayr und Provine (1980), S. 432-445.

Weldon, W. F. R., 1902a: Mendel's Law of Alternative Inheritance in Peas, Biometrika 1: 228-254.

Weldon, W. F. R., 1902b: Professor de Vries on the Origin of Species, Biometrika 1: 365-374.

West Eberhard, J. J., 1975: The Evolution of Social Behaviour by Kin Selection, Quarterly Review of Biology 50: 1-33.

Williams, G. C., 1966: Adaptation and Natural Selection. Princeton: Princeton University Press.

Williams, M. B., 1970: Deducing the Consequences of Evolution: A Mathematical Model, Journal of Theoretical Biology 29: 383-385.

Wimsatt, W. C., 1976: Reductive Explanation: A Functional Accout, in R. S. Cohen, C. A. Hooker, A. C. Michalos und J. W. v. Evra (Hg.), PSA 1974 (Proceedings of the 1974 Biennial Meeting, Philosophy of Science Association). Boston Studies in the Philosophy of Science, Bd. 32. Dordrecht/Boston: Reidel, S. 671-710.

Wolf, T. und P. Schmid-Hempel, 1989: Extra Loads and Foraging Life Span in Honeybee Workers, Journal of Animal Ecology 58: 943-954.

Wolters, G. und J. G. Lennox (Hg.), 1995: Concepts, Theories, and Rationality in the Biological Sciences. The Second Pittsburgh-Konstanz Colloquium in the Philosophy of Science. Konstanz/Pittsburgh: Universitätsverlag Konstanz/ University of Pittsburgh Press.

Wright, L., 1973: Functions, Philosophical Review 82: 139-168.

Wright, S., 1931: Evolution in Mendelian Populations, Genetics 16: 97-159.

Wright, S., 1932: The Role of Mutation, Inbreeding, Crossbreeding and Selection in Evolution, Proceedings of the Sixth International Congress of Genetics 1: 356-366. Abgedruckt in Brandon und Burian (1984), S. 29-39.

Wynne-Edwards, V. C., 1963: Intergroup Selection in the Evolution of Social Systems, Nature 200: 623-626. Abgedruckt in Brandon und Burian (1984), S. 42-51.

Personen- und Sachverzeichnis

QUELLEN UND STUDIEN ZUR PHILOSOPHIE

Markus Textor

Bolzanos Propositionalismus

1996. 23 × 15,5 cm. XI, 373 Seiten. Leinen

ISBN 3-11-014961-3 (Band 41)

Barbara Neymeyr

Ästhetische Autonomie als Abnormität

Kritische Analysen zu Schopenhauers Ästhetik im Horizont seiner Willensmetaphysik

1996. 23 × 15,5 cm. X, 430 Seiten. Leinen

ISBN 3-11-015229-0 (Band 42)

Klaus Petrus

Genese und Analyse

Logik, Rhetorik und Hermeneutik im 17. und 18. Jahrhundert

1997. 23 × 15,5 cm. VIII, 245 Seiten. Leinen

ISBN 3-11-015394-7 (Band 43)

Stephan Meier-Oeser

Die Spur des Zeichens

Das Zeichen und seine Funktion in der Philosophie des Mittelalters und der frühen Neuzeit

1997. 23 × 15,5 cm. XIX, 483 Seiten. Leinen

ISBN 3-11-015526-5 (Band 44)

Walter de Gruyter W DE G **Berlin · New York**